国家出版基金项目
NATIONAL PUBLICATION FOUNDATION

凌继尧

著

重估
俄苏美学

CHONG GU E-SU MEIXUE

上

百花洲文艺出版社
BAIHUAZHOU LITERATURE AND ART PRESS

图书在版编目（CIP）数据

重估俄苏美学 / 凌继尧著. –– 南昌：百花洲文艺出版社，2022.6
ISBN 978-7-5500-4457-9

Ⅰ.①重… Ⅱ.①凌… Ⅲ.①美学–研究–俄罗斯②美学–研究–苏联
Ⅳ.①B83

中国版本图书馆CIP数据核字（2021）第219989号

重估俄苏美学

凌继尧　著

出 版 人　章华荣
策划编辑　张　弛
责任编辑　童子乐　陈俪尹
书籍设计　方　方
制　　作　何　丹
出版发行　百花洲文艺出版社
社　　址　南昌市红谷滩世贸路898号博能中心一期A座20楼
邮　　编　330038
经　　销　全国新华书店
印　　刷　湖北金港彩印有限公司
开　　本　710mm×1000mm 1/16　　印张 34.5
版　　次　2022年6月第1版
印　　次　2022年6月第1次印刷
字　　数　500千字
书　　号　ISBN 978-7-5500-4457-9
定　　价　75.00元（全二册）

赣版权登字　05-2021-397

邮购联系　0791-86895108
网　　址　http://www.bhzwy.com
图书若有印装错误，影响阅读，可向承印厂联系调换。

目录

绪论　俄苏美学重估的缘起和内容

本书的"俄苏美学"指20世纪俄罗斯和苏联（苏联1922年12月30日建立，包括俄罗斯、乌克兰、白俄罗斯和外高加索联邦，后来扩展到15个加盟共和国，1991年12月25日解体）的美学。本书研究的特点是：从1978年以来的四十多年中，笔者对本书涉及的大部分重要的苏联美学家都进行过个案研究，大量翻译出版了他们的著作。与一些重要的苏联美学家、已故苏联美学家的夫人和学生有过多年的联系（包括但不限于通信、面对面交流等），这能使笔者从内部、从更深层次上了解和认识俄苏美学。

对于20世纪中国美学来说，有三个理论资源：中国传统美学、西方美学和马克思主义美学。俄苏美学是马克思主义美学的发源地，在各种理论资源中，俄苏美学对20世纪中国美学的影响最大。对于建设具有中国特色的当代美学和文艺学来说，"特别是不能不重视马克思主义文艺思想、美学思想、哲学思想在中国的传播、建立和发展"。"我们现在的文艺学的学术范型，它的哲学基础、思维方式、治学方法、命题、范畴、概念、术语……都是在这百年左右的时间里熔铸而成的。"①"在当代中国文艺学发展过程中,不仅我们使用的概念、关注的焦点,甚至面临的问题与苏联几乎都是相同的。它与高涨的理想主义热情和残酷的政治压抑相伴相生。""甚至可以说,一直到今天,还没有任何一个国家的文艺学像苏联文艺学那样,给我们留下了如此不能磨灭的深刻记忆。"②

一方面,俄苏美学对20世纪中国美学产生了巨大的影响;另一方面,20世纪中国美学对俄苏美学的接受存在着一系列疏漏和偏颇之处。正如杜书瀛等所指出的那样:"令人遗憾的是,中国在接受苏联文艺学影响的时候,并不是连同它的传统一起接受的。中国特殊的历史处境,决定了接受的选择性,而选择的恰恰是不久之后在苏联被纠正的、具有教条主义和庸俗社会学意味的文艺学。"③"具有讽刺意味的是,当20世纪50年代下半期,苏联文学理论已经批判教条主义、公式化,反思历史重建理论的时候,我们仍在大量翻译出版斯大林时代的、充满了教条主义气息的教材和论文。这从一个方面反映了那一时代对苏联追随的功利性和意识形态需要。"④

钱中文也指出:"半个世纪以来,苏联的文学观念对我国的文学理论影响很大。特别是20世纪50年代,它在我国传播了一些马克思主义文艺知识,另一方面它本身教条化、简单化的东西不少,影响着我国文学界与学校的教学工作。"但是,我国文学理论"在简单化、庸俗化方面,大大超过了苏联文学理论,而且自成体系"。⑤为了建设我国的当代美学理论,应该以现代美学理论为基点,因为最邻近的前一个时期的历史经验或教训,与我们有着特别密切的关系。因此,有必要对在我国产生如此重大影响的俄苏美学进行价值重估。正

---

① 杜书瀛、钱竞主编,钱竞、王飚著:《中国20世纪文艺学学术史》第1部,中国社会科学出版社2007年版,全书绪论第13页。

② 杜书瀛、钱竞主编,孟繁华著:《中国20世纪文艺学学术史》第3部,中国社会科学出版社2007年版,第52页。

③ 杜书瀛、钱竞主编,孟繁华著:《中国20世纪文艺学学术史》第3部,中国社会科学出版社2007年版,第89页。

④ 杜书瀛、钱竞主编,孟繁华著:《中国20世纪文艺学学术史》第3部,中国社会科学出版社2007年版,第58页。

⑤ 钱中文:《文学原理——发展论》,社会科学文献出版社2007年版,第69页。

如有的研究者所说的那样："在中国俄罗斯文学研究者、文艺理论研究者和中国现当代文学研究者面前，乃至在所有中国文学研究者面前，都摆着一个全面了解、重新认识俄苏文学理论与批评，对我们过去的理解和接受进行清理和辨析的繁重任务。"①

第一节　俄苏美学重估的缘起

20世纪中国美学对俄苏美学的接受存在着一系列疏漏和偏颇之处，这有其深刻的原因。第一，俄苏美学一直存在着两种话语体系，这两种不同甚至对立的话语体系或主或次，或显或隐，但是始终存在。我们往往根据自身的需要，只是高度偏向性地接受了其中的一种话语体系，对俄苏美学的认识难免以偏概全，以一种倾向掩盖了另一种倾向，极大地影响了我们对俄苏美学的评判。第二，苏联20世纪30—40年代的美学对新中国成立以来的美学影响的力度最大、影响的时间最长。正如童庆炳所说："毋庸讳言，建国以来我国文艺学的建设是从学习苏联开始的。但我们学习的主要是苏联30～40年代的东西，至多是50年代初期的东西。"②由于这种情况造成的思维定式，我们往往把这一时段的苏联美学当成俄苏美学的整体。

一、俄苏美学中的两种话语体系

这里所说的话语体系，指一种学派，或者一种流派，或者学者群体的观点的集合；如果是个别人的观点，那也是产生了世界性影响的观点。某些不同的话语体系虽然在被批判和打压后萎缩了，但是并没有销声匿迹，它们依然存在

---

① 汪介之：《回望与沉思：俄苏文论在20世纪中国文坛》，北京大学出版社2005年版，第303页。

② 童庆炳：《文学审美特征论》，华中师范大学出版社2000年版，第299页。

着，一旦时机成熟，它们又得到复活和生长。

马尔库塞1957年在美国出版了《苏联马克思主义》一书，书中使用了"苏联模式"马克思主义的概念，指斯大林时代这个特定时期的苏联的马克思主义，而不是苏联马克思主义的全部。我国学者也往往沿用"苏联模式"的马克思主义乃至"苏联模式"的马克思主义美学、文艺学的概念，这些概念并不确切。"这是因为在苏联几十年的历史中，美学、文艺学的发展并不都处在一种单一的模式之中，对于苏联的马克思主义美学、文艺学的历史，我们实际上还没有作充分、深入的梳理与鉴别。"① "苏联模式"说法的根本缺陷是没有看到俄苏美学一直存在着两种话语体系。在空间维度上，我国主要接受了俄苏美学的一种话语体系；在时间维度上，我国在20世纪80年代以前主要接受了20世纪30—40年代，最多50年代初期的俄苏美学。有鉴于此，应该从两种话语体系的角度，对整体俄苏美学进行价值重估。

对俄苏美学的研究越深入，就越容易发现其中的两种话语体系。20世纪初，俄苏产生了两种研究旨趣根本对立的但都在世界上产生重大影响的美学流派：马克思主义美学和俄国形式主义。马克思主义美学在"社会—艺术"的框架内研究艺术，重视艺术的外部因素的研究；俄国形式主义在"语言—艺术"的框架内研究艺术，重视艺术的内部规律的研究。我国一些学者认为，这是一种非常奇特的现象。实际上，这是俄苏美学中两种话语体系的最初表现，是俄苏美学的一种常态。

俄国形式主义并不是为了反对马克思主义美学而产生的，它是在批判19世纪俄国的历史文化学派和象征派的基础上形成的。俄国形式主义受到激烈的批判，作为学派它只存在了十六年（1914—1930年）。在1930年后，俄国形式主义的大部分代表部分地修正了自己的观点，仍然积极地从事学术研究，许多年后完成了在30年代前就业已开始撰写的学术著作。俄国形式主义的代表当年都很年轻，这个学派最重要的代表什克洛夫斯基在出版标志俄国形式主义学派

---

① 马驰：《马克思主义美学传播史》，漓江出版社2001年版，第175页。

诞生的《词语的复活》时才21岁。在他们以后漫长的学术生涯中，他们当年的著作和以后完成的著作在苏联于不同的年代得到出版。什克洛夫斯基的《俄国经典小说札记》1955年出版，托马舍夫斯基的《诗和语言》1959年出版，什克洛夫斯基《关于小说的小说》1966年出版，艾亨鲍姆的《论诗》1969年出版，这个学派学术思想的直接继承者塔尔图–莫斯科学派编选的俄国形式主义者当年的文选《文学理论文选》于1976年出版，特尼亚诺夫的《诗学，文学史，电影》1977年出版，日尔蒙斯基的《文学理论·诗学·修辞学》1977年出版，《什克洛夫斯基选集》第1—3卷1983年出版，艾亨鲍姆的《论小说，论诗》1986年出版，艾亨鲍姆的《论文学》1987年出版，什克洛夫斯基的《汉堡账单》1990年出版，等等。

在俄苏美学的上述两种话语体系中，我国20世纪初期就对俄苏马克思主义美学非常熟悉，几乎是同步接受，并进行了大量翻译和广泛传播。而对于俄国形式主义，我国在20世纪80年代以前则完全陌生。这决定了我国20世纪80年代以前对艺术的研究完全是外部研究，并且把这种外部研究发挥到极致。"在中国现、当代文艺学学术史上，新时期以前几十年一直是认识论文艺学和政治学文艺学处于主流地位甚至霸主地位。这种情况决定了文学理论研究的重心必然是文学与现实生活、文学与政治、文学与经济基础、文学与道德、文学与哲学等的关系，用某些学者的话说，研究的重心是文学的'外部关系'或'外部规律'，即文学与它之外的种种事物的关系；而相对来说对文学的'文学性'，文学自身的形式要素和特点，文学自身的内在结构，文学的文体、体裁，文学的叙事学问题，文学的语言和言语问题，文学的修辞学问题，文学不同于其他文化现象、精神现象、乃至其他艺术现象的特征，等等，则关注得不够、甚至不关注不重视，用某些学者的话说，就是不太关心或忽视了文学的'内部关系'或'内部规律'的研究。"①

---

① 杜书瀛、钱竞主编，张婷婷著：《中国20世纪文艺学学术史》第4部，中国社会科学出版社2007版，第92—93页。

苏联美学家里夫希茨1966年10月8日在《文学报》上发表了题为《我为什么不是一个现代主义者》的著名文章,这篇文章写于1963年,首次刊登于巴黎的《美学》杂志(1964年第4期),也刊登于民主德国的《论坛》杂志(1966年第6期)。作者模仿英国哲学家罗素国外众所周知的抨击性论著《我为什么不是一个基督教徒》《我为什么不是一个共产党人》的题目,对现代主义艺术持断然否定的态度。里夫希茨认为,虽然现代主义流派中有像毕加索、马蒂斯这样正直、天才的艺术家,但是,现代主义毕竟是一种不取决于某些个人意愿的社会运动,完全可以撇开对某些活动家个人的评价而评判整个历史现象。巴枯宁也曾经怀有过巨大的革命热情,但是无政府主义是改头换面的资产阶级性质的运动。现代主义同我们时代最阴暗的心理事实相联。这些事实有:崇拜暴力,乐于毁灭,嗜好残忍,渴望无所用心的生活和盲目服从。

由于里夫希茨的知名度和影响力,这篇文章和支持者们的文章很容易使人得出结论:苏联美学反对现代主义艺术。然而,俄苏美学也存在着赞同现代主义艺术的话语体系,除了当时批驳里夫希茨观点的美学家的论著以外,在20世纪10—20年代,俄苏就产生了一批享有世界声誉的现代主义艺术大师:马列维奇、康定斯基、金兹堡、塔特林、李西斯基(又译"李西茨基")等。马列维奇是至上主义的创始人,至上主义是继法国和意大利之后,对世界抽象艺术具有深刻影响的艺术派别。马列维奇的《白底上的黑色方块》简约新颖,成为现代绘画史上第一幅纯粹几何图形的抽象作品。李西斯基在抽象海报作品《红色楔子攻打白军》(又译"《红色的楔子打击白色》")中,把红军描绘成一块尖锐的红色三角,把白军描绘成已被攻破的圆形。在画面四周都散布着小的红色三角,预示着红军力量无所不在,具有压倒性优势。俄国构成主义艺术追求艺术和技术的融合,对西方艺术界产生了重要影响。

后来现代主义艺术受到批判,有些人移居国外,但是他们的作品和著作在苏联国内仍然得到出版。康定斯基1921年移居国外,他的《艺术学校的改革》一书于苏联建立后的1923年在莫斯科出版。塔特林的《风格与时代》1924年在莫斯科出版，1931年他被评为俄罗斯联邦功勋艺术家①。苏联百科全书出版社1980年出版的《苏联百科词典》对当年的现代主义艺术大师都做了正面的或者中性的评价。围绕现代主义艺术，俄苏美学形成双峰对峙的话语体系。

二、20世纪30—40年代苏联美学影响的固化

20世纪30—40年代苏联美学对我国美学影响的固化的表现很多，其中特别明显地表现在两个问题上：一个是我们很多人把苏联美学说成是认识论美学，另一个是我们很多人把苏联美学关于艺术的定义说成是"通过形象反映社会生活"。

1. 认识论美学

20世纪30—40年代苏联美学对我国20世纪美学影响的固化的突出表现之一是，我国很多学者一直认为，苏联美学只以反映论为哲学基础，仅仅从反映论的角度研究美学和艺术问题，是一种认识论美学。2001年刘纲纪在《马克思主义美学研究与阐释的三种形态》一文中指出，苏联马克思主义美学是以列宁的反映论为基础的，"可以称之为本质主义的反映论、认识论美学"②。这代表了很多学者的看法。

为了回应这个问题，有必要简略地回顾一下20世纪30—40年代前后苏联美学的生存和发展情况。20年代，苏联美学主要以社会学方法对待艺术，其片面性表现为：把艺术的社会本质完全地、整个地等同于它的阶级"本质"、阶层"本质"、集团"本质"，艺术的所有功能被归结为唯一的一种功能——维护相应的阶级、阶层和集团等的统治。从而，艺术的概念消融在阶级、阶层、集

---

① 《苏联百科词典》，中国大百科全书出版社译，中国大百科全书出版社1986年版，第1274页。

② 刘纲纪：《马克思主义美学研究与阐释的三种形态》，《文艺研究》2001年第1期，第4页。

团等的意识形态概念中。并且，评判艺术的标准不在乎它是否反映现实，而在乎它是否服务于某个阶级。所以，艺术的概念就不是认识的概念，而是纯社会学概念。

30年代，弗里契的庸俗社会学遭到激烈的批判，代之而起的是以沃隆斯基学说为代表的认识论观点。沃隆斯基力图运用列宁主义的反映论来分析艺术。按照他的观点，承认艺术是反映和认识现实的一种特殊手段，这是理解艺术的本质和艺术在社会生活中的作用的基本原则。卢那察尔斯基是批判庸俗社会学的发起人，他确认反映论是美学和文学理论的基础。维诺格拉多夫在《马克思主义诗学问题》一书（1936）中写道："对于我们来说，艺术是以具体可感的形象对现实的反映，艺术是社会的人对现实的认识。"[①]30—40年代，苏联大部分美学著作的哲学基础是列宁主义反映论和马克思主义认识论，这同20年代艺术研究的社会学方法相对立。

在克服20年代艺术研究的社会性方法的极端性时，一些人又走上了另一种极端，认为只有反映论才是马克思主义美学的哲学基础。苏联美学家后来把30—40年代的这种极端称为片面的认识论倾向、片面的反映论倾向。这种倾向对反映论做简单化的解释，常常是宣告而不是揭示认识的社会历史本质；没有充分注意到意识的能动的、创造性的改造作用；反映成为认识的同义词，而认识又往往等同于科学认识；把艺术仅仅归结为认识，把美学归结为一种认识论。对艺术实质片面的认识论解释严重地限制了美学思想的发展，出现了很多公式化、概念化、简单化的美学和文学理论观点。

在50年代中期，确切地说是1955年，苏联美学界开始提出艺术的特殊本质问题，把艺术的本质说成是审美的。当我们说"这张桌子是方的""这个人是男人""这条线是直的"时，这些话所包含的关于客体属性的信息，是对客体的认识关系。而当我们说"这张桌子是有用的""这个人是善良的""这条线

---

① 维诺格拉多夫：《马克思主义诗学问题》，列宁格勒1936年版，第294页。（列宁格勒为出版地。俄苏学者撰写的著作都只用出版地和年份标注，不标出版社，下同，不再出注。）

是美的"时，它们包含的则是另一种信息：首先表现出对客体的评价关系，即不仅说明对象的客观属性，而且说明审美客体之于主体的关系，因为只有对于主体——人来讲，现象和对象才是"有用的""善良的""美的"。至于艺术作品，它必然包括对所反映对象的评价关系。所以，研究审美现象和艺术现象不能仅仅使用反映论方法。

自50年代中期起，很多苏联美学家不再仅仅把反映论作为美学的哲学基础，坚决地抛弃了美学和艺术研究中的片面的认识论观点，不再把艺术看作一种认识，不再把美学看作一种认识论。他们也承认艺术具有反映功能，但那是一种审美反映。苏联审美学派的主要代表人物斯托洛维奇在1956年的《论现实的审美特性》一文中明确指出："马克思列宁主义美学以辩证唯物主义和历史唯物主义为依据。"①

与此形成鲜明对照的是，20世纪50—60年代我国的美学大讨论中，绝大部分美学家都把反映论作为马克思主义美学的哲学基础。李泽厚1957年在《关于当前美学问题的争论》一文中写道："美是主观的，还是客观的？还是主客观的统一？是怎样的主观、客观或主客观的统一？这是今天争论的核心。这一问题实质上就是在美学上承认或否认马克思主义哲学反映论的问题，承认或否认这一反映论必须作为马克思主义美学的哲学基础的问题。"②到了80年代，蔡仪在《〈经济学—哲学手稿〉初探》中，仍然坚持反映论是马克思主义美学的哲学基础："马克思的美学思想，首先就是把美学问题摆在认识论上来论述，因而从有关的言论看，完全是唯物主义的。"③

我国20世纪60—80年代的文艺理论教科书、90年代末期和21世纪初期的艺术概论教科书，甚至2015年出版的艺术概论教科书仍然把反映论作为美学、文

---

① 《学习译丛》编辑部编译：《美学与文艺问题论文集》，学习杂志社1957年版，第50页。

② 李泽厚：《美学论集》，上海文艺出版社1980年版，第65页。

③ 中国社会科学院文学研究所文艺理论研究室编：《美学论丛》第3辑，中国社会科学出版社1981年版，第23页。

艺学和艺术学的哲学基础：1984年修订的以群主编的《文学的基本原理》（这一版到90年代末还在重印）写道："马克思列宁主义的反映论的基本原理，为我们正确地理解古往今来一切文学现象提供了一把钥匙。"[1]2015年出版的一本艺术概论教科书写道："反映论是马克思主义艺术理论的核心学说，它认为，艺术是社会生活的能动反映，这是艺术的本质特征。"[2]这充分表明，在苏联已经被纠正的、具有教条主义和庸俗社会学意味的美学和文艺学理论，还在我国长期产生着重要影响。

2. 艺术是对现实的形象反映

"艺术是对现实的形象反映"，是我国20世纪50—80年代绝大部分文艺理论教科书中流传最广的关于文学艺术的定义，成为贯穿全书的一根红线。这则定义也是30—40年代苏联美学反复阐述过的。

这则定义的理论资源来自别林斯基，他在《一八四七年俄国文学一瞥》一文中谈到，哲学和艺术反映的对象相同，它们的区别在于反映的形式，哲学用逻辑，艺术用形象。在美学史上，很多美学家都给艺术下过定义。别林斯基的这则定义的影响特别巨大，传播很广。他用一系列的对比，说明哲学与艺术在反映现实的形式方面的差异，十分醒豁，有很强的说服力。由于关于艺术的定义是文艺学的第一原理，所以他的这段话成为我国美学、文艺学、艺术学教科书中引用频率最高的文字之一。在十月革命前后，普列汉诺夫、沃罗夫斯基和卢那察尔斯基都同意别林斯基关于哲学和艺术反映现实的形式的区别的论断。

在30—40年代，很多苏联学者都以赞同的态度阐述了别林斯基的观点，我们仅举几则我国学者当时容易见到的论述。苏联著名文艺理论家、莫斯科大学教授季莫菲耶夫在1934年为《文学百科辞典》第8卷写的"形象"词条指出："别林斯基（他把形象的概念引入俄国文学：见论冯维辛和扎果斯金的论文，

---

[1] 以群主编：《文学的基本原理》（修订本），上海文艺出版社1984年版，第20页。

[2] 张同道：《艺术理论教程》，北京师范大学出版社2015年版，第206页。

一八三八年，稍后又见《艺术的观念》，一八四一年，及其他论文）以黑格尔学说（黑格尔认为艺术的目的是'以感性形式体现理念'）为依据，坚决地强调艺术是'寓于形象的思维'，也就是'对真理的直接观照。'别林斯基写道：'哲学家以三段论法说话，诗人则以形象说话。'"①苏联科学院院士米丁1934年在《历史唯物论》一书（中译单行本由生活·读书·新知三联书店于40年代出版）中写道："假如说科学是通过概念来认识世界，那么艺术却是通过形象来认识世界的。艺术表现的形象和方式的性质非常复杂。艺术可以采取图画、雕刻、舞蹈、音乐以及用语言来表达等等形式。然而艺术与科学虽有这种区别，取形象方式（即形象的思维方式）的艺术却也反映和认识世界的。"②

苏联科学院院士列别杰夫-波梁斯基1945年在《别林斯基》一书中写道："诗就是'同样的哲学，同样的思维'，因为'绝对真理'是它们共同的内容。但是在诗中真理不是由自己本身、通过辩证法的发展而呈现，而是通过形象来显现。'诗人用形象来思考；他不证明真理，而是显示真理'。形象对于诗人不是手段，而是目的。"③索波列夫（又译"苏波列夫"）1947年在《列宁的反映论与艺术》一书（中译本由中华书局于1951年出版）中写道："别林斯基对艺术与科学的区别给了大才的规定。他写道，科学和艺术的区别完全不在内容，而只在于处理这内容的方法。""人对客观世界的认识的过程是一个，可是这个统一的过程分着两个情景、两种方式、两个形式：对世界的科学—逻辑的把握的方式和艺术—形象的把握的方式。科学和艺术具有认识的同一的对象——即存在于外界和离开我们的意识而独立的真实的现实界，它们有着认识过程的共同的规律性，然而对客观世界的真相的发现和表现方法，科学

①　中国社会科学院外国文学研究所外国文学研究资料丛刊编辑委员会编：《外国理论家 作家论形象思维》，中国社会科学出版社1979年版，第215页。

②　中国社会科学院外国文学研究所外国文学研究资料丛刊编辑委员会编：《外国理论家 作家论形象思维》，中国社会科学出版社1979年版，第218页。

③　中国社会科学院外国文学研究所外国文学研究资料丛刊编辑委员会编：《外国理论家 作家论形象思维》，中国社会科学出版社1979年版，第238页。

和艺术却各不相同。"①

　　苏联美学界在20世纪30—40年代广为流行的观点，获得我国美学界和文艺理论界的热烈追捧。我国60—80年代的文学理论教科书，甚至90年代末和21世纪初的部分艺术理论教科书都在引用别林斯基的有关论述后，阐述了他的观点。蔡仪主编的《文学概论》（1979）写道："文学和科学对社会生活的反映方式确有不同，科学的反映是抽象的，形成概念和理论，而文学的反映则是具体的，形成形象及形象体系。""通过形象反映社会生活是文学的基本特征。""文学不同于科学，它既要使读者对于反映对象有所理解，又要使读者在理解的同时还能得到一些具体的感受和体验。文学和科学的反映对象，总的说来是相同的，即都是客观现实的社会生活。"②

　　以群主编的《文学的基本原理》（1984）写道："文学艺术的基本特点，在于它用形象反映社会生活。""作为一种反映现实的特殊形式，文学、艺术与哲学、社会科学又各有不同的特点。哲学、社会科学以抽象的概念的形式反映客观世界；文学、艺术则以具体的、生动感人的形象的形式反映客观世界。"③

　　然而具有讽刺意味的是，苏联美学界在50年代初就严正质疑别林斯基的这个观点，并逐渐抛弃了别林斯基的观点。1953年布罗夫在《哲学问题》第5期上发表了《论艺术内容和形式的特征》一文，这篇文章的标题就剑指别林斯基关于艺术的定义。布罗夫抓住了别林斯基的软肋，别林斯基只从反映现实的形式方面，而不从反映现实的内容方面，界定哲学与艺术的区别。而布罗夫的这篇文章不仅要揭示艺术的形式的特征，而且要揭示艺术的内容的特征。布罗夫写道："并非对现实的任何具体反映都可以算做艺术，不管它反映得多么精细巧妙。例如：机器的模型或图样虽然是实在的现实某一方面的直观的具体反

---

　　① 中国社会科学院外国文学研究所外国文学研究资料丛刊编辑委员会编：《外国理论家 作家论形象思维》，中国社会科学出版社1979年版，第241页。

　　② 蔡仪主编：《文学概论》，人民文学出版社1979年版，第18—19页。

　　③ 以群主编：《文学的基本原理》，上海文艺出版社1984年版，第33—34页。

映，但正由于它们缺乏艺术内容，所以不能算做艺术。艺术的特征不仅取决于反映的形式，而且也取决于反映的客体本身的特点。不仅如此，对象还决定反映的形式。"①

也就是说，布罗夫尖锐地提出了艺术的特殊对象的问题。布罗夫对这个问题的回答是："艺术的内容就是人类的生活及其天然的（社会的和自然的）环境，这种环境是艺术家根据一定的社会理想从综合其各方面来把握和理解的。"②布罗夫的这篇文章很快被译成中文，发表刊登于"文艺理论学习小译丛"第5辑合订本（1954）和《苏联文学艺术论文集》（学习杂志社1954年版）。然而令人奇怪的是，我国学者没有关注和重视这篇观点鲜明的论文。接着，布罗夫又在1956年8月4日苏联《文学报》上发表了题为《美学应该是美学》的文章，该文的中译版刊登于《美学与文艺问题论文集》（学习杂志社1957年版）。在这篇文章中，布罗夫再次批评了把艺术的内容与社会科学（政治经济学、哲学等等）的内容等量齐观的做法，指出如果不揭示艺术的特殊的内容，那么艺术就没有独立存在的权利。布罗夫还强调美学研究要从哲学层面进入美学层面。

1956年，布罗夫在《艺术的审美实质》一书中更系统地阐述了艺术的特殊对象问题。这本书引起激烈的争论，苏共中央社会科学院文学艺术理论教研室于1957年召开座谈会讨论了这本书，会议报道刊登于苏联《哲学问题》1957年第6期。苏联一些美学家同布罗夫的争论已经不是在艺术反映现实的形式层面上，而是在艺术反映现实的内容层面上即艺术的特殊对象层面上展开。

---

① 《学习译丛》编辑部编译：《苏联文学艺术论文集》，学习杂志社1954年版，第113—114页。

② 《学习译丛》编辑部编译：《苏联文学艺术论文集》，学习杂志社1954年版，第133页。

第二节　俄苏美学重估的内容

对俄苏美学进行重估的内容包括：

第一，马克思主义美学研究：马克思美学思想的文献整理和研究，马克思《1844年经济学—哲学手稿》的美学思想研究，马克思主义美学的理论形态，马克思主义美学与庸俗社会学的斗争。

第二，美学学派和著名美学家的研究：俄国形式主义，新审美学派，塔尔图-莫斯科学派，巴赫金的美学思想，阿斯穆斯的美学史研究，洛谢夫的古希腊罗马美学研究。

第三，美学基本原理：美学的哲学基础，美的本质，审美范畴，美学研究的方法论，艺术的起源，艺术的本质，艺术的功能，艺术的对象，艺术的结构，典型，形象思维，现实主义，等等。

第四，我国对俄苏美学的评价和接受。

一、俄苏美学对20世纪中国美学影响的深度和广度

进行学术重估，我们可以看出俄苏美学对20世纪中国美学影响的深度和广度，这种影响不同于其他国家美学对我国的影响，它是全局性、体系性的。我们以若干例证加以说明。我们先看影响的深度。

1.俄苏美学影响的深度

文艺的功能问题是美学和文艺学中的一个重要问题。我国于20世纪60到80年代出版的文艺理论教科书中，一直采用文艺的三功能说：文艺具有认识功能、教育功能和审美功能。这种观点的直接来源是苏联专家维·波·柯尔尊在1956—1957年给北京师范大学中文系的研究生和进修教师讲学的讲稿《文艺学概论》（中译本由高等教育出版社1959年出版，印数达5万册）。中国学者论证文艺三功能说时三种功能排列的顺序、论证的理由、所举的例证等，与柯尔

尊的《文艺学概论》完全相同。

　　1984年出版的以群主编的《文学的基本原理》（累计印数已超过惊人的190多万册）在阐述艺术的教育作用时所举的两则主要例证，也就是柯尔尊在《文艺学概论》中阐述艺术的这种作用时所举的例证。一则是，季米特洛夫说过："我还记得，在我少年时代，是文学中的什么东西给了我特别强烈的印象。是什么榜样影响了我的性格？我必须直接地说：这是车尔尼雪夫斯基的书《怎么办？》。我在参加保加利亚工人运动的日子里培养起来的那种坚持力和我在来比锡法庭上所采取的那种一贯的坚持力、信心和坚定精神——这一切都无疑地同我在少年时期读过的车尔尼雪夫斯基的艺术作品有关系。"另一则是，列宁高度赞扬《国际歌》的作者欧仁·鲍狄埃"是一位最伟大的用歌作为工具的宣传家"，指出"一个有觉悟的工人，不管他来到哪个国家，不管命运把他抛到哪里，不管他怎样感到自己是异邦人，言语不通，举目无亲，远离祖国，——他都可以凭《国际歌》的熟悉的曲调，给自己找到同志和朋友"。[①]该书在阐述艺术的认识作用时所举的例证也是此前苏联文艺理论著作中常用的：马克思说英国现实主义作家狄更斯等"在自己的卓越的、描写生动的书籍中向世界揭示的政治和社会真理，比一切职业政客、政论家和道德家加在一起所揭示的还要多"。恩格斯说他从巴尔扎克的《人间喜剧》中所学到的东西，甚至"比从当时所有职业的历史学家、经济学家和统计学家那里学到的全部东西还要多"。[②]

　　在20世纪80年代以后，艺术的三功能说仍然为很多艺术原理著作和教科书所采用，例如，高等艺术院校集体编写的《艺术概论》（文化艺术出版社1983年版，1999年仍在印刷）、王宏建主编的《艺术概论》（文化艺术出版社2000年版）等都沿用此说。

　　艺术三功能说的主要缺陷是没有考虑到艺术功能的丰富性和特殊性。它

---

①　转引自以群主编：《文学的基本原理》，上海文艺出版社1984年版，第79—80页。

②　转引自以群主编：《文学的基本原理》，上海文艺出版社1984年版，第76—77页。

没有回答一个貌似简单的问题：艺术为什么恰恰具有，而且仅仅具有这三种功能？从20世纪60年代起，苏联美学界抛弃了艺术三功能说，而从艺术结构中推引出来众多的艺术功能，并且把它们作为有规律地组织起来的系统提出来。这方面的代表作有《卡冈美学教程》第1版（1964）、斯托洛维奇的《审美价值的本质》（1971）。约三十年后，我国学者的著作如童庆炳的《艺术创作与审美心理》（百花文艺出版社1992年版）、胡有清的《文艺学论纲》（南京大学出版社1992年版）、杨恩寰和梅宝树的《艺术学》（人民出版社2001年版）等，也采用了这种观点。

毕达可夫来华讲学是俄苏美学对20世纪中国美学产生深度影响的又一例证。1954年2月20日，苏联专家毕达可夫来到北京大学，他的使命是为北京大学中文系文艺理论研究班讲授文艺学。毕达可夫在北京大学的讲学，在很大程度上、在相当长的时间内影响了中国文艺理论教材的编写体例、阐述范式、基本观点的形成，以及核心的概念、术语和命题的选取。毕达可夫当时是基辅大学副教授，他毕业于莫斯科大学语文系，苏联著名文艺理论家季莫菲耶夫是该系的教授，他受教于季莫菲耶夫。毕达可夫在基辅大学主讲文学理论和文学批评等课程，在苏联美学界并不知名。但是，他来华的身份很不一样，他应中国高等教育部和北京大学的邀请，作为苏联文艺学专家来北京大学讲学，受到特殊的礼遇。他到北大做的第一件事，就是帮助中文系建立起文艺理论教研室，由系主任杨晦兼任教研室主任。然后，由北京大学中文系文艺理论教研室牵头，举办文艺理论研究班，由毕达可夫主讲文艺学引论。

1949年后，中国高校虽然有文学理论课程，但是没有统一的大纲，更无规范的教科书，全靠自己发挥。1950年8月我国教育部颁布高校"教学大纲草案"，规定文学概论课程要"应用新观点、新方法，有系统地研究文艺上的基本问题，建立正确的批评，并进一步指明文艺写作及文艺活动的方向和道路"。在这种情况下，高教部聘请的苏联文艺学专家来华讲学，肩负为中国高校培养文艺理论课程的师资、帮助中国发展文艺学学科的重任。新中国初期的文艺学学科在很大程度上就是在毕达可夫的具体指导下发展起来的。中国对苏联美学和文艺学的接受是自觉的、主动的、虔诚的，而不是别人强制的、强加的。

1954年4月，北大文艺理论研究班开班，班主任是杨晦，正式研究生共有15人，是来自北大有关院系的四年级学生，他们将来的去向是到全国各高等院校和研究机构从事美学和文艺理论的教学和研究。除此之外，还有从全国各高等学校抽调来的文艺学骨干教师，如复旦大学的蒋孔阳，陕西师范大学的霍松林，武汉大学的王文生、胡国瑞，云南大学的张文勋，山东大学的吕慧娟，中山大学的邱世友，厦门大学的蔡厚示，南京大学的杨咏祁，西北大学的郝御风，东北师范大学的李树谦，等等。毕达可夫每周授课4学时，由翻译译成中文，授课时间一年半。毕达可夫讲授的内容基本上还是季莫菲耶夫的《文学原理》的体系，哲学基础是认识论。季莫菲耶夫的《文学原理》由我国著名诗人和翻译家查良铮译成中文，由平明出版社出版。原书初版于1934年，再版于1948年，是经苏联高等教育部批准、当时苏联高校语文学系统一使用的教材。

北大文艺理论研究班的学员们，尤其是从全国各高校来的老师们怀着极大的兴趣和热情听课，一些教学经验丰富的老师一边听课，一边编写自己的教材。有的老师把听课的笔记寄回所在的学校，作为其他老师教学的参考。研究班结束不久，有些学员的教材就出版了。这些教材深深地打上了苏联文学理论的印记，在某种程度上是具有中国特色的苏联文学理论教材的翻版。毕达可夫讲课的教材《文艺学引论》由高等教育出版社于1958年出版。这部教材的体例和观点，基本上取自季莫菲耶夫的《文学原理》，而在具体论述上，又带有50年代初期苏联教条主义和庸俗社会学的鲜明印记，斯大林-日丹诺夫时代控制下的文艺学成为《文艺学引论》的基本框架。然而这部教材产生了很大的影响。来自全国各高等院校到研究班听课的老师，以后大多数成为文艺理论教学和研究的骨干。

"毕达可夫虽然不是苏联的一流学者，但他在中国的形象并不是他本人的形象，而是苏联文艺学专家的形象，他的身份使他有别于一般的学者，这也正是《文艺学引论》之所以能够产生重大影响的一大原因。包括毕达可夫在内的苏联文艺学学者编写的教材在我国的传播，它所产生的影响起码有两个方面：一方面，它进一步巩固或强化了我国文艺学界对'苏式'马列主义文艺学的'集体记忆'，使其在大学课堂上成为唯一具有合法性的讲授内容。它广泛的传播，决定了我国五六十年代乃至更长的时期内文艺学的基本形态，也决定了文艺学学术生产的基本形式；另一方面，它又提供了系统编撰文艺学教材的经验，特别是以马克思主义作为指导思想的文艺学教材的编写。"①

2. 俄苏美学影响的广度

从20世纪20年代起，苏联美学就作为重要的理论资源影响了中国美学的建设和发展。1928年起，陈望道主编的"文艺理论小丛书"开始印行，其中就收有苏联的美学论文；1929年春，冯雪峰主编的"科学的艺术论丛书"也开始出版，鲁迅和冯雪峰为这套丛书翻译了普列汉诺夫和卢那察尔斯基等人的著作。1929年一年中我国译出了155种社会科学著作，其中大部分是直接或间接地介绍苏联早期美学和文学思想的。1940年楼适夷由日文转译出版了里夫希茨和希列尔编辑的《马克思恩格斯论艺术》，重庆读书生活出版社以《科学的艺术论》为题出版此书。在译介俄苏美学方面，鲁迅、瞿秋白和冯雪峰起到了特别重要的作用。此外，其他学者如陈望道、楼适夷、陆侃如、郭沫若、邵荃麟、冯乃超、彭嘉生、周扬、胡秋原、沈端先（夏衍）、胡风等，也对译介马克思主义美学和文艺理论贡献了自己的力量。

新中国成立后，国内学界对苏联文学和美学理论的介绍，更显示出了空前的热情。自从恩格斯提出了典型理论之后，它历来被视为马克思主义美学和文艺学的核心问题之一。20世纪50年代初，在苏共十九大的报告中，马林科夫关于典型的论述，也是中国美学和文艺理论界理解这一概念的基本依据。1953年斯大林去世后，苏共二十大重新制定了党的方针路线，在文艺学上的反映

① 杜书瀛、钱竞主编，孟繁华著：《中国20世纪文艺学学术史》第3部，中国社会科学出版社2007年版，第92页。

之一，就是重新阐释了典型理论。1955年第18期的《共产党人》杂志，发表了《关于文学艺术中的典型问题》专论。专论驳斥了马林科夫在苏共十九大报告中关于典型的观点。苏联的这一变化，促使中国美学界重新探索这一理论。《文艺报》1956年第8号辟《关于典型问题的讨论》专栏，首发了张光年、林默涵、钟惦棐、黄药眠四人的文章。《文艺报》还发表了"编者按"。

现实主义是一个重要的美学问题。1953年1月，周扬为苏联《旗帜》杂志写的论文《社会主义现实主义——中国文学前进的道路》在《人民日报》转载。1953年3月11日，周扬在全国电影剧作会议的报告中指出："关于社会主义现实主义，苏联的理论家写了很多文章，数也数不清的，但最有权威的还是在一九三四年日丹诺夫第一次对于社会主义现实主义的解释，也是最正确的。"[1]同年9月，第二次全国文代会正式确认了"把社会主义现实主义方法作为我们整个文学艺术创作和批评的最高准则"[2]。至此，作为范本的社会主义现实主义完成了它在中国的确立过程。

20世纪50年代中期到60年代中期，我国爆发了关于形象思维的大讨论。触发点之一是我国译介了苏联关于形象思维争论的文章。《文艺理论学习小译丛》第5辑和第6辑合订本（新文艺出版社1954年版）分别译载了布罗夫的《论艺术内容和形式的特性》（即上文《论艺术内容和形式的特征》，两书采用的译名不同）和尼古拉耶娃的《论文学的特征》。布罗夫竭力否定形象思维，尼古拉耶娃则充分肯定形象思维。"形象思维"这个术语是19世纪俄国美学家别林斯基首先提出来的。中国学者的观点在总体上与苏联关于这一问题所形成的两种观点，有很大的相似之处。

"文学是人学"这个命题最早是由高尔基在20世纪20—30年代提出来的。1957年钱谷融发表了一篇著名的、长期受批判的文章《论"文学是人学"》（《文艺月报》1957年第5期）。1981年钱谷融的论文《论"文学是人学"》

---

[1]　《周扬文集》第2卷，人民文学出版社1985年版，第196页。

[2]　《周扬文集》第2卷，人民文学出版社1985年版，第249页。

由人民文学出版社作为一本理论著作出版发行。刘再复在《论文学的主体性》一文（《文学评论》1985年第6期—1986年第1期）中强调，"文学是人学"这个命题的重要性和正确性几乎是不待论证的，这一命题的深刻性在于，它在文学的领域中，恢复了人作为实践主体的地位。

20世纪50—60年代，中苏都爆发了美学问题大讨论。在讨论中，美的本质的客观社会性说在两国都取得了主导地位。苏联美学家斯托洛维奇在1956年8月发表于《哲学问题》第4期的文章《论现实的审美属性》提出了这种观点，该文的中译版于两个月后——1956年10月中旬刊登于月刊《学习译丛》第10期。李泽厚在1956年12月发表于《哲学研究》第5期的文章《论美感、美和艺术》也提出了这种观点。这两篇文章的观点相同，论证方法相似。

20世纪80年代的中国文学界，无论创作实践还是理论批评，曾经都有过一个很重要的带倾向性的现象，即所谓"向内转"，创作注重表现内心世界，理论研究注重内部规律。"向内转"成为80年代美学和文艺学主流话语之一，关于"向内转"的争论时间前后长达五年之久。在"向内转"的讨论中，俄国形式主义和20世纪西方文论是主要的理论资源，而俄国形式主义则是20世纪西方文论的源头。

20世纪80年代初期，我国美学界开展了关于马克思《1844年经济学—哲学手稿》（以下亦称《手稿》）的美学思想的讨论。《手稿》的基本理论部分在八十三年后，于1927年发表在苏联梁赞诺夫主持的《马克思恩格斯文库》俄文版第3卷。《手稿》的中译本有三种：1956年人民出版社出版的何思敬译的第一个《手稿》中文全译本，1979年人民出版社出版的刘丕坤的新译本，随后马克思恩格斯列宁斯大林著作编译局的译本收入到《马克思恩格斯全集》第42卷中。前两个译本都是根据俄文本翻译的，编译局的译本是在刘丕坤译本的基础上，根据德文原文并参考俄文译本译出。对《手稿》美学思想的理解首先涉及对《手稿》的评价。我国大部分美学家认为，尽管《手稿》中有不成熟的内容，但它是哲学中革命变革的起源。这种评价采用的是苏联学者的观点。朱光潜在发表于1981年的《马克思的〈经济学—哲学手稿〉中的美学问题》一文中，特地提到他赞同苏联学者巴日特诺夫在《哲学中革命变革的起源》、纳尔斯基在《辩证唯物主义在马克思著作中的形成》等论著中所持的这种观点。[①]

《手稿》美学思想的核心命题是"自然的人化"和"人的本质力量对象化"。这个观点最早是由苏联美学家万斯洛夫提出来的。他于1955年4月在苏联《哲学问题》杂志第2期发表了《客观上存在着美吗？》一文，不到一个月，该文的中译版就刊于1955年7月出版的《学习译丛》第7期上，后来又收入学习杂志社于1957年出版的《美学与文艺问题论文集》。万斯洛夫的观点得到我国大部分美学家的赞同，1980年刘纲纪在《关于马克思论美》一文中指出："马克思所提出的'自然界的人化'和'人的对象化'，我认为是马克思论美的基础。"[②]

20世纪80年代初，朱光潜和吴元迈等就艺术作为意识形态与上层建筑的关系展开争论，这种争论是苏联50年代初同议题争论的遥远的回声，中国争论的双方都提到苏联当初的争论。苏联《哲学问题》1951年第1、2期和1952年第2期刊登了一些学者关于作为社会意识形态的艺术的特点问题、关于艺术与基础和上层建筑的关系问题的辩论文章。大部分学者认为艺术表现某些社会阶级的艺术观点，艺术是上层建筑现象，因为它受适合于它的社会制度的制约，并归根到底受该社会的经济的制约。另一些学者认为艺术是社会意识形态，但不是上层建筑性质的现象。艺术观点属于上层建筑，但艺术不是上层建筑。还有人认为，马克思把艺术当作一种社会意识形态，而没有把它列入上层建筑，他只把政治和法律列为上层建筑。

艺术本质的审美意识形态论作为新时期以来对意识形态论的突破，已经为我国大多数文艺理论家所赞同，"审美意识形态论"被我国主流学术界称为文艺学的第一原理。这种观点的倡导者承认，对文艺本质的这种理解受到20世纪50年代苏联审美学派的影响。而且，苏联美学家布罗夫于1975年在《美学：问

---

① 程代熙编：《马克思〈手稿〉中的美学思想讨论集》，陕西人民出版社1983年版，第60—61页。

② 刘纲纪：《美学与哲学》，湖北人民出版社1986年版，第42页。

题和争论》一书中已经明确提出艺术的本质是"审美意识形态"。

二、20世纪中国美学对俄苏美学接受中的疏漏和偏颇之处

进行学术重估，我们可以认清我国20世纪美学在接受俄苏美学中的重大疏漏和偏颇之处。

1. 对20世纪俄苏美学接受的疏漏之处

我国对20世纪俄苏美学接受中的疏漏包括多年后才关注到的俄国形式主义、巴赫金美学思想、塔尔图-莫斯科学派、洛谢夫的古希腊罗马美学研究等。

近年来，我国美学界对苏联美学家巴赫金非常重视，河北教育出版社于2009年出版了钱中文主持翻译的7卷本《巴赫金全集》。巴赫金于20世纪20年代在苏联美学界就有了知名度。他的主要著作有：《文艺学中的形式主义方法》（1928），《陀思妥耶夫斯基的创作问题》（1929），《陀思妥耶夫斯基诗学问题》（1963），《弗朗索瓦·拉伯雷的创作与中世纪和文艺复兴时期的民间文化》（1965）。然而在20世纪80年代以前，我国对巴赫金一无所知。1982年的《中国大百科全书·外国文学》和1984年的《苏联文学词典》（江苏人民出版社）都没有提到巴赫金。

塔尔图-莫斯科学派形成于1962年，我国对这个学派的研究开始于80年代中期。1962年在莫斯科召开的"符号系统的结构研究"讨论会是这个学派形成的标志。会议内容涉及语言符号学、逻辑符号学、机器翻译、艺术符号学、神话学、非口语交际系统语言的描述（例如道路信号，用牌占卜的语言学等）、同聋哑人交往的符号学、宗教（佛教）符号学。讨论会在学术界引起极大反响。会议材料刊登在论文集《结构类型学研究》（莫斯科1962年版）中。争论的文章刊登在发行量很大的一些权威杂志如《哲学问题》和《文学问题》上，争论的文章详细转述了报告人的基本观点，大段摘引原文，这些起到广告和宣

传的作用。塔尔图-莫斯科学派在国际符号学界非常著名，有些著名的语文学家甚至把它视为世界上最大的符号学研究中心。

洛谢夫是俄苏美学最负盛名的美学家和美学史家之一。他独立完成的8卷9册《古希腊罗马美学史》（1963—1987）是迄今为止世界上最完备的古希腊罗马美学史著作，约相当于中文500万字。在20年代，他就出版了第一批著作：《古希腊宇宙和现代科学》（1927），《柏拉图的数的辩证法》（1928），《亚里士多德对柏拉图主义的批判》（1928），《音乐学作为逻辑学的对象》（1927），《艺术形式的辩证法》（1927），《名字的哲学》（1927）。苏联科学院世界文化史学术委员会在《哲学问题》杂志举办的讨论文化、历史和现时代的圆桌会议上这样赞扬洛谢夫的成就："我们已经有了文化史方面的踏实丰富的研究，苏联历史学可以为这些研究而自豪。作为例证，可以援引我们的古希腊文化大师洛谢夫的古希腊罗马美学史的'集大成'巨著。这部巨著一卷接一卷出版，是世界科学全部总结的概括，自身也是研究古希腊文化史的最新成就，这种成就将长期决定这个领域中学术研究的水准。"①联合国教科文组织曾经在莫斯科举办过洛谢夫学术思想的国际研讨会。我国没有翻译过洛谢夫的著作，对他基本上没有研究。

为什么对俄苏美学的接受会出现疏漏呢？一方面，我们的研究者对俄苏美学中新的理论生长点和稀缺的学术资源缺乏敏感性和辨识力；另一方面，我们的接受更注重的是理论的实用性和意识形态性。正如有的研究者所指出的那样："苏联与欧洲传统的密切联系以及19世纪以来俄罗斯丰富的文学和理论遗产，作为潜流和已成为民族精神一部分的影响，始终在产生着作用。"②"（这些文学理论——引者注）总会成为生长点有可能在理论危机的时代填补稀缺的理论空间，并暗中给人们以思想的支援。而我们在接受苏联文艺学的时代，更注重的是理论的实用性和意识形态的意义，而不是包括俄罗斯

---

① 苏联《哲学问题》1977年第11期，第128页。

② 杜书瀛、钱竞主编，孟繁华著：《中国20世纪文艺学学术史》第3部，中国社会科学出版社2007年版，第52页。

文化精神在内的全部苏联文艺理论。这种情况自然有民族传统的制约，有民族主体性要求的考虑，但它也同时隐含了追随中疏离的危机。也就是说，当民族主体性和意识形态要求与追随对象发生分歧时，疏离甚至反目就会成为新的选择。而事实也是如此，我们正是经历了对苏联文艺学的接受、对抗、选择的全过程。""即便如此，苏联文艺学对我们的影响仍然是巨大的，抛开文学的意识形态性，19世纪的俄罗斯文学及理论、20世纪的苏联文学的世界意义仍值得我们格外重视。而七十年的苏联文学的经验与教训，对我们说来其意义更是不同寻常。"①

2. 对20世纪俄苏美学接受的偏颇之处

与重大疏漏一起，我们对20世纪俄苏美学的接受也有很多偏颇之处。"具有讽刺意味的是，当20世纪50年代下半期，苏联文学理论已经批判教条主义、公式化，反思历史重建理论的时候，我们仍在大量翻译出版斯大林时代的、充满了教条主义气息的教材和论文。"②之所以出现这种情况，是因为"斯大林的逝世和苏联批判个人崇拜的时代风潮，同中国需要进一步确立国家意识形态权威性的历史处境毕竟是不同的"。"当文艺理论以激进的形式表达了'分化'倾向时，它便受到了官方敏感的戒备，在当时的条件下，它无论如何都是不能被接受的。"③

"庸俗社会学"的术语是20世纪30年代在苏联的出版物上出现的，它用来指称早已产生的、20世纪20年代在苏联美学和文艺学中风靡一时的、30年代中期走向衰落的一个学派。美学和文艺学中庸俗社会学的主要代表是弗里契（1870—1929）。尽管30年代弗里契在苏联已经遭到严厉批判，可是我国仍然

---

① 杜书瀛、钱竞主编，孟繁华著：《中国20世纪文艺学学术史》第3部，中国社会科学出版社2007年版，第52—53页。

② 杜书瀛、钱竞主编，孟繁华著：《中国20世纪文艺学学术史》第3部，中国社会科学出版社2007年版，第58页。

③ 杜书瀛、钱竞主编，孟繁华著：《中国20世纪文艺学学术史》第3部，中国社会科学出版社2007年版，第72—73页。

在1949年出版了他的《欧洲文学发展史》（群益出版社），又在1952年出版了他的《艺术的社会意义》（上海万叶书店）。

日丹诺夫（1896—1948）1939年起为联共（布）中央政治局委员，主管意识形态工作。1956年苏联批判了斯大林的个人崇拜后，日丹诺夫也间接受到批判，他在苏联逐渐销声匿迹。然而，他关于文艺和哲学问题的极左论述的四篇讲话和关于两份文学杂志的报告，却汇集成《日丹诺夫论文学与艺术》，1959年在我国出版（人民文学出版社）。

卡冈主编的《美学史讲义》第四册《马克思主义美学史》（1987）中，第七章《三十年代至五十年代初的苏联美学科学》的第三节《四十年代至五十年代初苏联美学科学的发展》，根本没有提到日丹诺夫的名字，但是批评了日丹诺夫主持起草的四个决议。[1]1988年，苏联为遭到日丹诺夫批判的作家和文艺刊物平反。与此形成鲜明对照的是，我国1979年出版的蔡仪主编的《文学概论》多次正面引用了日丹诺夫的言论[2]，我国1984年出版的以群主编的《文学的基本原理》也正面引用了日丹诺夫的言论[3]。这确实令人惊讶，日丹诺夫的极左言论在苏联受到批判三十年后，在我国改革开放后的重要的文艺理论教科书中，依然被作为权威观点加以引用。

我国一些研究者对苏联美学的认识也有严重的误判。有的研究者认为："苏联马克思主义围绕《手稿》的阐释虽然也形成了审美社会派，但仍然是在反映论基础上进行解读的。"[4]这种判断与事实不符。事实是，苏联美学在大讨论中围绕《手稿》的阐释形成了审美学派。美学大讨论起始于1956年，斯托洛维奇发表于这一年的论文《论现实的审美特性》是大讨论的导火索之一。这篇论文的第一句话说："艺术这一社会意识形态的特点问题，是马克思列宁主

---

① 卡冈主编：《马克思主义美学史》，汤侠生译，北京大学出版社1987年版，第138页。
② 蔡仪主编：《文学概论》，人民文学出版社1979年版，第270页。
③ 以群主编：《文学的基本原理》，上海文艺出版社1984年版，第256页。
④ 周维山：《美学传统的形成与突破——〈1844年经济学哲学手稿〉与中国当代马克思主义美学》，中国社会科学出版社2011年版，第171页。

义美学的中心问题之一。"①作者明确提出艺术的本质是审美的，而现实的审美特性是艺术的审美本质的根源。为了认识艺术的审美本质，仅仅依据反映论是不能解决的。"只有用历史唯物主义的观点来理解社会关系，才是理解现实的审美特性内容的客观性的基础。"②

对于俄苏美学和文艺学在某一个方面的成就，杜书瀛等人指出："俄国形式主义不仅作为重要的文艺理论资源深刻地影响着苏联文艺学的发展，同时在世界文艺学整体格局中占有重要的位置。不仅如此，仅就苏联文艺学教材来说，它们的丰富性也是我们难以比较的。"③这些教材有1934年初版的季莫菲耶夫的《文学原理》，1940年又出版了他的《文学理论基础》，1962—1965年，高尔基世界文学研究所的大型三卷本《文学理论》，1978年波斯彼洛夫的《文学原理》（此为中译本名，原名为《文学理论》），等等。这些教材的作者观点有分歧，互相展开批评。"这种分歧和相互批评，从一个侧面反映了苏联文艺学在有限条件下的多元取向。因此，教条主义一旦得到清算，他们便会拥有理论生长和发展的丰富资源。这一点与我国现代文艺学的生态环境是非常不同的。"④这样看来，对整体俄苏美学进行价值重估不仅必要，而且任务艰巨。

---

① 《学习译丛》编辑部编译：《美学与文艺问题论文集》，学习杂志社1957年版，第45页。

② 《学习译丛》编辑部编译：《美学与文艺问题论文集》，学习杂志社1957年版，第54页。

③ 杜书瀛、钱竞主编，孟繁华著：《中国20世纪文艺学学术史》第3部，中国社会科学出版社2007年版，第88页。

④ 杜书瀛、钱竞主编，孟繁华著：《中国20世纪文艺学学术史》第3部，中国社会科学出版社2007年版，第89页。

第一章　20世纪前半期中国美学对俄苏美学的接受

　　1949年中华人民共和国成立后，奉行学习苏联的方针，苏联美学和文艺学在我国获得霸权的地位，产生了重大影响，这是题中应有之义。然而在20世纪前半期，我国在对西方美学、文艺学与俄苏美学、文艺学同时开放的情况下，俄苏美学和文艺学的影响却远超西方美学和文艺学，这是一个值得研究的文化现象。

　　20世纪前半期，我国不少美学家和文艺理论家曾经留学欧美和日本，他们包括梅光迪、朱光潜、宗白华、邓以蛰、梁实秋、吴宓、周作人、冯至、马采、钱锺书等。1921年，学衡派代表人物、哈佛大学博士毕业的梅光迪出任东南大学西洋文学系系主任，在我国高校中第一次开设了文学概论课程（1920年他在南京高等师范学校暑期学校中开设过这门课程，但那不是正规的学制期间开设的课程），采用的教材是温彻斯特（C.T. Winchester）的《文学评论之原理》。该书的文言文中译本于1923年由商务印书馆出版，这是我国第一部翻译成书的西方文学理论原著。该书中译本出版后，它的英文本仍然在高校中流通使用。此前，郑振铎也翻译过该书的一些章节，以《文齐斯特的〈文学批评原理〉》为题于1921年8月16—22日发表在《时事新报·学灯》上。

一些著名的西方文艺理论家曾长期来华讲学。20世纪20—30年代英美新批评在西方风靡一时。新批评的主要代表人物、英国文艺理论家瑞恰慈（1893—1979）的《科学与诗》由"伊人"翻译，于1929年出版，该书又由曹葆华译成中文，于1937年由商务印书馆出版。瑞恰慈于1929—1931年应邀在清华大学讲学。英国另一位新批评的代表人物燕卜荪于1937年和1947—1952年在北京大学任教。

至于曾经留学欧美和日本的文艺家就更多了。例如，创造社成员大都到过国外，较多地接触了外国的浪漫主义和现代派文学思潮，主张创作是自我的内心表现，强调个人的天才观、创作的自发与无意识、快乐与无功利说、纯美等。郭沫若受德国浪漫主义的影响最深，他崇拜自然，尊重自我，提倡反抗，因而也接受了雪莱、惠特曼、泰戈尔的影响。郁达夫的创作倾向是浪漫主义涂上了世纪末的色彩。尽管如此，20世纪前半期西方美学和文艺学对我国的影响，与俄苏美学和文艺学相比，仍无法望其项背。这里的原因主要有两个。一是俄苏文学代表了世界社会文学的趋势，与中国民族救亡的目标相吻合，与中国社会的现实需求有相似性。自从俄苏文学于1903年进入中国后，人们发现这种文学更适合自己的国情。二是支配俄苏文学的美学和文艺学理论是"异邦的新声"，与西方美学和文艺学相比，更为我所求。随着俄苏文学席卷中国，俄苏美学也大举进入中国。

第一节　"张目以观世界社会文学之趋势"

"张目以观世界社会文学之趋势"是陈独秀在在著名的《文学革命论》一文中提出来的，该文热烈地称颂欧洲进步文学对于欧洲文明的贡献，要求国人"张目以观世界社会文学之趋势，及时代之精神"。1915年诞生的《青年杂志》（后更名为《新青年》）成了新文化运动最初的阵地，在刊物的最初几期上外国文学的译介占有重要的位置。在欧洲进步文学中，俄苏文学占有独特的地位。

一、社会的、人生的文学

20世纪前半期，"就文学思潮而言，现实主义、浪漫主义、自然主义、象征主义、唯美主义等都在中国文坛上留下过自己鲜明的印记。中国现代作家所受的影响无疑是多元的。然而，中国新文学的先驱们在对外来文化'取兼容并包主义'的同时，也对它作了积极的选择和扬弃。在当时介绍进来的林林总总的外国文学作品中，'俄国文学作品已经译成中文的，比任何其他国家作品都多，并且对于现代中国的影响最大。'（鲁迅1927年对美国学者巴特勒特的谈话——原注）"[1]。俄国文学之所以对中国影响最大，是由它的特性所决定的，它是社会的、人生的文学。

很多著名的革命活动家和文学家都论述过俄国文学的特性，他们的观点基本相同或相近。李大钊的《俄罗斯文学与革命》、瞿秋白的《〈俄罗斯名家短篇小说〉序》、周作人的《文学上的俄国与中国》、茅盾的《俄国近代文学杂谈》和译作《俄国文学与革命》、郑振铎的《俄罗斯文学底特质与其略史》和《俄国文学发达的原因与影响》等就是这方面的重要文献。

最早阐述俄罗斯文学特质的可能是胡愈之，他在1920年译介屠格涅夫时就声称，俄罗斯文学乃为人生之文学，"托尔斯泰是以道德来解释人生的；陀斯妥夫斯基是以病态心理来解释人生的；都介涅夫却是以艺术来解释人生的"[2]。

1918年李大钊撰写的《俄罗斯文学与革命》一文是中俄文学关系走向新的历史阶段的重要标志。这是李大钊留下来的唯一的手稿，1965年在胡适的藏书中被发现，另外还有《新青年》编辑部的抄写稿，可见原来准备在《新青年》

---

① 倪蕊琴主编：《论中苏文学发展进程》，华东师范大学出版社1991年版，第3—4页。

② 愈之：《都介涅夫》，《东方杂志》第17卷第4号，第80页。陀斯妥夫斯基即陀思妥耶夫斯基，都介涅夫即屠格涅夫。

上发表的。该稿后来刊登在1979年第5期的《人民文学》上，该期《人民文学》同时还发表了戈宝权的《读〈俄罗斯文学与革命〉》和李大钊的女儿、女婿写的《〈俄罗斯文学与革命〉附记》两篇文章。《俄罗斯文学与革命》的第一句话就是："俄国革命全为俄罗斯文学之反响。"李大钊着重强调了俄罗斯文学"与南欧各国之文学大异其趣"的特质："俄罗斯文学之特质有二：一为社会的彩色之浓厚；一为人道主义之发达。二者皆足以加增革命潮流之气势，而为其胚胎酝酿之主因。"①"文学之于俄国社会，乃为社会的沉夜黑暗中之一线光辉，为自由之警钟，为革命之先声。"②《俄罗斯文学与革命》一文最后说："今也赤旗飘扬，俄罗斯革命之花灿烂开敷（同'放'——原注），其光华且远及于荒寒之西伯利亚矣。俄罗斯革命之成功，即俄罗斯青年之胜利，亦即俄罗斯社会的诗人灵魂之胜利也。"③李大钊的文章生动地反映了那一时期中国进步的知识分子对俄罗斯文学的期待，代表了中国最初接受马克思主义观点的知识分子对俄罗斯文学的基本态度，其褒贬的尺度与他们的政治观和文学观是一致的。

茅盾在1919年撰写的长文《托尔斯泰与今日之俄罗斯》（载《学生杂志》1919年第4—6期，署名"雁冰"）对俄罗斯文学的影响做出高度评价，他指出，"19世纪末年，欧洲文学界最大之变动，其震波远及于现在，且将影响于此后。此固何事乎？曰：俄国文学之勃兴，及其势力之勃张是也"。这种勃兴"其有造于将来之文明，固不待言"。而"其势力之猛鸷，风靡全球之广之速"，非文艺复兴时代英法等国的文学可比。茅盾认为，只有提倡为人生的文学，才能出现中国的文艺复兴。他认为，中国很少有真的文学："一，没有明确的文学观与文学之不独立，二，迷古非今，三，不曾清确地认识文学须以表现人生为首务，须有个性——此三者便是源远流长的中国文学不能健全发

---

① 李大钊：《俄罗斯文学与革命》，《人民文学》1979年第5期，第3页。
② 李大钊：《俄罗斯文学与革命》，《人民文学》1979年第5期，第4页。
③ 李大钊：《俄罗斯文学与革命》，《人民文学》1979年第5期，第7页。

展的根本原因。"① "欲使中国文艺复兴时代出现，惟有积极的提倡人生的文学。"②因此，亟待引进俄罗斯文学。

《民铎》杂志第1卷（1919年）第6、7号连载了田汉用文言写成的5万字长文《俄罗斯文学思潮之一瞥》，文章把俄罗斯文学的发展置放到欧洲文明史的大背景中加以考察，对俄罗斯文学的历史发展和总体面貌做了深入的剖析和阐述，十分清晰地勾勒出从11世纪到20世纪初俄罗斯文学的发展脉络。该文受到评论界的高度重视。田汉介绍了俄罗斯文学中先后出现的古典主义、感伤主义、浪漫主义、现实主义、马克思主义、象征主义等文艺思潮，几乎涉及所有重要的作家和作品。田汉强调文学思潮与哲学思潮的联系，认为俄国斯拉夫派与西欧派分别代表了欧洲数千年来延续的希伯来思想与希腊思想，"俄国近世纪来之文艺思潮史，亦为此二大思想之消长史也"③。这是很有见地的。

1920年3月，瞿秋白为中国杂志出版社出版的《俄罗斯名家短篇小说》第1集作了序，他从中俄两国国情的相似性方面，阐述了俄罗斯文学之所以对中国产生重大影响的原因："俄国布尔什维克的赤色革命在政治上，经济上，社会上生出极大的变动，掀天动地，使全世界的思想都受他的影响。大家要追溯他的远因，考察他的文化，所以不知不觉全世界的视线都集中于俄国，都集中于俄国的文学；而在中国这样黑暗悲惨的社会里，人都想在生活的现状里开辟一条新道路，听着俄国旧社会崩裂的声浪，真是空谷足音，不由得不动心。因此大家都要来讨论研究俄国。于是俄国文学就成了中国文学家的目标。"他还认为，"俄国国民性本来是极端的，不妥协的"，而近几十年来，因为政治上、经济上的变动十分剧烈，"只有因社会的变动，而后影响于思想，因思想的变化，而后影响于文学……俄国因为政治上，经济上的变动影响于社会人生，思想就随之而变，萦回推荡，一直到现在，而有他的特殊文学"。相比之下，中国现在的社会也是"不安极了"，若要做根本改变，那么"新文学的发见随时

---

① 茅盾：《中国文学不发达的因原》，《文学旬刊》第1卷第1号，第3页。

② 茅盾：《中国文学不能健全发展之原因》，《文学周报》第4卷，第9页。

③ 《田汉全集》第14卷，花山文艺出版社2000年版，第4页。

随地都可以有。不是因为我们要改造社会而创造新文学，而是因为社会使我们不得不创造新文学"；"俄国的国情，很有与中国相似的地方"，因此要"创造新文学"，就"应当介绍"俄国文学。[①]

周作人把俄罗斯文学的特性总结为"社会的，人生的"，是非常准确和精到的。他1920年11月先后到北京师范大学和协和医院学校发表了演讲，演讲很快被《晨报·副刊》（15—16日）刊载。不久《民国日报·觉悟》（11月19日）、1921年1月《新青年》第8卷第5号（1921年元旦），1921年5月《小说月报》第12卷号外《俄国文学研究》等转载，产生了很大的影响，那就是著名的《文学上的俄国与中国》。

周作人指出："我的本意，只是想说明俄国文学的背景有许多与中国相似，所以他的文学发达情形与思想的内容在中国也最可以注意研究。"那么，什么是俄国文学最鲜明的特色？作者认为，它是"社会的、人生的"文学："俄国在19世纪，同别国一样的受着欧洲文艺思想的潮流，只因有特别的背景在那里，自然的造成了一种无派别的人生的文学。""俄国近代的文学，可以称作理想的写实派的文学；文学的本领原来在于表现及解释人生，在这一点上俄国的文学可以不愧称为真的文学了。"而俄国文学之所以具有这样的特色，与俄国社会特别的国情有关。它的"希腊正教、东方式的君主、农奴制度""与别国不同"；19世纪后半期，西欧各国已现民主倾向，"俄国却正在反动剧烈的时候"，这又与别国不同。而"社会的大问题不解决，其余的事都无从说起，文艺思想之所以集中于这一点的缘故也就在此"。作者认为，恰恰在这一点上，"中国的创造或研究新文学的人，可以得到一个大的教训。中国的特别国情与西欧稍异，与俄国却多相同的地方，所以我们相信中国将来的新兴文学当然的又自然的也是社会的，人生的文学"。[②]

鲁迅也强调俄罗斯文学"就是'为人生'的，无论它的主意是在探究，或

---

① 《瞿秋白文集》第3卷，人民文学出版社1953年版，第543—544页。
② 周作人：《文学上的俄国与中国》，《新青年》第8卷第5号，第1—4页。

在解决，或堕入神秘，沦于颓唐，而其主流还是一个：为人生"①。

1921年《小说月报》出的近50万字的号外《俄国文学研究》中载有郭绍虞的《俄国美论与其文艺》的文章，这是我国第一篇专门论述俄国美学理论及其与文艺关系的文章。郭绍虞首先强调研究一国的文学不能离开研究它的美学理论："吾人研究一地方或一时代的文艺，同时亦须考察当时当地支配这种文艺思想的美论。单就其美论而研究之，好似批评除去色素的织物；单就其文艺作品而绍介之，又好似研究织物色素的美丽，而忽略织物当初的图案。美论之与文艺本是相互规定：有时由美论的指导以支配文艺，亦有时由文艺的作风以造成美论，……吾人与其从事于片面的研究，不如由其美论与文艺参互考证之为愈。"②

郭绍虞从这一立足点出发，提出要全面了解俄国文学，必须弄清与俄国文学的发展关系极为密切的别林斯基、车尔尼雪夫斯基和杜勃罗留波夫等俄国批评家的美学思想。关于别林斯基的美学思想，作者从其发展的三个阶段以及所受到的哲学思想的影响切入："最初是鲜霖（即谢林——引者注）哲学的思想，次为黑革尔（即黑格尔——引者注）哲学的思想，最后为黑革尔哲学左派的思想。其前二时期都为纯艺术的主张，最后始有人生的倾向。"前期的主张有二："1.诗的目的在包括永久观念于艺术符号之中。2.诗人所表现的观念应符合于其生存的时代而描写国民性的隐曲。"中期受黑格尔"一切现实皆合理"的影响，"此时对于艺术的观念，不偏重于理想，而以为艺术家于其所表彰的想，与包此想的形之间应使有亲密的关系。废想则形以衰，无形则想亦亡，想须透澈于形，形须体现其想，这是他艺术理想上的想形一致论；但他同时又赞美现实而趋于保守，所以以为艺术只是自然界调和沉静无关心的再现，而无取于激烈的形之思想"。后期美学思想发生很大变化，"其审美观渐趋于写实，弃其纯粹的理想主义而考察现实世界的需要"，主张"艺术而不反映现

①　《鲁迅全集》第4卷，人民文学出版社2005年版，第443页。

②　郭绍虞：《俄国美论与其文艺》，《小说月报》第12卷号外，第1页。

实者，都是虚伪"，"此时他排斥重形轻想的古典主义，又不取尊形弃想的浪漫思想，其艺术观念比较的近于醇正"。①

该文还引述了车尔尼雪夫斯基关于美的本质的三个著名的命题："美是生命。生物于其生活状态觉适意之时始为美；即以无生物表现生命使吾人想起生命之时亦为美。"②虽然郭绍虞阐述的别林斯基、车尔尼雪夫斯基和杜勃罗留波夫等俄国批评家的美学思想，不属于本书研究的范围，但是此后的俄苏美学深深地根植于在他们美学思想影响下的传统中。

二、20世纪前半期我国对俄苏文学的接受

钱谷融晚年深情地回忆起俄苏文学对他的影响："俄苏文学对我来说有一种特殊的亲切感。鲁迅先生在《祝中俄文字之交》一文里曾说过'俄国文学是我们的导师和朋友'这样的话，我则可以说是喝着俄国文学的乳汁而成长的。俄国文学对我的影响不仅仅是在文学方面，它深入到我的血液和骨髓里，我观照万事万物的眼光识力，乃至我的整个心灵，都与俄国文学对我的陶冶熏育之功不可分。"③"近一百多年来，俄苏文学与中国文学关系之密切，是任何其他国家的文学所无法比拟的。"④钱谷融的这些话表露了许多老一辈文学家和文学理论家的心声。

俄罗斯文学作品的早期翻译者和研究者可以列出一个长长的名单，他们中很多人当时就是或者以后成为我国文艺战线上举足轻重、影响深远的人物，例如鲁迅、胡适、瞿秋白、博古、林纾、刘半农、郭沫若、周扬、茅盾、冯雪峰、耿济之、周作人、郑振铎、夏丏尊、周建人、巴金、田汉、夏衍、柔石、邹韬奋、蒋光慈、李霁野、傅东华、胡愈之、曹靖华、王统照、马君武、陈望

---

① 郭绍虞：《俄国美论与其文艺》，《小说月报》第12卷号外，第3—4页。
② 郭绍虞：《俄国美论与其文艺》，《小说月报》第12卷号外，第5页。
③ 钱谷融序，见陈建华：《二十世纪中俄文学关系》，学林出版社1998年版，序一第1页。
④ 钱谷融序，见陈建华：《二十世纪中俄文学关系》，学林出版社1998年版，序一第5页。

道、丰子恺、丽尼、黄裳、曹葆华、戈宝权、姜椿芳、韦素园、张闻天、罗稷南、叶灵凤、胡秋原、冯乃超、楼适夷、张友松、赵景深、阿英、邵荃麟、沈颖、耿式之、黄源、以群、郁达夫、杨晦、黄药眠、郭绍虞、陆侃如、朱东润、胡风、徐懋庸、沈从文、吕荧、陈荒煤、周立波、艾芜、巴人、念苏、萧三、唐弢、伍蠡甫、徐中玉、方光焘、赵洵、包文棣、草婴、查良铮、陈冰夷、周瘦鹃、缪灵珠、董秋斯、陆梅林、刘辽逸、满涛、汝龙等等。

这里既有党的早期领导人李大钊、瞿秋白、博古、张闻天，又有著名作家鲁迅、郭沫若、茅盾、巴金、冯雪峰、周作人、胡风、沈从文、郁达夫、蒋光慈、李霁野、丰子恺、王统照、柔石、胡秋原、周立波、艾芜，还有新中国成立后文艺界的领导人周扬、郑振铎、夏衍、田汉、邵荃麟、陈荒煤，也有著名学者夏丏尊、胡愈之、傅东华、陈望道、邹韬奋、徐懋庸、杨晦、陆侃如、郭绍虞、朱东润、方光焘、唐弢、徐中玉，以及著名的美学家和文艺理论家黄药眠、吕荧、以群、巴人、念苏、阿英，倡导西化的胡适和以西学见长的伍蠡甫等，剩下的多是著名翻译家，足见人员分布之广和层次之高。

据《中国新文学大系·史料·索引》不完全统计，1920年至1927年期间，中国翻译外国文学作品，印成单行本的有225种（文集38种，单行本187种），其中俄国为65种，法国31种，德国24种，英国21种，印度14种，日本12种。俄国文学译著的数量大大超过任何一个国家。正如茅盾在《果戈理在中国》一文中所指出的那样，当时"俄罗斯文学的爱好，在一般的进步知识分子中间，成为一种风气，俄罗斯文学的研究，在革命的青年知识分子中间和在青年的文艺工作者中间，成为一种运动"[1]。

20世纪最早译成中文的俄罗斯文学作品是1903年上海大宣书局出版的、根据日文翻译的普希金的《俄国情史》（即《上尉的女儿》）。1907年上海商务印书馆出版了莱蒙托夫的《银钮碑》（即《当代英雄》中的《贝拉》）和契诃夫的《黑衣教士》（即《黑修士》）。1907年《东方杂志》第4卷第1期刊载

---

[1]　《茅盾评论文集》上册，人民文学出版社1978年版，第30页。

了高尔基的《忧患余生》（即《该隐和阿尔乔姆》）。1909年出版的、鲁迅和周作人翻译的《域外小说集》收短篇作品16篇，其中俄国作品7篇，鲁迅译了3篇，并为该书写了序言。随后，俄罗斯文学作品源源不断地流入中国。瞿秋白对俄罗斯文学的翻译做出了重要贡献。1919年9月，他在《新中国》杂志上发表了第一篇译作——托尔斯泰的《闲谈》。在以后十多年中，他翻译的小说、剧本和诗歌有27篇（部），其中大部分为俄苏文学作品。

俄罗斯文学作品，无论在概念内容上，还是在艺术形式上，都对中国的文学创作产生了直接的影响。鲁迅痛批了中国旧文学的"瞒和骗"，决心像俄罗斯文学无情剖析社会现实那样，写出人生的"血和肉"来。他承认，他的小说《狂人日记》受到果戈理同名小说的影响，要写出赤裸裸的真实人生。这两位作家的同名小说在体裁（日记体小说）、人物设置（狂人形象）、表现手法（反语讽刺，借物喻人）和结局处理（"救救孩子"的呼声）等方面都颇为相似。

俄罗斯文学具有描写被侮辱与被损害的小人物并对他们倾注同情的传统，表现出浓厚的人道主义精神，这种传统和精神也影响了中国文学。鲁迅将这种影响比之为"不亚于古人发现了火"。巴金谈到他在塑造《家》中的女仆鸣凤这一形象时，从托尔斯泰笔下的同类形象卡秋莎那里获得过灵感。不过，对巴金影响最大的俄罗斯作家是屠格涅夫，巴金还翻译了屠格涅夫的一些重要小说。巴金在《〈爱情的三部曲〉作者的自白》谈到自己的小说《爱情的三部曲》时表示，在屠格涅夫的影响下，他也试着来从爱情这关系上观察一个人的性格，然后来表现这性格。巴金在《谈我的短篇小说》中还说过，他学写短篇小说，屠格涅夫便是他的一位老师。他那些早期讲故事的短篇小说是受了屠格涅夫的启发写成的。巴金甚至被称为"中国的屠格涅夫"。郁达夫也对屠格涅夫情有独钟，他在《小说论》一书中认为，世界各国的小说，在中国影响最大的，是俄国小说；而他本人尤其喜欢屠格涅夫，他在《屠格涅夫的〈罗亭〉问世以前》一文中表示："在许许多多古今大小的外国作家里面，我觉得最可爱、最熟悉，同他的作品交往得最久而不会生厌的，便是屠格涅夫。……我的开始读小说，开始想写小说，受的完全是这一位相貌柔和，眼睛有点忧郁，绕腮胡长得满满的北国巨人的影响。"①喜欢屠格涅夫的中国作家还很多。例如，沈从文的《湘行散记》在艺术精神和艺术形式上与屠格涅夫的《猎人笔记》相通。沈从文多次称赞《猎人笔记》糅游记散文和小说故事而为一的写法，认为应该使它成为中国"现代小说之一格"。

与巴金、郁达夫、沈从文等人不同，茅盾很少阅读屠格涅夫的作品，也不十分喜欢契诃夫，他师承的是托尔斯泰的艺术传统。他在《从牯岭到东京》中说过："我爱左拉，我亦爱托尔斯泰。"可是他自己来试作小说的时候，却更近于托尔斯泰了。他承认，他的著名小说《子夜》尤其得益于托尔斯泰的《战争与和平》。他在《"爱读的书"》中还指出，读托尔斯泰的作品至少要做三种功夫："一是研究他如何布局（结构），二是研究他如何写人物，三是研究他如何写热闹的大场面。"②

1932年鲁迅在著名的文章《祝中俄文字之交》中高度评价俄国古典文学和现代苏联文学所取得的成就及其对中国的影响："十五年前，被西欧的所谓文明国人看作半开化的俄国，那文学，在世界文坛上，是胜利的；十五年以来，被帝国主义者看作恶魔的苏联，那文学，在世界文坛上，是胜利的。这里的所谓'胜利'，是说，以它的技术和内容的杰出，而得到广大的读者，并且给与了读者许多有益的东西。它在中国，也没有出于这例子之外。"③

第二节 "别求新声于异邦"

"别求新声于异邦"是鲁迅在《摩罗诗力说》中的提法，这里的"新声"指外来文化，特别是俄苏文学和俄苏美学、文艺学理论。对于俄苏美学和文艺

---

① 《郁达夫全集》第6卷，浙江文艺出版社1992年版，第96页。
② 《茅盾杂文集》，生活·读书·新知三联书店1996年版，第724页。
③ 鲁迅：《祝中俄文字之交》，《文学月报》第1卷第5、6号合刊，第1页。

学理论的引进，包括两方面的内容：一是俄苏美学和文艺学理论，二是马克思、恩格斯和列宁的美学思想。

一、20世纪前半期我国对俄苏美学的引进

有一组统计数据：1929年一年中我国译出了155种社会科学著作，其中大部分是直接或间接地介绍苏联早期美学和文学思想的。这组统计数据从一个侧面表明了20世纪前半期我国引进俄苏美学和文艺学理论的力度。在引进俄苏美学和文艺学理论方面，做出特别巨大贡献的有鲁迅、瞿秋白、冯雪峰和周扬。

1. 鲁迅

20年代末30年代初，鲁迅翻译出版了卢那察尔斯基《艺术论》（上海大江书铺1929年版）、《文艺与批评》（冯雪峰主编的"科学的艺术论丛书"之第6种，上海水沫书店1929年版），普列汉诺夫的《艺术论》（"科学的艺术论丛书"之第1种，上海光华书局1930年版）；鲁迅还从日文转译了有关苏联文艺政策的文件汇集《文艺政策》（"科学的艺术论丛书"之第13种，上海水沫书店1930年版），该书包括布哈林、托洛茨基、卢那察尔斯基等6人在1924年5月9日俄共（布）中央关于党的文艺政策讨论会上的发言。鲁迅翻译的卢那察尔斯基《艺术论》也列入"左联"东京分社成员集体编辑的"文艺理论丛书"中，由东京质文社出版，鲁迅译的日本学者的《现代新兴文学的诸问题》同时列入这套丛书中。

普列汉诺夫的美学思想最早于1925年被介绍到中国。1925年8月北京的北新书局翻译出版了《苏俄的文艺论战》一书，书中除了收有反映十月革命后苏联文坛争论的3篇文章之外，附录里还收有苏联学者撰写的《蒲力汗诺夫与艺术问题》一文。鲁迅在为这本书所写的"前记"中说明："别有《蒲力汗诺夫与艺术问题》一篇，是用Marxism于文艺的研究的，因为可供读者连类的参

考，也就一并附上了。"①可见，鲁迅对普列汉诺夫的研究是很早的。

鲁迅不仅翻译介绍俄苏文艺论著，同时对这些论著做出精辟的评述。鲁迅翻译的普列汉诺夫的《艺术论》收入4篇文章：《论艺术》《原始民族的艺术》《再论原始民族的艺术》和《论文集〈二十年间〉第三版序》，前3篇文章就是普列汉诺夫的《没有地址的信》中的3篇书信体论文，第4篇论文曾经单独发表于1929年7月的《春潮》月刊第1卷第7期。鲁迅在译者附记中指出，该文"虽然长不到一万字，内容却充实而明白"，"简明切要，尤合于介绍给现在的中国的"。鲁迅还强调，普列汉诺夫的著作被称为"科学底社会主义的宝库"，"无论为仇为友，读者很多"。"在治文艺的人尤当注意的，是他又是用马克斯主义的锄锹，掘通了文艺领域的第一个。"②鲁迅认为，中国左翼作家联盟的成立，与俄苏美学和文艺学理论的引进很有关系。

鲁迅高度评价了普列汉诺夫对马克思主义文艺理论的贡献，并谈到普列汉诺夫的《艺术论》对自己的影响：

> 我有一件事要感谢创造社的，是他们"挤"我看了几种科学底文艺论，明白了先前的文学史家们说了一大堆，还是纠缠不清的疑问。并且因此译了一本蒲力汗诺夫的《艺术论》，以救正我——还因我而及于别人——的只信进化论的偏颇。③

鲁迅称赞自己翻译的卢那察尔斯基的《艺术论》"学问的范围殊为广大"，论述的内容"极为警辟"，④书中收录的《关于科学底文艺批评之任务的提要》一文最为重要，"凡要略知新的批评者，都非细看不可"。鲁迅还认为自己翻译的卢那察尔斯基的《文艺与批评》澄清了中国文坛上的许多模糊认

---

①　《鲁迅全集》第7卷，人民文学出版社2005年版，第278页。蒲力汗诺夫即普列汉诺夫。

②　《鲁迅全集》第10卷，人民文学出版社2005年版，第347页。

③　《鲁迅全集》第4卷，人民文学出版社2005年版，第6页。

④　《鲁迅全集》第10卷，人民文学出版社2005年版，第325、326页。

识，此书中的一些理论见解"对于今年忽然高唱自由主义的'正人君子'，和去年一时大叫'打发他们去'的'革命文学家'，实在是一帖喝得会出汗的苦口的良药"。①

　　高尔基的文学理论最早是1920年被译介到中国来的。郑振铎翻译的高尔基的《文学与现在的俄罗斯》刊登在这一年10月1日出版的《新青年》第8卷第2号上。1930年上海光华书局出版了鲁迅编选的《戈理基文录》（戈理基即高尔基，1932年再版时改为《高尔基文集》），译者中有冯雪峰、沈端先（夏衍）、柔石等。这是我国出版的第一本高尔基的文学理论和文学批评文集，书中收录高尔基的论文7篇，并附有《戈理基自传》和苏联作者写的《玛克辛·戈理基》一文。鲁迅编辑的《海上述林》（诸夏怀霜社1936年版）上卷中收录了瞿秋白翻译的高尔基论文20多篇。当时我国的20多种重要刊物如《新青年》《奔流》《北斗》《萌芽月刊》《东方文艺》等，都刊登过高尔基的文学理论论文，足见我国美学界和文艺理论界对高尔基文学理论的重视，诸多译者中也包括鲁迅。

2. 瞿秋白

　　如果说鲁迅是从日文译介俄苏美学和文艺学理论，那么，瞿秋白则是直接从俄文译介俄苏美学和文艺学理论。瞿秋白在从事这项工作时，是与译介俄苏文学紧密地结合在一起进行的。在文学作品的翻译方面，他翻译了普希金、果戈理、托尔斯泰、契诃夫、高尔基、卢那察尔斯基等人的作品。

　　1932年瞿秋白把自己的一些译文和论文编成《"现实"——马克思主义文艺论文集》，文集在他生前未能出版。鲁迅抱病把瞿秋白的部分遗著编成2卷本的《海上述林》于1936年出版，瞿秋白的《"现实"——马克思主义文艺论文集》被收进《海上述林》的上卷《辨林》中，副标题被鲁迅改为《科学的文艺论文集》。《"现实"——马克思主义文艺论文集》包括普列汉诺夫一些论

---

① 《鲁迅全集》第10卷，人民文学出版社2005年版，第332、331页。

文的翻译:《易卜生的成功》(《亨利·易卜生》一文的第九部分),《别林斯基的百年纪念》和《唯物史观的艺术论》,以及瞿秋白撰写的论文《文艺理论家的普列哈诺夫》。在《海上述林》上卷中,还收有瞿秋白翻译的高尔基的论文20多篇。

瞿秋白1921—1922年旅俄期间撰写了《俄国文学史》一书,1923年写了《赤俄新文艺时代的第一燕》,后来又写了《论弗里契》一文。在这些论著中,瞿秋白接受了俄苏美学和文艺学理论中一些极左思潮的影响。他对俄苏美学和文艺学理论的译介的成就,远没有他对马克思、恩格斯和列宁的美学思想的译介的成就大。"瞿秋白本人是一位真诚的马克思主义者,对马克思主义文学理论与批评也有较深入的研究,但是,由于他主要是从苏联接受马克思主义文论的,就难免不能把马克思恩格斯的文艺思想和早期苏联研究者对这一思想的片面解释很好地区分开来,难免把苏联'无产阶级文化派'、庸俗社会学和'拉普'的理论和观点,错当成马克思主义文艺理论接受下来。这一失误从根本上说来,并不是瞿秋白个人理论思维上的混乱所造成的,而是由中国文学界接受马克思主义文论的特殊路径所决定的。"[1]

3. 冯雪峰

冯雪峰在译介俄苏美学和文艺学理论方面,做了大量开拓性的工作。他不仅自己翻译了很多论著,而且进行了卓有成效的学术组织工作。1929年,冯雪峰主编的"科学的艺术论丛书"陆续由上海水沫书店和光华书局出版,其中包括普列汉诺夫、卢那察尔斯基、沃罗夫斯基等人的著作。

在这套丛书中,冯雪峰自己翻译了普列汉诺夫的《艺术与社会生活》(1929),卢那察尔斯基的《艺术之社会的基础》(1929),沃罗夫斯基的《社会的作家论》(1930)。其中《社会的作家论》曾由上海昆仑书店于1929

年单独出版，书名是《作家论》。冯雪峰翻译的普列汉诺夫的《艺术与社会生活》由日文转译，是普列汉诺夫晚年一部重要的美学和文艺学论著。冯雪峰的这个译本多次修订和再版，在20世纪60年代依据俄文的译本出现之前，冯雪峰的译本一直流传。另外，冯雪峰同时期从日文翻译了普列汉诺夫的《论法兰西底悲剧与演剧》，连载于《朝花旬刊》1929年第1卷第7—8期，这是普列汉诺夫的《从社会学观点论18世纪法国戏剧文学和法国绘画》一文的节录；冯雪峰还翻译了普列汉诺夫的《文学及艺术底意义——车勒芮绥夫司基底文学观》，刊登在《小说月报》1930年第21卷第2号，这是普列汉诺夫的著作《车尔尼雪夫斯基》第1部第3篇的第1章。

冯雪峰翻译的《新俄的文艺政策》一书（上海光华书局1928年版）收有卢那察尔斯基1924年5月9日在关于俄共（布）文艺政策专题讨论会上的发言，冯雪峰编译的《枳花集》一书（上海泰东图书局1928年版）收有卢那察尔斯基的文章《苏联文化建设的十年》。冯雪峰翻译的《艺术之社会的基础》一书，是我国当时译介卢那察尔斯基的主要成果之一。该书包括3篇论文：《艺术之社会的基础》《关于艺术的对话》和《新倾向艺术论》（即《艺术及其最新形式》）。

与俄苏早期的马克思主义美学家普列汉诺夫、卢那察尔斯基相比，沃罗夫斯基对于我国读者来说比较陌生。他的著作最早是1928年介绍到中国来的，他的《高尔基论》一文的中译刊登在1928年《创造月刊》第2卷第1—2期上。1929年，冯雪峰翻译的沃罗夫斯基的《作家论》由上海昆仑书店出版，后来又收入他主编的"科学的艺术论丛书"中于1930年出版。该书收录两篇文章。一篇是《巴札罗夫与沙宁——关于二种虚无主义》，这是沃罗夫斯基关于屠格涅夫的《父与子》和阿尔志跋绥夫的《沙宁》两部小说的比较研究。另一篇是《戈理基论》。这个译本还附有弗里契的文章《文艺批评家的伏洛夫斯基》[①]。

---

① 伏洛夫斯基即沃罗夫斯基。

冯雪峰对《作家论》的译文略作改动，把书名改为《社会的作家论》于
1930年出版。冯雪峰在"题引"中评价了沃罗夫斯基的文学批评成就，呼吁中
国的文学批评家向他学习。"最要紧的是在用'马克斯主义的X光线'——象
本书著者所用的——去照澈现存文学的一切；经了这种透视，才能使批评不成
为谩骂，却是峻烈的批评。"[1]冯雪峰对引进沃罗夫斯基的理论做出了特殊的
贡献。

4. 周扬

周扬在20世纪前半期对俄苏美学和文艺学的接受，对他六十多年的文学活
动具有特别重要的意义，因为他长期担任文艺界领导人，对俄苏美学和文艺学
的理解，直接影响到他对中国美学和文艺学理论体系的建构，以及文艺政策的
制定和贯彻。"我国文学界是把马克思、恩格斯的文艺思想——普列汉诺夫、
列宁等俄国早期马克思主义者的文艺观——三四十年代苏联领导人的文艺指导
思想和文艺政策——《在延安文艺座谈会上的讲话》等，视为一种按照一脉相
承的思路向前发展的文艺思想体系来看待的。这正是我国文学界接受和理解马
克思主义文艺思想的独特路径。"[2]在这些环节中，周扬起了独特的作用。

周扬对俄苏美学和文艺学的接受，与他翻译和接受俄苏文学是同步进行
的。在20世纪30年代初，他写过一系列关于俄苏文学的文章，如《绥拉菲莫维
奇——〈铁流〉的作者》（1931），《十五年来的苏联文学》（1933），《高
尔基论文学用语》（1934）。1938年，周扬在《抗战时期的文学》一文中，赞
扬了苏联作家法捷耶夫的长篇小说《毁灭》，说它"写一队游击队牺牲到只
剩下十九个人，那结尾是悲哀的"，但它和另一部苏联小说《恰巴耶夫》一
样，"无论如何不是悲哀的文学，因为它们灌输读者以胜利的信念，并且教育
读者怎样去继续斗争，这是战斗的文学，我们目前需要的，就正是这样的作

---

① 《雪峰文集》第2卷，人民文学出版社1983年版，第754页。

② 汪介之：《回望与沉思：俄苏文论在20世纪中国文坛》，北京大学出版社2005年版，第
64页。

品"。①周扬认为，20世纪30年代的中国无产阶级文学，"无论在理论上或创作上，都还很幼稚"，所以"要向已经有了伟大的无产阶级的文学的欧美各国，特别是苏俄去学习"。②

在俄罗斯美学中，周扬对别林斯基、车尔尼雪夫斯基和杜勃罗留波夫情有独钟。他翻译了别林斯基的《论自然派》（即《一八四七年俄国文学一瞥》节选）等。抗日战争全面爆发后，周扬由上海到达延安，积极从事中国美学和文艺理论建设工作。在谈到艺术的本质时，他采用了别林斯基的观点，认为"艺术，用简单的定义，就是体现思想于形象"③。

1942年周扬翻译的车尔尼雪夫斯基的《生活与美学》（即《艺术与现实的审美关系》）在延安出版。朱光潜后来这样谈到这本著作在美学界的深远影响："在我国解放前是最早的也几乎是唯一的翻译过来的一部完整的西方美学专著，在美学界已成为一部家喻户晓的书。它的影响是广泛而深刻的，很多人都是通过这部书才对美学发生兴趣，并且形成他们自己的美学观点，所以它对我国美学思想的发展有难以测量的影响。"④

周扬当年写下了《艺术与人生——车尔芮雪夫斯基的〈艺术与现实之美学的关系〉》（《希望》创刊号，1937年3月10日，《月报》第1卷第4期转载）和《唯物主义的美学——介绍车尔尼舍夫斯基的美学》（原载1942年4月16日《解放日报》，后来更名为《关于车尔尼雪夫斯基和他的美学》）。《艺术与人生》一文写道："人生高于艺术，艺术家的任务是不粉饰，不歪曲，如实地描写人生，这是十九世纪俄国的启蒙主义者的美学法典的基本法则。伯林斯基、车尔芮雪夫斯基、朵布洛留波夫的美学都是在这个为人生的艺术的旗帜之下发展过来的。站在哲学的唯物论的观点上，将为人生的艺术的理论作了很精辟透澈的发挥的，车尔芮雪夫斯基的学位论文《艺术与现实之美学的关系》是

---

① 《周扬文集》第1卷，人民文学出版社1984年版，第242页。
② 《周扬文集》第1卷，人民文学出版社1984年版，第34—35页。
③ 《周扬文集》第1卷，人民文学出版社1984年版，第327页。
④ 朱光潜：《西方美学史》下卷，人民文学出版社1979年版，第559页。

一本最有光辉的著作。"这本著作对"现实之教育的意义和作为'人生教科书'的艺术之教育意义的理解",构成了"社会主义现实主义的一个重要的理论的源泉"。尽管车尔尼雪夫斯基没有达到马克思、恩格斯唯物辩证法的水平,但是"在民主革命的阶段的中国,从这位'战斗的民主主义者',我们可以学习到也许比从现代批评家更多的东西"。①

周扬的《唯物主义的美学》一文进一步强调了车尔尼雪夫斯基美学著作的"革命的和唯物主义的倾向"。在对他的"美是生活"的定义作了详尽的阐释以后,作者认为:"车尔尼雪夫斯基在美学上的巨大功绩,是在他奠定了唯物主义美学的基础","他使艺术家面向现实,为艺术的主题打开了一片广阔的天地",他"总是引导艺术家去注意现实生活的一切方面,注意广大人民所关心的问题",他"十分强调艺术作品的思想性的重要",他"很看重艺术说明生活的这个作用"。总之,"坚持艺术必须和现实密切地结合,艺术必须为人民的利益服务,这就是车尔尼雪夫斯基美学的最高原则"。②周扬对车尔尼雪夫斯基美学的定位为我国理论界所接受,产生了巨大影响。长期以来,别林斯基、车尔尼雪夫斯基和杜勃罗留波夫的美学思想成为周扬从事学术研究和文艺界领导工作的重要的理论资源。

二、20世纪前半期我国对马克思、恩格斯、列宁美学思想的接受

20世纪前半期我国对马克思、恩格斯、列宁的美学思想的接受是通过苏联进行的,虽然他们的著作有的由日文和德文译成中文,但是日文和德文译本所依据的版本却都是俄文的。

---

① 周扬:《艺术与人生——车尔芮雪夫斯基的〈艺术与现实之美学关系〉》,《希望》第1卷第1期,第24—27页。

② 《周扬文集》第1卷,人民文学出版社1984年版,第367—379页。

1. 马克思和恩格斯美学思想的引进

随着马克思主义在中国的传播，马克思关于文学艺术作为上层建筑的一部分、受到经济基础的制约的经典论述，也很快被介绍到中国。李大钊在《我的马克思主义观》（1919）、《马克思的历史哲学》（1920）等文章中，反复阐述和宣传马克思的唯物史观，指出："人类社会一切精神的构造都是表层构造，只有物质的经济的构造是这些表层构造的基础构造。"[①]1920年李大钊在《马克思的历史哲学》一文中说："基础是经济的构造，即经济关系，马氏称之为物质的或人类的社会的存在。上层是法制、政治、宗教、艺术、哲学等，马氏称之为观念的形态，或人类的意识。从来的历史家欲单从上层上说明社会的变革即历史，而不顾基础，那样的方法不能真正理解历史。上层的变革，全靠经济基础的变动，故历史非从经济关系上说明不可。这是马氏历史观的大体。"[②]

萧楚女在1924年的一篇文章《艺术与生活》中，介绍了马克思主义的艺术观："艺术，不过是和那些政治，法律，宗教，道德，风俗…………一样，同是一种人类社会底文化，同是建筑在社会经济组织上的表层建筑物，同是随着人类底生活方式之变迁而变迁的东西。只可说生活创造艺术，艺术是生活底反映——艺术虽不能范围一切，却能表现一切。只可说艺术的生活，应该要求表现一切的自由，却不可说艺术是创造一切的。"[③]

20世纪30年代在关于文学自由问题的争论中，瞿秋白于1932年7月写了《文艺的自由和文学家的不自由》一文，该文写道："一切阶级的文艺却不但反映着生活，并且还在影响着生活；文艺现象是和一切社会现象联系着的，它虽然是所谓意识形态的表现，是上层建筑之中最高的一层，它虽然不能够决定社会制度的变更，他虽然结算起来始终也是被生产力的状态和阶级关系所规定

---

① 《李大钊选集》，人民出版社1959年版，第260—261页。
② 《李大钊选集》，人民出版社1959年版，第293页。
③ 萧楚女：《艺术与生活》，《中国青年》1924年7月5日第38期，第3页。

的，——可是，艺术能够回转去影响社会生活，在相当的程度之内促进或者阻碍阶级斗争的发展，稍微变动这种斗争的形势，加强或者削弱某一阶级的力量。"①

马克思美学论著最早传入中国的，是冯雪峰翻译的《艺术形成之社会的前提条件》（《〈政治经济学批判〉导言》的节译），刊登于1930年1月出版的《萌芽月刊》第1卷第1期。接着，同年出版的《萌芽月刊》第1卷第3期和第5期刊登了恩格斯的《在马克斯葬式上的演说》和《马克思论出版底自由与检阅》。

20世纪30年代苏联美学的发展首先同马克思和恩格斯的某些重要文艺论著的发表和研究分不开。马克思和恩格斯关于历史剧《弗兰茨·冯·济金根》和现实主义问题分别致拉萨尔的信，于1922年第一次在苏联发表，马克思的《1844年经济学—哲学手稿》及马克思和恩格斯合著的《德意志意识形态》（它们都涉及文学理论和美学问题），于1924年第一次在苏联发表。苏联的《文学遗产》第1卷（1931）的首篇是恩格斯致保尔·恩斯特的信，第2卷（1932）的首篇是未曾发表过的恩格斯与玛格丽特·哈克奈斯的书信，第3卷（1932）首篇是马克思和恩格斯同拉萨尔就他的悲剧剧本《弗兰茨·冯·济金根》所写的书信。苏联美学家希列尔为这些书信做了详细的注释，并第一次对恩格斯的现实主义观点做了评述。

1930年3月，中国左翼作家联盟成立。左联成立后，立即建立了马克思主义文艺理论研究会，有计划地从俄文原文翻译马克思主义经典作家的文艺理论著作。1932年瞿秋白在《"现实"——马克思主义文艺论文集》中将恩格斯的部分书信译成了中文，同时他还编写了《马克斯恩格斯和文学上的现实主义》《社会主义的早期"同路人"——女作家哈克奈斯》和《恩格斯和文学上的机械论》等文章，在文集的"后记"中他强调从马克思、恩格斯这些"很宝贵的

①　瞿秋白：《文艺的自由和文学家的不自由》，《现代》第1卷第6期，第782—783页。

指示"中可以看到"马克斯主义对文艺现象的观察方法"。[①]

在左联时期，这方面的重要译著还有：1933年，鲁迅在《关于翻译》一文中翻译并引用了恩格斯《致敏娜·考茨基》信中的一段话，这段译文和《关于翻译》一文一起刊登在1933年9月的《现代》杂志第3卷第5期中；由苏联共产主义学院发表、从法文转译的恩格斯的《致哈克奈思女士书》（即《致玛格丽特·哈克奈斯》）刊登于1933年6月的《读书杂志》第3卷第6期；恩格斯的《巴尔札克论》刊登在1936年8月的《现实文学》第2期。

专门翻译介绍马克思、恩格斯美学思想的著作也在30年代以后出现了。郭沫若选编、翻译的马克思《艺术作品之真实性》一书于1936年由东京的质文社出版。1937年上海亚东图书馆出版了《恩格斯等论文学》一书，收录了恩格斯的《论文学》一文（即《致敏娜·考茨基》的片段）并附有编译者写的《恩格斯论巴尔扎克》一文，编译者所依据的是苏联出版的《国际文学》英文版的有关材料。1939年桂林读书出版社出版了根据日译本编译的《科学的文学论》一书，收录了马克思、恩格斯关于文学艺术问题的四封信，以及希列尔的论文《马克思与世界文学》和《恩格斯底现实主义论》。该书于1948和1949年由哈尔滨读书出版社更名为《马恩科学的文学论》再版。楼适夷由日文转译里夫希茨和希列尔编辑的《马克思恩格斯论艺术》，1940年重庆读书生活出版社以《科学的艺术论》为题出版。书中收录了马克思、恩格斯著作和书信中有关文艺的论述，包括3个部分：社会生活中艺术的地位，关于文学的遗产，观念形态的艺术。40年代期间，该书在重庆、上海、大连等地多次再版。1940年，延安鲁迅艺术文学院出版了翻译的《马克思、恩格斯、列宁论艺术》一书，附有苏联美学家里夫希茨的《马克思的美学思想》一文。

与此同时，苏联美学家研究马克思、恩格斯美学思想的文章也被译介到中国。《时事类编》1937年第5卷第2—3期刊登了里夫希茨的《卡尔艺术论的

---

① 鲁迅编：《海上述林》卷上，瞿秋白译，生活·读书·新知三联书店1949年版，第239页。

展开》，《时事类编》1937年第5卷第8期刊登了希列尔的《恩格斯论文学》，《当代文学》1934年第1卷第2期刊登了希列尔的《文学上的浪漫主义——马克思、恩格斯的见解》。这对我们接受马克思、恩格斯的美学思想很有帮助。

1944年延安解放社出版了周扬编的《马克思主义与文艺》一书，书中编入了马克思、恩格斯等人有关文学艺术的文章片段和相关言论，分为意识形态的文艺、文艺的特质、文艺与阶级、无产阶级文艺等部分。40年代期间，该书在多地重印和再版，产生了重大影响。

2. 列宁美学思想的引进

20世纪前半期，我国对列宁的美学和文艺学著作的引进表现出了极大的热情，被译介的频率和著作种类，甚至超过了马克思和恩格斯的美学和文艺学著作。马克思美学论著最早传入中国是1930年，而列宁美学论著最早传入中国是1925年。1925年2月13日上海《民国日报》副刊刊登了列宁的《托尔斯泰与当代工人运动》一文（即《托尔斯泰和现代工人运动》）。1926年12月的《中国青年》杂志第144期刊登了列宁的《论党的出版物与文学》一文（即《党的组织和党的出版物》的节译），这是列宁的这篇重要文章首次以片段的形式与中国读者见面。

1928年以后，我国对列宁美学著作的译介明显增多。1928年10月的《创造月刊》第2卷第3期以《托尔斯泰——俄罗斯革命的明镜》为题刊登了列宁论托尔斯泰的一篇论文。冯雪峰全文翻译的列宁的《党的组织和党的文学》一文以《论新兴文学》的篇名，刊登于《拓荒者》杂志1930年第1卷第2期。同期刊物还刊登了夏衍翻译的介绍列宁文艺思想的文章《伊里几的艺术观》。1930年9月的《动力》第1卷第2期刊登了列宁的《托尔斯泰——俄罗斯革命的一面镜子》一文。1933年5月的《文学杂志》第2号刊登了《托尔斯泰论》，收录了列宁论托尔斯泰的4篇论文。1933年12月出版的《文艺》第1卷第3期刊登了何思敬翻译的列宁的《L.N.托尔斯泰与他的时代》。1934年9月出版的《文学新地》创刊号刊登了瞿秋白翻译的列宁的《托尔斯泰像俄国革命的一面镜子》。1935

年12月的《苏俄评论》第9卷第6期刊登了列宁的《托尔斯泰——俄国革命的一面镜子》。列宁论托尔斯泰的一些文章在我国多次得到翻译发表。

从20世纪40年代起，我国对列宁美学论著的译介又掀起了一个高潮。1940年12月的《文学月报》第2卷第5期刊登了吕荧辑译的《列宁论作家》，包括列宁关于别林斯基、赫尔岑、车尔尼雪夫斯基、谢甫琴科、乌斯宾斯基、高尔基、马雅可夫斯基等作家的评论。1941年，戈宝权辑译的《列宁论文学艺术与作家》，在《文艺阵地》第6卷第1期发表。1942—1944年，他又在《群众》杂志上发表了列宁论文学艺术的一系列文章和言论，如《列宁论艺术及其他》《列宁论托尔斯泰》《列宁论高尔基》《列宁论党的文学的问题》《列宁论俄国社会运动和文学发展的三个时期》等。在延安文艺座谈会召开期间，《解放日报》于1942年5月14日刊登了博古翻译的列宁《党的组织和党的文学》全文。陆梅林也翻译了这一篇文章，于1948年10月刊登在东北中苏友好协会编的《友谊》半月刊第3卷第7期上。1942年出版的《中苏文化》第11卷第3—4期合刊刊登了《列宁论托尔斯泰与近代工人运动》和《列宁论托尔斯泰及其时代》。1946年的《时代杂志》第150和161期先后刊登了戈宝权辑译的《列宁论高尔基》《列宁和史大林论高尔基》。1947年2月，戈宝权翻译的列宁《论托尔斯泰》一组文章（5篇）刊登在上海出版的《苏联文艺》第26期。可见戈宝权在列宁美学论著的翻译中起到特殊的作用。

除了报刊以外，列宁的美学论著还以专书的形式出版。1934年上海思潮出版社出版了从日译本转译的《托尔斯泰论》，日译本又是从德文本《马克思主义镜下的托尔斯泰》翻译的，该书收有列宁论托尔斯泰的论文4篇：《为俄国革命底镜子的莱夫·托尔斯泰》，《L.N.托尔斯泰》，《L.N.托尔斯泰与他的时代》，以及《L.N. 托尔斯泰与现代的劳动运动》。1938年上海新文化书房出版了《列宁给高尔基的信》，收录了1908—1913年间列宁致高尔基的书信16封。

值得注意的是，在毛泽东的《在延安文艺座谈会上的讲话》发表以后，周扬在从事马克思主义美学和文艺学研究方面，以及阐述和宣传党的文艺政策方面，对马克思和恩格斯的观点引用少了，而经常引用、反复提及列宁对文艺工作的指示。这和周扬主要从苏联接受马克思主义美学和文艺学思想的路径有关，这也是大部分中国理论工作者接受马克思主义美学和文艺学思想的路径。

20世纪前半期，我国对西方美学、文艺学理论和俄苏美学、文艺学理论兼收并蓄。但是俄苏美学和文艺学思想在我国占据了主导地位。这种情况得到我国学者的公认。钱中文、童庆炳在《"新时期文艺学建设丛书"总序》中指出："自20年代开始，随着我国社会斗争的形势的变化，从苏联、日本介绍过来了马克思主义文学理论，并逐渐占据了主导地位。马克思主义文学观使人们了解了文学与社会、文学与生活和文学与时代的关系，以及文学具有阶级性等一系列重大问题，从根本上改造了我国的文学理论，力图使我国的文学理论走上科学化的道路。"[1]还有人指出："1930年代初前后六七年间，文学理论派别众多，论争频繁，但看来其中最有活力的是马克思主义文学理论派别，到1930年代至1940年代初，在文学界逐渐发展成为主力。"[2]

---

[1]　钱中文、童庆炳：《"新时期文艺学建设丛书"总序》，载孙绍振：《审美价值结构与情感逻辑》，华中师范大学出版社2000年版，总序第1页。

[2]　钱中文、刘方喜、吴子林：《自律与他律——中国现当代文学论争中的一些理论问题》，北京大学出版社2005年版，第66页。

第二章　马克思美学思想的研究

苏联是世界上第一个把马克思主义作为主流意识形态的国家，党和国家的政治机构为马克思主义的研究和发展提供了坚强的保障和前所未有的有利条件。相应地，马克思主义美学，包括马克思本人的美学思想也最早在苏联得到研究。卡冈在《马克思主义美学史》中写道："伟大的十月社会主义革命的胜利从根本上改变了马克思主义美学发展的条件。第一，它为在国家科研机关和高等学府里对马克思主义美学进行自由而广泛的理论探讨，为发表专题的和通俗的美学论著，为培养美学领域的专门人材，创造了十分有利的条件。第二，社会主义国家和共产党始终不渝地关注将马克思列宁主义的美学原则运用于艺术实践、劳动活动、日常生活和人们的交往，并在科学的基础上指导艺术、评论、苏联人民的全部艺术文化和审美教育的发展。"①

如果说普列汉诺夫是马克思主义美学的最早研究者，那么，里夫希茨就是马克思美学思想的最早研究者。

---

① 卡冈主编：《马克思主义美学史》，汤侠生译，北京大学出版社1987年版，第11—12页。

第一节　马克思美学思想的最早研究者

作为马克思美学思想的最早研究者，里夫希茨享有世界性的声誉。他毕生从事马克思主义美学的研究，取得了令人瞩目的成就。大约在1930年，里夫希茨萌生了编选《马克思恩格斯论艺术》的念头。他写了提纲，送到出版社。出版社建议他挑选一个名人，如卢那察尔斯基，作为共同编者。里夫希茨没有同意，结果文选未能出版。直到1933年，为了纪念马克思逝世五十周年，他和希列尔合编的一卷本《马克思恩格斯论艺术》才得以问世。但是，里夫希茨对这部未能贯彻他的意图的杂乱无章的文选很不满意。1937年他重新编选的两卷本《马克思恩格斯论艺术》出版（中译本分4册出版，人民文学出版社于60年代初版；中国社会科学出版社于80年代再版）。该书的编选原则，是系统地引导读者进入一个马克思主义者所必须了解的思想领域。在随后的几十年中，这本书传遍全世界。1938年在墨西哥、1948年在奥地利、1951年在瑞典、1955年在日本、1965年在古巴、1967年在匈牙利、1968年在波兰等国翻译出版，1967、1976和1983年分别在苏联再版。另外，《马克思恩格斯论艺术》的其他编者，例如1954年法国编者、1967年意大利编者、1960和1967年民主德国编者、1973年美国编者在出版同类文选时利用了它。里夫希茨于1933年出版的《马克思的美学观点》，1938年就被译成英文在纽约出版，英文书名为《马克思的艺术哲学》；1960年又被译成德文出版，德文书名为《马克思和美学》。这一系列开拓性的工作使他名闻遐迩。

里夫希茨一生的学术活动可以分为两个阶段。第一阶段是20世纪20—30年代，第二个阶段是50年代以后。由于第二次世界大战和在部队服役，40年代他的学术活动暂时中断。耐人寻味的是，在30年代他积极批判风靡学术界的各种"左"的思潮，而被指责"不够正统"；自50年代以后，由于他恪守传统观点，似乎容不得学术中的新观点、新方法和艺术中的标新立异，反而给人一个"过于正统"的印象，被说成是教条主义者。一名后来侨居美国的苏联作家甚至称他为"马克思主义老古董"①。尽管如此，他的影响不容忽视。在20世纪30年代，里夫希茨的主要贡献体现在对马克思美学观的研究和对庸俗社会学的批判上。

一、对马克思美学观的研究

里夫希茨1905年7月23日生于塔夫里雅北部的一座草原小城市梅里托诺尔。他常常自称是十月革命的儿子，而不是十月革命的孙子。意思是说，在与反革命的阶级大搏斗中，他直接经受到革命炮火的熏陶和洗礼。学习马克思主义对于他来说是寻求真理的事，而不是接受教育的事。

1922年里夫希茨来到莫斯科，不久成为国立高等艺术技术作坊（后来改名为国立高等艺术技术专门学校）的学生。那时候，列宁提出要加强高等学校中社会科学，特别是哲学的教学，可是师资严重不足。在这种情况下，不到20岁的里夫希茨成为他自己所在学校的马克思主义哲学教员。他潜心研究马克思和恩格斯的美学观。1927年，他做了《艺术中的辩证法》的报告，报告提纲后来收在80年代出版的《里夫希茨三卷集》第1卷中②。

1929年，里夫希茨由于做了一次被指责为"艺术中的右倾"的发言，无法在原单位工作下去，后接受了马克思恩格斯研究院院长利雅扎诺夫的邀请，来到该院工作。利雅扎诺夫对里夫希茨研究青年马克思的最初尝试感兴趣。刚到新的单位，里夫希茨就建议成立马克思恩格斯美学研究室，但是他的建议遭到嘲讽，因为院长利雅扎诺夫根本不相信马克思恩格斯有自己的美学体系，而且，那时候谁也不相信这一点。甚至普列汉诺夫和梅林也认为，在美学领域里，他们自己不得不只是根据一般历史唯物主义的观点来重新建立这门学科。直到20世纪20年代末，人们仍然认为，普列汉诺夫是艺术领域里首屈一指的马克思主义权威，当时甚至还有过"普列汉诺夫的正统地位"这一术语。

---

① 里夫希茨：《古代神话和现代神话》，莫斯科1980年版，第7页。
② 《里夫希茨三卷集》第1卷，莫斯科1984年版，第223—240页。

1930年以前，还很少有人对马克思的哲学的发展感兴趣。只有莫斯科的马克思恩格斯研究院对马克思19世纪40年代的手稿、黑格尔派的解体时代的书刊和马克思主义史的情况做了研究。里夫希茨于1927年发表的《关于马克思的美学观点问题》是世界上第一篇专门阐述马克思美学观点的论文。

1.《关于马克思的美学观点问题》

在撰写《关于马克思的美学观点问题》一文时，里夫希茨阅读了以下著作：马克思的《〈政治经济学批判〉序言》、《〈神圣家族〉的准备材料》、《马克思恩格斯文库》第3卷，莱比锡奥托·维干德出版社于1842年出版的《黑格尔的宗教和艺术学说》中出自马克思手笔的一节及某些书信片段。

里夫希茨写这篇论文时，还是一个未满22岁的初学者，他力图研究马克思的美学观点的产生和内在发展，尽可能以通俗的形式来阐述马克思的观点。在这篇文章的一开头，里夫希茨就写道："著名的《〈政治经济学批判〉导言》顺便解释了科学美学的一个基本问题，即艺术的艺术价值随着一般社会演变而演变的问题。马克思为解决这一问题发表了一系列意见，这些意见是现在恢复马克思的美学观点的主要依据。"[①]可见，里夫希茨是把马克思的《〈政治经济学批判〉序言》看作科学美学的哲学基础的。

里夫希茨援引马克思的论述，阐述艺术的对象是人的本质力量的对象化。马克思写道："只是由于人的本质的客观地展开的丰富性，主体的、人的感性的丰富性，如有音乐感的耳朵、能感受形式美的眼睛，总之，那些能成为人的享受的……感觉，才一部分发展起来，一部分产生出来。"[②]根据马克思的观点，里夫希茨提出，人的物质生产活动的必要发展是人的艺术活动成就的必要条件。几乎在一切时代，画家们都很喜欢利用人们身边的各式各样物件，描绘

---

① 里夫希茨：《马克思论艺术和社会理想》，人民文学出版社1983年版，第287页。

② 《马克思恩格斯全集》第42卷，人民出版社1979年版，第126页。（本书中引用的马克思恩格斯及列宁的全集与选集，均由中共中央马克思恩格斯列宁斯大林著作编译局编译，为节约篇幅，不一一注明。）

建筑、家具、纺织品、武器和器皿等等，这完全不是偶然的。它们不仅在直接意义上是我们的财富，而且非常重要的是，它们丰富了人的感觉、意志和思维。"每建造出一个新的物件，意识也就随之前进了一步。我们往往想象不到，我们的意识、我们的思维、我们的象征和形象、我们的语言以及艺术本身，在何等程度上充满着这种'对象性'。"①里夫希茨在这里所说的"对象性"，指人的本质力量的对象化，人的本质在对象中客观地展开的丰富性。

马克思区别了真正人的意义上的感觉和囿于粗鄙的实际需要的感觉："五官感觉的形成是以往全部世界历史的产物。囿于粗陋的实际需要的感觉只具有有限的意义。对于一个忍饥挨饿的人说来并不存在人的食物形式……忧心忡忡的穷人甚至对最美丽的景色都没有什么感觉。"②里夫希茨认为，"必须使人的感觉和思想摆脱用直接功利的观点来看待一切的原始粗陋状态"③，表面上没有有用性的艺术才能够得到发展。

里夫希茨认为，人格的独立和对物的形式的"无私的"态度，是艺术发展的重要条件。他援引普列汉诺夫的论述："只有使人的人格达到了一定的形成程度的环境，才适宜于艺术的描绘。"④马克思也表达过同样的意思：希腊艺术的发展与希腊活跃的社会生活密不可分。希腊人是第一个普遍地而非个别地拥有私有财产并且使人格摆脱了血亲纽带的民族，是第一个正规实行货币流通的古代民族。由于交换的发展，每个人都可以各干一行，这一行对他本人也许并不直接有用，但在社会分工体系中却具有了功利的性质。这是功利性同它的直接的、利己的、野蛮的表现形式的第一次分离，这发展了对物的形式的"无私的"态度。只有这时，人的审美能力才有了专门发展的必要条件。马克思特别强调这种对物本身及其形式的无私的注意，他认为，这种注意力的最初形成，是由于单纯采集自然产品以及从原始农业和畜牧业向物的生产，亦即向手

---

① 里夫希茨：《马克思论艺术和社会理想》，人民文学出版社1983年版，第290页。

② 《马克思恩格斯全集》第42卷，人民出版社1979年版，第126页。

③ 里夫希茨：《马克思论艺术和社会理想》，人民文学出版社1983年版，第291页。

④ 转引自里夫希茨：《马克思论艺术和社会理想》，人民文学出版社1983年版，第293页。

工业、工业的过渡。

里夫希茨的结论是："一般说来，艺术的繁荣不直接取决于经济发展的数量水平，在正反两种意义上都是如此。艺术的繁荣只能从人们借以进行生产的特殊条件、从经济结构和社会结构的质量、从生产方式中孕育出来。"①

2.《马克思的美学观点》

里夫希茨在1931年夏天完成、1932年刊登在《文学百科全书》第6卷上的"马克思"长篇条目，在世界上第一次系统地阐述了马克思美学观点的形成和发展。针对当时流行的马克思没有美学体系的观点，里夫希茨以马克思的原著为依据，相当完整地描述了马克思的美学体系。

在19世纪90年代和20世纪初，马克思的学生们就开始对马克思的美学遗产生兴趣。在1890至1896年间，出版了拉法格、马克思－艾威林、李卜克内西写的马克思回忆录。在这些回忆录里，有相当多的篇幅谈到马克思对文学艺术的态度问题。在1902至1918年间，梅林在他专门记述马克思的传略和写德国社会民主党历史的著作中，除了研究马克思世界观的其他方面外，也阐明了马克思主义美学的一系列问题。1920年，梅林又发表了马克思、恩格斯和拉萨尔的《文学遗产》4卷集，其中收入了马克思许多涉及美学问题的早期作品，也收录了拉萨尔就他的悲剧《弗兰茨·冯·济金根》写给马克思的书信。但是，梅林没有完全看清马克思美学思想的一致性，以及马克思的审美判断和他的整个世界观之间的联系。在梅林看来，马克思的许多审美论断，只是他的个人爱好和主观艺术趣味的表现，而不是他的世界观的普遍原则的表现。

19世纪90年代，德国社会民主党已经成为欧洲最大的社会主义政党，享有极高的国际威望。其领导人，也即第二国际领导人伯恩施坦、考茨基等，都把马克思主义从一个完整、深刻而全面的世界观贬低为狭隘的经济学说。他们认为用马克思主义分析文学艺术的主要任务，是判明这些现象仅仅受到经济制

① 里夫希茨：《马克思论艺术和社会理想》，人民文学出版社1983年版，第296页。

约。在他们的著作中，文学艺术被看作经济生活的消极反映。考茨基则把艺术的本质确定为审美享受的手段。而拉法格、卢森堡等人则把文学艺术不仅仅看作一定社会条件发展的产物，而且首先看作人民群众精神解放的工具。

里夫希茨在详细研究马克思哲学和美学思想形成史的基础上，广泛地阐明了马克思的美学观点同他的先辈们的观点的联系，指出马克思所提出的在阶级对抗社会的条件下物质文化和精神文化发展不平衡的问题，对于科学的美学具有重大的意义。里夫希茨为《文学百科全书》撰写的条目于1933年以《马克思的美学观点》为名作为单行本出版（中译本用此名，实际上书名为《关于马克思的艺术观点的发展问题》）。

里夫希茨撰写这部著作的背景是：由于马克思没有留下系统地阐述全部美学范畴的著作，所以人们认为马克思的著作中不存在经过深思熟虑的和始终一贯的美学观点体系。虽然马克思在很多地方阐述了他对埃斯库罗斯的爱好和对莎士比亚的高度评价，以及拉法格和爱琳娜关于马克思个人兴趣的文章也广为人知，但是这些都被归结为马克思个人的审美趣味，而不是某种理论。1903年发表的马克思《〈政治经济学批判〉序言》中，谈到人类的艺术发展同生产力的发展不平衡的规律。如果按照马克思所说的一个社会的精神活动的全部表现取决于它的物质基础的发展的话，那么艺术创作的水平就应该永远同经济发展的水平相平衡。可见，马克思是自相矛盾的。凡是在马克思那里发现上述矛盾的人，就认为马克思的美学观点有过时之嫌。于是产生了通过"创建马克思主义美学"，以填补马克思总的理论中所缺少的那个环节的自然愿望。

在第二国际的全部出版物里，没有一个地方试图把马克思的美学观点看成是独特的并且同马克思主义经典作家的学说具有必然联系。马克思主义美学已经溶化在一大堆试图解释历史唯物主义的基本原理——上层建筑依赖于经济基础——的例证之中。例如，狩猎部落跳的是描绘击毙野兽的战斗舞，18世纪那些具有贵族心理而且文质彬彬的侯爵小姐跳的是缓慢的美女艾舞。这说明，人们的趣味都是由社会原因决定的，也就是由社会制度决定的，而社会制度最终取决于生产力和生产关系的发展。这种理论只解释过去的事实，把精神生活描述为一定条件下的必然产物，从而为理解马克思美学思想留下巨大的真空。

马克思美学思想所涉及的是更为广泛的文化哲学问题，甚至是历史哲学问题。里夫希茨的目的在于恢复马克思关于文化史总的进程的真正观点。《马克思的美学观点》主要分两个部分，第一部分论述19世纪40年代马克思思想发展的过渡时期——从革命民主主义到科学共产主义。在这方面里夫希茨利用了他在马克思恩格斯研究院工作期间积累下来的关于马克思的广泛的传记材料。他认为："科学共产主义诞生时期摆在马克思面前的问题，能特别说明他成熟时代的答案——欧洲革命所具有的思想和经验的巨大工作成果。"①

里夫希茨力图跟随马克思，从19世纪40年代初哲学的抽象概念进到它们的现实的经济和阶级的基础。对于马克思的早期著作，里夫希茨的态度是：在19世纪40年代，马克思的学说同它的来源，特别是同18世纪末至19世纪初的德国古典哲学相联系，保留了黑格尔和费尔巴哈的术语的胎记，很多方面尚不成熟。但同时，19世纪40年代也是重要的批判时代，是马克思在社会思想发展中创造的革命转变时代。因此，《莱茵报》上的文章和《1844年经济学—哲学手稿》具有永久的意义。不能在马克思19世纪40年代革命的、批判的理论和后半期的科学体系之间划上一道并不存在的界线。

里夫希茨把马克思关于艺术的论述同马克思主义的产生和发展的总的进程紧密地结合起来，把马克思的美学观点看作是他的彻底的革命的世界观的重要成分之一。1835年马克思离家去波恩学习法学，他在艺术和文学史上所花的时间并不比花在古罗马法学纲要和刑法学上的时间少。1836年马克思转学到柏林大学法律系。1837年他读过温克尔曼的《古代艺术史》，莱辛的《拉奥孔》，黑格尔的《美学》。德国人道主义的希腊式理想，从温克尔曼和莱辛到黑格尔，牢固地建构马克思的世界观。温克尔曼紧接着蒙台涅和伽桑狄之后指出，希腊雕像高贵的单纯和静默的伟大，是与希腊人的自然哲学、朴素唯物论紧密相关的。"马克思赞同《古代艺术史》作者的这一思想。他想说，希腊雕像理

---

① 里夫希茨：《马克思论艺术和社会理想》，人民文学出版社1983年版，第45页。

论上的静穆，是由古代社会的生活原素本身产生的。其中表现了肉体的理想性，而不是与肉体脱离并用禁欲主义的各种清规戒律对天性进行报复的精神的理想性。希腊的各种神像非常静穆，对周围事物毫不关心，不变幻无常，没有因激情和个人利益的病态而产生的粗鲁动作，这些美好的形象是安逸的均衡的形式，这种形式是实际存在的个体在古代国家原子-公民的假定性的世界中赋予自己的。希腊雕塑的神灵，是这一世界无言的乌托邦。"①马克思的这一观点，与他的博士论文的观点是一致的：希腊文化的美好时代，建立在人与自然的统一中。

《马克思的美学观点》的第二部分阐述马克思的世界观的成熟时期，介绍马克思在其理论产生时期所面临的那些思想问题的真正历史内容。里夫希茨认为，《德意志意识形态》和《资本论》这些不同年代的著作之间虽然存在着外部区别，然而它们之间没有任何内部脱节的现象，只是同一理论从不太完备的表述发展到较为完备的表述的自然过程。

1844年夏末，马克思和恩格斯在巴黎会面，从此他们结成了反对旧社会的战斗同盟。他们面临的共同任务，就是清理德国哲学，这既是他们思想的直接来源，又是建立新世界观的主要障碍。当时，黑格尔学派突出了一个纯德意志的观念，把思辨理论的观念世界看作是独立于人们的实际生活的东西。马克思和恩格斯把它称为德意志意识形态。马克思和恩格斯最早的共同著作——《神圣家族》和《德意志意识形态》就是批判这种玄虚理论的。这两部著作虽然还有旧术语的胎记，但是已经表明马克思和恩格斯的思想已经越过了准备阶段而到达成熟年代。

这一转折在马克思的美学观点上也有所表现。马克思对黑格尔美学的批判，在某种程度上也是一种自我批判。如果说马克思过去曾经认为社会的物质领域就其意义而言，是一个低级的领域，那么从那时起，这个等级次序有了相反的含义，低级的东西变成了耸立于其上的上层建筑的基础。"人们的社会活

---

① 里夫希茨：《马克思论艺术和社会理想》，人民文学出版社1983年版，第114—115页。

动的一切方面的发展，归根到底决定于人们的物质生产和再生产的自我发展。艺术创造的地位也与此相应地发生了变化。艺术也正如法律、国家、宗教一样，没有独立的历史。它只能在思想家的头脑里取得完全的独立。实际上，精神创造的一切领域都是受社会的历史发展制约的。"①

费尔巴哈的《基督教的本质》一书标志了他从黑格尔唯心主义向唯物主义的过渡。费尔巴哈认为，人掌握世界不仅通过思维，人是从自然界中生长和以其自身的全部力量渗透于自然界的。这种思想已经很接近1843—1844年的马克思的思想。然而，费尔巴哈在很多问题上又回到以前的德国美学上去。例如，他认为审美直观能够克服对象的异己性和主体的利己主义。马克思摒弃了费尔巴哈的直观说，指出这个世界成为人"自己的"世界，不是单纯地由于我们的直观能力的作用，而是长期实践斗争的结果。现实的"非对象化"，即现实的脱离其粗糙自然的形式，这本身就是一个物质的过程——人的主体能力和力量的"对象化"的过程。感觉有它自己的历史，不论艺术对象还是具有审美理解能力的主体，都不是我们一开始就有的，而是在人类的生产活动过程中形成的。

里夫希茨强调，讨论马克思的美学观点，无论如何不能忽略这个主体与客体的辩证法，其中起决定作用的恰恰是生产、创造的过程。审美需要不是一种先于任何社会发展的生物属性。它是历史的产物，是物质生产和精神生产长期发展的结果。马克思的唯物主义的一个主要特征，即它是生产的、感性对象性的活动的思想，换句话说，就是主张生产对消费的优先权。费尔巴哈在涉及艺术领域的问题时总是以直观为出发点，而马克思一贯强调生产的、创造的因素的意义，是这种因素形成了审美需要，并通过训练使审美需要脱离了原始的粗糙状态。

里夫希茨详细地分析了马克思对有关著作的一些摘抄。在马克思1857至1858年摘录迈耶尔《百科全书》以及其他这类出版物的笔记中，可以看到他对

① 里夫希茨：《马克思论艺术和社会理想》，人民文学出版社1983年版，第217页。

费希尔的名著《美学》一书的详细摘要：

> 费希尔一书的摘抄有很大一部分是论述物的自然本性和物的审美意义的相互关系这个问题的。物的审美意义不是对象的自然属性。在对象的物质构成中没有一个叫做美的原子。马克思记述了费希尔的观点："美只对意识存在。对美的需要，——观众由于这种需要而同在于美。"因此美是人的属性，虽然它看来象是物本身的属性，即"自然美"。这不等于"审美的东西"是主观的。商品的价值就不是主观的，虽然它不能被归结为商品的自然物理属性。……物质财富的经济价值毕竟不同于在个人或时代意识中对物质财富的主观评价。价值是一种客观的社会关系。与此完全相同，对象的审美价值也有自己的客观内核，尽管它不能在化学实验室或通过数学分析来研究。这里说的是一种社会的、历史的财富，它始终有赖于自然的基础，但它不能被归结为自然基础。①

里夫希茨指出，正如在波恩时期做的摘记一样，马克思对费希尔一书的摘抄显示出了反对那种"见物不见人和见人不见物的极端自然主义"的意图。"马克思对审美价值问题的态度同他在政治经济学中对商品拜物教的发现和对主客体问题的解决是相联系的。"②

马克思对美学的兴趣同他的经济学研究相联系。例如，在论"崇高"的那些片段中，马克思摘抄了所有说明这一范畴的数量性质（在崇高中"质的东西变为量的东西"）、巨大体积、超过界限和打破"尺度"的论点。摘抄之一为："生活任何一个方面的纯形式，都是（这一）形成的各种关系的严格出自其本身质量和精确限定的尺度。崇高超越了这种尺度，它倾向于无限，但又要保持形式或限定的尺度。形式，作为界限，还要保持，但模糊不定。崇高既有

---

① 里夫希茨：《马克思论艺术和社会理想》，人民文学出版社1983年版，第238页。

② 里夫希茨：《马克思论艺术和社会理想》，人民文学出版社1983年版，第239页。

形而又无形。黑暗是一切崇高的突出特征（柏克）。"①

　　马克思对"崇高"的兴趣本身不是偶然的。他在学位论文的准备材料中论述过"尺度的辩证法"，接着就是"无限度"的统治、矛盾和"无秩序"。②在《1844年经济学—哲学手稿》中，无限度的概念已经有了具体的内容。"因此，对货币的需要是国民经济学所产生的真正需要，并且是它所产生的唯一需要。——货币的数量越来越成为它的唯一强有力的属性；正象货币把任何本质都归结为它的抽象一样，货币也在它自身的运动中把自身归结为数量的本质。无限制和无节制成了货币的真正尺度。"③

　　资本的积累倾向是无限度的，资本主义进步的基础是为生产而生产，是无限度的，而且本身就是不成比例的，不均衡的。马克思在《资本论》第1卷第4章里说："资本的运动是没有限度的。"生产力发展的这种矛盾形式，同人的某些精神活动部门，例如同恰恰是尺度、和谐的辩证法起主要作用的艺术，是相敌对的。

　　民主德国美学家汉斯·柯赫在《马克思主义和美学》一书（柏林狄茨出版社1961年版，中译本由漓江出版社于1985年出版）中对里夫希茨的《马克思的美学观点》做出高度评价。该书俄译本于1964年在莫斯科出版，莫斯科大学哲学系美学教研室主任奥夫相尼科夫在跋中把柯赫和苏联的里夫希茨、弗里德连杰尔并列，称柯赫在世界马克思主义美学研究中占有显著的一席之地。

　　马克思在《〈政治经济学批判〉序言》中写道："一个成人不能再变成儿童，否则就变得稚气了。但是，儿童的天真不使他感到愉快吗？他自己不该努力在一个更高的阶梯上把自己的真实再现出来吗？在每一个时代，它的固有的性格不是在儿童的天性中纯真地复活着吗？为什么历史上的人类童年时代，在它发展得最完美的地方，不该作为永不复返的阶段而显示出永久的魅力呢？有粗野的儿童，有早熟的儿童。古代民族中有许多是属于这一类的。希腊人是正

---

①　转引自里夫希茨：《马克思论艺术和社会理想》，人民文学出版社1983年版，第239页。

②　里夫希茨：《马克思论艺术和社会理想》，人民文学出版社1983年版，第239页。

③　《马克思恩格斯全集》第42卷，人民出版社1979年版，第132页。

常的儿童。"①

柯赫阐述了里夫希茨对这段话的理解。马克思说"希腊人是正常的儿童",用了一个在文学史上从柏拉图到荷尔德林、从17世纪的神秘主义者到当代西方作家都常常使用的比喻②。当马克思说到粗野的、早熟的和正常的儿童时,当然不会认为这种民族之间的差异是什么天生的"种族本性"在发挥作用。马克思论证了古代希腊人"正常性"的深刻的经济基础,这种正常性是古代希腊独特的经济结构的结果。在希腊社会中,客观条件使艺术得到了得天独厚的发展,马克思揭示了古代希腊艺术"正常性"的秘密。

马克思写道:"大家知道,希腊神话不只是希腊艺术的武库,而且是它的土壤。"③马克思认为,不是随便一种神话都可以成为像希腊艺术这样的艺术的土壤。他举出了埃及的神话和宗教作为例子。在这里,马克思又回到他在革命民主主义"青年黑格尔左派"时期就已非常注意的那个问题——"希腊世界的艺术"同"东方宗教的世界"的对立上去。里夫希茨在论述马克思美学的著作中,以大量有说服力的材料精辟地说明了这一对照的含义。里夫希茨提到,早在19世纪40年代初,马克思虽然还是从唯心主义观点出发,就已经提出"拜物教"的思想,这个思想在马克思理论的进一步发展中起了重要作用。

"东方宗教的拜物教本质就是崇拜物(或动物)的物质本性和把人的属性转移给物(或动物)。同时,拜物教的崇拜对象不是某种'超感性的'现象的象征,而是被神化了的、异己的、未被征服的自然或社会力量及其形象的现实存在和直接等同物。"④"在东方专制制度下产生的各种神话和宗教,由于不同的历史发展的缘故,与希腊神话有着质的不同;它们反映了仍然凌驾于人之

①　《马克思恩格斯选集》第2卷,人民出版社1972年版,第114页。

②　里夫希茨:《马克思论艺术和社会理想》,人民文学出版社1983年版,第255页。

③　《马克思恩格斯选集》第2卷,人民出版社1972年版,第113页。

④　汉斯·科赫:《马克思主义和美学》,漓江出版社1985年版,第418页。汉斯·科赫即柯赫。

上的自然和社会自发力量的客观形成的'异己性'。"①而希腊神话表现为神
人同形的、人格化反映自然和社会力量的形式。人们用文学的、造型的手段把
神造成直观的形象，使之具有感性具体的存在形式，神有了艺术上的存在。

二、对庸俗社会学的批判

20世纪30年代，苏联美学界大举批判庸俗社会学。弗里契、济维利琴斯卡
娅、施密特等人的庸俗社会学观点在20年代风行苏联美学界。他们奉行"社会
学还原"的原则，其基本思想可以归纳如下。艺术是社会所产生的从属现象。
艺术发展的阶段必然适应于一定的社会发展阶段。社会发展阶段是由经济组织
和阶级组织的类型决定的，艺术发展阶段表现为艺术风格的更迭。经济管理类
型——狩猎经济、自然经济、封建主义农耕、商业资本主义、工业化——预先
决定某种阶级的统治和艺术的性质。艺术形式的类似物也可以直接在社会条件
中暴露出来。从而，从经济和阶级统治类型中可以推导出艺术的风格特征、体
裁特征和形式特征，而不管艺术的内容如何。当时流行的著名论题是：委拉斯
开兹画上的黄颜色象征西班牙专制制度的末日景况，而《神曲》是没落封建主
义的悼词和新兴资本主义的凯歌。弗里契等人在艺术中寻求所谓"社会学等价
物"，曲解社会决定论，把完整的社会决定性简化为其中的一个部分，轻视艺
术的相对独立性和社会发展的辩证法。

在对庸俗社会学的批判中，里夫希茨起了特殊的作用。当时，论战的双方
都发表了许多措辞激烈的文章。有关组织并没有为这场争论发布什么文件或者
纲领。

不过，可以相对地说，里夫希茨刊于1936年1月20日《文学报》上的文章
《列宁主义和艺术批评》仿佛是一种纲领。接着，为了回答反对派的诘难，他
在《反对庸俗社会学·批评札记》的标题下，于同年5月24日、7月15日和8月

---

① 汉斯·科赫：《马克思主义和美学》，漓江出版社1985年版，第419页。

15日在《文学报》上发表了一组文章。这些文章推动了争论的展开。

弗里契是20世纪20年代末一位具有广泛影响的文学史家和批评家。庸俗社会学家教条主义地理解"存在决定意识"这条唯物主义原理，把意识形态，包括艺术，视为狭隘的阶级利益或经济利益的反映。里夫希茨认为，"存在决定意识"这条唯物主义原理有更深刻的含义。不应该从作家那里寻找某种阶级生活的心理学特征，对他的作品的分析根本不能依据某个阶级的经济生活，而应该依据广泛的历史含义上的社会存在，依据社会各个阶级的相互关系和斗争。

弗里契等人把文学对社会生活的依赖性，理解为艺术家对周围环境的心理学依赖性。他们对一个根本的历史事实视而不见：文学和艺术是外部现实的反映，是客观的、全面的人类实践的镜子。里夫希茨指出，他们的错误在于用阶级象征意义代替列宁的反映论，并在这个最重要的方面背离了马克思主义。20世纪30年代出版的《文学百科全书》也对文学做了错误的解释：认为文学是"阶级意识形态"的特殊形式，它"通过形象表现阶级对现实的认识，完成阶级自我确证的任务……"①这样，文学的内容不是来自外部世界，而是来自某种深层的阶级心理。每部艺术作品成为隐匿着某种阶级含义的信码，因此需要猜测这些信码，确定它们的社会学等价物。而根据列宁的反映论，人们的意识不仅仅是某种主观观点的心理学符号，它还提供客观世界的图景，反映外部现实。精神现象的阶级本质不取决于这些现象的主观色彩，而取决于其中所包含的对现实理解的深刻性和真实性。里夫希茨强调说，庸俗社会学并不是马克思主义的生气勃勃的新兵们的无知和过分热心的简单混合体。除了在术语方面有某些相同之处外，庸俗社会学同马克思主义没有任何联系，它的整个思想同马克思主义哲学是根本矛盾的。

时隔三四十年，里夫希茨为70年代出版的《苏联大百科全书》撰写了"庸俗社会学"的长篇条目，从新的历史角度对庸俗社会学的形成、特点、本质、

---

① 《文学百科全书》第6卷，莫斯科1932年版，第419页。

根源和危害等做了全面的分析①。这件事实本身说明，里夫希茨在批判庸俗社会学方面的活动一直得到肯定的评价。

里夫希茨认为，庸俗社会学不是个人的现象，而是历史的现象。在某种意义上，它的幼稚的狂热是自发地反对一切旧事物的不可避免的结果，是任何一种深刻的社会变革所固有的对否定的夸大。庸俗社会学的基本原则不仅否定认识含义上的客观真理和绝对真理，而且否定道德含义和审美含义上的客观真理和绝对真理，即否定善和美。这种观点的支持者把存在决定意识的原理变成压抑意识的自觉性手段，把意识看作社会环境和阶级利益的自发产物。总之，庸俗社会学的历史教训是值得认真记取的。

不过，里夫希茨对庸俗社会学的批判有一个缺陷，就是仅仅研究社会历史生活怎样在艺术作品所包含的观念中得到反映。他认为，现实主义是任何一种真正的创作的基础，仅仅是人类意识客观真理和绝对真理的另一种表现。艺术的现实主义实质上意味着，任何一部艺术作品的基础是真，内容的真和形式的真。所以，他追求明晰和简洁，斥责艺术中的含混、模糊和不确定，这种思想和他后来的反对"摒弃现实形象"的现代主义艺术观点是一脉相承的。

三、文献整理和对存疑文献的辨析

1931—1932年，苏联的《文学遗产》丛刊第1—3集首次发表了马克思和恩格斯就剧本《弗兰茨·冯·济金根》给拉萨尔的两封信，恩格斯给敏娜·考茨基和玛·哈克奈斯的两封信（在这之前，只是根据拉萨尔的回信中所引的几段文字才知道有这两封书信）。1932年，经由苏联马克思恩格斯研究院整理，马克思早期著作《1844年经济学—哲学手稿》辑入了阿多拉茨基主编的《马克思恩格斯全集》（德文版）第3卷中。里夫希茨在全世界第一次系统地整理了马克思的美学文献，并且深入地研究了马克思的美学思想，最早提出马克思具有

---

① 见《苏联大百科全书》第5卷，莫斯科1971年版。

完整的美学体系，对马克思美学的研究和传播作出了巨大贡献。

即使某些学术观点与里夫希茨不同、与他发生过激烈争论的苏联美学家如卡冈，也高度评价里夫希茨整理马克思美学文献的巨大贡献。卡冈写道："只是在30年代初，由于广泛发表了马克思和恩格斯的手稿和书信遗产，他们散见于各种著作和书信中的美学论述被汇集到一起，并且开始得到深入研究。这项重要工作是由Φ.里夫希茨和Φ.希列尔着手进行的，1933年他们在卢那察尔斯基的领导下出版了《马克思恩格斯论艺术》的第一种选本。这部文选随后得到增订的版本由Φ.里夫希茨于1937、1957和1967年出版；自1936年起，类似的出版物在法国、奥地利、意大利、美国、印度和各个社会主义国家问世。这些选集不仅促进了马克思主义美学在全世界的普及，而且使人们改变了以前形成的关于马克思和恩格斯在美学思想史和马克思主义美学史中的作用的错误观念。从此以后，马克思主义美学的拥护者，甚至最客观的反对者开始懂得，它的原理正是马克思和恩格斯制订的，虽然他们没有留下专门的美学论著，像鲍姆嘉敦或者康德、车尔尼雪夫斯基或者托尔斯泰所撰写的那样，虽然他们也不同于谢林或者黑格尔，没有讲授过展开的美学课程，但是他们具有严整的和合乎逻辑的美学观点体系，他们在自己的著作和书信中表述了这种体系的主要支撑点。"[1]

德纳作为出版人的《美国新百科全书》刊登了马克思于1857年撰写的"美学"条目。作为马克思恩格斯研究院的研究人员，里夫希茨在1929—1931年间，研究了《美国新百科全书》的"美学"条目，得出结论说，从条目的内容来说，不可能是马克思写的。1931年，里夫希茨负责《马克思主义者丛书》各辑的编辑工作。由流亡苏联的匈牙利共产党人佐别尔领导编写的、1934年出版的马克思年表，写明了马克思没有写《美国新百科全书》的"美学"条目。可是在20世纪60年代，苏联美学家普齐斯等人断言，在19世纪中叶，除了马克

---

[1] 卡冈：《卡冈美学教程》，凌继尧、洪天富、李实译，北京大学出版社1990年版，第30—31页。

思，没有人能够写出像《美国新百科全书》这一条目那样高的理论水平的美学条目。为了研究这个条目，苏共中央马列主义研究院于1969年1月28日召开了讨论会，会上里夫希茨发言，对该条目做了辨析。1980年，上海文艺出版社出版的丛刊《美学》第二期上也刊登过马克思这一条目的中译，但是，没有做过辨析。

里夫希茨分析了这个条目，指出条目的作者是"一个无知的人"，因为他认为"美学"这个词直到19世纪才成为哲学的术语。实际上，马克思早在1837年就研究过黑格尔的《美学》，而黑格尔在他的讲稿的一开始就解释了这个术语并指出了它的产生时间。马克思为了给要写而未写的"美学"条目收集材料，从各种百科全书做了摘记。1857年的迈耶尔百科全书、维干德百科全书和其他百科全书的摘要，就充分清楚地表明，"美学"这个术语出自18世纪的鲍姆嘉敦，马克思是完全知道的。

根据同德纳商定的条件，马克思应该"根据黑格尔的原理"来写美学条目（参见马克思1857年5月23日致恩格斯的信）。可以证明1857年马克思曾花了很大的精力研究过黑格尔的著名门生——费希尔的《美学》。这在《美国新百科全书》中没有一丝一毫的反映。

马克思精通社会思想史，为了准备写作，他记下了启蒙运动时代美学著作方面法国和英国传统的代表人物的名字。他在自己的笔记本上摘记了杜伯、克鲁兹、巴特、狄德罗和里德的论述。然而，在这些摘要和《美国新百科全书》的这个条目之间，却没有任何联系。

里夫希茨推测，条目的作者多半是一个德国侨民，他有他的大学课堂记忆和习惯的思想倾向。这个倾向就是，在19世纪中叶，"德国古典哲学的时代已经告终，在资产阶级的社会思想上发生了决定性的变化。开始了整整一个对黑格尔采取自由派实证主义的蔑视态度的时期。被黑格尔学派的压倒势力排挤下去的那些世纪初的人物显赫起来了"[1]。

---

[1]　里夫希茨：《马克思论艺术和社会理想》，人民文学出版社1983年版，第302页。

"总之,《美学》条目的作者是海尔巴特形式主义学派的追随者,只是向经验主义方面作了一些修正。在列举有关著作时,他首先推荐了维塞的《美学》(一八三〇年)。赫里斯提安·盖尔曼·维塞在黑格尔哲学得势时期靠拢了这一哲学。他属于'假黑格尔分子'一类。但是,黑格尔的影响刚刚动摇,他就立即改弦更张,建立了自己的唯美论神学和神秘经验主义的体系。在四十至五十年代,维塞同小费希特一起成了所谓'实证论哲学'的主要人物(像谢林晚年那样)和大学陈规陋习的后台老板。"马克思在博士论文中对"实证论哲学"表示了否定的态度。从1842年的文献中可以知道,马克思写过批判"实证论哲学"的文章,甚至还曾想撰写专文批判维塞。"所以,只要是对时代背景和马克思的性格稍有所知的人,就不会说这个把维塞的《美学》当作科学真理资料推荐的条目是马克思写的。"①

第二节　马克思美学思想研究的新视角

里夫希茨从20世纪20年代起,开始研究马克思的美学思想,弗里德连杰尔从30年代起,开始研究马克思的美学思想。1933年,为纪念马克思逝世五十周年,苏联共产主义学院出版了卢那察尔斯基作序,由里夫希茨和希列尔合编的《马克思恩格斯论艺术》,内容包括艺术在社会生活中的地位、关于文学遗产、观念形态的艺术。1938年在上述版本的基础上,又出版了里夫希茨编,维果德斯基和弗里德连杰尔撰写题解和注释的《马克思恩格斯论艺术》,这个版本内容较为完备,结构上更为系统和合理,被认为是30年代整理和研究马克思恩格斯文艺思想的总结。理论界在整理和出版马克思恩格斯文艺论著的同时,也很重视对他们的文艺思想进行阐述和研究。1938年时,弗里德连杰尔还只是一个23岁的年轻人。

① 里夫希茨:《马克思论艺术和社会理想》,人民文学出版社1983年版,第303页。

一、马克思美学思想与古典政治经济学和空想社会主义的联系

弗里德连杰尔主张："对马克思、恩格斯关于文学艺术的任何一种见解，都不能刻板地、教条地去领会，而不考虑它的具体历史内容和它在马克思的'观点和学说的体系'中的地位。而应该正确地去理解：所有这些见解整个说来（以及其中每个个别见解），都是人类思想的最重要的成就，是从事理论研究和历史研究的最宝贵的工具，它的意义已为近百年来人类历史的实践经验所检验和证明。"①他提出了马克思美学思想研究的新视角，那就是加强研究马克思美学思想与英国古典政治经济学和法国空想社会主义的联系。

马克思主义吸收和改造了两千多年来人类思想和文化发展中一切有价值的东西。19世纪人类三个最先进的国家中三种主要思潮就是：德国古典哲学、英国古典政治经济学和法国空想社会主义。这三大思潮是马克思主义的三个主要思想来源。马克思的美学观点和古典政治经济学家、伟大空想社会主义者的思想之间的历史联系学界研究得较少，马克思的美学观点和德国古典美学之间的联系已经有较多的研究阐述。对马克思美学思想的产生起了重要准备作用的，不仅有康德和黑格尔的美学思想，而且还有英国古典政治经济学创始人亚当·斯密和大卫·李嘉图的学说中对资产阶级时代文化和艺术发展的历史矛盾所做的那些分析。

黑格尔猜测到艺术历史发展的辩证法，但是他把"事物辩证法"同"概念辩证法"混为一谈。马克思的任务在于，从分析"概念辩证法"转到分析实在的"事物辩证法"，因为人的意识在一切领域（包括艺术领域）中的发展过程是事物辩证法的反映。这样，不仅康德和黑格尔的美学思想，而且英国古典政治经济学创始人——亚当·斯密和大卫·李嘉图——对资产阶级时代文化艺术发展的历史矛盾所做的分析，都对马克思美学思想的产生起了重要的准备作用。

---

① 弗里德连杰尔：《马克思恩格斯和文学问题》，郭值京、雪原、程代熙等译，上海译文出版社1984年版，第5页。

斯密和李嘉图在研究商品生产规律，特别是资本主义生产规律、资本主义流通和分配规律时，用很多实例证明了社会的精神发展和经济发展之间有着密切的联系，证明商品生产和资本主义条件下经济发展的矛盾性，以及种种矛盾对文化发展的影响。"这些由马克思和恩格斯批判地吸收并加以改造的资料，他们在制定新的、真正科学的唯物主义美学时都加以利用了。这种美学说明了艺术的发展以及这个发展所固有的矛盾，不是由'思想进程'而是由'事物进程'造成的。"①

亚当·斯密写道："随着劳动分工的发展，绝大多数靠自己劳动生活的人，即人民群众从事很少一些而且常常是一两种简单的操作。但是，大部分人的智力和发展是在他们所从事的日常工作中形成的。人一生都在进行少数几种简单操作，并且这些操作的结果可能总是同样的或者几乎是同样的，这样的人便没有机会也没有必要训练自己的智力……"②在亚当·斯密看来，资产阶级社会使社会财富得到极大的增长，同时又压制广大人民群众的才干和能力，破坏那些在过去时代可以促进艺术、手工业和人民群众创作发展的条件。马克思高度评价了斯密关于生产劳动和非生产劳动的学说，揭示了这一学说所包含的深刻内容。

马克思评价19世纪初英国政治经济学第二个主要代表人物李嘉图的特点是"科学上的诚实"③。李嘉图"把资本主义生产方式看作最有利于生产、最有利于创造财富的生产方式"④。但是，李嘉图也指出在资产阶级社会里，对劳动者的压迫是不可避免的，资产阶级社会客观上"把无产者看成同机器、驮畜或商品一样"⑤。弗里德连杰尔指出，如果说德国古典哲学用唯心主义语言，

---

① 弗里德连杰尔：《马克思恩格斯和文学问题》，郭值京、雪原、程代熙等译，上海译文出版社1984年版，第32—33页。

② 转引自弗里德连杰尔：《马克思恩格斯和文学问题》，郭值京、雪原、程代熙等译，上海译文出版社1984年版，第33页。

③ 《马克思恩格斯全集》第26卷第2册，人民出版社1973年版，第125页。

④ 《马克思恩格斯全集》第26卷第2册，人民出版社1973年版，第124页。

⑤ 《马克思恩格斯全集》第26卷第2册，人民出版社1973年版，第126页。

揭示了资产阶级时代艺术的某些内在矛盾，那么，英国政治经济学指出了资产阶级文化的矛盾和资产阶级经济生活的规律之间的联系。

"十九世纪初伟大的空想社会主义者和从康德到黑格尔的德国唯心主义哲学家不同，也和英国古典资产阶级政治经济学家不同，他们在自己的著作中表现出是自觉地、热情地、不调和地对资产阶级社会和资产阶级文化进行批评的批评家。空想社会主义者批判地分析了资产阶级制度和资产阶级文化的基础，认为这些基础是极不合理的、极不正常的。"①19世纪初三位伟大的空想社会主义者继承了18世纪启蒙主义者对艺术的高度评价，他们认为，一般艺术问题，特别是当代艺术问题具有非常重大的意义。他们在自己的著作中对这些问题相当重视，他们当中学识最渊博的圣西门尤其重视这些问题。

圣西门把科学、艺术和手工业看作是"使社会得到幸福的"的必要的三种手段，"除了直接或间接促进应用、推广或改进科学、艺术和手工业方面的知识之外，从来也没有而且今后也不会有任何其他有益于改善人们的生活的办法"。②圣西门认为艺术的命运和它的未来是同全人类物质、精神文化的命运和未来紧密相关的。只有消灭游手好闲的阶级和重新组织建立在实现圣西门理想基础上的社会生产，才能为繁荣社会生活各个方面，其中包括艺术方面，创造前提。

19世纪初第二位伟大的空想社会主义者，英国的欧文设想的社会主义社会中，人"才会有史以来第一次成为全面发展的人……"，欧文特别强调艺术的人道主义性质，他认为："只有在人的全部肉体、精神力量和能力可以自由、和谐地发展的地方，才能出现艺术繁荣。在资本主义劳动组织下，不可能有这种发展，因为这种组织对于广义的艺术创作的发展也是不利的。只有建立在社会主义原则基础上的社会制度才会造成有利于人的全部才能自由发展和互相竞

---

① 弗里德连杰尔：《马克思恩格斯和文学问题》，郭值京、雪原、程代熙等译，上海译文出版社1984年版，第36页。

② 《圣西门选集》上卷，何清新译，商务印书馆1962年版，第278—279页。

赛的条件，使人们在艺术方面也能自由发挥自己的创造力。"①欧文描述了艺术在未来的社会主义社会中自由发展的鲜明图景。

19世纪初第三位伟大的空想社会主义者傅立叶试图说明历史发展的基本规律，同时表明艺术发展和社会发展之间复杂的、辩证的关系。他认为，只有在和谐与社会主义的基础上改造社会，才能为各种艺术和科学开辟"光辉的道路"，才能保证学者和艺术家能够自由发挥自己的才能，而他们"在文明制度下""总是不幸的"。②但是，圣西门等人的社会主义是空想的，他们对社会发展规律缺乏正确的认识。

资本主义的发展对美学理论提出了新的、更加复杂的问题。这些问题都在18世纪末至19世纪初的德国唯心主义哲学、英国古典政治经济学、空想社会主义的学说中反映了出来。"人类先进美学思想的发展向马克思和恩格斯提出的最重要任务之一，便是揭示这种运动和变化的真实根源，研究唯物主义内容的、辩证性质的艺术和美学基本问题的学说。"③

二、马克思美学的基本问题

弗里德连杰尔在《马克思恩格斯和文学问题》一书中总结了马克思美学的若干基本问题。④以下取部分内容简要复述。

第一，马克思表述的"物质生活的生产方式制约着整个社会生活、政治生活和精神生活的过程"⑤的这个历史唯物主义原理，对于马克思的美学观具有决定性的意义。社会人的审美观念和审美趣味、文学和艺术，也和整个"精神

---

① 弗里德连杰尔：《马克思恩格斯和文学问题》，郭值京、雪原、程代熙等译，上海译文出版社1984年版，第41—42页。

② 《傅立叶选集》第1卷，汪耀三译，商务印书馆1959年版，第63页。

③ 弗里德连杰尔：《马克思恩格斯和文学问题》，郭值京、雪原、程代熙等译，上海译文出版社1984年版，第47页。

④ 弗里德连杰尔：《马克思恩格斯和文学问题》，郭值京、雪原、程代熙等译，上海译文出版社1984年版，第93—162页。

⑤ 《马克思恩格斯选集》第2卷，人民出版社1972年版，第82页。

生活的过程"一样，从历史唯物主义的观点来看，都是社会的现实经济基础的"观念的上层建筑"①。

第二，社会的、历史的"人的本质观"。1844—1845年是马克思哲学形成特别突出的时期，这个时期对马克思美学思想的发展也有极其重大的意义。在马克思《1844年经济学—哲学手稿》中，除了马克思哲学问题，美学问题也占了相当大的篇幅。《手稿》注意的中心问题是分析资产阶级的劳动形式。黑格尔在《精神现象学》中力图从自我意识的发展中，引申出人类文化的发展过程。马克思和黑格尔不同，他断言：人不仅是精神的生物，而且还是感性的、肉体的生物。人类的历史发展不取决于自我意识的运动，而是同生产活动的发展，同人类劳动及其历史形式的发展，同人和自然界之间的物质交换紧紧联系在一起。

人的本性是同社会、同社会劳动和社会实践密不可分的。人的感知美和创造艺术品的能力不是自然的、人本主义的规定，而是人的本性的社会历史的属性。

第三，马克思在《关于费尔巴哈的提纲》（1845）中写道："哲学家们只是用不同的方式解释世界，而问题在于改变世界。"②马克思的这句名言不单是马克思哲学的革命宗旨，也是马克思美学的革命宗旨。马克思美学在考察艺术时从不脱离人的感性实践活动，而是把它们同劳动和革命实践，同人掌握和改变周围世界和自身的历史过程密切结合起来。马克思认为，任何精神活动，其中包括艺术活动，都是同实践密切地联系在一起的，其本身就是实践的特有因素。

第四，马克思在《1857—1858年经济学手稿》（这是《资本论》的第一个文本）的《导言》里，把科学思维和艺术思维看作是人对外部世界两种不同的"掌握"形式。③在此基础上马克思阐明把艺术和人"掌握"现实的其他形式

---

①　《马克思恩格斯选集》第3卷，人民出版社1972年版，第128页。

②　《马克思恩格斯选集》第1卷，人民出版社1972年版，第19页。

③　《马克思恩格斯选集》第2卷，人民出版社1972年版，第104页。

（科学、劳动活动等）统一起来的共同因素，又指出艺术创作不同于科学创作的特点。

科学思维是通过概念"正在理解着的思维"，它"把直观和表象加工成概念"。科学思维运用概念，它在运用概念时也是从现实出发的。掌握世界的这种科学思维方式不同于"艺术的、宗教的、实践—精神的"掌握世界的方式。①马克思在《资本论》中指出，科学力求通过对"直观"和"表象"的抽象，把"看得见的""在现象中出现的"东西归结为内部运动，归结为本质。而艺术不舍弃"看得见的""在现象中出现的"东西，而是竭力揭示其本质的反映，也就是在直观行为中直接把握住某一现象的普遍的、深刻的意义。

第五，马克思在《1857—1858年经济学手稿》的《导言》中指出，"艺术的繁盛"和社会"物质基础"的发展"决不是"互相一致的。②马克思说明了为什么有一些杰出的艺术创作不会随着产生它们的那个时代的条件而消失，而还保持着它们对后代人们的魅力，仍然是他们的精神教育和发展的工具，使他们得到高度的审美享受。马克思的这个思想对解决文化遗产问题具有重大的意义。

---

① 《马克思恩格斯选集》第2卷，人民出版社1972年版，第104页。
② 《马克思恩格斯选集》第2卷，人民出版社1972年版，第112—113页。

第三章　《1844年经济学—哲学手稿》的美学思想研究

　　1844年是时年26岁的马克思的理论观点的发展发生重要转变的一年。这一年，马克思在巴黎和布鲁塞尔从事经济学和哲学研究。他的研究成果只是以手稿、摘要和个别批注等形式保存下来，而未能写出一部完整著作。这部手稿是马克思同德国古典哲学和资产阶级经济学思想进行论战的第一部著作，于1844年4月到8月间完成。马克思在论战时，本来打算对他的唯物主义世界观做完整的概述。在这部手稿中，除了马克思主义的经济学和哲学问题外，美学问题也占了相当大的篇幅。

　　第二国际时期德国社会民主党的领导人考茨基、伯恩施坦知道前述马克思主义奠基人的许多著作和书信，他们作为这些著作遗产的正式守护人，对这笔遗产采取了轻蔑的态度，他们把这些文献束之高阁，不设法出版。苏联马克思恩格斯研究院从马克思恩格斯著作遗产中发现、收集和出版了这些文献。这些文献表明，马克思主义奠基人不仅有大量关于文学艺术的零散言论（多少带有局部和片断的性质），而且他们对于美学的基本问题有一个统一的深思熟虑的看法，这是和辩证唯物主义、历史唯物主义的理论，和马克思恩格斯的整个科学的革命的世界观密切地结合在一起的。这部未完成的手稿、《德意志意识形态》、1857—1858年的《政治经济学批判》手稿以及恩格斯的《自然辩证法》等著作是在苏维埃时期才得以刊行于世。

手稿的基本理论部分，1927年发表在苏联梁赞诺夫主持的《马克思恩格斯文库》俄文版第3卷，后又转载在1929年出版的《马克思恩格斯全集》俄文版第3卷。马克思本人没有给手稿加上标题，在文库和全集中的标题都是《〈神圣家族〉的准备著作》，这是手稿的第一个版本，它的出版几乎没有受到人们的关注。

1931年1月，在苏黎世出版的一家社会民主党的月刊《红色评论》上，刊登了迈耶尔的一篇简短的报道，说是新发现了马克思的一部早期著作。1932年，这部手稿经过编辑整理，在莱比锡阿尔弗雷德·克勒纳出版社用德文发表在《卡尔·马克思：历史唯物主义（早期著作）》一书的第1卷上，标题为《政治经济学和哲学》，出版者是两位社会民主党人——朗兹胡特（S. Langshut）和迈耶尔（I. Meier）。这个版本虽然增补了俄文版中所缺少的几章，但也是不完整的。

1932年，苏联的马克思恩格斯研究院用俄文出版了几卷《马克思恩格斯文库》和《马克思恩格斯全集》第1版，其中收录了青年恩格斯论文学的一些文章、《1844年经济学—哲学手稿》的主要部分、《德意志意识形态》、《自然辩证法》和许多其他著作。这些著作在谈其他问题时也谈到了文学和美学问题。

1932年晚些时候，《1844年经济学—哲学手稿》才于柏林在阿多拉茨基主编的《马克思恩格斯全集》德文版第3卷上全文发表，整理者根据手稿的内容拟定了现在通行的题目《1844年经济学—哲学手稿："国民经济学批判，附关于黑格尔哲学的一章"》。因为这部手稿写于巴黎，故又称《巴黎手稿》。这时可以说是《手稿》的"合法存在的开始"。1932年《手稿》全文发表，人们断定手稿虽然没有完成，却是一部独立的著作，而不像当初发表时所推测的那样，是《神圣家族》一书的准备著作。

1935年上海辛垦书店出版的《黑格尔哲学批判》中柳若水摘译了《手稿》中的部分内容：《黑格尔辩证法及哲学一般之批判》。蔡仪在1948年出版的《新美学》中论及美学的研究领域以及艺术的创造法则等内容时曾多次引用《手稿》中的部分内容。当时蔡仪是从日文著作转译的，并没有注明出处。

1956年，《1844年经济学—哲学手稿》的俄文完整版第一次在苏联出版的很厚的单卷本《马克思恩格斯早期著作》中问世。1956年人民出版社出版了何思敬译、宗白华校的第一个《手稿》中文全译本。1979年人民出版社出版了刘丕坤的新译本。随后，马克思恩格斯列宁斯大林著作编译局在刘丕坤译本的基础上，根据德文原文并参考俄文译本译出，收入《马克思恩格斯全集》第42卷作为通用本，人民出版社1979年出版。1980年，朱光潜根据德文摘译的《手稿》部分章节发表在《美学》第2期上（上海文艺出版社1980年版，收入《朱光潜全集》第5卷，安徽教育出版社1989年版，第433—462页；亦收入程代熙编：《马克思〈手稿〉中的美学思想讨论集》，陕西人民出版社1983年版，第1—29页）。这些都极大地推动了我国美学界对《手稿》的研究。除了朱光潜的选译本是根据1956年柏林出版的马克思恩格斯《经济短著》德文本翻译的，其他三种《手稿》的中译本都是根据俄译本翻译的，或者说是以俄译本作为主要底本的。由此可见苏联在整理、出版马克思主义经典文献方面的重要贡献。

《手稿》之所以引起美学家特别的兴趣，是因为马克思在写《手稿》的那个时期，在马克思主义的总的形成过程中，哲学问题被提到了首要地位，因此马克思在这部阐述自己观点的早期著作中，对哲学和美学问题比后来谈得更充分一些，后来的著作中提到首位的已经不是论证和发展马克思主义哲学方面的学说，而是政治和经济方面的学说了。

第一节　对《手稿》三种不同的评价

1932年《手稿》全文的发表立即引起西方学者的极大兴趣，在西方世界立即出现了经济学、哲学、美学等各个领域的广泛研究热潮,至20世纪50年代形成了强大的"西方马克思主义"和"西方马克思学"等理论研究潮流,影响深远。对于《手稿》在马克思主义中的地位,有着三种不同的评价。这些评价当然也对《手稿》美学思想的研究产生直接的影响。

一、《手稿》是"马克思的中心著作"

把《手稿》说成是"马克思的中心著作"的学者,无论如何也不同意把《手稿》看作马克思还不成熟的青年时代的作品,他们主要提出以下的观点。

第一,德国社会民主党人朗兹胡特、迈耶尔、H.德曼等人把早期所谓"人道主义者马克思"同晚期"唯物主义马克思"相对立,把写作《1844年经济学—哲学手稿》时期的马克思同写作《资本论》时期的马克思相对立。他们把《手稿》说成是马克思思想的顶点,马克思主义一切主要的和本质的内容早在1844年就已经创造出来,而马克思主义以后的全部形成史不过是每况愈下的运动,而《手稿》成为评价马克思整个世界观的标准。

《手稿》1932年德文版的最初出版者朗兹胡特和迈耶尔在《导言》中把马克思的这部著作说成是"新的福音书","真正的马克思主义的启示录",他们极力证明《手稿》对于论证"新的马克思主义观"具有"决定的意义"。他们认为《手稿》是"马克思的中心著作,是马克思的思想发展上的主要关节点,而在这个关节点上,经济分析的原则都是从人的真正现实性这个观念直接推演出来的",《手稿》是"概括了马克思的全部精神范围的唯一文献"。[①]他们所说的"中心思想",就是认为在《手稿》中马克思否定消灭剥削和生产资料社会化是历史的真正目的,真正目的是要求人的本质的全面实现和发现。

比利时人德曼在《新发现的马克思》一文(德国《斗争》杂志1932年第5、6期)中强调"新发现的手稿对于重新理解马克思学说的发展进程和全部含

---

① 朗兹胡特、迈耶尔:《卡尔·马克思:历史唯物主义(早期著作)》,1932年德文版,转引自《马克思早期思想研究》,秦水等译,生活·读书·新知三联书店1963年版,第78页。

义具有决定的意义"。他认为《手稿》的特殊作用在于，它含有"那些作为他后来一切著作的基础并包含着这些著作的隐秘含义的、最深刻的人道主义价值和伦理价值"的思想。"这个马克思是个实在论者，而不是一个唯物主义者。"[1]德曼还认为，马克思成就的顶点是在1843年和1848年之间。他否认马克思晚期著作的价值，污蔑马克思晚期著作显露出他的创作能力的某种衰退和削弱。德曼企图把伦理社会主义冒充为真正的、百分之百的马克思主义，而《手稿》是马克思以后一切著作的基础。

第二，马尔库塞、E.蒂尔、毕果（Bigo）等人认为《手稿》为理解马克思主义的实质提供了指导线索，那就是对人本身的本质和任务的理解，即人本主义，这是马克思的整个世界观的主要源泉。马尔库塞在《论新发现的马克思手稿》一文（德国《社会》杂志1932年第8期）中主张，《手稿》的特殊意义，就在于马克思把人看成是一般人，而不是仅仅看作一定阶级的代表、生产的主体等。《手稿》"给理解历史唯物主义和科学社会主义全部理论的起源和本来的真正含义，提供了完全新的基础"[2]。蒂尔在为《手稿》1950年科隆版所写的长篇评注《从巴黎的经济学—哲学手稿看青年马克思的人本学》中说，马克思在《手稿》中所发挥的关于人在劳动过程中同自然界统一和相互作用的观点，是一种"关于人的本质的本体论的学说"，是一种关于整个自然界的普遍人本学基础的学说。

毕果在《马克思主义和人道主义》一书（巴黎1953年版）中，企图证明马克思在他的经济学研究著作中不是一个唯物主义者，而是一个"人道主义者和道德学家"。在他看来，马克思主义政治经济学并不包含对资本主义社会的客观发展规律的表述，而只是"对人在经济世界中的地位的分析"，是人对现实

---

① 转引自《马克思早期思想研究》，秦水等译，生活·读书·新知三联书店1963年版，第79—81页。

② 转引自巴日特诺夫：《哲学中革命变革的起源》，刘丕坤译，中国社会科学出版社1981年版，第5页。

界的道德要求的体系。①毕果等人把《手稿》和异化理论当作衡量整个马克思主义的唯一的尺度，他们要用据说在《手稿》中第一次发现的"伦理的"和"人道主义"理想的立场，来根本修正整个马克思主义。朗兹胡特和迈耶尔甚至断言，在《手稿》发现以后，《共产党宣言》的第一句应该改为："以往的全部历史都是人的异化的历史。"②

二、《手稿》是"不成熟的著作"

与上述观点相反，有些学者认为《手稿》是不成熟的著作。从1927年《手稿》的基本理论部分用俄文在苏联发表，到1956年《手稿》全文用俄文在苏联发表，这期间很多苏联学者都持这种看法。他们对《手稿》的研究不重视，《手稿》的经济内容在卢森贝的《19世纪40年代马克思和恩格斯经济学说发展概论》一书中曾经得到详细的阐述。但是，对《手稿》哲学内容的分析，只有寥寥几篇文章。即使在1956年以后，自然派美学家仍然认为，《手稿》是马克思不成熟的著作，带有明显的、未曾克服的唯心主义痕迹。西方也有学者质疑《手稿》的价值，维特尔（G. Wetter）在《辩证唯物主义：它的历史和它在苏联的体系》一书（维也纳1953年版）中写道，《手稿》仍然处在黑格尔唯心主义的影响之下。

在我国美学家中，对《手稿》的评价接近这种观点的是蔡仪。他在《〈经济学—哲学手稿〉初探》一文（《美学论丛》第3辑，中国社会科学出版社1981年版）中系统阐述了他对《手稿》的评价。他的总的结论是：《手稿》的社会观、历史观"根本上还是人本主义"，虽然马克思的一只脚已向前跨出了一步，"另一只脚还是牢牢地站在费尔巴哈的观点上"。从《手稿》的内容

---

① 转引自巴日特诺夫：《哲学中革命变革的起源》，刘丕坤译，中国社会科学出版社1981年版，第15页。

② 转引自巴日特诺夫：《哲学中革命变革的起源》，刘丕坤译，中国社会科学出版社1981年版，第20页。

看："首先是关于国民经济学的批判，其次是关于私有财产和共产主义的论述，最后则是关于黑格尔哲学的批判。而贯穿这三部分的基本论点，则是'劳动的异化'或'人的本质异化'。"①蔡仪逐一分析了这三部分内容。

关于国民经济学批判，蔡仪认为马克思的论述"显然表明是受了费尔巴哈和赫斯的影响，并使这个论点进一步发展，成为他在这本《手稿》中的政治经济学、社会史观乃至共产主义的一个根本论点"②。关于共产主义和私有制，蔡仪得出结论说："总之，在《手稿》中关于私有制和共产主义的论述，虽然有不少是正确的，有的还可以说是很精辟的；但是也有些是不正确的，是明显地表现人本主义思想的，而且这种人本主义正是他当时社会观的根本观点，是唯物主义不彻底的主要表现。"③

关于黑格尔哲学的批判，蔡仪指出："虽然马克思在一些具体的说法上都有和费尔巴哈的不同之处，但是总的看来，没有超出费尔巴哈的人本主义思想的界限则是很显然的。这在《手稿》中不仅表现有好几处直接称赞人本主义，而且在有关这个论点的具体说明中，都和费尔巴哈的人本主义基本上是一致的。"④"马克思自己就曾在《手稿》里屡次赞扬人本主义思想，甚至把人本主义、自然主义作为共产主义理想要求其实现。""在《手稿》中……他这样赞扬人本主义的共产主义的言论还不止一两处，难道能说他这时的社会观点不是人本主义的吗？难道能说他这时已经掌握了历史唯物主义吗？"⑤

关于《手稿》中的美学观点，蔡仪认为《手稿》中有关美学的言论有四段

---

① 程代熙编：《马克思〈手稿〉中的美学思想讨论集》，陕西人民出版社1983年版，第283—284页。

② 程代熙编：《马克思〈手稿〉中的美学思想讨论集》，陕西人民出版社1983年版，第287页。

③ 程代熙编：《马克思〈手稿〉中的美学思想讨论集》，陕西人民出版社1983年版，第300页。

④ 程代熙编：《马克思〈手稿〉中的美学思想讨论集》，陕西人民出版社1983年版，第290页。

⑤ 程代熙编：《马克思〈手稿〉中的美学思想讨论集》，陕西人民出版社1983年版，第291—292页。

话：

"当然，劳动为富人生产了珍品，却为劳动者生产了赤贫。劳动创造了宫殿，却为劳动者创造了贫民窟。劳动创造了美，却使劳动者成为畸形。"[1]

"动物只是按照它所属的那个物种的尺度和需要来进行塑造，而人则懂得按照任何物种的尺度来进行生产，并且随时随地都能用内在固有的尺度来衡量对象；所以，人也按照美的规律来塑造物体。"[2]

"只有音乐才能激起人的音乐感；对于不辨音律的耳朵说来，最美的音乐也毫无意义，音乐对它说来不是对象，因为我的对象只能是我的本质力量之一的确证。"[3]

"忧心忡忡的穷人甚至对最美丽的景色都无动于中；贩卖矿物的商人只看到矿物的商业价值，而看不到矿物的美和特性；他没有矿物学的感觉。"[4]

蔡仪仔细地分析了这四段话的意义，认为其中主要的话是关于美的规律的论点，另有两段话是关于事物的美与人对美的认识的问题，最后一段话是关于事物的美与不美的对比的说法。蔡仪据此得出结论说："马克思的美学思想，首先就是把美学问题摆在认识论上来论述。"[5]

蔡仪批判了苏联美学家万斯洛夫·斯托洛维奇根据《手稿》文句中的两个短语"人化了的自然界"和"在一个由他来创造的世界中直观着自己本身"，来论证马克思的美学思想。蔡仪认为，这两个短语"根本和美或美感都是毫无关系的，而引用来论证美感及美，完全是捕风捉影之谈"。这些话是"关于社会观点的论述"，"是有人本主义倾向的，把它作为表述马克思的思想的言论

---

① 马克思：《1844年经济学—哲学手稿》，刘丕坤译，人民出版社1979年版，第46页。

② 马克思：《1844年经济学—哲学手稿》，刘丕坤译，人民出版社1979年版，第50—51页。

③ 马克思：《1844年经济学—哲学手稿》，刘丕坤译，人民出版社1979年版，第79页。

④ 马克思：《1844年经济学—哲学手稿》，刘丕坤译，人民出版社1979年版，第79—80页。

⑤ 程代熙编：《马克思〈手稿〉中的美学思想讨论集》，陕西人民出版社1983年版，第304—305页。

来引用，显然又是错误的"。"特别是他们竟然不引马克思那些直接、明白而正确地论述美和美感的言论，却苦心孤诣地摘取那些表现不大正确的社会观点的言论中的片言短语，牵强附会，架空立论，由此可见唯心主义思想在美学中是非常顽强的。然而明显地歪曲马克思的言论，穿凿附会并加以曲解，终于是骗不了人的。"[1]

三、《手稿》是"哲学中革命变革的起源"

与上述两种对《手稿》的评价不同，对《手稿》的第三种评价认为，尽管《手稿》中有不成熟的内容，但它是哲学中革命变革的起源。

朱光潜在发表于1981年的《马克思的〈经济学—哲学手稿〉中的美学思想》一文中，特地提到在苏联学者巴日特诺夫的《哲学中革命变革的起源》、纳尔斯基的《辩证唯物主义在马克思著作中的形成》等论著中都持这种观点，他们认为这部手稿是马克思观点发展的"转折点"，并认为异化这一范畴是"马克思主义的三大理论来源集合为一条线索的集结点"，马克思在思想成熟时期并没有放弃"异化"范畴，马克思"正是在《资本论》中才彻底弄清楚异化的秘密"。朱光潜表示他赞成对《手稿》的这种评价[2]，我国绝大多数美学家也赞成这种评价，马奇写道："可以说，《手稿》集中地代表了形成时期的马克思主义的三个组成部分。如果说，恩格斯的《反杜林论》是系统地阐述马克思主义的三个组成部分及其内在联系的百科全书，那么，《手稿》则是真正的马克思主义的百科全书的初稿，是马克思成为马克思主义者的标志和起点。"[3]

---

[1] 程代熙编：《马克思〈手稿〉中的美学思想讨论集》，陕西人民出版社1983年版，第303—304页。

[2] 程代熙编：《马克思〈手稿〉中的美学思想讨论集》，陕西人民出版社1983年版，第60—61页。

[3] 程代熙编：《马克思〈手稿〉中的美学思想讨论集》，陕西人民出版社1983年版，第75页。

全国马列文艺论著研究会第4次学术讨论会于1982年8月2日至8日在哈尔滨举行。这次会议主要讨论的问题是马克思《1844年经济学—哲学手稿》中的美学思想。会议认为："作为无产阶级的科学思想体系的马克思主义，有一个产生、形成和发展的过程。我们在研究马克思著作的时候，不要把青年马克思和成熟的马克思对立起来，或者把马克思的早期著作和后期著作割裂开来，而应该把它看作一个统一的发展过程。把《手稿》宣布为马克思思想的顶峰用以反对后期的马克思思想，或者认为马克思在《手稿》中所表述的思想和费尔巴哈的人本主义没有多大区别，都是错误的、不恰当的。"[①]

朱光潜提到的巴日特诺夫的论文《马克思〈经济学—哲学手稿〉中的美学问题》（载《美学问题》第1辑，莫斯科1958年版），是继1927年苏联著名美学家里夫希茨对《手稿》美学思想的开拓性研究以后，苏联美学界，甚至是世界美学界第一篇专门研究《手稿》美学思想的文章。关于这篇文章的内容，我们将在第四章《20世纪50—60年代的中苏美学大讨论》第二节《20世纪50—60年代苏联美学大讨论中各派的观点》第一小节中阐述。巴日特诺夫在论文《哲学中革命变革的起源》（苏联《共产党人》1958年第3期）和同名著作《哲学中革命变革的起源》（莫斯科1960年版，中译本由中国社会科学出版社于1981年出版）中阐述了他对《手稿》的评价。巴日特诺夫和纳尔斯基对《手稿》的评价，符合当时苏联主流意识形态的观点。苏共中央马克思列宁主义研究院为《马克思恩格斯早期著作》一书撰写的前言中说，《1844年经济学—哲学手稿》，尽管受到费尔巴哈的颇大影响，但马克思"开始奠定革命唯物主义世界观的基础，这种世界观随即在《神圣家族》，尤其在《德意志意识形态》中得到了进一步发展"[②]。

人们常常援引列宁对马克思的评价，来证实《手稿》的马克思主义性质。列宁指出，在《德法年鉴》杂志刊登的文章和马克思1843年秋到1844年1月所

① 《马克思恩格斯美学思想论集》，人民文学出版社1983年版，第393—394页。
② 《马克思恩格斯早期著作》，莫斯科1956年版，第29—30页。

写的文章中，马克思彻底地从唯心主义立场转到了唯物主义，并从革命民主主义转到了共产主义。①《手稿》是在马克思的这种转变以后写成的。

为什么《手稿》是哲学中革命变革的起源呢？"马克思在《手稿》中第一次根据对政治经济学的认真批判，为他往后在阐发自己的世界观方面所做的工作奠定了唯物主义的基础，制定了他后来许多年的宏伟理论工作计划。"②"由于《手稿》从无产阶级革命要求的观点提出了一系列哲学、政治经济学和共产主义的根本问题，所以它实际上是马克思主义形成过程的一个最重要的关节点。"③

巴日特诺夫在《哲学中革命变革的起源》一书中，分析了《手稿》关于一些最重要的一般哲学问题的阐述。④我们认为，这些阐述对于美学具有重要的意义。这些一般哲学问题包括：

第一，对人的社会本质的揭示。在分析人和自然的相互作用时，费尔巴哈主张人和自然的直接统一。马克思指出人和自然界的关系不是直接的，而是以社会劳动为中介。费尔巴哈把人看作自然界的一部分，马克思则认为人是在社会生产的历史发展过程中形成的。马克思在这些原理的基础上阐述了社会存在、社会意识的范畴，他强调指出："作为类的意识，人确证自己的现实的社会生活，并且只是在思维中重复着自己的现实的存在。"⑤马克思提出了一系列关于物质生产在社会生活中起决定作用的深刻论点，他写道："全部所谓世界史不外是人通过人的劳动的诞生"⑥，"宗教、家庭、国家、法、道德、科学、艺术等等，都不过是生产的一些特殊的形态，并且受生产的普遍规律的支

---

① 《列宁全集》第21卷，人民出版社1959年版，第29页。

② 巴日特诺夫：《哲学中革命变革的起源》，刘丕坤译，中国社会科学出版社1981年版，第130页。

③ 巴日特诺夫：《哲学中革命变革的起源》，刘丕坤译，中国社会科学出版社1981年版，序言第2页。

④ 见巴日特诺夫：《哲学中革命变革的起源》，刘丕坤译，中国社会科学出版社1981年版，第133—156页。

⑤ 马克思：《1844年经济学—哲学手稿》，人民出版社1979年版，第76页。

⑥ 马克思：《1844年经济学—哲学手稿》，人民出版社1979年版，第84页。

配"①。这一思想是新历史观的萌芽，已经非常接近马克思后来在《〈政治经济学〉序言》中提出的社会存在决定社会意识的经典论述。

第二，对劳动过程的辩证法的阐述。《手稿》阐述了关于劳动本质的辩证唯物主义观点，认为劳动是人的整个生命活动的基本形式，指出了人的劳动不同于动物的一切生命活动形式的特点，以及劳动在人类社会的形成和发展过程中所起的决定作用。马克思极其重视人的劳动，认为它是"全部人类历史之谜的解答"，指出正是通过劳动才产生并再生产出人类社会。"实际创造一个对象世界，改造无机的自然界，这是人作为有意识的类的存在物（亦即这样一种存在物，它把类当作自己的本质来对待，或者说把自己本身当作类的存在物来对待）的自我确证。"②

第三，对"人的感性"的唯物主义理解。马克思认为，人的具有社会特性的感觉是通过劳动而形成的，它不像费尔巴哈所主张的那样是人类的自然的、天生的能力。人感知事物的社会性质的能力，是在实践把世界"人化"的过程中发展出来的。随着人通过自己的劳动而日益掌握自然界，自然界变成人的"无机的身体"，变成人的世界的一部分。在通过实践把世界"人化"的过程中，感知世界的能力作为人的唯一的感性形成起来。

第二节　20世纪20—30年代苏联对《手稿》美学思想的研究

在20世纪20—30年代，还很少有人对马克思的哲学发展感兴趣。只有苏联的马克思恩格斯研究院对19世纪40年代马克思的手稿、黑格尔派的解体时代的书刊和马克思主义史的最初情况做了研究。

里夫希茨是全世界最早对《手稿》的美学思想进行研究的美学家。他在

---

① 马克思：《1844年经济学—哲学手稿》，人民出版社1979年版，第74页。
② 马克思：《1844年经济学—哲学手稿》，人民出版社1979年版，第50页。

1927年发表于国立高等艺术技术专门学校社会科学联合教研室的刊物上的《关于马克思的美学观问题》一文（该文也收集在里夫希茨的《艺术和哲学问题》一书中，莫斯科国立文学出版社1935年版，第238—244页），4次从1927年出版的《马克思恩格斯文库》俄文版第3卷中引用了《1844年哲学—经济学手稿》中的论述。这是世界上第一次研究《1844年哲学—经济学手稿》中的美学思想，当时作者还是未满22岁的年轻人。这4段引文是：

> 只是由于人的本质的客观地展开的丰富性，主体的、人的感性的丰富性，如有音乐感的耳朵、能感受形式美的眼睛，总之，那些能成为人的享受的……感觉，才一部分发展起来，一部分产生出来。[1]

> 五官感觉的形成是以往全部世界历史的产物。囿于粗陋的实际需要的感觉只具有有限的意义。对于一个忍饥挨饿的人说来并不存在人的食物形式……忧心忡忡的穷人甚至对最美丽的景色都没有什么感觉。[2]

> 私有制使我们变得如此愚蠢而片面，以致一个对象，只有当它为我们拥有的时候，也就是说，当它对我们说来作为资本而存在……的时候，总之，在它被我们使用的时候，才是我们的……
>
> 因此，一切肉体的和精神的感觉都被这一切感觉的单纯异化即拥有的感觉所代替。人的本质必须被归结为这种绝对的贫困，这样它才能够从自身产生出它的内部的丰富性。
>
> 因此，私有财产的扬弃，是人的一切感觉和特性的彻底解放。[3]

> 贩卖矿物的商人只看到矿物的商业价值，而看不到矿物的美和特性；

---

[1] 《马克思恩格斯全集》第42卷，人民出版社1979年版，第126页。
[2] 《马克思恩格斯全集》第42卷，人民出版社1979年版，第126页。
[3] 《马克思恩格斯全集》第42卷，人民出版社1979年版，第124页。

他没有矿物学的感觉。①

后来，里夫希茨在1931年夏写成（第一稿早在20年代完成）、1933年出版的《马克思的美学观点》一书中专门研究了《手稿》的美学思想，这本书被译成英文、德文，在西方流传较广。里夫希茨对《手稿》美学思想的研究的主要内容包括：

第一，充分肯定了《手稿》的价值。《手稿》虽然仍然保留了黑格尔和费尔巴哈的术语的胎记，在很多方面尚不成熟，但是它对我们来说具有永久的意义。在这里，里夫希茨不是提供现成的结论，不是因为有人贬低《手稿》的价值，他们说"a"，我们就说"负a"，而是在通向这个结论的道路上做了深入的研究。他利用了自己在马克思恩格斯研究院工作期间积累的关于马克思生平和活动的学术传记材料，研究马克思在其理论产生时期所面临的那些思想问题的真正历史内容，论证了马克思在19世纪40年代的哲学表现方式中的每一个重要的思想差别，都保留在马克思主义以后的历史里。

里夫希茨跟随马克思的足迹从19世纪40年代初哲学的抽象概念进到它们的现实的经济和阶级的基础。《手稿》和《资本论》这些不同年代的著作之间无疑存在着外部区别，然而这是由于同一理论从不太完备的表述发展到较为完备的表述这一自然过程所产生的，这里没有任何内部脱节的现象。"'拜物教'这个概念的命运——从《莱茵报》时期的革命民主主义思想到《资本论》的第一章——可作为马克思思想发展史上各个不同时期之间的联系的一个例证。"②

第二，阐述《手稿》中的实践观点。马克思认为，对象性的世界对人成为"自己的"世界，不是单纯地由于我们直观能力的作用，而是长期实践斗争的结果。现实的"非对象化"，即现实脱离其粗糙自然的形式，这本身就是一个

---

① 《马克思恩格斯全集》第42卷，人民出版社1979年版，第126页。
② 里夫希茨：《马克思论艺术和社会理想》，人民文学出版社1983年版，第45页。

物质的过程——人的主体能力和力量的"对象化"的过程。"我们看到，工业的历史和工业的已经产生的对象性的存在，是一本打开了的关于人的本质力量的书，是感性地摆在我们面前的人的心理学。"[1]

感觉有它的历史。不论艺术对象或具有审美理解能力的主体，都不是我们一开始就有的，而是在人类的生产活动过程中形成的。"只是由于人的本质的客观地展开的丰富性，主体的、人的感性的丰富性，如有音乐感的耳朵、能感受形式美的眼睛，总之，那些能成为人的享受的感觉，即确证自己是人的本质力量的感觉，才一部分发展起来，一部分产生出来。……因此，一方面为了使人的感觉成为人的，另一方面为了创造同人的本质和自然界的本质的全部丰富性相适应的人的感觉，无论从理论方面还是从实践方面来说，人的本质的对象化都是必要的。"[2]

审美需要不是一种先于任何社会发展的生物属性。它是历史的产物，是物质生产和精神生产长期发展的结果。最初形式的生产和消费仍具有动物的性质。劳动是本能的，消费是以粗陋的、野蛮的方式进行的。讨论马克思的美学观点，无论如何不能忽略这个主体与客体的辩证法，其中起决定作用的恰恰是生产、创造的过程。"动物和它的生命活动是直接同一的。动物不把自己同自己的生命活动区别开来。它就是这种生命活动。人则使自己的生命活动本身变成自己的意志和意识的对象。他的生命活动是有意识的。这不是人与之直接融为一体的那种规定性。有意识的生命活动把人同动物的生命活动直接区别开来。"[3]

把《手稿》中的这些话同马克思《资本论》中的一段话对照一下："蜘蛛的活动与织工的活动相似，蜜蜂建筑蜂房的本领使人间的许多建筑师感到惭愧。但是，最蹩脚的建筑师从一开始就比最灵巧的蜜蜂高明的地方，是他在用

---

[1] 《马克思恩格斯全集》第42卷，人民出版社1979年版，第127页。

[2] 《马克思恩格斯全集》第42卷，人民出版社1979年版，第126页。

[3] 《马克思恩格斯全集》第42卷，人民出版社1979年版，第96页。

蜂蜡建筑蜂房以前，已经在自己的头脑中把它建成了。"①人的这种优越性来自何处呢？对马克思来说，自觉因素从直接生命本能中的分出，也就是使自身成为理解对象的本领，是一个历史地发展着的现象。它不是预先给予我们的，而是在对象性的生产活动的必然发展过程中产生的。意识和对象既对立又统一。

关于人和人的发展的真正的、实践的本源，马克思写了这样一段话："为了在对自身生活有用的形式上占有自然物质，人就使他身上的自然力——臂和腿、头和手运动起来。当他通过这种运动作用于他身外的自然并改变自然时，也就同时改变他自身的自然。他使自身的自然中沉睡着的潜力发挥出来，并且使这种力的活动受他自己控制。"②

第三，阐述《手稿》中"世界的人化"的观点。动物不能把自己同自己的生命活动区分开来，而人的生命活动是有意识的。有意识的生命活动把人同动物的生命活动直接区分开来。里夫希茨写道："总之，在自觉劳动从纯自然功能中分出的同时，在摆脱自然的束缚的同时，社会同自然的统一也在发展。人给自己提出各种自觉的目的，它们通过实践的中介在对象世界中获得实现。可以说，这是一个世界人化的过程。"③这里的"世界"就是指"自然"，马克思在《手稿》中也使用过"对象世界"的概念。里夫希茨所说的"世界的人化"，与20世纪50年代苏联美学家所说的"自然的人化"是一个意思。马克思写道："只有当对象对人说来成为社会的对象，人本身对自己说来成为社会的存在物，而社会在这个对象中对人说来成为本质的时候，这种情况才是可能的。"④

与动物不同，人不仅自觉地生产，而且全面地生产。人的类生活已经不是一定的本能功能，而是社会生产。"通过实践创造对象世界，即改造无机界，

---

① 《马克思恩格斯选集》第23卷，人民出版社1972年版，第202页。

② 《马克思恩格斯选集》第23卷，人民出版社1972年版，第202页。

③ 里夫希茨：《马克思论艺术和社会理想》，人民文学出版社1983年版，第224页。

④ 《马克思恩格斯全集》第42卷，人民出版社1979年版，第125页。

证明了人是有意识的类存在物，也就是这样一种存在物，它把类看作自己的本质，或者说把自身看作类存在物。……动物只是按照它所属的那个种的尺度和需要来建造，而人却懂得按照任何一个种的尺度来进行生产，并且懂得怎样处处都把内在的尺度运用到对象上去；因此，人也按照美的规律来建造。"[①] 人以全面的尺度为基础的建造活动，让他所加工的材料以它本身所特有的语言来说话，揭示出它所固有的内在真实。

里夫希茨对马克思《手稿》美学思想研究的重要意义，是在二十三年以后才被人们重新认识。1956年，《手稿》全文的俄译本第一次在苏联公开发表，引起美学界的广泛注意，美学家们纷纷在《手稿》中寻找理论根据。里夫希茨当年引用《手稿》中的那些概念，直至今天仍然是美学界热烈讨论的对象。

第三节　20世纪50年代苏联对《手稿》美学思想的研究

1956年，《手稿》全文俄文版第一次在苏联出版。《手稿》的出版，引起美学界的极大兴趣。苏联社会派美学家把《手稿》中社会实践的历史唯物主义作为美学的哲学基础，用《手稿》关于自然在社会劳动中"被人化"的观点论证美的客观性和社会性的统一，主张美不能脱离人和社会而存在，并从审美的观点看待艺术。

一、《手稿》美学思想的核心命题

《手稿》美学思想的核心命题是"自然的人化"和"人的本质力量对象化"。在蔡仪看来，这两个命题与美学毫无关系，用它们来论证美和美感，完全是捕风捉影。我们认为，"自然的人化"和"人的本质力量对象化"虽然是一般哲学命题，然而它们对《手稿》的美学思想来说，比具体的美学论述更加

① 《马克思恩格斯全集》第42卷，人民出版社1979年版，第96—97页。

重要。把这两个命题作为《手稿》美学思想的核心的提法，得到了我国大多数美学家的赞同。

把"自然的人化"和"人的本质力量对象化"当作《手稿》美学思想的核心命题，最早是苏联社会派美学家万斯洛夫提出来的。他于1955年4月在苏联《哲学问题》杂志第2期上发表了《客观上存在着美吗？》一文，不久，这篇文章的中译就刊于1955年7月出版的《学习译丛》第7期上，后来又收入学习杂志社于1957年出版的《美学与文艺问题论文集》中。1955年上海新文艺出版社还出版了万斯洛夫的《艺术中的内容和形式问题》一书的中译本。

1. 万斯洛夫的美学观点

万斯洛夫在自己1956年以前的著作中，援引苏联1929年出版的《马克思恩格斯全集》俄文版第3卷中《手稿》的内容来论证自己的观点。按照万斯洛夫的意见，美作为人对现实的掌握的结果和产物，是利用自然规律的社会产物。美的本质是社会历史的，而不是自然的。审美属性就其具体的存在来说，是自然的，即物质的、可感的，是依靠自己的自然特性和自然规律的。但就其本质来说，审美属性是社会的，因为它们表现人，表现人由社会形成的特征和特性，客观上符合人的生命活动。

万斯洛夫指出，虽然《手稿》是马克思生前未完成的、未出版的著作，但是这绝不能够说明马克思在后来发表的、完成的著作中抛弃了《手稿》中的基本原理，而只是说明在《手稿》中他思考的问题（其中包括美学问题）的范围广泛，对这些问题，他没有写专门著作，而这些问题又没有必要放在经济学著作中。马克思在《手稿》中使用了费尔巴哈和黑格尔的术语，这并不能说明《手稿》中基本原理的实质带有唯心主义性质。因为费尔巴哈在认识论中使用的术语，一般不具有唯心主义性质，而《手稿》中黑格尔的术语是以纯粹表面的形式表现另一种唯物主义的内容。

既然美的本质是社会历史的，在审美属性中表现了人的由社会产生的内容，那么，人的本质怎样能够在对象世界的外在可感的物质特征中表现出来呢？万斯洛夫运用《手稿》中"自然的人化"和"人的对象化"的概念来解释这个问题。在人的劳动活动中，发生着马克思所说的"自然的人化"和"人的对象化"的过程。一方面，人在这个过程中改造着自然，在利用自然规律的基础上使自然满足自己的需要；另一方面，人改造着自身，发展自己的能力。于是，在社会生产过程中产生了现实现象的审美属性，只有"人化的自然"对于人来说才具有审美意义；同时，人的审美需要和审美能力也发展起来，开始从审美角度对待周围的现实现象。万斯洛夫对"自然的人化"做了比较宽泛的理解。例如，在20世纪50年代以前，月亮从未经过人类改造。但是，月亮已经被纳入人的实践活动中。月亮帮助人们计算时间，"庇护"恋人，使风景带有迷人的色调，给迟归者照路，等等。月亮处在人们的关系体系中，所以具有审美意义。

虽然只有"自然的人化"才是人的审美对象，但是这并不意味着，经过人化的一切对象、劳动创造出来的任何产品都是美的。万斯洛夫举例说，把美的白桦树锯断劈成木材，木材虽然包含了人的劳动，但是它并不比白桦美，因为白桦的自然个性在木材上消失了。如果用白桦雕成小台，也不是所有的小台都美，只有那种特别能体现、揭示出隐藏和"沉睡"在天然生长的树木中的物质特性的小台才是美的。总之，无论自然中的美、生活中的美，还是劳动产品的美，永远含有社会内容。自然特性只有在社会中才能获得审美意义。审美属性就其形式来说是自然的，但就其内容、起源、本质来说，则是社会的。

2. 自然的人化和人的本质力量的对象化

万斯洛夫在1955年的《客观上存在着美吗》一文中写道："正如马克思所说的，在劳动中进行着自然界的'人化'和人的'对象化'。由于这个过程的结果，直接环绕着人的客观世界，即他的最接近的生活环境，就成为'两个要素——自然物和劳动——的结合'，也就是说，成为'人化'的现实、社会的客观世界。而作为生产活动的主体的人，在这个过程中发展着自己的手、脑、知觉、感觉等等，成为自然界的愈来愈强有力的主宰。""马克思指出，作为人类社会存在和发展的必要条件的社会生产过程，具有两个方面：一方面，人在这个过程中改变着、改造着自然界，在利用自然规律的基础上使自然界满足人的需要；另一方面，人也改变着自己，发挥自己的能力和力量，使自己成为创造活动的主体。"①我们在上文中谈到，里夫希茨在1933年使用过"世界的人化"的概念。万斯洛夫与里夫希茨长期在同一个单位工作，他们学术观点接近，私人关系良好，万斯洛夫应该知道里夫希茨"世界的人化"的用法。

继万斯洛夫之后，李泽厚在20世纪50—60年代我国美学大讨论中既用"人化的自然"，又用"自然的人化"的概念论证自己的美学观点。例如，他在1962年的《美学三题议》一文中写道："自然的人化是指经过社会实践使自然从与人无干的、敌对的或自在的变为与人相关的、有益的、为人的对象。"②"自然美的本质在于'自然的人化'。""自然美的本质、内容是'自然的人化'，而自然美的现象、形式却是形式美。"③"实践在人化客观自然界的同时，也就人化了主体的自然——五官感觉，使它不再只是满足单纯生理欲望的器官，而成为进行社会实践的工具。""主体的自然人化与客观的自然的人化同是人类几十万年实践的历史成果，是同一个事情的两个方面。"④李泽厚的观点和万斯洛夫是相似的。

有的研究者指出："从学术的影响来看，中国美学大讨论中也出现了与苏联相对应的社会派美学观点——李泽厚的客观性与社会性统一派，并且，二者所运用的理论都是来自于《手稿》中的'自然的人化'以及劳动实践理论等。可见，苏联审美本质大讨论对中国当代马克思主义美学选择和接受《手稿》提供了直接的理论资源。"⑤

---

① 《学习译丛》编辑部编译：《美学与文艺问题论文集》，学习杂志社1957年版，第2—3页。

② 李泽厚：《美学论集》，上海文艺出版社1980年版，第172页。

③ 李泽厚：《美学论集》，上海文艺出版社1980年版，第174页。

④ 李泽厚：《美学论集》，上海文艺出版社1980年版，第175页。

⑤ 周维山：《美学传统的形成与突破——〈1844年经济学哲学手稿〉与中国当代马克思主义美学》，中国社会科学出版社2011年版，第23页。

　　李泽厚在1956年的《论美感、美和艺术》一文中最早使用了"人化的自然"的概念，但是没有注明出处。这篇论文援引《手稿》的其他引文注明出自《经济学—哲学手稿》中译本，但没有标明译者和出版信息。这个中译本应该是何思敬译，宗白华校，人民出版社1956年出版的《经济学—哲学手稿》。在1962年的《美学三题议》一文中使用"自然的人化"的概念，依然没有注明出处，这篇论文援引《手稿》的其他引文注明出自人民出版社的《经济学—哲学手稿》中译本，就是1956年的这一版本。

　　20世纪70年代末到80年代初，蔡仪对李泽厚使用的"自然的人化"概念进行了意味深长的、釜底抽薪式的批判。他在《马克思究竟怎样论美？》一文中（《美学论丛》第1辑，中国社会科学出版社1979年版）指出，作为实践美学的立论基点之一的"自然的人化"并非来自马克思，也不是马克思主义的。他通过细读《手稿》，发现《手稿》里只有"人类化了的自然"的概念，而没有"自然界的人化"的概念，这两者除了在语序结构上不一样以外，在前提和立论精神上也是根本不同的。李泽厚使用的"自然的人化"的概念来自苏联实践观点的美学家万斯洛夫。[①]我们认为，《手稿》中虽然没有"自然的人化"的概念，但是有"人化的自然界"的概念，这两者在语序结构上不一样，但在精神上是一致的。不过，蔡仪指出李泽厚援引的"自然界的人化"来自万斯洛夫，却是有根据的。蔡仪在批判李泽厚时，往往连带批判万斯洛夫。而李泽厚则嘲笑蔡仪从来不敢使用"自然的人化"的概念。

　　还有的研究者援引了万斯洛夫在《美的问题》一书（莫斯科1957年版）中的论述："在这个实践过程中，客观上发生着自然的'人化'和人的'对象化'。人的本质的特征和特性'烙印'在对象世界中，这对象世界因此具有审美表情。"[②]然后又援引李泽厚在《批判哲学的批判》一书中的论述："马克思主义坚持思维与存在的同一性，把自然的人化看作是这种同一性的伟

---

　　① 《蔡仪文集》第4卷，中国文联出版社2002年版，第108页。

　　② 万斯洛夫：《美的问题》，杨成寅译，上海译文出版社1986年版，第55页。

大的历史成果，看作是美的本质之所在，是深刻的历史唯物主义和实践论哲学。""马克思主义的美学不把意识或艺术作为出发点，而从社会实践和'自然的人化'这个哲学问题出发。"①经过比较后得出结论说，李泽厚的这个说法"和万斯洛夫的意见显然是一样的，而且还可以看出，根本上是由万斯洛夫那里来的"②。

蔡仪的观点遭到很多美学家的反驳。1980年刘纲纪在与蔡仪的《马克思究竟怎样论美？》一文商榷的文章《关于马克思论美》中指出："马克思所提出的'自然界的人化'和'人的对象化'，我认为是马克思论美的基础。"③还有研究者指出："新时期之后，随着思想解放浪潮的推动，人的解放的问题日益突出，'自然的人化'作为突出人的主体和创造能力的美学理论迅速为人们所接受，一度成为中国当代马克思主义美学的指导思想，并且一些理论家在阐释'自然的人化'的基础上提出了自己关于美的本质的定义。"④

20世纪80年代以来我国发表的研究《手稿》美学思想的论文几乎都会谈到"自然的人化"和"人的本质力量对象化"的概念，许多论文直接把这两个概念放到题目中：《试论马克思、恩格斯"人化的自然"的思想》《"自然界人化"研究简介》《"人化的自然"与美》《试谈"人的本质的对象化"》《也谈马克思论"人化了的自然"》《论人本主义、人道主义和"自然的人化"说》《正确看待马克思的"自然人化"理论》《马克思"人化的自然"思想的美学意义》等等。虽然后来的研究者不一定知道最初使用"自然的人化"概念的是谁，但是，大家都习以为常地把这个概念说成是《手稿》美学思想的核心概念，认为它是由马克思提出的。

---

① 李泽厚：《批判哲学的批判》，人民出版社1979年版，第401、402页。

② 钱竞：《试论"人的本质异化"》，载程代熙编：《马克思〈手稿〉中的美学思想讨论集》，陕西人民出版社1983年版，第359页。

③ 刘纲纪：《美学与哲学》，湖北人民出版社1986年版，第42页。

④ 周维山：《美学传统的形成与突破——〈1844年经济学哲学手稿〉与中国当代马克思主义美学》，中国社会科学出版社2011年版，第95页。

3.《手稿》美学思想的哲学基础

马克思在《手稿》中第一次阐述了自己的美学思想，这些美学思想在他以后的著作中得到进一步的发展。因此必须了解《手稿》美学思想的哲学基础是什么。正是由这种哲学基础派生出《手稿》美学思想的核心概念和其他美学观点。只有把握《手稿》美学思想的哲学基础，我们才能够更加深入地理解《手稿》的美学思想。

斯托洛维奇在《现实中和艺术中的审美》一书（1959）中指出，马克思在《手稿》中所阐述的"人的实践活动、劳动活动的本质的观点"是社会派美学理论的依据[①]，这种历史唯物主义就是《手稿》美学思想的哲学基础。

《手稿》的中心问题是历史地分析劳动在人类社会史和人类文化史中的作用，马克思关于实践和劳动本质的观点包含了对黑格尔和费尔巴哈哲学思想的批判。黑格尔在《精神现象学》中把人类文化的发展史说成是"自我意识"的发展过程。马克思则认为，人不仅是精神的生物，而且还是感性的、肉体的生物。人类的发展史不决定于自我意识的运动，而是同生产活动和人类劳动的发展紧密地联系在一起。费尔巴哈作为黑格尔的学生，在进入19世纪40年代之际，同黑格尔的唯心主义决裂并转到唯物主义立场上来了。但是，费尔巴哈的唯物主义不是历史唯物主义，而是人本主义唯物主义。这种唯物主义的基本缺点，就在于不懂得"人的感性活动、实践"的意义[②]。费尔巴哈把"人的本质"看成是超历史的、由生物学规律决定的东西。马克思认为，"人的本质"应该到实践、劳动中去寻找，而不是从生物学和人本主义规律中去寻找。

人的劳动必然具有社会性，人只能在社会中生活和劳动，他和动物不同，他是"社会存在物"。马克思写道："甚至当我从事科学之类的活动，即从事一种我只是在很少情况下才能同别人直接交往的活动的时候，我也是社会的，

---

① 斯托洛维奇：《现实中和艺术中的审美》，凌继尧、金亚娜译，生活·读书·新知三联书店1985年版，第29页注①。

② 《马克思恩格斯选集》第1卷，人民出版社1972年版，第16页。

因为我是作为人活动的。不仅我的活动所需的材料，甚至思想家用来进行活动的语言本身，都是作为社会的产品给予我的，而且我本身的存在就是社会的活动。"①

人通过实践和劳动改造自然物时，人的本质力量，即人的能力、感觉以及自己同周围世界的一切关系的全部丰富性就体现在、结晶在对象中。这就是人的本质力量的对象化。"因此对作为自然物的对象的占有，同时也要求占有人的这种结晶于对象中的丰富的本质力量。"②这种自然物已经不是单纯的自然物，而是具有了社会性。这也是"自然的人化"的过程，人通过劳动掌握了自然界，自然界变成人的"无机的身体"，变成人的世界的一部分。在这种意义上说，自然美的本质在于"自然的人化"。

与"自然的人化"的同时，人的感性即人在实际改造现实的过程中感知世界的能力得到发展，在某些方面，人的感官知觉世界的范围远比动物丰富和精细，这就是人的感官的人化。费尔巴哈也知道人的感觉和动物的区别，人的感觉摆脱了生物学的天性，他写道："动物只感受得到生活所必要的太阳光，反之，人却连来自最遥远的星球的无关紧要的光线也能感受到。只有人，才具有纯粹的、智能的、无私的喜悦和热情。"③但是，费尔巴哈未能说明人的感觉的特殊性的客观基础。他的弱点是只从直观的形式理解感性，而不是从实践方面去理解。所谓"只从直观的形式"去理解，就是脱离社会实践来理解。

马克思对实践的理解，揭示了人的感觉的形成过程。人感知事物的能力，是在"自然的人化"的过程中发展起来的。由于实践活动，对象现实成为人的本质力量的现实，一切对象成为人自身的对象化，成为确证和实现人的个性的对象。"自然的人化"是人的特殊的感觉形成的必要前提。由于社会劳动，人

---

① 《马克思恩格斯全集》第42卷，人民出版社1979年版，第122页。

② 巴日特诺夫：《哲学中革命变革的起源》，刘丕坤译，中国社会科学出版社1981年版，第145页。

③ 《费尔巴哈哲学著作选集》下卷，荣震华、王太庆、刘磊译，生活·读书·新知三联书店1962年版，第30页。

的感官才脱离了动物的粗野性，生成为能够进行审美感知的感官。由于人的本质的客观展开的丰富性，即人的本质在社会劳动和劳动产品中得到实现，人的感觉得以形成和发展，所以，人的感觉的形成不仅是感官自身发展的产物，而且是整个社会实践的结果。马克思写道："社会的人的感觉不同于非社会的人的感觉。只是由于人的本质的客观地展开的丰富性，主体的、人的感性的丰富性，如有音乐感的耳朵、能感受形式美的眼睛，总之，那些能成为人的享受的感觉，即确证自己是人的本质力量的感觉，才一部分发展起来，一部分产生出来。……五官感觉的形成是以往全部世界历史的产物。"[①]

　　《手稿》中有一段话常常被援引："动物只是按照它所属的那个种的尺度和需要来建造，而人却懂得按照任何一个种的尺度来进行生产，并且懂得怎样处处都把内在的尺度运用到对象上去；因此，人也按照美的规律来建造。"[②]20世纪80年代以后我国美学家对这段话的理解存在很多争论，苏联美学家在20世纪50年代对这段话的阐释仍然有借鉴意义。对这段话的理解首先涉及翻译问题。陆梅林在1997年的《〈巴黎手稿〉美学思想探微——美的规律篇》一文中比较了《手稿》的多种译本，肯定了苏联美学家依据的俄译本对这段话的翻译是贴切的。[③]

　　关于这段话的争论至少表现在三个方面。第一，什么是"尺度"？"对象的尺度是它的数量规定性和质量规定性的一定统一。尺度作为给定对象质量方面和数量方面一定相互关系的表现而成为该对象的规律。"[④]某个物种的尺度是该物种的各种内在的特性和性质的合乎规律的相互联系。动物也进行生产，例如为自己构筑巢穴，这在某种程度上改造着自然，但是，动物的生产是出自本能，满足动物的肉体的直接需要，它的生产受到"它所属的那个种的尺度

---

①　《马克思恩格斯全集》第42卷，人民出版社1979年版，第126页。

②　《马克思恩格斯全集》第42卷，人民出版社1979年版，第97页。

③　陆梅林：《〈巴黎手稿〉美学思想探微——美的规律篇》，《文艺研究》1997年第1期，第5页。

④　斯托洛维奇：《现实中和艺术中的审美》，凌继尧、金亚娜译，生活·读书·新知三联书店1985年版，第45页。

和需要"的限制。人与动物不同，人的生产固然也要满足自身的自然需要，但是，人的生产成为意识和意志的对象，人"懂得按照任何一个种的尺度来进行生产"，即按照任何一个物种存在和发展的内在规律进行生产。

第二，"内在的尺度"是主体的"尺度"还是客体的"尺度"？关于"内在的尺度"，应该结合马克思在《资本论》中对蜜蜂建筑蜂房和建筑师的活动的比较来理解。建筑师盖房之前，"已经在自己的头脑中把它建成了"。"内在的尺度"指主体根据需要进行的设计和规划。当然，人在建造时能既符合自身的需要，又符合对象的"尺度"，根据对象本身的内在规律性而建造它们。

第三，为什么人按照任何一个物种的尺度来建造意味着也是按照美的规律来建造？人在自己的劳动中看到对象的规律性和"合目的性"的表现，如节奏、对称、和谐。这些规律性是人活动的条件，是人以自己的全部力量和能力在现实中确证的条件。人对自己的能力和潜能在现实中的确证所产生的愉快感和自由感就是人对现实的审美关系。人的劳动使自然规律同时也成为美的规律。人对对象运用那种既符合自身需要又符合对象客观尺度的本领，就是按照美的规律建造客体的必要条件。

从20世纪80年代初，到1983年马克思逝世一百周年，我国美学界掀起了《手稿》研究的热潮。在《手稿》研究中，收获最大的是实践美学。"80年代前后持续三年左右的《手稿》的讨论，实际上就是以李泽厚、刘纲纪为代表的'实践观点美学'得以确立并在美学领域获得主导地位的过程。"① "实践观点美学"之所以能够在美学领域获得主导地位，是因为《手稿》的哲学基础正是关于"人的实践活动、劳动活动的本质的观点"。

---

① 阎国忠：《走出古典——中国当代美学论争述评》，安徽教育出版社1996年版，第105—106页。

第四章　20世纪50—60年代的中苏美学大讨论

1956年是中苏两国美学发展中不平凡的一年。这一年，苏联有三位美学家发表了在当时显得非常重要的论著：布罗夫的《艺术的审美实质》一书（中译本由上海译文出版社于1985年出版），德米特里耶娃的《审美教育问题》一书（中译本由知识出版社于1983年出版）和斯托洛维奇的论文《论现实的审美特性》（中译刊于《美学与文艺问题论文集》，学习杂志社1957年版）。布罗夫的《艺术的审美实质》在某种程度上是社会派观点的预兆，特别重要的是它打破了曾经在苏联美学理论中占优势的传统思维模式，标志着苏联美学发展的转变。德米特里耶娃的《审美教育问题》提出了自然派的最重要的观点。斯托洛维奇的《论现实的审美特性》则阐述了社会派的主要论点。这样，不同的观点彼此交锋，持续十年之久的美学大讨论的帷幕不可避免地拉开了。

也是在1956年，三位中国美学家发表了观点截然对立的论文：蔡仪12月1日在《人民日报》发表的《评"论食利者的美学"》一文中提出了美的客观自然性的观点，批判了朱光潜唯心主义的美学观点。朱光潜12月25日在《人民日报》发表的《美学怎样才能既是唯物的又是辩证的》一文中做了回应，他不但批驳了蔡仪的观点，而且提出了"物$_甲$""物$_乙$"理论，论证了他的观点——

"美是主客观的统一"。李泽厚在《哲学研究》1956年第5期（12月）发表的《论美感、美和艺术》一文中既批判了朱光潜的"主客观统一说"，又批判了蔡仪的"自然本质属性说"，提出了美的客观社会性的观点。不同的观点引起激烈的争论，这场争论持续的时间比苏联美学争论延续的时间短一些，在60年代初期就结束了。

苏联的美学讨论通过《学习译丛》《文艺理论译丛》等各种翻译的著作以及直接的俄文原著传播到中国来，对我国同时期的美学大讨论产生了重大影响。有的研究者认为："我国20世纪五六十年代的美学大讨论与苏联当时的美学论争有着惊人的相似，双方在时序和提出的理论观点上存在着同步和同构现象，在我国影响最大的实践美学与苏联影响最大的社会说美学更是交相辉映。""可以说，发生在我国的美学大讨论是在'苏联模式'，在苏联理论为阅读范式的'前结构'下展开的。但在我国对唯心主义批判，对马克思唯物主义的弘扬的特定历史背景中，苏联的社会说美学观更能得到认同，这派美学对我国影响也最大。李泽厚的实践美学认为，美根源于人类实践对自然的历史改造，美具有客观性和社会性，美感是对美的反映，艺术美是对现实美的反映，现实主义是艺术地掌握世界的最深刻的方式。这些观点与苏联的社会说具有明显的一致性。因此，实践美学是在苏联美学的影响下崛起的，这是我们今天回溯实践美学的发生史时应该书写的一笔。"[1]

本书在研究20世纪50—60年代的中苏美学大讨论时，不仅要关注它们的共同性，更要分析它们的差异性，只有这样才能理解这两场讨论各自所达到的理论深度和广度。在这种比较研究中，我们还发现，当年中国美学大讨论中，常常作为被批判对象的、几乎没有一个人公开同意其观点的朱光潜，他的理论表现出令人惊讶的原创性和前沿性。

---

[1] 章辉：《苏联影响与实践美学的缘起》，《俄罗斯文艺》2003年第6期，第90—93页。

第一节　20世纪50—60年代中苏美学大讨论的背景

20世纪50—60年代中国和苏联各自发生了美学大讨论。不过，两国的美学大讨论有着完全不同的背景。

一、苏联美学讨论的缘起和结局

苏联美学大讨论的这一时期被称为"审美问题的十年"，这场美学大讨论发生在1956年不是偶然的。

1. 苏联美学讨论的缘起

1956年是苏联美学发展的一个重要的转折点。正是从这一年开始，爆发了异常激烈的、影响广泛的、长达十年之久的关于审美本质问题的大讨论。在这十年中，"审美"成了一个热门的话题。许多学者的著作都研究这个问题，《哲学问题》《共产党人》《文学问题》《新世界》《十月》《苏联装饰艺术》《哲学科学》等杂志和几十所高等院校的学报，都系统地刊载了有关"审美"问题的论文，对"审美"的讨论遍及苏联的许多城市。如果说这期间苏联出现了一股"审美热"，那是并不过分的。

关于审美本质问题的讨论发生在1956年是有其特殊原因的。由于批判了斯大林的个人崇拜，摆脱了"个人迷信时期教条主义公式的束缚"，苏联社会政治生活剧烈动荡，各种哲学思潮和文学思潮起伏迭现。在这种背景下，探索过去很少得到研究的美的问题，成了美学界的大势所趋。

在20世纪50年代中期以前，苏联哲学界对马克思的《1844年经济学—哲学手稿》讳莫如深，认为《手稿》是不成熟的著作。直到1956年，巴库拉杰在他的专著《论马克思哲学观点的形成问题》（第比利斯，中译本由科学出版社于1958年出版）中，对《手稿》也只字未提。1956年，《手稿》和马克思恩格斯的其他早期著作一起汇成一卷《马克思恩格斯早期著作》，第一次在苏联出版

（1927—1929年间，苏联曾经发表过《手稿》的部分章节）。《手稿》的出版引起美学界的极大兴趣。社会派美学家认为《手稿》中虽然有不成熟的看法，但是包含着系统的、至今仍未得到充分阐明的美学内容。他们用《手稿》中关于自然在社会劳动中"被人化"的观点解释美的本质，主张美不能脱离人和社会而存在。这同传统观点（即自然派美学家的观点）完全对立。

在挑起审美问题的争论方面，布罗夫有着特殊的功绩。20世纪50年代以前，苏联美学界主要从艺术和其他社会意识形态的相同方面去研究艺术。斯大林在《马克思主义与语言学问题》中阐明了科学方法的若干重要问题以后，苏联美学界才转而研究艺术的特征。但是，一般仅从艺术的形式而不是从艺术的内容看待艺术的特征。别林斯基在《一八四七年俄国文学一瞥》中的一段话经常被援引：艺术和科学的差别"根本不在内容，而在处理特定内容时所用的方法"。"哲学家以三段论法说话，诗人则以形象和图画说话，然而他们说的都是同一件事。"结果，很多人否认艺术的内容的特征，把艺术和科学混为一谈，主张"艺术和科学具有同一个对象（客体）"。[1]

然而，既然艺术是反映社会现实的一种社会意识形态，那么，在艺术中什么东西得到反映并且被认识呢？这就不可避免地产生了艺术的特殊对象问题。布罗夫正是十分尖锐地提出了这个问题。布罗夫不满足于艺术应该怎样去反映、用什么方法去反映现实生活这个问题，而且力求探索艺术中可能反映现实生活的什么东西、反映到什么程度的问题。因为艺术的特征不仅取决于反映的形式，而且也取决于反映的客体本身的特点。不但如此，对象还决定着反映的形式。

"审美"问题作为艺术理论和艺术实践问题，是布罗夫在1956年最明确地提出来的。他论述的过程颇为简单，然而不容置辩：既然过去（主要是第二次世界大战以后的十年中）的美学把艺术的内容和整个现实的内容相等同，从而把艺术的内容和科学、政治、道德等的内容相等同，仅仅把艺术形式的美看作

---

[1] 德廖莫夫：《论艺术形象》，莫斯科1956年版，第5页。

艺术本身的特征，那么，一切不幸都是由"思想性加艺术性""生活真实加美"的机械公式产生出来的。其次，如果认为艺术内容是非审美的，只有艺术形式才是艺术效果的体现者，那么，就会陷入康德美学的弊病中。这两者都是无视艺术内容的特征、无视艺术对象的特征的结果。因此，要避免形式主义倾向和情感上的枯燥无味，就必须还艺术以审美内容，并且只有这样才能够揭示以前被忽略了的艺术在社会中的审美功能。

布罗夫在《艺术的审美实质》一书和同年（1956）发表于《文学报》的《美学应该是美学》一文中发展了这些观点。《艺术的审美实质》引起了激烈的争论，从而直接点燃了来势迅猛、时间漫长、覆盖面广的审美本质问题大讨论的导火线。

2. 苏联美学讨论的结局

苏联美学界一般认为，这场争论到1966年结束。例如，塔萨洛夫总结这次争论的长篇专论的标题就是《"审美"问题的十年（1956—1966）》（载《美学问题》第9辑，莫斯科1971年版）。不过，严格地讲，这场争论于1963年就接近尾声了。因为在1963年以后，关于审美问题的出版物大大减少。同时，有些社会派美学家的观点有所改变，这并不是说他们接受了自然派的观点，而是在某种意义上他们放弃了同社会派美学家共有的前提。

对于两派的批评在1963年以前就有过。当时，卡冈在1963年第一版的《马克思列宁主义美学教程》中，第一次详细地阐述了列宁格勒大学著名教授图加林诺夫在《论生活价值和文化价值》一书（列宁格勒1960年版）和《美作为价值》一文（《哲学科学》1963年第4期）中所提出的新概念，把审美看作一种价值范畴。把美看作价值，表明自然派的观点毫无学术前途。因为价值不是对象独立的实质，而是对人和社会的意义。自然派美学家却认为审美已经存在于物质的基础本身，存在于人类社会产生以前的自然界。社会派美学家同意美是价值的说法，但是他们对价值的理解和卡冈等人不同。这样一来，美学界争论的重心转移了。社会派美学家论战的主要对象不再是自然派美学家，而是主张美是主客观统一的卡冈、图加林诺夫等美学家了。

作为十年讨论的总结的是两本论文集：《审美》（莫斯科1964年版）和《审美的本质和功能》（莫斯科1968年版）。这场争论涉及的问题很多，各人侧重也不一样，但是就整个美学界而言，可以从纷纭的观点、浩繁的资料中归纳出十个问题：

①艺术怎样区别于科学？——根据它的"形式"（它知觉现实的方式）抑或根据它的"内容"（它所认识的客体）？

②艺术的"特殊"对象是什么？是现实的某些范围抑或从专门角度看待的整个现实？

③什么赋予艺术的"特殊"对象以专门的审美特性？"审美"是附属于某些事物的性质或属性抑或是一事物对他事物的特殊关系？

④审美性质、审美属性或者审美关系的类型只有一种吗？如果不止一种的话，那么有多少种？它们之间的共同特点何在？

⑤主体的审美态度（审美关系的主观方面）的本质是什么？主体的审美态度怎样区别于他对现实的其他态度？审美态度和其他态度有某种共同之处吗？

⑥审美态度与审美客体的关系的本质是什么？主体（知觉者和艺术家）对审美客体的态度是主动的抑或被动的呢？

⑦审美态度与艺术的关系的本质是什么？是艺术产生于审美态度，还是审美态度来源于艺术活动呢？总之，是先有艺术活动，还是先有对某些审美客体的观照呢？

⑧究竟是艺术具有自发的审美本质，还是艺术的审美本质产生于它的特殊对象呢？

⑨如果艺术具有特殊的内容，那么，它仅仅是表现特殊的对象呢，还是艺术内容和艺术对象之间存在着区别呢？

⑩区分艺术的真伪、良莠的标准是什么？

在这十个问题中，前四个问题尤为重要。

二、中国美学讨论的缘起

中国美学大讨论是从批判朱光潜开始的。在20世纪40年代末到50—60年代，朱光潜的美学理论一直是被激烈批判的对象。新中国成立初期，朱光潜作为"胡适资产阶级唯心主义"在美学领域的代表，就成为"询唤"的主体与"规训"的对象。[①]1949年10月25日《文艺报》以"文艺信箱"的方式发表了"读者来信"，1951年12月1日级别更高的党中央机关报《人民日报》也刊发了"读者来信"，这些"读者来信"都要求对朱光潜的美学展开批判。

1955年3月1日，中央发出了《关于宣传唯物主义思想批判资产阶级唯心主义思想的指示》，强调"在各个学术领域中对资产阶级唯心主义思想的代表人物"进行批判。《文艺报》于1956年1月举办了"朱光潜文艺思想座谈会"，名曰"座谈"，实则是批判"胡适派"朱光潜的资产阶级唯心主义美学思想。接着，《文艺报》经过策划，在6月发表了朱光潜的《我的文艺思想的反动性》一文，对朱光潜的美学思想进行政治清算。在这场清算和批判中，朱光潜作为靶心，噤若寒蝉，不敢开口。

在当时的政治氛围中，很多理论家都在不间断地检讨和忏悔。"茅盾、郭沫若、冯雪峰、唐弢、王瑶等知名理论家、批评家，几乎都有检讨性的文字公开发表。其中尤以朱光潜的检讨最令人震撼，他的题目是：《我的文艺思想的反动性》。他不仅否定了自己的《文艺心理学》、《谈美》、《诗论》等早期著作，认为那是'一盘唯心思想的杂货摊，与中国过去封建的文艺思想、与欧美许多反动的哲学、美学、心理学和文艺批评各方面的思想，都有千丝万缕的联系'（《文艺报》1956年第12号——原注），而且从哲学思想上全面地作了自我否定。《文艺报》在编发这篇文章时加了'编者按语'，认为朱光潜在他的著作中'系统地宣传了唯心主义的美学思想'，他自我批判的'这种努力是应

---

① 李圣传：《美学大讨论始末与六条"编者按"》，《清华大学学报》（哲学社会科学版）2015年第6期，第6页。

当欢迎的'。"[1]

朱光潜在发表了《我的文艺思想的反动性》一文做自我批判后，《文艺报》《人民日报》《哲学研究》等报刊陆续刊发了贺麟、蔡仪、黄药眠、李泽厚等人批判朱光潜的文章。然而，就在大家一致开展对朱光潜的批判的时候，发生了一个戏剧性的变化，从而使得对朱光潜的"政治清算"转为"学术讨论"。蔡仪写了一篇批判朱光潜的文章投给《人民日报》，结果被退稿。蔡仪盛怒之下，转而批判黄药眠在1956年14和15号的《文艺报》上发表的《论食利者的美学》一文，这就是蔡仪在1956年12月1日《人民日报》上发表的《评"论食利者的美学"》一文。这使得单纯对朱光潜的批判变得复杂化。蔡仪对黄药眠的美学观点进行了深入分析，他认为黄药眠的观点与朱光潜的观点表面上看似不同，其实质是一样的，都是唯心主义的美学观。

1956年6月，中央确立了"百花齐放，百家争鸣"的政策，指出不允许"利用行政力量，强制推行一种风格，一种学派"，鼓励不同观点之间的自由争鸣。在这种较为宽松的氛围中，朱光潜有了反批评的权利。于是，针对朱光潜的政治批判转变为学术层面的美学讨论。尽管如此，在美学讨论中，朱光潜仍然作为主观唯心主义美学的代表人物遭到批判。

1958年8月30日《人民日报》社论《学术批判是深刻的自我革命》中写道："另一种资产阶级知识分子，他们对蒋介石祸国殃民的政风有反感，他们却听信了资产阶级'为学术而学术''为科学而科学'的一套谎言。他们查资料、找文献，埋头于故纸堆；或找题目、钻窍门、孤立作研究。他们之中，有一部分人的目的在于一举成名，得到'黄金屋'和'颜如玉'；……有的人确实有一些真才实学。他们的知识是宝贵的，但是由于他们的治学方法是脱离实际、脱离生产、脱离劳动人民的，他们的学术思想是资产阶级的，再加上他们的个人名利思想，他们的宝贵的知识里面已经细菌密布，变质发臭。"[2]

---

① 杜书瀛、钱竞主编，孟繁华著：《中国20世纪文艺学学术史》第3部，中国社会科学出版社2007年版，第8—9页。

② 人民教育出版社编：《我国教育工作方针》，人民教育出版社1958年版，第86—87页。

这篇社论当然会影响到美学大讨论。正如有的研究者指出的那样："50年代曾发生过一场美学问题的大论战，它被学界认为是最具学术性的一次讨论，但参加者仍充满了内在的紧张。蔡仪、贺麟、李泽厚、黄药眠、蒋孔阳等名家都参加了讨论。它对于推动国内美学、文艺学的研究起到了极大的作用，但相互批判并上升到政治层面认识问题的方式仍是常见的。特别是对朱光潜先生的批判，使他很难从学术的意义上作出回应。"[①]我们在评述中国美学大讨论时，不能不考虑到它不同于苏联美学大讨论的这种背景。

第二节 20世纪50—60年代苏联美学大讨论中各派的观点

关于中国美学大讨论中各派的观点，已经有很多论著做过阐述，大家也比较熟悉，本书不再赘述。我们只是讲解苏联美学大讨论中各派的观点。社会派和自然派是苏联美学界中在审美本质问题上的主要派别。此外，也出现了探索美的本质的其他不同的派别和途径。

一、社会派的观点

在苏联美学家关于审美问题的争论中形成的两大学派壁垒分明。社会派美学家有斯托洛维奇、万斯洛夫、包列夫、塔萨洛夫、巴日特诺夫、戈尔津特利赫特等。反对派又把他们称作"特别着力宣扬新的艺术观点"的"审美学派"和"人多势众喜笑颜开的'革新派'"。

在十年争论中，除了大量的论文外，社会派美学家的主要专著有：斯托洛维奇的《现实中和艺术中的审美》（1959，中译本由生活·读书·新知三联书店于1985年出版），《美学的对象》（1961）；万斯洛夫的《美的问题》

① 杜书瀛、钱竞主编，孟繁华著：《中国20世纪文艺学学术史》第3部，中国社会科学出版社2007年版，第8页。

（1957，中译本分别由上海译文出版社和陕西人民出版社于1986和1987年出版）；包列夫的《论喜》（1957），《基本的审美范畴》（1960），《论悲》（1961），《美学导论》（1965）；戈尔津特利赫特的《论对现实的审美掌握》（1959），《论审美创造的本质》（1966）；等等。

社会派主张美的客观社会性，基本观点是：研究审美问题不应该脱离人类社会的历史，而要建筑在对这个历史做具体的、历史唯物主义理解的基础上；对生活的审美认识是对生活的社会认识，它在社会关系历史发展的基础上产生和发展；在审美认识的产生和发展中，人类的生产实践、劳动活动具有特别重要的意义，在生产实践和劳动活动中，人类改变着自然，同时改变着自己的本质；审美认识的主观方面不是对生活消极观照的意识，而是积极地实现某种客观目标和理解、改变现实的意识。

"社会派"从马克思的《1844年经济学—哲学手稿》的"人化的自然"的观点中受到启发，认为美的本质是对象的社会属性。任何事物只有在和人发生一定的关系时，才可能是美的。在人类出现前，尽管存在着种种客观事物，但因为没有人，即没有主体，无所谓美与不美。只有在人类出现后，人类在社会实践中与周围的事物建立起一定的关系，即审美关系时，美才显现出来。

在美的客观性问题上，社会派美学家内部存在着分歧意见。斯托洛维奇、万斯洛夫、包列夫等人确信美存在于对象的特殊性质和属性中，他们指出了事物的某些本体论特征，被称作"严格的"客观论者。戈尔津特利赫特、塔萨洛夫、巴日特诺夫、涅陀希文等不愿采用"审美性质"或者"审美属性"的术语，而着重强调劳动的创造方面和社会劳动的改造作用是美的根源。他们主张审美本质的"劳动"概念，被称作"适度的"客观论者。

"适度的"客观论者又被称作"实践派"或"生产实践派"。他们支持斯托洛维奇、万斯洛夫、包列夫等关于审美的社会起源的原理。但是，他们之间在哲学方面存在原则意义上的分歧。斯托洛维奇等人更强调审美关系的认识方面，生产派美学家更强调审美关系的实践方面。实践派美学家指责斯托洛维奇等人的观点是折中主义，把审美对象不合理地客观化，把具有创造因素的个人置诸脑后。而斯托洛维奇等指责生产派美学家轻视审美客体和反映过程。①

实践派美学家总的观点是：审美是社会实践的产物，它产生于自由的创造劳动中。表现在生产实践中的人的物种的本质力量和创造能力是审美的唯一源泉。人的本质力量越丰富，他们在劳动过程中表现得越充分、越明显，人所创造的对象和劳动本身就越美。一句话，美就是人的本质力量的对象化。

实践派美学家的理论根据是马克思的《1844年经济学—哲学手稿》。这派的代表巴日特诺夫就是研究《手稿》问题的专家。他的论文《马克思〈经济学—哲学手稿〉中的美学问题》②，是继1927年苏联著名美学家里夫希茨开拓性的但被忽略了的研究以后，苏联美学界第一篇分析青年马克思美学思想的文章。1960年，他又出版了详尽地研究《手稿》的著作——《哲学中革命变革的起源》（中译本由中国社会科学出版社于1981年出版）。

巴日特诺夫认为，要论证美的社会性，必须解释：人周围的现实世界和作为这个世界的一部分的人本身，怎样获得超越其自然性的特殊的审美内容；人对现实和作为这种现实的一部分的人自身进行审美观照和审美掌握的能力，是怎样产生和发展的；这种能力产生的前提是什么；这种能力的社会历史含义何在。而正是在《手稿》中，马克思对人类劳动——作为人对周围世界新的、特殊的社会关系发展的基础进行了辩证的分析，这种分析实际上揭示了美和审美享受的秘密的钥匙。

按照巴日特诺夫的理解，劳动发展的客观过程，把人——作为自然的一部分的原始的、天然的状况，改变成与自然对立的关系，以至自然界本身成为人的世界的一部分，成为人的"无机体"。劳动的普遍性，使人能够自由地利用自然界的物质，把它们作为表现自己本质的材料。周围世界在人面前作为人本身的对象化的现实而出现。人欣赏对象，就是欣赏在其中得到对象化的人驾驭世界的能力。星空、太阳、霓虹、海洋、植物界和动物界的许多形式本身不是

---

①　斯托洛维奇的论文《建立审美关系模式的尝试》，原载《国立塔尔图大学学报》，1962年，第124卷，又载《哲学著作》，第6册。

②　载《美学问题》第1辑，莫斯科1958年版。

劳动的直接产品，但是，即使人不以实践劳动来改造它们，也在精神上掌握它们，在科学上理解它们的本质。

巴日特诺夫给美下的定义是：美在其普遍性方面，应该被确定为人的自由在自然界和社会界的客观的、感性-对象的表现形式。他还从方法论上对这个定义的提出做了一些说明。初看起来，这个定义同艺术掌握的全部历史是矛盾的。但要知道，在人类社会的整个进程中，任何社会现象的实质同它的表现形式从来都不相符。而且，只有这种不相符达到矛盾的程度，社会现象的实质才有可能被揭示。例如，马克思把人定义为会制造劳动工具的动物。初看起来，这个定义是片面而不充分的。人类无可争议的杰出代表，如拉斐尔、帕格尼尼和贝多芬等同这个定义是直接对立的。但是，它以极其科学的准确性和完整性，规定了人的普遍的特殊实质。又如，马克思把劳动的实质确定为人的自我生产和发展的方式、人的自由的领域。这个定义似乎同共产主义以前的整个社会生产史相矛盾，然而它却是唯一科学和正确的。

实践派美学家承认"审美"是人按照对象本身的尺度统治对象世界的表征，于是，他们把"审美"的本质理解为人的自由在周围自然界和社会的物质环境中的反映。这也决定了美的本质问题。尽管理论家们的说法不一致，但基本立场和出发点却是完全相同的。例如，戈尔津特利赫特在《论对现实的审美掌握》一书（莫斯科1959年版）中主张，审美意义上的美的客观性在于，在劳动对象的感性-物质形式中，体现了人的创造力量自我实现和确证的、受到历史制约的尺度。后来，戈尔津特利赫特在《论审美创造的本质》一书中又重申了类似的观点："审美关系包含着内在联系的两个方面：客观方面和主观方面；客观性在于，这些关系是人在掌握（按照历史可能性的尺度）现实对象和现象的客观规律性的基础上，他的全部创造力量自由地展开和在感性对象中得到体现。"[1]

塔萨洛夫在《论对现实的审美掌握》一文（载《美学问题》第1辑，莫斯

---

[1]　戈尔津特利赫特：《论审美创造的本质》，莫斯科1966年版，第60页。

科1958年版）中强调"人的对象化"和"自然的人化"首先是主体的创造活动，是人的创造能力的表现和发挥。他说："现实中的审美既不完全属于意识，也不完全属于物质。它是人和对象之间的关系，它们相互肯定的关系，而这一关系只有作为创造过程才可能被正确地理解。"由此，塔萨洛夫得出下述关于美的定义："美是社会的人在自由的创造中得到肯定的形式。"和上文提到的巴日特诺夫、戈尔津特利赫特关于美的定义相比较，不难发现，这三条定义的基本精神是完全吻合的。

实践派美学家的片面性在于，对"按照美的规律"的创造的一般社会本质的探求，被当作对审美掌握（其中包括艺术）的总特征的思索。他们不专门注意艺术的具体性，而是真诚地认为，艺术审美本质的真理，会从"按照美的规律"的创造的社会性特征的正确性中自动地产生出来。尽管如此，实践派美学家在争论中完成了自己的任务，阐明了对现实的审美掌握进行理解的一些重要原则。

二、自然派的观点

如果社会派依据社会历史实践，那么，自然派则把自然界本身的规律、自然界趋向整齐和完善的发展奉为圭臬。自然派美学家在现实世界和自然现象本身中，寻找引起对象审美关系的特殊物理属性，如对称、比例、节奏、和谐等，力图在它们中间揭示美的本质。

自然派美学家有波斯彼洛夫、德米特里耶娃、叶果罗夫、科尔尼延科、阿斯塔霍夫、巴斯金、别立克等。这段时期中他们的主要专著有：波斯彼洛夫的《艺术的本质》（1960），《审美和艺术》（1965年，中译本改名为《论美和艺术》，由上海译文出版社于1981年出版，1982年重印）；德米特里耶娃的《审美教育问题》（1956），《论美》（1960），《造型和语言》（1962）；叶果罗夫的《艺术和社会生活》（1959）；科尔尼延科的《审美认识的本质》（1962）；阿斯塔霍夫的《什么是美学？》（1962），《艺术作品的内容和形式》（1963），《艺术和美的问题》（1963）等。

在涉及的问题的广度和深度上，社会派美学家无疑要超过自然派美学家。在争论的一开始，包列夫、万斯洛夫等就涉及审美范畴问题，而自然派美学家直到60年代中期才比较全面地论述了这个问题（克留科夫斯基：《美的逻辑》，1965）。更晚一些，科尔尼延科也试图探讨这个问题（科尔尼延科：《论美的规律：现实和艺术中审美现象的本质》，1970）。

自然派美学家的主要发言人波斯彼洛夫曾经长期担任莫斯科大学语文系文学理论教研室主任一职。他1925年毕业于莫斯科大学，1929年毕业于该校研究生部，1938年任莫斯科大学语文系教授。在20世纪20年代，他与一些同学和导师彼列维尔泽夫合写过文学理论的著作。20年代末，这部著作和以彼列维尔泽夫为代表的文学理论中的庸俗社会学学派开始受到批判。30年代波斯彼洛夫努力廓清自己所受的影响，他揭示了历史过程和文学过程之间内在联系的辩证法，他于1940年出版的著名教科书《文学理论》就旨在研究这种辩证法。

由于几十年来波斯彼洛夫一直从社会意识形态的方法论角度，着力建立自己比较严密的文学理论体系，形成了方法论上比较完整、一致的观点。他退休后的继任者尼古拉耶夫通讯（有人主张写作"通信"）院士早在20世纪70年代就认为，在苏联文艺理论科学中形成了"波斯彼洛夫学派"[1]。

除了《艺术的本质》和《论美和艺术》以外，波斯彼洛夫的主要著作有《文学原理》（1978年，中译本由生活·读书·新知三联书店于1985年出版），《文学风格问题》（1970），《文学的历史发展问题》（1972），《抒情诗》（1976），《艺术和美学》（1984）等。他还主编了《文艺学引论》（1983年，中译本由湖南文艺出版社于1987年出版）。《文学原理》主要阐述了文学艺术的特征，它的核心思想就是"意识形态本性论"，作者把这一理论贯穿于他关于文学特征的认识之中。关于《文学原理》，钱中文撰写过多篇书评，对它做出了详细评价，并把这本书同美国韦勒克（原捷克学者）和沃伦合

---

[1] 尼古拉耶夫：《文学流派和风格》，莫斯科1976年版，第3页。

著的《文学理论》做比较研究，以窥见国外文艺理论这门学科发展水平之一斑。①

　　美的纯自然决定性的观点，在波斯彼洛夫的《论美和艺术》一书中得到最典型的表述。这部著作是20世纪80年代以来我国大量翻译出版的外国美学著作中较早问世的一本，出版后颇受注意，有的刊物发表了肯定性的书评②。这本书是自然派的代表作，美的纯自然决定性的观点在书中得到最典型的表述。

　　在确定自然美时，波斯彼洛夫完全否定了人的标准。自然美的基本原则是活的自然有机体的进化发展水平，以及它们在自己的物种中就其本身而言的完善，而对于无机自然界，那是它存在的组织性。这样，无机自然界具有美的最低潜力，而植物界和动物界相应地具有较高的潜力。例如，植物根据它们接近美的潜力的程度按次序由低到高排列如下：苔藓、石松、木贼、蕨类、针叶植物、花叶植物。

　　花叶植物是植物界组织的最高形式，它们的特征是具有根部系统、根或干中的输导系统以及冠。波斯彼洛夫写道："植物的这些部分越是发达，它的相对优越的范例就越能达到美的水平。"③不过，自然进化发展水平的这条基本原理常常露出破绽。波斯彼洛夫对此做了若干修正。例如，大型肉食动物在审美意义上就高于灵长目动物；蘑菇、蕨类虽然在植物进化发展的总阶梯上处于比较低级的地位，但是蘑菇圆形的盖、盖与柄的对称以及色彩，蕨草上精致的一簇簇对称的叶子，均有独到之美。

　　由此，波斯彼洛夫得出下述结论：自然科学家擅长对自然界生命做出客观的审美判断，因为他们能够科学地"在每个'种'和'属'中辨别出它的当之无愧的代表"④。从而，对对象世界特殊的审美掌握被对它的直接的自然科学

---

　　①　钱中文：《评波斯彼洛夫的〈文学原理〉——兼评苏联的其他几本同类著作》（《文学评论》1984年第4期），《文艺学观念和方法论问题——两本外国文学理论著作比较研究》（《文艺理论与批评》1986年第1期）。

　　②　蔡仪主编：《美学评林》第1辑，山东人民出版社1982年版，第114—118页。

　　③　波斯彼洛夫：《审美和艺术》，莫斯科1965年版，第102页。

　　④　波斯彼洛夫：《审美和艺术》，莫斯科1965年版，第97页。

认识所替代，而美学研究者的职能被转移到自然科学家身上。这里说的不是利用自然科学知识的问题，而是取消作为一门学科的美学，把它的功能转让给其他科学的问题。

自然派美学家断定，自然的对象和现象受到人的评价，其中包括审美评价，不是根据人给它们添加上去的东西，而是根据人在其中找到的东西。然而他们找来找去，没有比他们的唯物主义先驱者找到更多的东西。社会派美学家常常讥讽道，既然自然派美学家认为在自己物种中完善的对象是美的尺度，那么，这种对象是什么？是在自己物种中完善的蛤蟆、驴、天鹅、猪？确实，一块沼泽地也许是对称的，符合比例的，然而并不是美的。

三、关于审美本质问题的其他观点

除了社会派和自然派以外，在苏联美学大讨论中还有其他一些观点。

1. 主客观统一说

主客观统一说认为，美的本质在于主客观的统一。持这种观点的有卡冈、图加林诺夫等。卡冈1921年生于一个犹太家庭，1944年毕业于列宁格勒大学语文系，自1960年起一直在列宁格勒大学哲学系伦理学与美学教研室任教。主要著作有《车尔尼雪夫斯基的美学学说》（1958），《论实用艺术》（1961），《马克思列宁主义美学教程》（1963—1966年，1971年第2版，中译本改名为《卡冈美学教程》，由北京大学出版社于1990年出版），《艺术形态学》（1972年，中译本由生活·读书·新知三联书店于1986年出版，学林出版社2008年再版），《人类活动》（1974），论文集《美学和系统方法》（中译本由中国文联出版公司于1985年出版）。另外，他还主编了《美学史讲义》（1—4册，1973—1980年，第4册中译本改名为《马克思主义美学史》，由北京大学出版社于1987年出版）。

卡冈主张："'审美'是从自然和人、物质和精神、客体和主体的相互作用中产生出来的效果，我们既不能把它归结为物质世界的纯客观性质，又不能归结为纯粹的人的感觉。""审美依照人对它评价的程度成为对象的属性。美——这是价值属性，美正是以此在本质上有别于真。""只有当我们观照和体验对象时，它才获得自己的审美价值。"①

卡冈持这种观点的根据是什么呢？第一，这种观点把美确定为主客观的统一时，力图强调作为主体的人，特别是作为主体的艺术家在审美关系中的能动性。按照卡冈的意见，如果承认审美是客观存在的，那就要排除这种能动性。第二，把美和其他审美现象解释为主客观的统一，显然比较容易讲清属于不同社会集团或历史时代的各个主体所做出的审美评价的多样性。第三，这种观点深信，把美、审美看作一种客观存在，不可能捕捉审美的特征，只有考虑到客观对象同主体意识的相互关系，这种特征才能够被揭示出来。"只有当人对自然的精神知觉形成电路时，只有把自然同人们的社会理想联在一起时，自然才能够燃烧起审美之光。中断这条'电路'——自然在审美上熄灭，仍然保持自己全部的物质现实性，可是失去审美意义。"②

图加林诺夫在《马克思主义中的价值论》（1968，中译本由中国人民大学出版社1989年出版）中这样阐述主客观统一说："列宁在《唯物主义和经验批判主义》一书中同意费尔巴哈以苦味为例所作的关于感觉本性的论述。在这一感觉中哪些属于自然界？哪些属于人？在自然界中存在着具有一定化学成分的事物，它们碰到了人的舌头，引起了苦的感觉。这就意味着，严格地说，苦味仅仅是在客体（化学成分）同主体（分析器）相接触的条件下产生的，是以客体为基础的主观和客观的统一。因为，在这一关系中客体的属性是第一性的，是具有决定意义的方面。假如作用于舌头的事物，它的化学成分是另外的情况，那末人所感受到的将不是苦味，而是咸味、甜味或者任何一种什么别的味道。"③

----

① 卡冈：《马克思列宁主义美学教程》第1部，列宁格勒1963年版，第36—37页。

② 卡冈：《马克思列宁主义美学教程》第1部，列宁格勒1963年版，第48页。

③ 图加林诺夫：《马克思主义中的价值论》，齐友、王霁、安启念译，中国人民大学出版社1989年版，第51页。

图加林诺夫认为，社会派美学家正确地指出，美绝不是自然现象的天然属性，也就是说，在自然界中与人相脱离的美是没有的。但是，他们犯了一个不小的错误，因为他们认为，美的现象纯粹是社会现象。如果说自然派美学家使自然界脱离了人，那么社会派美学家则使人脱离了自然界。事物的天然属性是它的社会属性基础。如以金银为例，这些物质的天然属性是不可氧化性、可延展性、光泽性、美丽的颜色等等。正由于金银有这样的天然属性，所以自古以来金银成了价值尺度和一般等价物。事物的天然属性和社会属性之间的关系是显而易见的。

图加林诺夫还从价值学的角度来理解审美的本质："价值现象（包括作为价值的美）产生于自然界和人的结合，亦即产生于自然界的那些能够在人身上引起美的感受（'自然界的美学属性'）的客观属性和感受着这些属性的人的接触。"[①]他给美下的定义是："美是人同自然界相遇而产生的自然的和正常的结果，是建立在客观的东西的基础之上的主观的东西和客观的东西的统一。"[②]

2. 人和自然的统一说

人和自然的统一说是布罗夫提出来的。他力图在无可争议的哲学基础上，即在人是自然和社会的统一这个基础上调和自然派和社会派关于美的本质问题的观点。他的出发点是：美的自然标准和社会——人的标准辩证地相互联系，社会历史实践在人对现实的审美关系的形成中起着决定作用。

布罗夫肯定自然派和社会派的观点中都含有合理的因素。但是，他又批评这两种观点的极端性。自然派归根到底否认人对自然界对象的审美掌握的作用，而用直接的自然科学认识（在社会生活中用社会科学认识）来代替这种掌

---

① 图加林诺夫：《马克思主义中的价值论》，齐友、王霁、安启念译，中国人民大学出版社1989年版，第72页。

② 图加林诺夫：《马克思主义中的价值论》，齐友、王霁、安启念译，中国人民大学出版社1989年版，第73页。

握。社会派则否认自然界对象的审美客观性，或者通过一系列中介来规定它，由于这些中介，自然客观性被社会—人的"客观性"所偷换。

布罗夫在《美学：问题和争论》一书（1975年版，中译本分别由上海译文出版社和文化艺术出版社于1987年和1988年出版）中论证美的本质问题上的"综合"观点虽然是70年代的事，但这实际上是1956—1966年审美十年争论的延续。因此，我们有必要论述布罗夫在这本书中的观点。

既注意到对象的本质，又注意到人在历史进化过程中得到发展的本质力量，这是布罗夫在论证美的本质问题时的特点。布罗夫肯定了社会历史实践和个体实践在审美中的决定作用，正是在实践过程中，人学会了不仅按照美的规律创造，而且以审美眼光对待原生自然界的对象和现象。但是，这并不是像社会派所说的那样，审美客体的本质只受到社会历史实践和个体实践的制约，而是说人学会在自然界中选择那些以自己的审美性质使人产生印象的对象和现象。

布罗夫从纯认识论观点看待问题，认为自然界带着使我们产生审美印象的那些性质存在着，但是，只有经过许多世纪的实践，我们对自然界产生了我们称之为审美的那样一种关系的时候，这种境况才能够呈现出来。例如，我们能够欣赏和赞叹冬季的风景："深蓝的天空犹如华美的巨毯，天空下阳光闪烁，积雪一片……"冬季具有能够使我们产生这种印象的客观性质，但是，只是由于对这种严寒季节的相对充分的实践适应，对它的这种印象才能够形成。因此，不能不注意人类的社会历史实践，因为在它的基础上产生了人对现实的审美关系。但与此同时，不能从社会实践中推演出自然界的美来。自然界的美，即自然界使我们产生审美印象的那些性质客观地存在着，并且在人学会合适地对待它们之前就一直存在。

布罗夫的这种观点和美的定义中的主客观统一说有什么不同呢？布罗夫坚决反对这一说法，因为在这种情况下人对现实的审美关系是没有基础的，它不反映审美对象，而是从自身去创造它。布罗夫的观点和主客观统一说不同的地方在于，他强调反映的作用。纵令反映非常特殊，也要首先提到它。

在布罗夫看来，审美掌握过程是双方面的，它既取决于对象的审美方面，又取决于人的审美知觉能力。审美对象同人的相应的本质力量的统一展现在人对现实的审美关系中。这样，审美的起源是社会的，如果指的是人对现实的审美关系的形成的话。借助社会历史实践和个体实践，人学会用审美眼光对待现实，包括用审美眼光对待自然界的对象和现象，但是不能够以这种理由否定自然界对象和现象的美的客观存在。我们把现实的现象确定为美的，这不仅取决于社会历史原因，也取决于在任何情况下都不可忽视的自然生物原因。例如，在审美关系中应该注意到天生的色彩和音响的可感性。由于这个缘故，人们在很大程度上喜欢花朵和其他色调鲜艳的对象，或者喜欢不同于机车汽笛的夜莺的鸣啭。

如果自然派也不否认社会历史实践在人对现实的审美关系的形成中的作用，那么，在这种情况下布罗夫的观点和自然派的观点有什么不同呢？

本质区别表现在对审美关系的解释中，自然派认为自然美同人没有关系，因此，对自然美的直接的自然科学认识方式是可能的，甚至是必要的。而在布罗夫的观点中，自然美主要通过审美关系被掌握，即没有社会—人的因素的参与就不可能揭示对象的审美规律。但是，正是因为自然界对象的客观价值得到评价，自然界对象在适应人们的需要、利益以及适应人的一切本质力量的特征的那种关系中被选择。至于美的起源，自然界并没有给人准备花朵的美。而人把花朵看成美的，那是因为在社会实践的过程中对这种知觉做好了准备。所以说，美的本质既是自然的，又是社会的。

第三节　20世纪50—60年代中苏美学大讨论涉及的若干理论问题

20世纪中苏美学大讨论涉及若干重要的理论问题，如艺术的对象、美学的方法论基础、艺术的本质等。对于苏联的社会派美学家来说，这三个问题形成具有内在联系的问题链。他们不是以反映论，而是以《1844年经济学—哲学手稿》中"自然的人化"和"人的本质力量对象化"的命题作为方法论基础，论证审美本质的客观社会性。艺术和科学具有不同的对象，艺术的特殊对象是现实的审美属性。艺术的本质之所以是审美的，这是由它的对象决定的。

一、艺术的特殊对象

20世纪50年代以前苏联美学只注意到艺术与其他意识形态如哲学、宗教、法律等的共同性，而没有说明艺术区别于其他意识形态的特殊性。关于艺术自身独特的品格，人们仅仅从艺术反映现实的方式来考虑，艺术同科学、哲学具有相同的对象，它们的区别在于反映现实的方式的不同。这方面的理论资源是别林斯基的有关论述，别林斯基在晚年的论文《一八四七年俄国文学一瞥》中说："人们看到，艺术和科学不是同一件东西，却不知道它们之间的差别根本不在内容，而在处理特定内容时所用的方法。哲学家用三段论法，诗人则用形象和图画说话，然而他们所说的都是同一件事。"[1]

对别林斯基观点的质疑使敏感的理论家们十分尖锐地提出一个问题：既然艺术是反映现实的一种社会意识形态，那么，在艺术中什么得到反映并且被认识呢？这就不可避免地产生了艺术的特殊对象问题。这个问题的解决将使艺术本质从意识形态共性的层面进入艺术自身特性的层面。最早沿着这种方向进行研究的学者之一，是后来被称为审美学派的代表人物的苏联美学家布罗夫。

布罗夫早在1953年发表的《论艺术内容和形式的特征》一文中就质疑了别林斯基的论点。1956年他在《文学报》上发表了题为《美学应该是美学》的文章，同年出版了专著《艺术的审美实质》。布罗夫不满足于艺术应该怎样去反映、用什么方法去反映现实生活这个问题，而力求探索艺术可能反映现实生活中的什么东西、反映到什么程度的问题。因为艺术的特性不仅取决于反映的形

---

[1]　《别林斯基选集》第2卷，时代出版社1952年版，第429页。

式，而且也取决于反映的对象本身的特点。不仅如此，对象还决定着反映的形式。布罗夫把人说成是艺术的特殊对象："艺术的特殊客体是人的生活，更确切些说，是处在社会和个人的有机统一中的社会的人，这种统一是人按其客观的人的实质来说所固有的。"①

布罗夫力图从艺术对象的特征中，总结出艺术反映生活的全部特征，并由此触发了一场旷日持久的争论，这无疑是他的贡献。在艺术的特殊对象问题上，我国学者大多接受了布罗夫的观点，而忽略了斯托洛维奇在《论现实的审美特性》一文中的观点。童庆炳主编的一部教材指出："苏联当代学者布罗夫进一步根据马克思在《1844年经济学—哲学手稿》中关于'人的对象化'和'自然人化'的观点，论证了艺术的审美本质根源于它的特殊对象，即'活生生的人的性格'，以及人的本质力量在自然中的对象化。他认为，'艺术所揭示、并构成它的思想内容的全部本质，就是人的本质'，亦即'各种人物性格及其相互关系的真实，或内心体验的真实'，因此，'艺术的特殊客体是人的生活，更确切些说，是处在社会和个人的有机统一中的社会的人'。这些论述都有助于帮助我们理解文学艺术的特殊对象究竟是什么。"②

布罗夫的《艺术的审美实质》一书存在着严重的缺陷，在该书中，"艺术的审美实质"的结论游离于全书的基本精神之外。真正从审美上解决艺术的对象和特征问题的方法，是由审美学派的另一位代表人物斯托洛维奇提出来的。在确定艺术的对象时，如果说布罗夫诉诸"人"的概念，那么斯托洛维奇则诉诸现实的"审美属性"的概念；如果说布罗夫始终通过认识论方法来解决这个问题，那么斯托洛维奇则在运用认识论方法的同时，通过认识审美关系的价值本质来解决这个问题。

斯托洛维奇在苏联《哲学问题》杂志1956年第4期上发表的论文《论现实的审美特性》以及1959年出版的专著《现实中和艺术中的审美》论述了文艺的

---

① 布罗夫：《艺术的审美实质》，高叔眉、冯申译，上海译文出版社1985年版，第145页。

② 童庆炳主编：《文学概论》（修订本），武汉大学出版社1995年版，第52—53页。

特殊对象问题。他认为艺术之所以具有审美的本质，是因为它的对象是现实的审美属性，也就是说，艺术反映的对象、反映的内容决定了它的本质特征。所谓审美属性，就是"具体可感的事物和现象引起人对它们的一定的思想—情感关系的能力，这种能力是由这些事物和现象在社会关系的具体体系中所占据的地位以及它们在这一体系中所起的作用决定的"①。

解决艺术反映的特殊对象问题，即回答艺术的审美本质的客观基础的问题，具有巨大的实践意义和理论意义。解决这个问题有助于证明艺术是一种认识世界的无可取代的特殊形式。斯托洛维奇的逻辑是，艺术的特殊对象决定艺术的审美本质，这种特殊对象就是现实的审美属性。"事物的审美特性，就是具体感性事物由于它们在具体社会关系中所起的作用而引起人对它们的一定思想感情关系的能力。"②艺术当然反映现实，但那是审美反映；艺术当然认识生活，但那是审美认识。艺术的审美本质取决于艺术的特殊对象，两者之间具有高度的一致性。

二、美学的方法论基础

中苏美学大讨论中的方法论基础有明显的差异。在中国的美学大讨论中，方法论基础以反映论为导向。虽然有人引用了马克思《1844年经济学—哲学手稿》中"人化的自然"的概念来阐述美学问题，可是绝大部分研究者都把反映论作为美学的方法论基础。苏联美学大讨论发生了方法论转向。在20世纪30—40年代，苏联美学中占主导地位的方法论基础是反映论，把审美关系归结为认识关系，把艺术归结为认识，把美学归结为一种认识论。而在苏联美学大讨论中，大部分美学家的看法是，不用唯一的认识论，而是采用辩证唯物主义反映

---

① 斯托洛维奇：《现实中和艺术中的审美》，凌继尧、金亚娜译，生活·读书·新知三联书店1985年版，第32—33页。

② 斯托洛维奇：《论现实的审美特性》，载《学习译丛》编辑部编译：《美学与文艺问题论文集》，学习杂志社1957年版，第53页。

论和历史唯物主义相结合的方法论。

中国美学大讨论中有三位主要人物朱光潜、李泽厚、蔡仪，其中李泽厚和蔡仪都明确无误地宣称反映论为马克思主义美学的哲学基础。李泽厚写道："美是主观的？还是客观的？还是主客观的统一？是怎样的主观，客观或主客观的统一？这是今天争论的核心。这一问题实质上就是在美学上承认或否认马克思主义哲学反映论的问题。"①

蔡仪指出："美学中的基本问题，如美学史的事实所证明，首先就是美在于心抑在于物？是美感决定美呢还是美引起美感？"②他认为，否认美的概念根源于客观事物的美，是一种唯心主义的美学观，是违反马克思主义反映论的原则的。到了80年代，蔡仪在《〈经济学—哲学手稿〉初探》中，仍然坚持反映论是马克思主义美学的哲学基础："马克思的美学思想，首先就是把美学问题摆在认识论上来论述，因而从有关的言论看，完全是唯物主义的。"③

在苏联美学大讨论中，除了自然派仍然坚持以反映论作为美学的方法论基础，其他各派理论家（布罗夫除外）都明确无误地宣称不能仅仅把反映论作为美学的方法论基础。我们在前一小节中就谈到，斯托洛维奇批评布罗夫仅仅从认识论出发是无法解决艺术的审美本质问题的。布罗夫作为《艺术的审美实质》的作者，虽然把艺术的实质叫作审美实质，然而没有超越认识论一步，因为他甚至把美同真相提并论④，这样，就把美看作认识论的范畴。

斯托洛维奇从历史唯物主义出发来论证现实的审美属性的客观性和社会性，但是，他依据的不是马克思的《〈政治经济学批判〉导言》，而是马克思的《1844年经济学—哲学手稿》。他利用《手稿》中"人化的自然"的概念，

---

① 李泽厚：《关于当前美学问题的争论》，载文艺报编辑部编：《美学问题讨论集》第3集，作家出版社1959年版，第135页。

② 蔡仪：《评"论食利者的美学"》，载文艺报编辑部编：《美学问题讨论集》第2集，作家出版社1957年版，第2页。

③ 蔡仪：《〈经济学—哲学手稿〉初探》，载中国社会科学院文学研究所文艺理论研究室编：《美学论丛》第3辑，中国社会科学出版社1981年版，第23页。

④ 布罗夫：《艺术的审美实质》，莫斯科1956年版，第185页。

说明自然现象的审美属性同社会生活现象的审美属性没有原则性区别，两者都具有在社会历史实践过程中客观形成的社会历史的、人的内容。

我们在本章第二节第三小节中阐述美的主客观统一说时，指出卡冈已经肯定了美的价值属性。他在《卡冈美学教程》第1部（列宁格勒1963年版）中指出"艺术掌握世界的认识论方面和价值论方面不是外在的相结合的，而是有机地融合在一起，因此不能把它们拆开，不能使一方面脱离另一方面"；艺术的"一系列功能——沟通思想、享受快乐、教育启蒙等等——的结合，决定艺术的社会价值"。

60年代初期，苏联大部分持社会说和主客观统一说的美学家，转移到对审美本质做价值理解的立场上来。价值学美学家肯定审美的价值本质，既从现实现象的客观属性方面，又从具体历史的人的方面，来看待审美的制约性。在这个总的原则上，他们的观点是一致的，然而在比较具体的但又极其重要的问题上，他们之间存在着分歧。如果不计细微的差异，那么，价值学美学家可以分为两组：一组以卡冈为代表，包括图加林诺夫、伊利阿杰、科罗特科夫、皮拉多夫等；另一组以斯托洛维奇为代表，包括包列夫、叶列梅耶夫、齐斯、拉波波尔特等社会派美学家。

三、艺术的本质

在中国的美学大讨论中，主导意见是把艺术看成一种认识，坚持艺术本质的意识形态论。苏联美学大讨论的主要收获之一是，突破了艺术本质的意识形态论，而把艺术的本质说成是审美的。

斯托洛维奇认为，艺术像任何一种人的意识形态一样，不可能不反映客观现实。但是，艺术对现实的反映不同于科学的反映。艺术所实现的认识同科学认识的本质区别不仅在于形式，而且在于它们的对象和内容。科学家力图揭示物质运动一切形式的规律，历史学家和社会学家力图认识历史发展的客观规律和人的各种共同体相互关系的规律，而对艺术家来说，重要的是认识这些现象的审美属性，揭示这些属性对人的思想情感的作用。"现实的审美属性"是文艺的"反映对象、认识对象"①，所以，艺术反映是一种审美反映，艺术认识是一种审美认识。

艺术本质审美说产生了广泛的影响。它的主要反对者波斯彼洛夫把这个学派命名为"审美学派"，并充分肯定了他们做出的两大贡献："新'审美'学派的代表们在他们的著作和文章中发展了一系列完全正确和有益的论点"，"他们正确地论断说，对生活的审美认识，乃是对生活的一种社会性的认识，这种认识是在社会关系的历史发展的基础上产生和发展的"，"使我国现代美学思想所探讨的问题，获得了重大的更新和充实，在这一点上，新学派无疑是作出了贡献的"，并且指出，这个新学派的出现是苏联美学中"一个至为重要的转折"。②"新学派的另一个贡献是以其著述大大提高了我国广大群众对于美学问题的兴趣。"③

波斯彼洛夫虽然仍然坚持他几十年前在《文学概论》一书（1940）中的看法，但他也不能不承认艺术是一种特殊的意识形态，不仅有其特殊的反映形式，而且有其特殊的反映内容。他看到了长期以来苏联美学"把艺术形象同科学中的图解或形象等同起来"，"把艺术引向图解化"，"不重视艺术的特殊内容和审美作用"，"对于创作实践以及艺术批评实践"所产生的"很坏影响"，肯定了"审美学派"对过去占统治地位的"意识形态本质论"和"认识本质论"一些不正确的论断所做的批评。

在苏联美学中原先坚持艺术的"认识本质论"和"意识形态本质论"的那些美学家，其观点在审美学派的影响和推动下已发生了某些明显变化。例如，涅多希文在他主编的代表当时美学水平的集体著作《马克思列宁主义美学原理》（1960）中，对自己以前写的《艺术概论》中的有关论述做了修正。他不

---

① 斯托洛维奇：《现实中和艺术中的审美》，凌继尧、金亚娜译，生活·读书·新知三联书店1985年版，第198页。

② 波斯彼洛夫：《论美和艺术》，刘宾雁译，上海译文出版社1981年版，第17—23页。

③ 波斯彼洛夫：《论美和艺术》，刘宾雁译，上海译文出版社1981年版，第23页。

再重复科学和艺术仅仅是认识现实的两种方法，其"目的与对象是一致的"，只是"认识周围世界的不同形式而已"，而认为"艺术是对世界的审美认识，其目的是按照一定的社会审美理想来改变生活"，"艺术的巨大的社会意义和认识意义，表明了审美上掌握和评价周围现实生活这样一种社会职能的特殊性质，为此也就形成了这种掌握世界的特殊的艺术形式"，并且肯定艺术已成为"人对现实的审美关系的最高形式"。

四、中国美学大讨论中朱光潜美学理论的前沿性和原创性

在中国的美学大讨论中，朱光潜是受批判的主要靶子。他关于美学的方法论基础、艺术对象、艺术本质的观点遭到激烈的批判。美学大讨论已经过去六十年，站在现在美学理论的高度回过头来看，我们发现，朱光潜当年遭到激烈批判的一些美学理论，至今仍有鲜活的生命力，并且已经获得大多数人的认同，充分显示了朱光潜某些美学理论的原创性和前沿性。

1. 朱光潜对美学的哲学基础的理解

朱光潜多次明确反对仅仅把反映论作为美学的哲学基础，并就这个问题和李泽厚展开了激烈的争论。我国美学家把反映论作为美学的哲学基础，其理论资源来自列宁的《唯物主义和经验批判主义》一书。朱光潜在刊于《哲学研究》1957年第4期的《论美是客观与主观的统一》一文的第二节《对马克思主义的曲解是美学前进路上的大障碍》中，详细阐述了他对《唯物主义和经验批判主义》一书的理解，并批评了当时企图运用马克思主义去讨论美学的论文几乎毫无例外地、不加分析地套用列宁的反映论的错误做法。

朱光潜认为，列宁的《唯物主义和经验批判主义》所讨论的只是一般感觉或科学的反映，而不是艺术的反映。"艺术或美感的反映要经过两个阶段：第一个是一般感觉阶段，就是感觉对于客观现实世界的反映；第二个是正式美感

阶段，就是意识形态对于客观现实世界的反映。"①列宁在《唯物主义和经验批判主义》里所揭示的反映论只适用于第一个阶段，而蔡仪、李泽厚诸人把只适用于第一个阶段的反映论套用到第二个阶段，实际上阉割了第二个阶段。

朱光潜认识到只把反映论作为美学的哲学基础的弊病，郑重地指出："我们应该提出一个对美学是根本性的问题：应不应该把美学看成只是一种认识论？从1750年德国学者鲍姆嘉通把美学（Aesthetik）作为一种专门学问起，经过康德、黑格尔、克罗齐诸人一直到现在，都把美学看成只是一种认识论。"他主张对这种观点重新进行审视，"因为依照马克思主义把文艺作为生产实践来看，美学就不能只是一种认识论了，就要包括艺术创造过程的研究了"。②

美学的哲学基础究竟应该是什么呢？朱光潜明确地回答："我主张美学理论基础除掉列宁反映论之外，还应加上马克思主义关于意识形态的指示，而他们（指李泽厚、蔡仪等——引者注）却以为列宁的反映论可以完全解决美学的基本问题。"③朱光潜所说的马克思主义关于意识形态的指示，指的是马克思的《〈政治经济学批判〉序言》中对历史唯物主义的实质做的经典性说明："物质生活的生产方式制约着整个社会生活、政治生活和精神生活的过程。不是人们的意识决定人们的存在，相反，是人们的社会存在决定人们的意识。"④朱光潜主张，不仅要把辩证唯物主义反映论，而且要把历史唯物主义作为美学的哲学基础。

朱光潜的上述观点遭到李泽厚的强硬回应："我们是的确认为列宁的反映论完全有这作用的（指朱光潜所说的'可以完全解决美学的基本问题'——引者注）。"⑤李泽厚的话说得理直气壮，没有任何回旋的余地。

进入20世纪80年代，我国美学界掀起了研究马克思《1844年经济学—哲学

---

① 《朱光潜全集》第5卷，安徽教育出版社1989年版，第66—67页。
② 《朱光潜全集》第5卷，安徽教育出版社1989年版，第70页。
③ 《朱光潜全集》第5卷，安徽教育出版社1989年版，第66页。
④ 《马克思恩格斯选集》第2卷，人民出版社1972年版，第82页。
⑤ 李泽厚：《美学论集》，上海文艺出版社1980年版，第70页注①。

手稿》的热潮，朱光潜翻译、发表了《手稿》的部分章节。①从此以后，我国绝大多数美学家都同意把包括《手稿》在内的马克思主义经典著作所阐明的历史唯物主义作为美学的哲学基础（固执地坚持己见的蔡仪除外），李泽厚也放弃了当年十分执着的视反映论为美学唯一的哲学基础的观点。在美学大讨论中，朱光潜是我国第一个坚决反对仅仅把反映论作为美学的哲学基础、明确提出把历史唯物主义也作为美学的哲学基础的美学家。

2. 朱光潜对艺术对象的理解

在美学大讨论中，朱光潜主张艺术与科学、哲学等具有不同的认识对象，它们的区别不仅在反映现实的形式方面，而且在反映现实的内容方面。这是他在美学大讨论中遭到激烈批判的第二种观点。

从20世纪30年代到60年代，朱光潜不断质疑黑格尔和别林斯基关于艺术和科学的"差别根本不在内容，而在处理特定的内容所用的方法"的观点。在美学大讨论中，朱光潜在刊于1956年12月25日《人民日报》的《美学怎样才能既是唯物的又是辩证的》一文中，在批评蔡仪的美学观点时指出，艺术地掌握世界与科学地掌握世界，这中间有一个本质的区别，而蔡仪把这两者看成毫无分别。②朱光潜在这里所说的艺术和科学的区别，不是指它们反映现实的形式的区别，而是指它们反映现实的内容的区别，所以，李泽厚在刊于1957年1月9日《人民日报》的《美的客观性和社会性》一文中反驳朱光潜的观点时，批判了他"对科学对象和艺术对象的割裂"③。

朱光潜认为艺术和科学反映的对象或内容有什么不同呢？他在1936年出版的《文艺心理学》中指出，艺术是"对于个别事物的知识"，科学是"对于诸个别事物中的关系的知识"④。李泽厚在刊于《哲学研究》1956年第5期的《论

---

① 《朱光潜全集》第5卷，安徽教育出版社1989年版，第438—462页。

② 《朱光潜全集》第5卷，安徽教育出版社1989年版，第44页。

③ 李泽厚：《美学论集》，上海文艺出版社1980年版，第56页。

④ 《朱光潜全集》第1卷，安徽教育出版社1987年版，第207—208页。

美感、美和艺术》一文中写道：朱光潜故意从艺术与科学的反映形式的不同出发，"而把它们反映的内容实质的相同也形而上学地割裂开"。朱光潜抓住表现形式和表面现象，把艺术与科学"各划定一个对立的认识范围"，"把艺术与科学，在反映现实的本质和内容上根本对立起来，贬低和抹杀艺术反映现实的本质和能力，为一种主观唯心主义的美学开辟通道"。李泽厚认为，艺术和科学"形式或方式虽有不同，而在其反映和认识世界的目的、内容方面实质则一"。①

朱光潜所说的科学是"对于诸个别事物中的关系的知识"，可以理解为科学反映现实的规律；他所说的艺术是"对于个别事物的知识"，可以理解为艺术反映个别的、具体的事物。在这里，朱光潜明确无误地指出了艺术对象和科学对象的不同。而李泽厚则主张艺术对象和科学对象是一致的，并认为这是他与朱光潜的重要分歧所在。他在刊于《哲学研究》1962年第2期的《美学三题议》一文中写道："我认为，艺术反映现实，在本质上是与科学一致的，共同的（这就是与朱先生分歧和争论所在）。"②

进入20世纪80年代，我国美学界普遍认可了艺术和科学具有不同的对象的观点，艺术和科学不仅反映现实的形式不同，而且反映现实的内容不同，尽管对这种内容还有不同的理解。朱光潜在20世纪30年代提出、50年代美学大讨论中重申并遭到激烈批判、60年代仍然坚持的艺术和科学具有不同认识对象的观点，终于得到认同。

3. 朱光潜对艺术本质的理解

艺术本质的审美意识形态论是新时期以来我国美学和文艺理论研究所取得的重要成果，是对我国长期流行的艺术本质意识形态论的超越。我国学者把艺术审美意识形态论又称为艺术审美反映论，艺术审美反映是一种区别于科学

---

① 李泽厚：《美学论集》，上海文艺出版社1980年版，第7—9页。
② 李泽厚：《美学论集》，上海文艺出版社1980年版，第166页。

反映的特殊反映，它有自身的特殊规定性。在童庆炳和钱中文等人的概念中，"审美意识形态"和"审美反映"是同义词。

令人惊讶的是，我国学者中，朱光潜是最早提出和使用了"审美反映"这个概念的。他在刊于《哲学研究》1957年第4期的《论美是客观与主观的统一》一文中多次使用了"审美反映"这个概念。[①]（有时朱光潜也把"审美反映"说成是"美感反映"，实际上这就是"审美反映"。这里的"美感"的英文是aesthetic，朱光潜在早期著作中译作"美感"，后来改译"审美"，并认为译成"审美"较为妥当。在后期的著作中，朱光潜有时也习惯性地译成"美感"）。这比其他学者把文艺的本质确定为"审美反映"早了三十年。朱光潜是在说明艺术反映和科学反映的区别时使用"审美反映"的概念的，理所当然地受到李泽厚的批判。

朱光潜使用"审美反映"的概念不是随意的，他对这个概念有着完整的、一以贯之的理解。我们可以根据他于1936年出版的《文艺心理学》一书来理解"审美反映"的术语。例如，同是看一枝梅花，可以有三种不同的态度。一种是科学的态度，这时关注的是梅花的名称，在植物分类学中属于哪一门哪一类，它的形状有什么特征，它的生长需要哪些条件，等等。第二种是实用的态度，这时关注的是梅花有什么实际用途，值多少钱，能否用来做买卖或赠送亲友。第三种是审美的态度，审美的态度就是对梅花"专注在它的形象本身"，"无所为而为地去观照它，赏玩它"。"审美者的目的不象实用人，不去盘问效用，所以心中没有意志和欲念；也不象科学家，不去寻求事物的关系条理，所以心中没有概念和思考。他只是在观赏事物的形象。"[②]

朱光潜对"审美反映"的理解有积极意义和消极意义。积极意义在于，朱光潜把"审美反映"理解为对现实的审美属性的反映，是对事物的形象本身的反映。他主张艺术和科学反映的对象不同，艺术反映的是现实的审美属性，这

---

① 《朱光潜全集》第5卷，安徽教育出版社1989年版，第65—70页。

② 《朱光潜全集》第1卷，安徽教育出版社1987年版，第210—211页。

就是艺术的特殊对象，而科学反映的是现实的普遍规律。其消极意义在于，朱光潜把事物的审美属性看成是隔绝于功利价值、科学价值、道德价值等各种价值的"一个赤裸裸的孤立绝缘的形象"。我们认为，艺术在反映现实的审美属性时，也必然会反映现实的其他价值，如功利价值、科学价值、道德价值等，只是对这些价值的反映要通过审美价值体现出来，以审美价值为中介，而不可能孤立绝缘地反映单一的审美价值。

艺术审美意识形态论或艺术审美反映论在当下已为我国大多数美学家和文艺理论家所认可。

第五章　"美的本质的客观社会性说"比较研究

在两千五百多年的世界美学史上，曾经产生过五种审美（美的本质）的理论模式：客观精神模式，认为审美是上帝或者绝对理念使世界精神化的结果；主观精神模式，认为审美是个性的精神对现实的投射；主客观模式，认为审美产生于现实属性和人的精神的统一；客观自然性模式，认为审美是对象客观的自然属性；客观社会性模式，认为审美是对象客观的社会属性。在这五种理论模式中，前四种理论模式在美学史上早已存在，而第五种模式则是1956年由27岁的苏联美学家斯托洛维奇在《论现实的审美特性》一文和26岁的中国美学家李泽厚在《论美感、美和艺术》一文中提出来的。

第一节　《论美感、美和艺术》与《论现实的审美特性》的比较研究

斯托洛维奇在《论现实的审美特性》一文、李泽厚在《论美感、美和艺术》一文中提出了美的本质的客观社会性说，这种观点一经提出，立即获得各

自国家大部分美学家的赞同。斯托洛维奇成为苏联20世纪下半叶最有影响的美学学派——审美学派——的主要代表，而李泽厚则成为中国20世纪下半叶最有影响的美学学派——实践美学——的主要代表。这两篇论文不仅给这两位年轻人带来极大的声誉，而且使他们的经济条件有了很大改善。李泽厚当时的月工资是56元，这篇论文稿费500多元，差不多是他的工资的10倍。斯托洛维奇用这篇论文的稿酬买了一套住宅中的一间房，虽然是合居户（厨房和卫生间公用），但是远远强过他原来住的集体宿舍。一篇论文的稿酬能够买一间房，足见稿酬的丰厚，也足见这篇论文引起的巨大反响。这两篇论文后来被译成多种文字。

斯托洛维奇的《论现实的审美特性》写于1955年，当年初秋时寄给了苏联权威刊物《哲学问题》，直到1956年夏末，才在该刊第4期得以发表。李泽厚的《论美感、美和艺术》写于1956年，1956年12月发表于中国权威刊物《哲学研究》第5期。

斯托洛维奇的论文之所以叫作《论现实的审美特性》，是有深刻原因的。20世纪50年代中期，苏联美学界一反20年代的庸俗社会学观点和30—40年代的片面认识论观点，开始提出艺术的特殊本质问题，把艺术的本质首先说成是审美的，艺术认识的对象则是具有审美意义的对象。为了说明艺术的审美性质，首先必须阐述这种性质的根源——现实的审美属性，也就是人的审美关系的对象或客体。苏联美学界关于美的本质的争论，正是由艺术的审美特征问题引起的。

一、中苏"美的本质的客观社会性说"在基本观点上的相同和相似

斯托洛维奇的《论现实的审美特性》一文和李泽厚的《论美感、美和艺术》一文都在世界美学史的宏阔视野中，把美的客观社会性作为已有的四种审美的理论模式的对立物，以高度的理论敏感和严密的逻辑推演为它准确定位。这两篇论文的论证逻辑是：在美的客观性问题上，与唯心主义划清界限；在美

的社会性问题上，与旧唯物主义划清界限。

唯心主义美学总是否认现实现象的审美属性的客观性。主观唯心主义美学认为，现象自身没有什么审美属性，这些属性是我们对现象的审美判断加在现象上面的。例如，康德主张，某种现象之所以是美的，不决定于现象本身，而决定于我们与它的关系。客观唯心主义也否认现实的审美属性的客观性。柏拉图就指出，人间的美是美的理念的外射和投影。黑格尔把美说成是绝对理念的感性显现。在批判唯心主义美学时，两篇论文都批判了移情说。

同唯心主义美学相反，唯物主义美学始终确认审美属性的客观性，把自然界的规律视为这一客观性的基础。于是，对称统一、整齐和谐、黄金分割等数学比例、物理属性、形态样式等自然属性成为美的根源。过去的唯物主义美学由于机械化、简单化的形而上学的局限性，在确认审美属性的客观性的同时，不能够揭示客观的审美属性的实质。两篇论文的观点不是凭空提出来的，它们是优秀的美学遗产的继承和发展。两篇论文都强调了车尔尼雪夫斯基美学对论证美的客观社会性的价值和意义。

斯托洛维奇的《论现实的审美特性》一文和李泽厚的《论美感、美和艺术》一文在基本观点上有某些相同和相似之处，为了说明问题而不摭拾道听途说，我们把有关段落对照比较。

（一）

辩证唯物主义把现象的客观性理解为：这一现象是在人的意识之外和不依赖于人的意识而存在的。同时，不仅那些不依赖于人类社会而存在的自然现象具有客观性，而且社会关系也具有客观性。例如，生产关系是客观的，这并不因为生产关系可以在人以前就存在，而因为生产关系是不依赖于人的意识和意志而形成的。现实的审美特性和审美关系，从来就是社会的东西。审美特性和对现实的审美关系只是在人类社会发展的一定阶段上才产生的。在人以前，自然界并不具有审美特性。但是，审美特性的社会性质自然也不否定它们的客观性。现实的现象和事物的审美特性的客观性就在于：这些特性是不依赖于艺术意识、不依赖于审美感受而形成和存在的，而审美感受在某种程度上能正确地反映这些特性。[①]

美是客观存在，但它不是一种自然属性或自然现象、自然规律，而是一种人类社会生活的属性、现象、规律。它客观地存在于人类社会生活之中，它是人类社会生活的产物。没有人类社会，就没有美。

美的社会性是客观地存在着的，它是依存于人类社会，却并不依存于人的主观意识、情趣；它是属于社会存在的范畴，而不属于社会意识的范畴，属于后一范畴是美感而不是美。

美不是物的自然属性，而是物的社会属性。美是社会生活中不依存于人的主观意识的客观现实的存在。[②]

（二）

有些同志认为，美的客观性之所在，也就是自然现象的客观性之所在。因为自然界不仅在人的意识之外存在着，而且是在人以前就存在了，所以他们认为，美的客观性就在于：美是在人以前存在的这一点上。这样来提出美的客观性问题，就忽视了美的社会实质，把现象的审美特性仅仅归结为它们的自然性质。[③]

[①] 斯托洛维奇：《论现实的审美特性》，载《学习译丛》编辑部编译：《美学与文艺问题论文集》，学习杂志社1957年版，第51页，以下同类引文只标页码。

[②] 李泽厚：《论美感、美和艺术》，载《美学论集》，上海文艺出版社1980年版，第25—29页，以下同类引文只标页码。

[③] 斯托洛维奇，第51页。

从很早起，许多旧唯物主义美学就把美看作一种客观物质的属性。他们认为这种属性，正如物质自身一样，可以脱离人类而独立存在。这就是说，没有人类或在人类之前，美就客观存在着，存在于客观物质世界中。这样，美当然就完全在自然物质本身，是物质的自然属性。①

（三）

事物的审美特性，就是具体感性事物由于它们在具体社会关系中所起的作用而引起人对它们的一定思想感情关系的能力。因此，事物和现象的自然性质就是它们的审美特性的形式，而这些事物和现象在社会历史实践进程中客观地形成的社会意义则是审美特性的内容。

事物和现象的审美特性是客观的，第一，因为它们按其形式来说是在人的意识之外而存在的客观世界的事物的特性。第二，审美特性之具有客观性，是因为它们的内容是由那些客观存在的并按社会发展的客观规律而发展的社会关系来决定的。

现象的审美特性的这种具体社会内容，是由这一现象在社会中所起的作用和它所表现的社会关系来决定的。因此，例如金子的审美特性就不仅仅决定于它的自然性质。②

美正是包含社会发展的本质、规律和理想而有着具体可感形态的现实生活现象，美是蕴藏着真正的社会深度和人生真理的生活形象（包括社会形象和自然形象）。

---

① 李泽厚，第22页。
② 斯托洛维奇，第53—54页。

美的基本特性之一是它的客观社会性。所谓美的社会性，不仅是指美不能脱离人类社会而存在（这仅是一种消极的抽象的肯定），而且还指美包含着日益开展着的丰富具体的无限存在，这存在就是社会发展的本质、规律和理想，例如，人类为共产主义事业开展的革命斗争就是这样一种本质、规律和理想。它构成了美的客观社会性的无限内容。美的另一基本特性是它的具体形象性，即美必需是一个具体的、有限的生活形象的存在，不管是一个社会形象还是一个自然形象。无限的内容必需通过这个有限的形式而表现，没有这种形式的内容，就只能是逻辑、科学的对象，不能成为美感、艺术的对象。①

（四）

事物或现象的审美特性不能脱离事物或现象所具有的自然的性质（即机械的、物理的和生物学的性质）而存在。一种东西，如果没有它特有的形式，它各部分的比例、它的颜色等等，那就不可能是美的。然而也绝对不能把事物的审美特性只归结为它们的机械的、物理的和生物学的性质。马克思主义以前的唯物主义美学曾经指出，事物的审美属性与事物的某些规律性（如端正、节奏、匀衡、和谐、"合适"）的表现是相联系的，这一事实应该怎样解释呢？

由于人的劳动活动，事物中合乎规律的东西（端正、匀衡、和谐、"合适"）的具体表现具有了审美的意义，因为合乎规律的东西就是人类活动的条件，就是人以人的一切能力和力量来肯定现实的条件。

要得出关于事物的完整的审美概念，只了解它的表面的性质是不够

---

① 李泽厚，第30—31页。

的，还必须经常了解这些性质所表现的具体社会内容。[①]

许多人就在自然物体中去寻找、探求美的标准。"黄金分割"啦，形态的均衡统一啦，实验美学啦，……就都出来了。他们总是企图证明美是存在在这些简单的机械的物体的数学比例、物理性能、形态样式中，物质世界的这种自然属性、形态、功能本身就是美。

这种形而上学的唯物主义美学理论是极容易导向客观唯心主义的道路上去的。因为把物质的某些自然属性如体积、形态、生长等等抽出来，僵化起来，说这就是美，这实际上，也就正是把美或美的法则变成了一种一成不变的绝对的自然尺度的脱离人类的先天的客观存在，事物的美只是这一机械抽象的尺度的体现而已。

一张风景画和一张科学的自然图片，尽管其描述的对象完全相同，但所以一则能唤起美感，一则不能，显然不是用物体的均衡对称之类的"法则"可以说明（因为二者都表现了这法则），而是因为一则反映和表现了对象的社会性，一则只反映了对象的自然属性的原故。[②]

（五）

伟大的俄国革命民主主义者车尔尼雪夫斯基的哲学观点标志着马克思主义以前的唯物主义的最高阶段；车尔尼雪夫斯基在理解审美特性的客观性方面，也是超过马克思主义以前的全部美学思想的。他尖锐地批判了唯心主义美学，肯定了审美特性的客观性，特别是美的客观性（"美是生活"）。同时车尔尼雪夫斯基理解到，美的客观性并不意味着把美归结为

---

① 斯托洛维奇，第52—53页。

② 李泽厚，第22—25页。

事物的机械的或物理的属性。①

我们认为，车尔尼雪夫斯基的"美是生活"的看法或定义，可能是一切旧美学中最接近于马克思主义美学的观点。因为它基本上合乎上面我们所谈的美的客观性和社会性的特点，车尔尼雪夫斯基反对美是绝对理念的体现的唯心主义，并肯定美只存在于人类社会生活之中。美，是人类社会生活本身。这无疑是强有力的接近于马克思主义唯物主义的观点。②

但是，这两位作者都没有指出车尔尼雪夫斯基"美是生活"的定义的缺陷。车尔尼雪夫斯基对"美是生活"的定义有一个说明："任何事物，凡是我们在那里面看得见依照我们的理解应当如此的生活，那就是美的。"③这表明，我们的理解、我们的观念不仅可以决定我们是否正确和恰当地理解对象的美，而且可以决定这个对象是不是美的。这就与美的客观性和社会性发生了深刻的矛盾，这是车尔尼雪夫斯基美学理论中的唯心主义因素之所在。

（六）

人对现实的审美关系，就是人对世界的精神肯定，就是人对自己的能力、力量和创造力的愉快的感受，就是自由感。人对现实的这种精神肯定，只有通过人在劳动生活过程中对现实的物质肯定才成为可能，而劳动活动过程是在认识自然界的事物和现象的客观规律性、客观尺度的基础上实现的。在马克思主义的美学著作中，谁都承认，人对现实的审美关系首先是由于人的劳动活动过程而产生的。用马克思的话来说，"人化的自然界"是人的一切感觉和感受的基础。马克思指出，"不仅是一般五官，而

---

① 斯托洛维奇，第49—50页。

② 李泽厚，第29页。

③ 车尔尼雪夫斯基：《艺术与现实的审美关系》，周扬译，人民文学出版社1979年版，第6页。

且是所谓的精神感觉、实际感觉（意志、爱情等等），总之，人的感觉、感官的人性，都仅仅是由于它们的对象的存在、由于人化的自然界而产生的。"①

自然的对象只有成为"人化的自然"，只有在自然对象上"客观地揭开了人的本质的丰富性"的时候，它才成为美。所以，高山大河等自然现象本身，并不如旧唯物主义所形而上学地认为的那样，有所谓美的客观存在。自然本身并不是美，美的自然是社会化的结果，也就是人的本质对象化的结果。②

上述两段引文表明，两位作者都运用了马克思《1844年经济学—哲学手稿》中关于"自然的人化"的观点来阐述美的客观社会性。苏联美学家对《手稿》美学思想的研究无疑影响了中国美学界。

二、"美的本质的客观社会性说"提出者个人的学术际遇

我们之所以援引李泽厚的《论美感、美和艺术》一文和斯托洛维奇的《论现实的审美特性》一文在基本观点上的某些相同和相似之处，是因为美学界有些人多年来一直好奇，李泽厚在撰写《论美感、美和艺术》一文时是否参考和借鉴了斯托洛维奇的观点？这仿佛成为一桩学术公案。对此我们无法做出明确的判断，也许他们是英雄所见略同。

斯托洛维奇的《论现实的审美特性》于1956年8月发表于双月刊《哲学问题》第4期，该文的中译（题名为《论现实的美学特征》）于1956年10月中旬发表于月刊《学习译丛》第10期，李泽厚的《论美感、美和艺术》于1956年12月发表于《哲学研究》第5期，与斯托洛维奇原文发表的时间差为四个月，与

---

① 斯托洛维奇，第52页。
② 李泽厚，第25页。

该文中译发表的时间差为两个月。如果有心要参阅《论现实的审美特性》的原文和译文，都不难办到。《学习译丛》是月刊，每月中旬在北京出版，主要刊载苏联哲学社会科学方面包括美学方面的译文。由于当时国家大力倡导学习苏联，国内刊物又少，社会科学研究者包括美学研究者不大可能不关心这个刊物上的有关文章。

如要阅读《论现实的审美特性》的原文，也很便捷。当时我国基本上不订阅西方国家的哲学刊物，而苏联当时只有一种哲学刊物《哲学问题》，这是我国哲学界订阅外国哲学刊物的首选。我国创办的《哲学研究》在主管单位、办刊宗旨、刊期等方面都以苏联《哲学问题》为参照。根据中央的决定，《哲学研究》于1955年创刊，在初始阶段由中宣部和中国科学院哲学研究所共管，后归哲学研究所主管。初始是季刊，后改为双月刊。1956年上半年是季刊，下半年是双月刊，所以1956年出了5期。苏联的《哲学问题》很快可以送达中国。中央编译局冯申从收到载有斯托洛维奇的《论现实的审美特性》一文的《哲学问题》，到把这篇文章译成中文，再到发表，仅仅花了两个月的时间。万斯洛夫在1955年4月《哲学问题》第2期发表的文章《客观上存在着美吗？》，它的中译不久就在1955年7月中旬出版的《学习译丛》第7期发表了。如果想尽快地通过原文了解有关内容，即使不懂俄语，请人讲解一下美学文章的主要观点，也不是难事。因为当时懂俄语的人很多，《哲学问题》发表的美学文章又少。

斯托洛维奇和李泽厚在撰写这两篇论文时，个人的学术际遇很不一样。李泽厚1950—1954年从湖南来到北京大学哲学系学习，学制四年。1952年全国高校院系调整，只保留了北京大学的哲学系，其他高校哲学系统统撤销，哲学教授们都集中到北大哲学系，当时北大哲学系大师云集，其中包括汤用彤、冯友兰、贺麟、金岳霖、洪谦、张岱年、宗白华等几十人。北大著名的美学家有西语系的朱光潜，哲学系的邓以蛰、宗白华、马采。北大中文系文学研究所就在哲学楼办公，所长郑振铎，副所长何其芳，成员有俞平伯、余冠英、钱锺书等，它是中国社会科学院文学研究所的前身。北大文科极一时之盛。中华人民共和国成立前，全国没有专门的哲学研究机构。为了适应社会主义改造和建设事业发展的需要，加强对哲学理论研究的组织领导，中国科学院院务会议决定成立哲学研究所筹备委员会。这种建制也是仿照苏联科学院的，苏联的哲学研究所就设在该院。李泽厚毕业后被分配到中国科学院哲学研究所，实际上当时哲学研究所还没有成立。自1955年开始，经过半年多的筹建，于1955年9月正式成立了中国科学院哲学研究所。这样，李泽厚成了哲学研究所的第一批成员。哲学研究所第一任所长、《哲学研究》主编潘梓年1923年毕业于北大哲学系，1927年入党，后成为《新华日报》第一任社长。北大哲学系系主任金岳霖随即调任哲学所副所长。潘梓年对李泽厚的才华十分欣赏和器重。李泽厚对哲学所的领导和前辈在学缘上有亲近之感，当时他虽然年轻，可是已经处在学术圈的中心。

与李泽厚相比，斯托洛维奇当时的个人学术际遇是无法望其项背的。斯托洛维奇1947—1952年在列宁格勒大学哲学系学习，学制五年。毕业时新的系主任图加林诺夫给他颁发了证明，指出他不仅能够胜任辩证唯物主义和历史唯物主义的教学，而且能够胜任美学的教学。图加林诺夫是第一个于1960年在苏联论证了生活价值和文化价值的学者，他的著作有《马克思主义中的价值论》（1968，中译本由中国人民大学出版社1989年出版）等。在美学大讨论中，他和同一学校的卡冈都持美是主客观的统一的观点。斯托洛维奇毕业后寄出很多求职信希望担任哲学和美学教师，然而这些信件如石沉大海，图加林诺夫的证明也无济于事。在毕业半年后斯托洛维奇未能找到工作，这或许与他的犹太人身份有关。1952年底到1953年初，苏联发生了一起涉及犹太人的冤假错案——安全机关逮捕了9名医生，其中6名是犹太教授，他们被控告以谋杀性治疗害死主管意识形态的日丹诺夫等著名领导人。1953年2月8日苏共中央机关报《真理报》刊载小品文《马大哈和头号骗子》，"头号骗子"指犹太人，而"马大哈"指相信犹太人并与之共事的人。斯托洛维奇当然与医生案件无关，可是在当时的背景下很多人对犹太人避之唯恐不及。

1953年初，斯托洛维奇收到对他的求职信的唯一的答复：塔尔图大学校长克列门特建议他给艺术学专业的学生教美学。爱沙尼亚境内的塔尔图大学是一所古老的大学，恢复开办于1802年，2002年它建校两百周年时联合国教科文组织为它举办了庆祝活动。康德的学生耶施（1762—1842，康德曾经委托他出版自己的《逻辑学》）于1802年来到塔尔图，成为这里的哲学教授。他随身携带了康德的部分文献资料，其中有别人致康德的461封信（包括席勒、费希特致康德的信），整整一大厚本的康德手稿（书信草稿、文章片段、附件），两本写满批注的康德私人藏书。康德的这些资料在塔尔图大学保存了近一个世纪。1895年9月11日这些资料被送往柏林普鲁士科学院，以编辑康德全集。1984年斯托洛维奇在塔尔图大学图书馆发现了康德遗留的手稿。

1953年初，斯托洛维奇来到塔尔图。在塔尔图大学的头三年中，斯托洛维奇未能获得教师的正式编制，甚至未能获得教辅人员的编制，学校对他仅仅按课时付酬，也就是说，他是一位代课教师。苏联唯一的哲学刊物双月刊《哲学问题》创办多年，已经是很成熟的权威刊物。苏联有很多哲学家，科学院有哲学研究所，很多高校有哲学系。处于学术圈边缘的一位代课教师要在这样的刊物上发表文章，其难度可想而知。《论现实的审美特性》一文的发表彻底改变了斯托洛维奇的命运。他获得了教师的编制，被允许登上哲学讲坛，以前他只被允许讲授美学，而不许讲授哲学，因为哲学的意识形态更强烈。

三、中苏"美的本质的客观社会性说"在哲学基础和问题取向上的差异

《论美感、美和艺术》和《论现实的审美特性》虽然在基本观点上有相同和相似之处，但是在哲学基础和问题取向方面有明显的差异。

美学的哲学基础是一个极其重要的问题，正如李泽厚所说："美学能够提到哲学根本问题上来争论，尽管抽象，有时且带有学院派的烦琐缺点，但总的说来，却是值得注意而不只是值得厌烦的事情。这种争论远比去提倡争论'衣裳打扮'之类的所谓具体问题重要得多。要驳倒唯心主义，建立马克思主义唯

物主义的美学，也必需从这个哲学根本问题开始。"①

　　李泽厚坚持美学的哲学基础是反映论（认识论），他在《论美感、美和艺术》一文中写道："美学科学的哲学基本问题是认识论问题。"②在随后发表的文章里他说得更加醒豁。把反映论作为美学的哲学基础无疑受到苏联的影响。对于这种影响，我们将在第六章《马克思主义美学的哲学基础》中详细阐述。苏联美学在20世纪30年代开始把反映论作为美学的哲学基础。30—40年代苏联美学中有片面的认识论的倾向，从50年代特别是50年代中期开始，苏联美学坚决纠正了片面的认识论倾向。美学家们并不是否定反映论，只是认为不能把反映论绝对化，不能只把反映论作为美学的哲学基础。斯托洛维奇的《论现实的审美特性》一文就是美学研究的哲学基础转向的标志之一。他在这篇文章中明确表示："只有用历史唯物主义的观点来理解社会关系，才是理解现实的审美特性内容的客观性的基础。"③"马克思列宁主义美学以辩证唯物主义和历史唯物主义为依据，就有可能科学地论证和揭示现实现象的审美特性的客观性以及这些特性的特征。"④可见，无论是辩证唯物主义（包括反映论），还是历史唯物主义，都应该成为美学和艺术学的哲学基础。斯托洛维奇在这里所说的历史唯物主义，不仅指以马克思《〈政治经济学批判〉导言》为基础的、关于社会经济基础决定和制约上层建筑、社会意识反映社会存在的历史唯物主义观点，而且指以马克思《1844年经济学—哲学手稿》为基础的、关于人的历史发展的历史唯物主义观点。

　　除了美学的哲学基础外，《论美感、美和艺术》和《论现实的审美特性》在问题取向上也有很大的不同。《论现实的审美特性》一文的第一句话就表明了作者的写作宗旨："艺术这一社会意识形态的特点问题，是马克思列宁主义

---

①　李泽厚：《美学论集》，上海文艺出版社1980年版，第187页。

②　李泽厚：《美学论集》，上海文艺出版社1980年版，第2页。

③　《学习译丛》编辑部编译：《美学与文艺论文集》，学习杂志社1957年版，第54页。

④　《学习译丛》编辑部编译：《美学与文艺论文集》，学习杂志社1957年版，第50页。

美学的中心问题之一。"①这句话直接质疑黑格尔和别林斯基的观点。黑格尔和别林斯基都认为艺术和科学具有相同的对象，它们都是对现实的反映，它们的区别只在于反映形式的不同，艺术用形象反映，科学用逻辑反映。这种观点影响深远。斯托洛维奇认为，艺术的本质是审美的，它的本质取决于它所反映的对象，那就是现实的审美属性。艺术和科学的区别不仅在于反映现实的形式不同，而且在于反映现实的内容不同，艺术有不同于科学的特殊的对象。艺术特殊对象的提出是美学和文艺学的一大突破。

在《论美感、美和艺术》一文中，李泽厚仍然坚持黑格尔和别林斯基的观点，认为艺术和科学反映世界的"形式或方式虽有不同，而在其反映和认识世界的目的、内容方面实质则一"②。他还强调指出，"把艺术与科学，在反映现实的本质和内容上根本对立起来，贬低和抹杀艺术反映现实的本质和能力"，是"为一种主观唯心主义的美学开辟通道"。③

艺术的特殊对象是对艺术的审美本质的客观基础问题的回答，具有巨大的实践和理论的意义。两篇论文对这一问题的不同回答，体现了二人在问题取向上的差异。

第二节 《现实中和艺术中的审美》等
与李泽厚若干论文的比较研究

除了《论现实的审美特性》和《论美感、美和艺术》外，斯托洛维奇和李泽厚各自在随后的论著中，进一步阐述了美的客观社会性说的观点。这些论著包括：斯托洛维奇的专著《现实中和艺术中的审美》（1959，中译本由生活·读书·新知三联书店1985年出版，列入王春元、钱中文主编的"现代外国

---

① 《学习译丛》编辑部编译：《美学与文艺论文集》，学习杂志社1957年版，第45页。

② 李泽厚：《美学论集》，上海文艺出版社1980年版，第7页。

③ 李泽厚：《美学论集》，上海文艺出版社1980年版，第9页。

文艺理论译丛"第二辑），用自然派的主要发言人波斯彼洛夫的话说，社会派的基本论点在这部著作中"得到了最彻底的系统化"，这部著作的作者在审美"这个问题的新的提法和新的研究上，都是得风气之先的"[①]，斯托洛维奇的专著《美学的对象》（1961）；李泽厚的论文《美的客观性和社会性》（《人民日报》1957年1月9日），《关于当前美学问题的争论》（《学术月刊》1957年第10期），《论美是生活及其他》（《新建设》1958年第5期），《〈新美学〉的根本问题在哪里？》（1959，当时未发表，后收入《美学论集》，上海文艺出版社1980年版），《美学三题议》（《哲学研究》1962年第2期），《山水花鸟的美》（《人民日报》1959年7月14日），《关于崇高与滑稽》（1959，当时未发表，后收入《美学论集》）。我们来比较这些论著中双方对共同涉及的一些问题的见解。

一、美学对象

李泽厚的《美学三题议》一文（1962）阐述了美学的哲学基础、自然美问题和美学对象问题。在《美学三题议》一文中，李泽厚重申他在《论美感、美和艺术》一文中的观点："美学基本上应该研究客观现实的美、人类的审美感和艺术美的一般规律。其中，艺术美更应该是研究的主要对象和目的，因为人类主要是通过艺术来反映和把握美而使之服务于改造世界的伟大事业的。"[②]这三者并非拼凑而成，它们是以审美关系为轴心的一个整体。"所以，概括地说，审美关系就是美学研究的对象。"[③]

把美学对象说成是审美关系，这一说法来自苏联美学。1956年6月苏联《哲学问题》编辑部举行了美学对象问题讨论会，参加讨论的有16人，预先听了两个报告：涅陀希文的《美学科学的对象》和普齐斯的《关于马克思列宁主

---

① 波斯彼洛夫：《论美和艺术》，刘宾雁译，上海译文出版社1981年版，第23页。

② 李泽厚：《美学论集》，上海文艺出版社1980年版，第179页。

③ 李泽厚：《美学论集》，上海文艺出版社1980年版，第179页。

义美学理论对象的定义》。《哲学问题》编辑部以《关于马克思列宁主义美学对象的讨论》为题，在该刊1956年第3期上摘要发表了参加讨论者的发言和报告，中译载于《美学与文艺问题论文集》（学习杂志社1957年版，第63—95页）。

老一辈美学家涅陀希文认为美学研究人对现实的审美关系，特别是研究艺术。他的《艺术概论》（1953）中译本由朝花美术出版社于1958年出版。支持涅陀希文关于美学对象的观点的有社会派美学家万斯洛夫、包列夫等。美学史表明，一些美学家倾向于把美学说成是美的哲学，主要研究美的问题；另一些美学家倾向于把美学说成是艺术哲学，主要研究艺术问题。然而，美学研究通常是在美和艺术的相互联系中来进行的。在20世纪50年代以前，在苏联高等学校教学大纲中，美学被定义为一门关于艺术的最普遍的规律和美的本质的科学。

为了克服美学对象问题上存在的二元论，涅陀希文强调解决美学对象问题的关键在于，"必须揭示那规定美学对象的完整性的统一原则：美学对象既包括艺术，也包括人对现实世界的审美关系"。在他看来，解决这一问题的"主导线索"，就是马克思在《1857—1858年经济学手稿》中提出的"从实践精神上掌握世界"的原理。他说："马克思在这里把理论思维同他所称为'实践精神'的意识形态区分开来，而艺术和宗教就属于这种意识形态。从实践、精神上把握世界，包括从审美上把握世界在内，其目的在于直接通过单一的现象来认识现实界，而这些现象的普遍形式的实质，是只有通过概念、即从理论上才能推断出来的。"①

涅陀希文的观点得到了比较普遍的认可，并为他主编的《马克思列宁主义美学原理》一书所采纳。这部书由苏联科学院哲学研究所、苏联科学院高尔基世界文学研究所、苏联文化部艺术史研究所、苏联艺术科学院和高等院校的有

---

① 《学习译丛》编辑部编译：《美学与文艺论文集》，学习杂志社1957年版，第66—68页。

关人员集体编写，1960年在苏联出版，中译本由陆梅林等21位译者集体翻译，于1961年由生活·读书·新知三联书店出版。该书把美学的对象确定为："美学这个科学部门所研究的是人对现实的审美关系的一般发展规律、特别是作为特殊的社会意识形态的艺术的一般发展规律。换句话说，美学研究人对现实的一般审美关系，尤其是它们的高级形式——艺术。"①

以涅陀希文为代表的美学家主张美学研究人对现实的审美关系。虽然这种观点很快地流行开来，但是，究竟什么是审美关系？美学家们对此有极不相同的解释。例如，涅陀希文在《论审美的本质问题》一文中就强调说，他在这篇文章中提到首位的与其说是事情的客观方面——"对审美判断的对象的分析"，"不如说是暂时使研究者们较少感兴趣的主观方面：人对现实的审美关系"。②可见，涅陀希文把人对现实的审美关系理解为纯主观现象。而在《马克思列宁主义美学原理》一书中，他也是按照这种主观方面来确定美学的对象的，从而摒弃了对"审美判断对象"本身的分析，他把对美的分析同审美关系隔绝开来。因此，正如斯托洛维奇所指出的那样："不揭示'审美'这一概念本身的实质，就不可能对美学对象作出逻辑上正确的规定。"③

在揭示审美关系的结构方面，斯托洛维奇最系统地阐述了审美学派关于美学对象的观点。他在《美学的对象》一书（1961）中把人对现实的审美关系区分为客观的和主观的两个方面。他说："审美存在于两种形态之中。第一，作为审美关系的客体，即引起审美关系的一定现实的属性——这是客观审美。第二，主观审美——这是审美关系过程中人的意识和活动的特殊形态。美学既研究构成人对现实的审美关系的客观方面，也研究构成这一关系的主观方面。"④人对现实的审美关系的主观方面是主观审美，即现实的审美属性

---

① 苏联科学院哲学研究所、艺术史研究所：《马克思列宁主义美学原理》（上册），陆梅林等译，生活·读书·新知三联书店1961年版，第2页。

② 《美学问题》第1辑，莫斯科1958年版，第23页。

③ 斯托洛维奇：《美学的对象》，莫斯科1961年版，第6页。

④ 斯托洛维奇：《美学的对象》，莫斯科1961年版，第56页。

（美、崇高、悲、喜等）的反映。

李泽厚研究美学对象的特点是从美感入手。尽管美是美感的客观基础，艺术是美学研究的主要对象，李泽厚仍然从最大量、最普遍、最基本的社会心理现象美感着手开展美学的研究。这符合现代西方美学发展的趋势，朱光潜在《文艺心理学》一书（开明书店1936年版）中的第一句话说："近代美学所侧重的问题是：'在美感经验中我们的心理活动是什么样？'至于一般人所喜欢问的'什么样的事物才能算是美'的问题还在其次。"[①]李泽厚采用了朱光潜的说法。

二、黄金和色彩的审美属性

在阐述审美属性的社会性时，斯托洛维奇和李泽厚都举了黄金的例子。斯托洛维奇在《论现实的审美特性》一文（1956）中谈到，黄金的审美属性就不仅仅取决于它的自然性质。莎士比亚悲剧中的罗密欧把黄金视为毒药，他在购买毒药付款时对卖药人说：

> 这儿是你的钱，那是害人灵魂的更坏的毒药，
> 在这万恶的世界上，它比你那些不准贩卖的微贱的药品更会杀人。
> 你没有把毒药卖给我，是我把毒药卖给你。[②]

上述引文中的钱，在英语原文中是"gold"，是"金""金币"的意思。罗密欧认为黄金比毒药更坏，对黄金厌恶至极。斯托洛维奇强调，黄金作为货币之所以会引起审美上的厌恶之感，并不是由黄金的物理特性（用马克思的话来说即"天然光芒"）决定的。

李泽厚在《美的客观性和社会性》一文（1957）中指出："这就正如作为

① 《朱光潜全集》第1卷，安徽教育出版社1987年版，第205页。
② 《学习译丛》编辑部编译：《美学与文艺论文集》，学习杂志社1957年版，第53页。

货币的金银，作为生产工具的机器，它们在可见可触的物理自然性能以外，而且还具有着一种看不见摸不着但却确然存在的客观社会性能一样。这种客观的社会性质是具体地依存于客观的社会存在，社会变了，这种性能当然也跟着变。"①

斯托洛维奇熟悉马克思关于黄金的自然属性和社会属性的论述，这些论述是美的客观社会性的最好佐证。他在《现实中和艺术中的审美》一书中（1959）援引了马克思和莎士比亚关于黄金的论述。马克思在《资本论》和《德意志意识形态》中引用了莎士比亚《雅典的泰门》第四幕第三场关于黄金的诗：黄金"可以使黑的变成白的，丑的变成美的；错的变成对的，卑贱变成尊贵，老人变成少年，懦夫变成勇士"。莎士比亚集中描写了黄金的一切社会特性，黄金的美取决于它的社会属性。马克思指出，莎士比亚准确地描写了黄金作为货币如何把一切人的和自然的特性（为人所利用的）变成它们的对立物。②

为了用诗的形式描写货币（黄金）"使人为非作歹"的作用，歌德不过举了一个例子，而这个例子却引起了马克思同一方向的大量的补充联想。而莎士比亚，在马克思所引用的《雅典的泰门》那段诗中，顶多也只是描述了十来个现象而已，但是谁也不能否认，用马克思的话说，他从而也就描述了"一切事物的普遍的混淆和替换，从而是颠倒的世界，是一切自然的性质和人的性质的混淆和替换"。③

黄金在实现其作为货币化身的职能时，是人的劳动的物化。大量的社会劳动时间的物质化，决定着黄金的巨大价值。这是马克思在《政治经济学批判》一书的《货币或简单流通》一章中一再指出过的。在黄金作为货币职能之前，马克思曾经强调黄金的使用总是"专门代表财富、富裕、奢侈，因为它们本身

---

① 李泽厚：《美学论集》，上海文艺出版社1980年版，第61页。

② 《马克思恩格斯全集》第42卷，人民出版社1979年版，第151—153页。

③ 《马克思恩格斯全集》第42卷，人民出版社1979年版，第155页。

代表一般财富"①。

　　马克思在《政治经济学》这一著作中也指出了黄金的自然属性，包括延展性和光泽耀眼。延展性是可以使黄金成为装饰材料的属性之一，"而色彩的感觉是一般美感中最大众化的形式"。但是，马克思并不是把黄金的审美属性归结为它的自然属性。他指出，金银的自然属性"使它们成为满足奢侈、装饰、华丽、炫耀等需要的天然材料，总之，成为剩余和财富的积极形式"。②马克思把黄金的审美属性同它们作为"剩余和财富的积极形式"联系起来，即同一定的社会关系联系起来。马克思的论述表明，"贵金属之成为审美知觉的对象，不是由于它们作为自然对象的属性，而是因为它们是一种非常复杂的社会关系的天然的承担者"③。

　　几千年来闪光的黄金之所以能够成为审美对象，起决定作用的不是闪光，而是黄金的社会性方面。普列汉诺夫的研究也证明了这一点。在某些民族那里，完全没有光泽的一块铁，也会由于它的使用价值的同样的特点而给人带来如黄金一样的审美享受。这种享受并不是建立在色彩和线条的变化上，而是建立在满足纯自然需要以外的一些需要的评价上。

　　色彩这种自然属性能够成为审美属性，与它们的社会内容有关。斯托洛维奇在《现实中和艺术中的审美》一书（1959）中指出，颜色之所以具有审美意义，是因为它"在一定的关系中表现某种社会—人的内容"④。李泽厚在《〈新美学〉的根本问题在哪里？》一文（1959）中引用了车尔尼雪夫斯基关于色彩的看法："赤色是血的颜色，……它有刺激性，同时也是可怕的；绿色是植物的颜色，丰茂草地的颜色，叶满繁枝的颜色——它使人想起植物界的宁静而茂盛的生活。……我们所以喜爱或是厌恶一种颜色，主要是视乎它是健康

---

① 　《马克思恩格斯全集》第46卷上册，人民出版社1979年版，第117页。

② 　《马克思恩格斯全集》第13卷，人民出版社1962年版，第145页。

③ 　汉斯·科赫：《马克思主义和美学》，佟景韩译，漓江出版社1985年版，第180页。

④ 　斯托洛维奇：《现实中和艺术中的审美》，凌继尧、金亚娜译，生活·读书·新知三联书店1985年版，第55页。

的、旺盛的生活的颜色呢，还是病态和心情紊乱的颜色。……我们喜爱鲜明的、纯净的色调，因为健康的脸色就是鲜明的、纯净的颜色；晦暗的脸色是病态的颜色，因为不洁的、混浊的颜色一般地是不愉快的。"李泽厚评论这段引文时说："车尔尼雪夫斯基把颜色光线的美丑与人的生活联系起来研究，从而发现了颜色、光线的美中也有生活的内容。"[1]

对于车尔尼雪夫斯基的这段话，普列汉诺夫在《没有地址的信》一书中也有过评论，我们认为他的评论更准确、更科学，更符合美的客观社会性的观点。他首先问道：车尔尼雪夫斯基说的"我们"指的是谁呢？他认为车尔尼雪夫斯基说得太笼统。普列汉诺夫以历史事实材料为基础，十分令人信服地论述了绿叶以及花卉的其他颜色，在一定的历史发展阶段人们对它们根本无动于衷。那时候，叶子的绿色，乃至整个植物界，都在人们的审美视野之外。这一历史时期的人们，用过动物界的各种东西来装饰自己，却没有用过植物包括花卉做装饰。他们相当出色地画过人和动物，但是从来不画植物。因为当时的原始民族以狩猎为主，还没有完成向农业生活的过渡。

随着向农业生活的过渡，出现了用花做的装饰，在图画中出现了花的形象。植物和绿叶才成为审美知觉的对象。黄金的色彩问题也是如此。黄金在人类社会实践中发挥作用之前，它的色彩不可能成为审美知觉的对象，犹如绿叶在狩猎社会不可能成为审美对象一样。

三、审美范畴

在20世纪50年代到60年代初，审美范畴还很少得到研究。虽然出现了许多关于个别审美范畴——关于美、喜、悲——的论文，但是，关于各个范畴相互之间的关系的问题还没有一篇文章加以阐述。

苏联美学界关于审美范畴的讨论主要围绕两个问题进行：审美范畴和美的

---

[1] 李泽厚：《美学论集》，上海文艺出版社1980年版，第133—134页。

范畴有什么不同？其他审美范畴究竟是美的变体，抑或与美在地位上相等同？

美的范畴和其他审美范畴的逻辑联系怎样？这也是自然派美学家所面临的问题。自然派美学家如德米特里耶娃，把和谐说成是美的本质，那么丑，作为美的对立物，可以说是和谐的否定。然而，如果悲、喜、崇高等也算是审美范畴的话，又该如何用自然派的美论加以解释呢？德米特里耶娃在《论美》一书（1960）中把美宣称为中心的审美范畴，而对其他审美范畴则只字未提。

波斯彼洛夫通常只承认三种基本的审美范畴：美、不美和丑（当然还有介乎三者之间的等级）。至于崇高和卑下、悲和喜，他认为不是由美和丑派生出来的，和美、丑在内容上没有联系，它们是人们社会生活的内容本身的本质特点，是由社会生活历史地产生的关系和矛盾造成的。它们实质上并非审美范畴，而是艺术理论范畴。

包列夫是这段时期中唯一写过几本论述审美范畴的专著的美学家。他在这方面的著作有《论喜》（1957）、《美学范畴》（1959）、《基本的审美范畴》（1960）、《论悲》（1961）。他以社会派的美论来解释其他审美范畴，他在《基本的审美范畴》一书中写道："在美的事物中，人们由于充分掌握对象、由于善于使自己的行动同对象的内在尺度相协调而得到一种审美乐趣；在崇高的事物中，人们则由于在掌握对象（它对社会生活有着不同凡响的积极意义）时，呈现在他们面前的几乎是无限的可能性和宏伟的远景而得到一种审美乐趣——这就是美与崇高的差别。"[①]不过，在美和其他审美范畴的关系上，包列夫的观点有些含混。一方面，他反对各种审美范畴是美的不同变体的观点；另一方面，他又主张这些审美范畴由于共同依赖于美而紧密地相联系。为了解释这种矛盾，他指出："审美范畴像辩证法范畴一样，应该是活动的、灵活的、内在联系的，否则，它们就不能够掌握和真实地反映世界。"[②]同包列夫相比，斯托洛维奇则提供了分析审美范畴的清晰的原则。

---

① 包列夫：《基本的审美范畴》，莫斯科1960年版，第140页。

② 包列夫：《基本的审美范畴》，莫斯科1960年版，第101页。

在《论现实的审美特性》一文（1956）中，斯托洛维奇坚持运用他的理论去探求各种审美范畴之间的一致性。他论述了美、丑、崇高、卑下、悲、喜等六种主要的审美范畴，认为各种各样的审美范畴的统一性在于，它们"都是直接或间接地肯定美的"①。"如果一种现象能促进社会的进步，有助于揭示人的力量和才能，那么从审美上来看，它就是美的。相反地，凡是妨碍社会的发展，压制和窒息人的能力的东西，从审美的观念来看便是丑的。"②这样，丑是对美的间接肯定。

在《现实中和艺术中的审美》一书（1959）中，斯托洛维奇进一步阐述了他在《论现实的审美特性》一文中关于审美范畴的观点，该书单独设了一章《审美属性的多样性和统一性》。斯托洛维奇指出，崇高和卑下分别是美和丑的形式之一。崇高的特点在于内容的深邃和宏伟。崇高表示的审美属性，其内容就力量和丰富性而言是那样宏伟，对它的知觉使人高出常人。崇高的审美属性还能够存在于外部不美的形式之中。

悲同美一样，取决于现象与历史发展规律的关系。死亡和痛苦本身是一种还不具有审美意义的恐怖，而只有当这种恐怖作为社会发展的一定规律的表现时，它才能够成为审美属性"悲"。喜的内容同其他任何审美属性的内容一样，具有社会性。现象中喜的审美属性反映该现象同历史发展的基本倾向、同现实关系的逻辑不适当，这显示出该现象没有内在的生命力。

这样，斯托洛维奇寻求出美和丑、悲和喜、崇高和卑下这些审美属性的统一性：现象的审美属性都表明该现象与历史发展的一定关系。美和丑、崇高和卑下、悲和喜的范畴是相互关联的。它们反映对立的但同时也是互相联系的审美属性。美是中心的审美范畴，如果在崇高和悲中，美得到直接的、不假中介的肯定，那么，在丑、卑下和喜中，美则得到间接的、中介的肯定。

李泽厚在《关于崇高与滑稽》一文（1959，当时未发表）中研究了审美

①　《学习译丛》编辑部编译：《美学与文艺论文集》，学习杂志社1957年版，第59页。

②　《学习译丛》编辑部编译：《美学与文艺论文集》，学习杂志社1957年版，第56—57页。

范畴。这篇文章的第一句话就是："在美学中，除了'美'之外，还有'崇高'、'悲'、'喜'（或滑稽）等重要范畴。"①这篇文章的题目虽然只提到崇高和喜，但是实际上这篇文章也阐述了丑和悲。李泽厚也把丑看作对美的间接的肯定："我们以为，丑作为美的对立物，它在现实生活和审美领域中，只应有消极的、否定的意义；它之所以与积极的肯定的审美对象发生密切联系，只是因为它作为美丑斗争之一个方面，成为有时间接表现美的本质的一种感性形式的原故。"②

李泽厚依据自己关于美的本质的观点，也从社会性方面解释崇高、悲和喜。"在崇高中，是最能显现出社会生活的本质过程的——实践对现实的艰巨斗争。"③"悲剧总必需在表面偶然的死亡、不幸和悲惨中，看出一种历史本质的必然，体现出社会生活实践中的严重斗争，体现出正义实践的暂时被否定而最终被肯定，体现历史的先进要求的必然失败而又必然不会失败这种种尖锐的矛盾和冲突。"④"滑稽具有的审美实质，就在于引起人们看到恶的渺小和空虚，意识到善的优越和胜利，也就是看到自己的斗争的优越和胜利，而引起美感愉快。"⑤

这些审美范畴之间是一种什么关系呢？李泽厚也把它们看成是以美为中心展开的关系："在我们看来，美学范畴是与美的本质紧相联系的，它们是美的本质的具体展开。对美的本质的不同哲学理解，自然会对诸美学范畴作不同或相反的解释。"⑥与同时代学者相比，斯托洛维奇和李泽厚对审美范畴的研究达到较高的理论深度。

---

① 李泽厚：《美学论集》，上海文艺出版社1980年版，第197页。
② 李泽厚：《美学论集》，上海文艺出版社1980年版，第200页。
③ 李泽厚：《美学论集》，上海文艺出版社1980年版，第205页。
④ 李泽厚：《美学论集》，上海文艺出版社1980年版，第216页。
⑤ 李泽厚：《美学论集》，上海文艺出版社1980年版，第222页。
⑥ 李泽厚：《美学论集》，上海文艺出版社1980年版，第198页。

第六章　马克思主义美学的哲学基础

　　卓有成就的美学家往往自觉坚持自己的美学理论所产生的哲学基础。整个美学史表明，美学思想的争论往往是哲学思想争论的折射。笼统地说，马克思主义美学的哲学基础是辩证唯物主义和历史唯物主义。但是，在一百多年的发展历程中，马克思主义美学在不同的时期对辩证唯物主义和历史唯物主义某个领域的倚重是不同的。

　　马克思主义美学的哲学基础经历了三种衍变：从基于马克思《〈政治经济学批判〉序言》中关于社会存在决定社会意识、经济基础决定上层建筑的历史唯物主义，到基于列宁《唯物主义和经验批判主义》的辩证唯物主义反映论，再到基于马克思《1844年经济学—哲学手稿》的社会实践的历史唯物主义。不同的哲学基础决定了马克思主义美学不同的品格和风貌。

第一节 基于马克思《〈政治经济学批判〉序言》的历史唯物主义

在马克思主义美学史上，美学的哲学基础问题首先是由普列汉诺夫提出来的。他在1899年就写道："我深信，从此以后，批评，更准确些说，科学的美学理论，只要依靠唯物史观，就能前进。"①他在另一处写道："总之必须把'历史的美学'建立在一个科学的社会史观上面。"②普列汉诺夫多次谈到自己的美学研究的哲学基础问题，表现出高度的理论自觉。他的美学的哲学基础是马克思《〈政治经济学批判〉序言》中的历史唯物主义。

一、普列汉诺夫在美学上的历史功绩

普列汉诺夫在美学上的历史功绩表现为：他在不知晓马克思对美学的相关论述的情况下，仅仅根据马克思哲学的基本原理，准确而深入地阐述了马克思主义美学理论，构建了我们沿用至今的马克思主义美学的话语体系；他的"五项因素公式"是重大的理论创新；他运用历史唯物主义方法，对一系列美学问题进行了开创性的、经典的研究。

1.普列汉诺夫所阐述的美学的哲学基础

普列汉诺夫是俄国第一个马克思主义者和第一个马克思主义美学家。1882年，普列汉诺夫（母亲是别林斯基的侄孙女）将《共产党宣言》翻译成俄文出版，这是他思想发展中的一个重要标志。他自己后来说道："我之成为马克

---

① 中国艺术研究院马克思主义文艺理论研究所外国文艺理论研究资料丛书编委会编：《回顾与反思——二、三十年代苏联美学思想》，盛同等译，中国人民大学出版社1988年版，译者前言第2页。

② 《普列汉诺夫哲学著作选集》第2卷，生活·读书·新知三联书店1961年版，第181页。

思主义者不是在1884年，而是在1882年。"①1883年他在日内瓦创立了俄国第一个马克思主义团体"劳动解放社"。他和该社的其他成员一起翻译了马克思、恩格斯的许多重要著作，把它们秘密运往俄国发行。这就为马克思主义在俄国的传播，为俄国马克思主义政党的筹建，为马克思主义在理论上和实践上的发展做了奠基工作。他的一系列著作被列宁称为"必读的共产主义教科书"，在马克思主义理论中占有重要地位。列宁对普列汉诺夫的《论一元论历史观的发展》（1894）做出高度评价，认为它"培养了整整一代俄国马克思主义者"②。普列汉诺夫逝世不久，1921年1月列宁曾指出："不研究——正是研究——普列汉诺夫所写的全部哲学著作，就不能成为一个自觉的、真正的共产主义者，因为这些著作是整个国际马克思主义文献中的优秀作品。"又说："我认为工人国家应当对哲学教授提出要求，要他们了解普列汉诺夫对马克思主义哲学的阐述，并且善于把这种知识传授给学生。"③

19世纪末20世纪初，马克思、恩格斯的学生和追随者如梅林、拉法格、卢森堡、普列汉诺夫等人开始从事马克思主义美学和艺术学的研究，其中普列汉诺夫的成就和影响最大。普列汉诺夫于1918年去世，他生前没有看到马克思有关艺术学的论著。马克思关于美学的论述大部分保存在手稿和私人信件中，长期不为人知，20世纪20年代中期苏联才开始发表马克思的档案材料。马克思的《1844年经济学—哲学手稿》、马克思和恩格斯合著的《德意志意识形态》发表于1932年，马克思和恩格斯分别就历史剧《弗兰茨·冯·济金根》致拉萨尔的信发表于1925年，恩格斯致恩斯特、敏娜·考茨基和哈克奈斯的三封著名的信在1931—1932年间问世。普列汉诺夫只是根据马克思主义的基本原理对艺术进行独立思考，提出了许多光辉论断。

直至20世纪20年代末期，人们还认为马克思没有系统的艺术理论，马克

---

① 　约夫楚克、库尔巴托娃：《普列汉诺夫传》，宋洪训、纪涛、谢梅馨等译，生活·读书·新知三联书店1980年版，第77页。

② 　《列宁全集》第19卷，人民出版社1989年版，第308页注①。

③ 　《列宁全集》第40卷，人民出版社1986年版，第292页。

思主义艺术学的奠基人是普列汉诺夫，而不是马克思。长期主管俄苏文化、教育、科学工作的卢那察尔斯基作于1929至1930年间的报告《作为艺术学家和文学批评家的普列汉诺夫》（发表于苏联《文学评论》杂志1935年第7期，第21—26页）指出："可以毫不夸张地说，马克思主义艺术学的基础恰恰是由普列汉诺夫奠定的。的确，在马克思和恩格斯的著作里，只有为数不多的零星见解，因为他们并不曾有过怎样把辩证唯物主义的各项基本原则用于艺术领域的打算。"这种观点在当时相当普遍。

弗里契曾经说过："马克思留给我们的，除了历史唯物主义的一般概念外，只有一些片断，而恩格斯则根本不研究艺术问题。"[①]1925年杰斯尼茨基选编的《艺术和文学学习指南》一书共辑录了马克思主义理论家79段有关文艺问题的论述，其中选自马克思恩格斯著作的只有20段，在全书288页中仅占20页，其余均选自普列汉诺夫、考茨基和梅林等人的论述。

普列汉诺夫关于美学的许多光辉论断，是根据马克思关于社会存在和社会意识、经济基础与上层建筑等基本问题的论述进行独立思考和具体运用的结果。而社会存在决定社会意识的历史唯物主义原理，正是普列汉诺夫阐述的马克思主义美学的哲学基础。弗里德连杰尔赞同普列汉诺夫的观点，指出马克思主义美学的基本问题和对基本问题的科学解答，应建立在马克思表述的"物质生活的生产方式制约着整个社会生活、政治生活和精神生活的过程"这个历史唯物主义原理上，这个原理"对于马克思主义艺术观和美学观，也有决定性的意义"。[②]普列汉诺夫构建了马克思主义美学的话语体系，包括一整套术语和概念，如上层建筑、经济基础、意识形态、社会心理、倾向性、作用和反作用、立场、制约、历史唯物论、历史发展的辩证法、历史批评、哲学批评等。

历史唯物主义的基本原理在马克思、恩格斯1845到1846年所写的《德意志

---

① 弗里契：《艺术学问题》，莫斯科1931年版，第5页，转引自吴元迈：《俄苏文学及文论研究》，中国社会科学出版社2014年版，第211页。

② 弗里德连杰尔：《马克思恩格斯和文学问题》，郭值京、雪原、程代熙等译，上海译文出版社1984年版，第94页。

意识形态》中已基本成形，马克思、恩格斯在这本书中指出："人们为了能够'创造历史'，必须能够生活。但是为了生活，首先就需要衣、食、住以及其他东西。因此第一个历史活动就是生产满足这些需要的资料，即生产物质生活本身。"①这就是说，作为人类"第一个历史活动"的物质生产劳动，即物质生活资料的生产和再生产，是人类社会生存和发展的基本条件。没有这个基本条件，人类社会就不能生存和发展，也不会有人类的其余一切活动，包括艺术活动。

关于历史唯物主义的经典表述，则见诸《〈政治经济学批判〉序言》。1859年《政治经济学批判》问世，它是马克思政治经济学研究的第一个成果，为《资本论》的写作做了准备，是马克思政治经济学理论发展到重要阶段的一个标志。在《序言》（1903年由第二国际领导人考茨基发表）中，马克思写道："人们在自己生活的社会生产中发生一定的、必然的、不以他们的意志为转移的关系，即同他们的物质生产力的一定发展阶段相适合的生产关系。这些生产关系的总和构成社会的经济结构，即有法律的和政治的上层建筑竖立其上并有一定的社会意识形式与之相适应的现实基础。物质生活的生产方式制约着整个社会生活、政治生活和精神生活的过程。不是人们的意识决定人们的存在，相反，是人们的社会存在决定人们的意识。……随着经济基础的变更，全部庞大的上层建筑也或慢或快地发生变革。"②接着，马克思指出意识形态的形式包括法律的、宗教的、艺术的或哲学的意识形态的形式。③

唯物史观是马克思提出的一种崭新的历史观，恩格斯指出这是马克思一生两个最重大的发现之一。恩格斯在《在马克思墓前的讲话》中曾经说过一段十分经典的话："正象达尔文发现有机界的发展规律一样，马克思发现了人类历史的发展规律，即历来为繁茂芜杂的意识形态所掩盖着的一个简单事实：人们首先必须吃、喝、住、穿，然后才能从事政治、科学、艺术、宗教等等；所

①　《马克思恩格斯选集》第1卷，人民出版社1972年版，第32页。
②　《马克思恩格斯选集》第2卷，人民出版社1995年版，第32—33页。
③　《马克思恩格斯选集》第2卷，人民出版社1995年版，第33页。

以，直接的物质的生活资料的生产，因而一个民族或一个时代的一定的经济发展阶段，便构成为基础，人们的国家制度、法的观点、艺术以至宗教观念，就是从这个基础上发展起来的，因而，也必须由这个基础来解释，而不是象过去那样做得相反。"①

对于社会生活发展的根本原因，普列汉诺夫坚持了马克思主义的基本观点，明确地指出："现在应该承认生产力的发展是人类历史运动的终极的和最一般的原因，人类社会关系方面的历次变迁都是由生产力的发展决定的。除这种一般原因外，发生作用的还有一些特殊原因，即某个民族的生产力发展赖以进行的历史环境，但这种历史环境本身归根到底又是由其他民族的生产力发展，即同一个一般原因造成的。"②普列汉诺夫坚持以唯物史观研究艺术，他写道："在这里我毫不含糊地说，我对于艺术，就象对于一切社会现象一样，是从唯物史观的观点来观察的。"③

马克思关于"物质生活的生产方式制约着整个社会生活、政治生活和精神生活的过程"的原理，被恩格斯说成是"不仅对于经济学，而且对于一切历史科学（凡不是自然科学的科学都是历史科学）都是一个具有革命意义的发现"④。按照马克思的观点，如果把人类社会生活比作一座大厦，那么生产关系的总和构成它的基础，政治、法律、宗教、哲学、文艺等社会意识形态以及与之相适应的国家、政党、制度等设施和组织，是竖立其上的上层建筑。上层建筑有它的相对独立性，但归根到底是由经济基础所决定的。

从历史唯物主义的观点来看，人们的审美观念和审美趣味，以及文学艺术，与整个"精神生活的过程"一样，都是社会的现实经济基础的观念的上层建筑。普列汉诺夫在阐释经济基础和上层建筑学说的过程中，对艺术这种上层

---

① 《马克思恩格斯选集》第3卷，人民出版社1972年版，第574页。
② 普列汉诺夫：《论个人在历史上的作用问题》，生活·读书·新知三联书店1961年版，第37页。
③ 《普列汉诺夫美学论文集》，曹葆华译，人民出版社1983年版，第309页。
④ 《马克思恩格斯选集》第2卷，人民出版社1995年版，第38页。

建筑多有论及。他指出，艺术作为社会的观念上层建筑，和其他观念上层建筑一样，都是受社会的物质生活条件所制约的精神现象；在整个观念上层建筑中，艺术又属于所谓"高级的意识形态"[①]，用恩格斯的话来说，即属于那部分"更高的即更远离物质经济基础的意识形态"[②]。艺术和宗教、哲学一样，都需要通过其他中间环节与经济基础发生关系。

鲁迅称普列汉诺夫"是用马克思主义的锄锹，掘通了文艺领域的第一个"[③]，他所"遗留的含有方法和成果的著作，却不只作为后人研究的对象，也不愧称为建立马克斯主义艺术理论，社会学底美学的古典底文献的了"[④]。鲁迅在1928年7月22日致韦素园的信中说："以史底惟物论批评文艺的书，我也曾看了一点，以为那是极直捷爽快的，有许多昧暧难解的问题，都可说明。"[⑤]

普列汉诺夫关于马克思主义美学的哲学基础的论述，对中国美学和文艺学产生了巨大的影响。在20世纪50年代以后，美学研究最重要的课题，也是文艺学第一原理，即艺术的本质，被确定为意识形态，只是随着认识的深入，在意识形态前面加了修饰性的限定词语："艺术是一种意识形态"，然后为"艺术是以形象反映现实的意识形态"，最后为"艺术是审美意识形态"。

2. "五项因素公式"

我国研究普列汉诺夫美学的学者如李泽厚、童庆炳、冯宪光、楼昔勇等都一致称赞普列汉诺夫提出的"五项因素公式"是一个重大的理论创新。

俄国最早谈论历史唯物主义基本问题——经济基础和上层建筑及意识形

---

① 普列汉诺夫：《论一元论历史观之发展》，博古译，生活·读书·新知三联书店1961年版，第150页。

② 《马克思恩格斯选集》第4卷，人民出版社1972年版，第249页。

③ 《鲁迅全集》第10卷，人民文学出版社2005年版，第347页。

④ 《鲁迅全集》第4卷，人民文学出版社2005年版，第267页。

⑤ 《鲁迅全集》第12卷，人民文学出版社2005年版，第125页。

态关系的，是普列汉诺夫。他在1892年出版的著作《唯物主义史论丛》中，提出这两者之间的联系不是直接的，而是存在"一系列环节"："一定程度的生产力的发展；由这个程度所决定的人们在社会生产过程中的相互关系；这些人的关系所表现的一种社会形式；与这种社会形式相适应的一定的精神状况和道德状况；与这种状况所产生的那些能力、趣味和倾向相一致的宗教、哲学、文学、艺术——我们不愿意说，这个'公式'是无所不包的——还离得很远！——，但是我们觉得它有无可争辩的优点，觉得它更好地表现了存在于不同的'一系列环节'之间的因果关系。"[1]后来，他在1907年出版的《马克思主义的基本问题》一书里，又把这个公式归为"五个环节"，即"五项因素公式"。他说：

　　如果我们想简短地说明一下马克思和恩格斯对于现在很有名的"基础"对同样有名的"上层建筑"的关系的见解，那末我们就可以得到下面一下东西：

　　（一）生产力的状况；

　　（二）被生产力所制约的经济关系；

　　（三）在一定的经济"基础"上生长起来的社会政治制度；

　　（四）一部分由经济直接所决定的，一部分由生长在经济上的全部社会政治制度所决定的社会中的人的心理；

　　（五）反映这种心理特性的各种思想体系。[2]

艺术作为一种社会意识形态，它与经济、政治之间的关系，需要通过社会

---

　　① 《普列汉诺夫哲学著作选集》第2卷，生活·读书·新知三联书店1961年版，第186—187页。

　　② 《普列汉诺夫哲学著作选集》第3卷，生活·读书·新知三联书店1962年版，第195—196页。

心理沟通。所谓社会心理，指"'人的精神'，人的感情和观念"①，"一定时间、一定国家的一定社会阶级的主要情感和思想状况"②，或者是"一切习惯、道德、感觉、观点、意图和理想"③，等等。

在这项因素中，第一和第二项因素就是社会的经济基础，第三项因素是上层建筑中的政治制度，第五项因素就是社会意识形态，而第四项因素是"社会中的人的心理"，后来简称"社会心理"。"社会心理"成为沟通经济基础与上层建筑以及上层建筑各部门之间的中介环节。艺术作为上层建筑的社会意识形态，它的内容反映了"社会心理"，而且通过"社会心理"来反映决定这些心理的经济和"生长在经济上的全部社会制度"。普列汉诺夫在马克思的社会结构理论中，添加了一个环节——"社会心理"，弥合了整个社会结构，这是非常深刻的见解。

普列汉诺夫的"五项因素公式"与马克思的论述完全一致，都强调生产力是社会发展的最后动因，经济是基础，意识形态或思想体系最终都是由经济基础决定的。所不同的是，普列汉诺夫在经济基础和思想体系中间，加了一个"社会心理"。普列汉诺夫认为思想体系是"心理特征"的反映，与思想体系直接发生联系的是社会心理，而往往不是经济状况。

他在肯定社会的生产力是最后的动因的理论前提下，十分强调社会心理对文学艺术的直接的巨大的决定作用。他说："在一定时期的艺术作品中和文学趣味中表现着社会的心理。"④"任何一个民族的艺术都是由它的心理所决定的；它的心理是由它的境况所造成的，而它的境况归根到底是受它的生产力状况和它的生产关系制约的。"⑤"要了解某一国家的科学思想史或艺术史，

---

① 《普列汉诺夫哲学著作选集》第2卷，生活·读书·新知三联书店1961年版，第186页。
② 《普列汉诺夫哲学著作选集》第2卷，生活·读书·新知三联书店1961年版，第272—273页。
③ 《普列汉诺夫哲学著作选集》第1卷，生活·读书·新知三联书店1959年版，第715页。
④ 《普列汉诺夫美学论文集》，曹葆华译，人民出版社1983年版，第482页。
⑤ 《普列汉诺夫哲学著作选集》第5卷，生活·读书·新知三联书店1984年版，第350页。

只知道它的经济是不够的。必须知道任何从经济进而研究社会心理；对于社会心理若没有精细的研究与了解，思想体系的历史的唯物主义解释根本就不可能。"① "因此社会心理学异常重要。甚至在法律和政治制度的历史中都必须估计到它，而在文学、艺术、哲学等学科的历史中，如果没有它，就一步也动不得。"②

普列汉诺夫反对直接从经济学命题引出艺术命题的庸俗唯物主义倾向，他写道："通常人们硬说，代替了黑格尔及其信徒们的辩证唯心主义的辩证唯物主义的拥护者们具有这个思想：人民意识一切方面的发展是在'经济因素'的唯一影响下进行的。没有比这样解释他们的观点更错误的了，因为他们说的完全是另外一回事。他们说，文学、艺术、哲学等等表现着社会心理，而社会心理的性质是由构成该社会的人们所处的那些相互关系的特性决定的。这些关系归根到底依存于社会生产力的发展程度。"③

"五项因素公式"把马克思的社会结构公式具体化、系统化了。马克思的公式把社会结构分为三个方面，即生产力、经济基础和上层建筑，普列汉诺夫则把三个方面具体化为五个层面，即生产力、经济关系、政治制度、社会心理和思想体系。"而且这个公式把人类社会的五个因素放在'等级序列'中，构成一种层次关系，最基层的动因是马克思所强调的生产力，然后一层决定一层，使社会的结构形成了一个有规律可循的有机的系统。"④

普列汉诺夫把马克思的意识形态分为两种形态，一种是社会心理，一种是思想体系，突出社会心理这一项的"中介"作用，这是很有见地、很有意义的。"社会心理这一'中间环节'概念的提出，为我们有效地解释包括文学艺

① 《普列汉诺夫哲学著作选集》第2卷，生活·读书·新知三联书店1961年版，第272页。
② 《普列汉诺夫哲学著作选集》第2卷，生活·读书·新知三联书店1961年版，第273页。
③ 《普列汉诺夫美学论文集》，曹葆华译，人民出版社1983年版，第245页。
④ 童庆炳、程正民、李春青等：《马克思与现代美学》，高等教育出版社2001年版，第98页。

术在内的意识形态问题，开辟了一条新的道路。"①"这对马克思的社会结构学说是一个创造性的发挥，这一贡献是引人瞩目的。"②当然，普列汉诺夫在强调社会心理对文学艺术等意识形态的重要性的同时，又反复说明社会心理不是"第二本原"，它仍然受社会的经济关系的制约，"任何一定的社会心理都是由社会关系决定的"③"是社会关系的结果"④

普列汉诺夫分析了许多文学艺术的实例来说明他的观点。雨果、德拉克洛瓦和柏辽兹虽然都是19世纪的法国艺术家，但是他们的职业不同，雨果是作家，德拉克洛瓦是画家，柏辽兹是音乐家，雨果不喜欢音乐，德拉克洛瓦也轻视浪漫主义音乐家。可是在他们的作品中，却都反映了共同的心理特征。德拉克洛瓦的绘画《但丁和维吉尔在地狱里》中所表现出来的情绪，与雨果的《欧那尼》和柏辽兹的《幻想交响曲》所表现的一样。因此，人们照样称呼他们为浪漫主义三雄。普列汉诺夫认为，对于这一复杂现象，"只有我们把法兰西浪漫主义的心理看做处在一定社会条件和历史条件下的一定阶级的心理的时候，我们才能了解它，这是丝毫没有怀疑的"⑤。普列汉诺夫称赞巴尔扎克是最深刻意义上的现实主义者，"对于解释和他同时代的社会各阶级的心理已做了许多"⑥，因而巴尔扎克的作品是研究复辟时期和路易·菲利普时期的法国社会心理不可缺少的史料。关于福楼拜，他也这样写道："他的作品中所描写的人物，对于任何从事社会心理现象的科学研究的人们说来，具有绝对必须研究的'文献'的意义。"⑦

---

① 童庆炳、程正民、李春青等：《马克思与现代美学》，高等教育出版社2001年版，第98页。

② 童庆炳、程正民、李春青等：《马克思与现代美学》，高等教育出版社2001年版，第99页。

③ 普列汉诺夫：《论西欧文学》，吕荧译，人民文学出版社1957年版，第41页。

④ 《普列汉诺夫哲学著作选集》第2卷，生活·读书·新知三联书店1961年版，第273页。

⑤ 《普列汉诺夫哲学著作选集》第3卷，生活·读书·新知三联书店1962年版，第197页。

⑥ 《普列汉诺夫哲学著作选集》第1卷，生活·读书·新知三联书店1959年版，第760页。

⑦ 《普列汉诺夫美学论文集》，曹葆华译，人民出版社1983年版，第843页。

普列汉诺夫的《从社会学观点论十八世纪法国戏剧文学和法国绘画》（1905），是运用社会心理学说来分析文学艺术的代表作。在中世纪法国舞台占重要地位的是所谓的闹剧，闹剧是为人民写作的，而且是给人民演出的，总是表现人民的观点、人民的愿望。但是从路易十三朝开始，闹剧趋于衰落。1625年悲剧出现了，代替了闹剧。悲剧是贵族的创作，表现着上层等级的观点、趣味和愿望。在悲剧产生于法国的时代，贵族完全是不从事劳动的。社会生产过程、在劳动基础上产生的社会关系与悲剧没有任何直接的关系。新西兰人在自己的若干歌曲里歌颂种植甘薯，他们的歌曲往往伴有舞蹈，这种舞蹈再现了农民在种植甘薯时所做的动作。这表明了他们的生产活动影响了他们的艺术。这是不是说，法国的悲剧不受社会的经济发展制约呢？当然不是，因为社会之所以划分为阶级，是因为其本身就是被社会的经济发展制约的。只是社会关系与悲剧之间的因果联系不那么容易被发现，它们之间形成了一些中间性的东西。

在法国古典主义悲剧中三一律十分有名。早在文艺复兴时期，在法国就已经有三一律。然而只是在17世纪，它才成为悲剧的规律，成为美好趣味的不容置疑的规则。三一律引起激烈的争论，为三一律辩护的人们取得了彻底而又持久的胜利。他们的胜利应当归功于什么呢？"在这里获得胜利的其实是随着'高贵而又仁慈的君主政体'的巩固而成长起来的贵族趣味的精巧细致。"三一律使得有教养的人们心神向往，因为它可以精确地模仿现实，能够引起适当的幻想。实际上，戏剧技术的发展，"使得对现实的精确的模仿，即使不遵守三一律，也是完全可能的"。"但是三一律的观念在观众的头脑中是和其他许多他们认为珍贵而又重要的观念联结在一起的，因而三一律的理论具有了仿佛是独立的价值，这种价值是以那些似乎不容争辩的美好趣味的要求为根据的。"[1]由于这种社会心理，三一律甚至获得了那些仇视贵族的人的拥护。

李泽厚在《关于当前美学问题的争论》一文（《学术月刊》1957年第10

---

[1] 《普列汉诺夫美学论文集》，曹葆华译，人民出版社1983年版，第471—472页。

期）利用普列汉诺夫历史唯物主义的社会心理理论，分析了唐代各个时期的士大夫不同的精神面貌、心理状况在诗歌中的反映。李泽厚指出，初唐时代是《春江花月夜》那样的轻快舒畅，盛唐是"醉卧沙场君莫笑，古来征战几人回""莫愁前路无知己，天下谁人不识君"那样豪迈开朗、朝气蓬勃的声音，这时候的典型诗人是李白、杜甫，士大夫知识分子对社会生活、功名事业有着强烈的憧憬和追求，爱情诗在这里还不占什么地位。但是，经过"世事茫茫难自料，春愁黯黯独成眠"的萧瑟的中唐以后，士大夫也就日益走向官能的享乐和山林的隐逸。这时的典型艺术情调就是险奇晦艳的李贺、李商隐，是"十年一觉扬州梦，赢得青楼薄幸名""如今却忆江南乐，当时年少春衫薄"的杜牧和韦庄。这大概是中国学者运用社会心理理论分析艺术现象的最初尝试，李泽厚在以后的《美的历程》一书中深化和拓展了这种分析。这些分析表明："决不是'上层建筑'的一切部分都是直接从经济基础中成长起来的：艺术同经济基础只是间接地发生关系的。"①

1893年，恩格斯晚年在答谢梅林赠送的著作《莱辛传奇》的信中写道："这就是说，我们最初是把重点放在从作为基础的经济事实中探索出政治观念、法权观念和其他思想观念以及由这些观念所制约的行动，而当时是应当这样做的。但是我们这样做的时候为了内容而忽略了形式方面，即这些观念是由什么样的方式和方法产生的。"②恩格斯在晚年也说过："要知道在理论方面还有很多工作需要做，特别是在经济史问题方面，以及它和政治史、法律史、宗教史、文学史和一般文化史的关系这些问题方面，只有清晰的理论分析才能在错综复杂的事实中指明正确的道路。"③

恩格斯在1890年10月27日致康·施米特的著名书信里，把"宗教、哲学等等"，称为"那些更高地悬浮于空中的思想领域"。④普列汉诺夫的"五项因

---

① 《普列汉诺夫哲学著作选集》第2卷，生活·读书·新知三联书店1961年版，第322页。
② 《马克思恩格斯选集》第4卷，人民出版社1972年版，第500页。
③ 《马克思恩格斯全集》第37卷，人民出版社1971年版，第283页。
④ 《马克思恩格斯选集》第4卷，人民出版社1972年版，第484页。

素公式"明确地把文学艺术看作恩格斯所说的思想领域的一部分。"普列汉诺夫论文学艺术与社会心理的关系,既坚持了历史唯物主义的客观性原则,同时又提出了社会心理这一中介概念,丰富了马克思的公式,为文学理论的建设做出了巨大的贡献。"①

3. 对一系列美学问题的开创性研究

普列汉诺夫运用历史唯物主义方法,对一系列美学问题进行了开创性的研究。卢那察尔斯基(1875—1933)在十月革命胜利后,担任教育人民委员会的人民委员(部长)的职务长达十二年之久,全面领导全国的教育、科学和文化事务。1929年改任苏联中央执行委员会下属学术委员会的主席,1930年当选苏联科学院院士,1931年任俄罗斯文学研究院院长,著作被译成72种文字。卢那察尔斯基十分尊重普列汉诺夫在马克思主义美学和艺术学发展史上的地位,他在《作为批评家的普列汉诺夫》一文(1930)中说,"正是普列汉诺夫奠定了马克思主义艺术学的基础"。

卢那察尔斯基对普列汉诺夫的美学思想作过系统研究,他指出普列汉诺夫美学思想的形成过程中,"当时经过了三条非常重要的道路"。第一条道路是通过研究黑格尔的美学思想理解和阐述了马克思主义的美学理论,并且把它同19世纪俄国革命民主主义美学理论联系起来,"对于黑格尔的批判的改造,与批判地改造我们最进步和最民主的文学批评(和一般美学)原理的任务,熔合而为一"。这就是首先从理论上把握马克思主义美学的原理。"普列汉诺夫走过的第二条道路,是仔细地研究文化发展的发源地和与这里有关的人种学资料。同时普列汉诺夫从达尔文那里采用了具有一般生物学性质的可以说前美学现象的资料,然后注意这些现象在我们所知道的人类文化最早阶段是如何发生折射的。""最后,普列汉诺夫走过的第三条道路,是具体地研究个别在他看

---

① 童庆炳、程正民、李春青等:《马克思与现代美学》,高等教育出版社2001年版,第105页。

来是最重要的转变时代在艺术上的反映，用它们来检验和证明马克思主义的研究方法的力量。普列汉诺夫用这种方法得能确定对最重要的艺术问题的基本态度。他能够使得对艺术史，尤其是文学史个别时期的解释，达到出色的完美。"①普列汉诺夫这方面的著作有《没有地址的信》（1899—1900），《别林斯基的文学观点》（1897），《无产阶级运动与资产阶级艺术》（1905），《艺术与社会生活》（1912—1913），等等。

　　普列汉诺夫在《没有地址的信》中对原始艺术和艺术起源的研究常常为人称道。马克思在《〈政治经济学批判〉序言》里阐述的从抽象上升到具体的辩证方法为各门学说（其中包括美学和文艺学）奠定了科学方法论的基础。马克思说：

　　　　从抽象上升到具体的方法，只是思维用来掌握具体并把它当做一个精神上的具体再现出来的方式。

　　　　具体之所以具体，因为它是许多规定的综合，因而是多样性的统一。因此它在思维中表现为综合的过程，表现为结果，而不是表现为起点。

　　　　抽象的规定在思维行程中导致具体的再现。②

　　冯宪光在《马克思美学的现代阐释》一书（四川教育出版社2002年版）中指出，普列汉诺夫在《没有地址的信》中，出色地采用了马克思关于从抽象上升到具体的研究方法。社会存在决定社会意识，这是一种抽象。普列汉诺夫为这种抽象找到大量的具体的说明，他仔细地研究文化发展的发源地和与发源地有关的人种志资料，同时从达尔文那里采用了具有一般生物学性质的资料，生

---

　　①　卢那察尔斯基：《关于艺术的对话》，吴谷鹰译，生活·读书·新知三联书店1991年版，第305—306页。

　　②　《马克思恩格斯选集》第2卷，人民出版社1972年版，第103页。

动地复现了人类艺术起源的历史存在，从抽象上升到具体，从而使《没有地址的信》成为一部美学经典著作。

普列汉诺夫在《没有地址的信》中举的一些例子以及对这些例子的阐释非常著名。例如，在原始社会的狩猎民族中，人们经常把野兽身上的皮、角、骨、爪等物，取来作为装饰品佩在自己身上。"在这种场合下，当然不能认为，野兽的皮、爪和牙齿最初之为红种人所喜欢，单单是由于这些东西所特有的色彩和线条的组合。不，更可能得多的倒是相反的假设，即是，这些东西最初只是作为勇敢、灵巧和有力的标记而佩带的，只是到了后来，也正是由于它们是勇敢、灵巧和有力的标记，所以开始引起审美的感觉，归入装饰品的范围。由此可见，'在野蛮人那里'审美的感觉不仅同复杂的观念'能够联系在一起'，而且有时候正是在这些观念的影响下产生出来的。"① "联想和复杂观念归根到底是由一定社会的生产力状况和它的经济所制约和创造的。"②

后来很流行的一些美学观点来自普列汉诺夫，如使用价值先于审美价值，功利观点先于审美观点，在人类之前没有美，美感有直觉性和直接性的特点等。普列汉诺夫写道："那些为原始民族用来作装饰品的东西，最初被认为是有用的，或者是一种表明这些装饰品的所有者拥有一些对于部落有益的品质的标记，而只是后来才开始显得是美丽的。使用价值是先于审美价值的。"③ "从历史上说，以有意识的功利观点来看待事物，往往是先于以审美的观点来看待事物的。"④ "不是人为了美而存在，而是美为了人而存在。"⑤ "功利是凭借理智来认识的；美是凭借直觉能力来认识的。" "审美的享受的主要特点是它的直接性。"⑥

---

① 《普列汉诺夫哲学著作选集》第5卷，生活·读书·新知三联书店1984年版，第314—315页。

② 《普列汉诺夫哲学著作选集》第5卷，生活·读书·新知三联书店1984年版，第317页。

③ 《普列汉诺夫哲学著作选集》第5卷，生活·读书·新知三联书店1984年版，第427页。

④ 《普列汉诺夫哲学著作选集》第5卷，生活·读书·新知三联书店1984年版，第410页。

⑤ 《普列汉诺夫哲学著作选集》第5卷，生活·读书·新知三联书店1984年版，第498页。

⑥ 《普列汉诺夫美学论文集》，曹葆华译，人民出版社1983年版，第497页。

普列汉诺夫以原始艺术的丰富材料为例证，令人信服地证明了美的判断、美的趣味与实用、善的观念的不可分割的统一性，证明了艺术和美感的社会本质，鲁迅特别赞赏他的这一杰出的美学思想。在20世纪30年代初，鲁迅就从日译本转译过《没有地址的信》，书名改为《艺术论》，鲁迅为该书作了序言。《艺术论》和序言收入《鲁迅全集》的多个版本中。在1948年出版的《鲁迅全集》第7个版本（"鲁迅全集出版社"本）中，《艺术论》和序言收入第17卷。在序言中鲁迅写道："蒲力汗诺夫之所究明，是社会人之看事物和现象，最初是从功利底观点的，到后来才移到审美底观点去。在一切人类所以为美的东西，就是于他有用——于为了生存而和自然以及别的社会人生的斗争上有着意义的东西。功用由理性而被认识，但美则凭直感底能力而被认识。享乐着美的时候，虽然几乎并不想到功用，但可由科学底分析而被发见。所以美底享乐的特殊性，即在那直接性，然而美底愉乐的根柢里，倘不伏着功用，那事物也就不见得美了。并非人为美而存在，乃是美为人而存在的。——这结论，便是蒲力汗诺夫将唯心史观者所深恶痛绝的社会、种族、阶级的功利主义底见解，引入艺术里去了。"[1]

马克思阐述过艺术和经济发展不平衡的规律：艺术的繁荣时代不是与社会的一般发展相适应的，因而也不是与社会的物质基础相适应的。有的研究者指出，普列汉诺夫并不知道马克思的这一著名论断，但他做出了类似的概括，认为"现代民族尽管有了智力上的一切成就，但却没有产生一部可以超过《伊利亚特》和《奥德赛》的诗歌作品"[2]。他在1909年写道："实际上，人类历史运动是这样的一个过程，在这个过程中，一个方面的成就不仅不以这个过程的其他一切方面的按比例发展的成就作为前提，而且有时还直接造成其他某些方面的落后或甚至衰落。例如，西欧经济生活的巨大发展，决定了生产者阶级和社会财富占有者阶级之间的相互关系，它在19世纪下半期导致了资产阶级以及

---

[1] 《鲁迅全集》第17卷，鲁迅全集出版社1948年版，第19页。

[2] 《普列汉诺夫美学论文集》，曹葆华译，人民出版社1983年版，第345页。

表现这个阶级的道德概念和社会意图的一切艺术和科学的精神堕落。"①

　　普列汉诺夫《没有地址的信》受到普遍的好评和肯定，苏联社会派美学家经常引用这部著作。然而自然派美学家如波斯彼洛夫对这部著作表示了强烈的不满。

　　普列汉诺夫曾经写道："大家知道，动物的皮、爪和牙齿在原始民族的装饰中起着非常重要的作用。这种作用怎样解释呢？用这些东西的色彩和线条的组合来解释吗？不，这里问题在于，譬如，野蛮人在使用虎的皮、爪和牙齿或是野牛的皮和角来装饰自己的时候，他是在暗示自己的灵巧和有力，因为谁战胜了灵巧的东西，谁自己就是灵巧的人，谁战胜了力大的东西，谁自己就是有力的人。"②野兽的皮、爪和牙齿"最初只是作为勇敢、灵巧和有力的标记而佩带的，只是到了后来，也正是由于它们是勇敢、灵巧和有力的标记，所以开始引起审美的感觉，归入装饰品的范围"。"由此可见，'在野蛮人那里'审美的感觉不仅同复杂的观念'能够联系在一起'，而且有时候正是在这些观念的影响下产生出来的。"③

　　波斯彼洛夫指出，在这些论述中，普列汉诺夫没有把原始狩猎社会的"审美感觉"和"联想观念"清晰地区分开来。打死老虎的猎人用虎的皮、爪和牙齿装饰自己，当然会引起自己同伴的喜悦、称许，甚至赞叹。这些感情也当然以联想为基础，由虎的皮、爪想到猎人的勇敢、力量和灵巧。然而，这是称许和赞叹道德感情，而不是审美感觉。"野蛮人"也可以产生审美感觉，如果他们知觉虎的皮、爪的"色彩和线条的组合"的话。不过，猎人的同伴不仅会喜欢虎的皮、爪的"色彩和线条的组合"，而且会首先喜欢表现了灵巧、勇敢和力量的猎人的身躯、姿态和动作中"色彩和线条的组合"。这是一个完整的审美知觉，它由处在复杂联系和相互作用中的各种审美感觉所组成。而普列汉诺夫把审美知觉问题撇在一边，把某物所引起的道德感情称作审美感情。积极的

---

① 《普列汉诺夫哲学著作选集》第4卷，生活·读书·新知三联书店1974年版，第374页。
② 《普列汉诺夫美学论文集》，曹葆华译，人民出版社1983年版，第314页。
③ 《普列汉诺夫美学论文集》，曹葆华译，人民出版社1983年版，第315页。

道德评价无须改变自己的本质，随着时间的推移就成为审美感觉，而引起这些感觉的物成为装饰品，因而是美的。但是，这是怎样发生的，道德感觉是如何变成审美感觉的？对此普列汉诺夫未加解释。

波斯彼洛夫谈到，普列汉诺夫主观主义地理解的美很容易转向其观点的反面，他在《没有地址的信》中所举的下一个例子就表明了这一点。"大家知道，非洲许多部落的妇女在手上和脚上戴着铁环。""因为戴上这些东西，在她自己和别人看来都显得是美的。"铁在他们那里是贵重的金属。"贵重的东西显得是美的，因为同它一起联想起来的是富的观念。比方说，把二十磅的铁环戴在身上的丁卡部落妇女，在自己和别人看来，较之仅仅戴着两磅重的铁环的时候，即较为贫穷的时候，显得更美。很明显，这里问题不在于环子的美，而在于同它一起联想起来的富的观念。"[①]这样，对戴铁环的妇女的欣赏，就不是对环子美的欣赏，更不是对妇女本身美的欣赏，而是对富有的欣赏。这种伪审美联想不仅存在于非洲民族，而且存在于欧洲民族，存在于小资产阶级小市民阶层中。

波斯彼洛夫推测，普列汉诺夫大概感到运用主观审美联想的原则不可能发展艺术起源的理论，于是在第2、3封信中试图以完全不同的方法来解决同一个问题。

他使原始艺术与游戏相接近，不过，他把游戏理论理解为培训人从事劳动的练习。但是这种尝试未能取得成效。于是，普列汉诺夫停止发表以《没有地址的信》作为总标题的其他各封信。

二、20世纪中国美学、文艺学与西方的两次错位

20世纪80年代以前，西方美学和文艺理论主要在"语言—艺术"的框架内研究艺术，重视艺术自身内部规律的研究，即"自律"的研究。同时期中国美

---

① 《普列汉诺夫美学论文集》，曹葆华译，人民出版社1983年版，第315—316页。

学和文艺理论主要在"社会—艺术"的框架内研究艺术，重视艺术的外部因素的研究，即"他律"的研究。20世纪80年代以后，西方美学和文艺理论从自律的研究转入他律的研究，而中国美学和文艺理论则坚决地"向内转"，从他律的研究转入自律的研究。

20世纪中国美学和文艺理论与西方美学和文艺理论的两次错位，表明中国美学和文艺理论在接受外国艺术理论时，不是被动的，而是根据自身的需要，经历了对外国艺术理论的疏离和选择、偏振和重塑。以及滞后的再选择的过程。

1. 疏离和选择

20世纪初，俄苏产生了两种研究旨趣根本对立的但都在世界上产生重大影响的美学和文艺理论流派：（1）马克思主义美学和文艺理论流派；（2）俄国形式主义。

马克思主义美学和文艺理论流派的主要代表人物有普列汉诺夫、卢那察尔斯基等。普列汉诺夫主张艺术是一种受社会存在和经济基础制约的意识形态，提出艺术本质意识形态论，在"社会—艺术"的框架内研究艺术，主要从事艺术的他律研究。马克思主义美学和文艺理论研究的重点是文学与现实生活、文学与政治、文学与经济基础的关系，是文艺与它本身之外的种种事物的关系。

普列汉诺夫的一系列著作以具体材料表明了社会对艺术发展的决定性作用，"社会和艺术"的题目成为普列汉诺夫美学研究的核心题目。那时候的马克思主义美学甚至被称为艺术社会学。普列汉诺夫在"社会和艺术"的框架内研究艺术的模式，在马克思主义美学史上产生了深远的影响。鲁迅在1928年7月22日致韦素园的信中说，要更多地介绍马克思主义的"以史底惟物论批评文艺的书"，是个非常迫切的问题，这些书是"极直捷爽快的，有许多昧暧难解的问题，都可说明"。[①]该流派在"社会和艺术"的框架内研究艺术，取得了

---

① 《鲁迅全集》第12卷，人民文学出版社2005年版，第125页。

很大的成就，然而它的不足之处是：重视艺术的他律研究，忽视艺术的自律研究。在普列汉诺夫的理论中，存在着在艺术作品中寻求社会学等价物的观念，从而忽视了艺术发展的内在规律。

俄国形式主义在莫斯科语言学小组（成立于1915年）和彼得格勒诗歌语言研究会（成立于1916年）的基础上形成，主要代表人物有什克洛夫斯基、艾亨鲍姆等。在《散文理论》的前言中，什克洛夫斯基开宗明义地表达了自己的研究侧重："在文学理论中我从事的是其内部规律的研究。如以工厂生产来类比的话，则我关心的不是世界棉布市场的形势，不是各托拉斯的政策，而是棉纱的标号及其纺织方法。所以，本书全部都是研究文学形式的变化问题。"[1]在这里，什克洛夫斯基明确地提出了研究文学的"内部规律"的主张，而他所说的"内部规律"，显然就是文学的形式及其变化。

在这两种美学和文艺理论流派中，西方美学和文艺理论毫无保留地选择了俄国形式主义。俄国形式主义成为20世纪西方文艺理论的源头。俄国形式主义学派的一些人在俄国国内受到批判后，很快转移到捷克，形成有名的布拉格学派。在俄国形式主义和布拉格学派的基础上前行的是法国结构主义和英美新批评，而现象学文艺理论、接受美学、解构主义、后现代主义等都有俄国形式主义的影子。荷兰学者佛克马写道："欧洲各种新流派的文学理论中，几乎每一流派都从这一'形式主义'传统中得到启示，都在强调俄国形式主义传统中的不同趋向，并竭力把自己对它的解释，说成是唯一正确的看法。"[2]第二次世界大战后，德国文论家卡西尔的《语言艺术》（1948）和法国结构主义者托多罗夫的一些著述，都明显地受到了俄苏形式学派的影响，特别是后者，还是一位俄苏形式理论的译介者、阐释者和《文学理论·俄国形式主义者的文本》一书（1968）的编者。

20世纪西方美学和文艺理论像哲学一样，发生了语言学转向，而这种转向

①　什克洛夫斯基：《散文理论》，百花洲文艺出版社1994年版（1997年重印），第3页。

②　佛克马、易布思：《二十世纪文学理论》，林书武、陈圣生、施燕等译，生活·读书·新知三联书店1988年版，第13—14页。

的肇始也来源于俄国形式主义。英国学者伊格尔顿在《文学原理引论》的作者序中说："倘若人们想确定本世纪文学理论发生重大转折的日期，最好把这个日期定在1917年。在那一年，年轻的俄国形式学派理论家维克多·谢洛夫斯基发表了开创性的论文《作为技巧的艺术》。"①

形式主义向哲学美学宣战，向"艺术的观念形态"宣战，主张艺术非意识形态化，反对从社会学、哲学的角度来理解艺术的内容。它的这种倾向得到西方学者的喝彩。美国学者韦勒克和沃伦的《文学理论》指出："特别精彩的还有俄国的形式主义者"及其捷克和波兰的追随者们的研究方法。"这些方法给文学作品的研究带来了新的活力，对此我们仅仅开始有了正确的认识和足够的分析。"②

与西方美学和文艺理论相反，当时中国美学和文艺理论疏离了俄国形式主义对文艺的自律研究，而选择了文艺的他律研究。在20世纪80年代以前，我国介绍和研究俄国形式主义的文献只有两种：1936年11月在南京出版的《中苏文化》第1卷第6期刊登的《苏联文艺上形式主义论战特辑》，它直接引用了俄国文献；钱锺书在20世纪40年代的《谈艺录》一书中多次提到俄国形式主义，不过，他所援引的资料来自西方。这两种介绍和研究在当时没有产生什么影响。

文艺研究的自律和他律，在我国最早是由王国维提出来的："故《桃花扇》之解脱，他律的也；而《红楼梦》之解脱，自律的也。"③《桃花扇》写的是故国之戚，不是纯粹描写人生，所以是"政治的""历史的""国民的"，是属于所谓"他律"。《红楼梦》描写了人生的痛苦与解脱，所以是"自律"的。王国维在20世纪初就标举文艺的独立性，强调文艺自身的价值，而不以政治评价为转移。

就当时中国文艺理论界而言，我国创造社成员大都到过国外，接触了外国

---

① 伊格尔顿：《文学原理引论》，文化艺术出版社1987年版，作者序第1页。
② 韦勒克、沃伦：《文学理论》，刘象愚、邢培明、陈圣生译，生活·读书·新知三联书店1984年版，第146页。
③ 周锡山编校：《王国维文学美学论著集》，北岳文艺出版社1987年版，第10页。

的浪漫主义和现代派文艺思潮，强调创作是自我的内心表现，赞同文艺自律的一面。其他从欧美留学回国的文艺理论家如梁实秋，也主张文艺的独立性，反对文艺成为阶级斗争的工具。然而，我国当时学术界的主要力量并没有继承和发扬王国维所倡导的文艺研究的自律论，而是接受了文艺研究的他律论。这种情况是怎样发生的呢？

原来，"1930年代初前后六七年间，文学理论派别众多，论争频繁，但看起来其中最有活力的是马克思主义文学理论派别，到1930年代至1940年代初，在文学界逐渐发展成为主力"[1]。左翼批评家之中不少人是革命家兼批评家，在他们看来，搞政治与搞文学就是一回事，文学就是革命斗争的一翼。他们与俄苏的马克思主义文艺理论的他律研究一拍即合。而艺术的他律研究一经传入我国，立即产生巨大的影响，这种影响一直延续到20世纪80年代。

2. 滞后的再选择

长期以来，我国文艺理论一直坚持文艺的意识形态本质论，认为文艺与其他意识形态如哲学在反映现实的内容上是相同的，它们之间的区别只在于反映现实的形式。进入新时期以来，我国文艺理论开始寻求文艺独特的本质，普遍接受了文艺的审美本质的观点。与这种趋势相吻合，很多人把目光从文艺的外部研究转向内部研究。当时文艺界有一个很重要的带倾向性的现象，即所谓的"向内转"。创作实践上的"向内转"，是从以往更注重再现外在现实，转而更注重表现内心世界。所谓"题材的心灵化、语言的情绪化、主题的繁复化、情节的淡化"等创作精神的"内向化"表现，构成了文学创作最富当代性的色彩。[2]文艺理论"向内转"，是摒弃文艺的外部研究，而专注文艺的内部研究。

在这种情况下，俄国形式主义引起了我国学者的浓厚兴趣，它连同英美

---

① 钱中文、刘方喜、吴子林：《自律与他律——中国现当代文学论争中的一些理论问题》，北京大学出版社2005年版，第66页。

② 鲁枢元：《论新时期文学的"向内转"》，《文艺报》1986年10月18日。

新批评、法国结构主义等文艺理论流派的著作，成为越来越多的中国当代文艺理论家的案头书。西方形式本体论的"形式即内容""形式自身即目的"成为中国20世纪80年代后期的形式本体论的参照和摹本。耐人寻味的是，时隔七十年，俄国形式主义终于在我国得到认可，经历了从被疏离到被接受的过程，并获得高度的评价，而在苏联本土，它早已成为明日黄花。而令人惊讶的是，我国对俄国形式主义的介绍和接受，最早并不是来自近邻苏联，俄国形式主义是不远万里绕道欧美转运来到我国的。这确实是外国美学和文艺理论接受中一个滞后的再选择。

在我国美学界和文艺理论界开始重视文艺的内部规律研究的情况下，有些研究者极端排斥文艺的外部研究，认为这是一种落后的、保守的研究方法。然而他们经常援引的美国后现代理论家詹姆逊却强调经济基础对文艺的决定性作用，詹姆逊提出早期资本主义时期流行的是文艺现实主义，垄断资本主义时期相应地流行的是现代主义，跨国资本主义时期流行的是后现代主义，不仅是经济，还有信息技术也对文艺起着决定作用。詹姆逊的观点在西方具有普遍性，正当我国文艺理论向内转的时候，西方文艺理论反其道而行之，出现了向外转的趋势。中国文艺理论再一次与西方文艺理论发生了错位。J. 希利斯·米勒在《重申解构主义》一书（中国社会科学出版社1998年版）中指出，1979年以来，文艺研究的中心发生了重大转移，从文艺的"内部研究"转向"外部研究"，从囿于"阅读"的兴趣转向各种各样的阐释形式，具体表现就是研究的重心从单纯的修辞学研究转向文艺在心理学、历史学或社会学语境中的地位的研究，从研究语言的本质与能力转向研究语言与自然、历史、自我之间的关系。

为什么西方文艺理论会从内部研究转向外部研究呢？这是社会历史条件的变化造成的。在大众文化、消费社会、商品经济、市场体制的背景下，"审美文化打破了以往那种自律排他的封闭状态，向广阔的文化领域渗透和扩张，从而取消了以往在分类学意义上加在审美和艺术身上的各种界定、限制和分工，使得审美与社会、历史、哲学、伦理、宗教、政治、经济、科技、新闻、法律等等的界限统统趋于消解，审美文化对于日常生活的全面侵入使得‘日常生活审美化’成为必然”①。正是在这一语境中，文艺理论向外转蔚然成风。

偏重文艺的内部研究还是偏重文艺的外部研究，在20世纪以前的西方文艺理论中也有过争论。18世纪的文艺理论首先是关于文艺内部规律的科学。19世纪的文艺理论坚决拒绝把文艺作品看作具有独立意义的某种东西。这种理论在本文中寻求精神的表现——历史、时代或者外在于作品的某种实体的表现。既然外在于本文的某种实体被看作活生生的和无限的，而作品本身是它的不完全合身的衣服，是无限的有限形象，那么，读者和研究者的任务是穿透本文，到达处在本文后面的实体。在这种观点看来，本文与外在现实（无论世界精神的发展，抑或社会力量的斗争）的关系，具有决定意义。

文艺的内部研究和外部研究都取得了很大的成绩，同时也有一定的局限。我们认为，应该把文艺的内部研究和外部研究结合起来，弥补这两个理论流派之间的鸿沟，这是文艺理论研究的一场革命。

第二节　基于列宁《唯物主义和经验批判主义》的反映论

列宁从1908年4月开始撰写《唯物主义和经验批判主义》，并于次年5月出版。这本书和《哲学笔记》集中体现了能动的唯物主义反映论的鲜明特色，在认识论领域把马克思主义推到了历史的新高度。列宁的《唯物主义和经验批判主义》这部重要的哲学著作中论述的反映论是研究美学的理论基础。卢卡奇在1934年的一篇文章里高度评价列宁的《唯物主义和经验批判主义》，说它的意义远远超过了列宁对马赫的唯心主义的批判。

---

① 姚文放：《从形式主义到历史主义：晚近文学理论"向外转"的深层机理探究》，北京大学出版社2017年版，第14页。

一、《唯物主义和经验批判主义》的价值

《唯物主义和经验批判主义》一书在马克思主义哲学史上具有崇高的地位和极其重大的价值。马克思主义哲学研究者对它做了大量的、逐句逐字的研究，研究著作不计其数。

列宁在《唯物主义和经验批判主义》一书所回答的是20世纪初居于首要地位的时代课题。当时，俄国的经验主义者在彼得堡结集出版的《马克思主义哲学概论》一书，继承马赫主义的衣钵，宣扬"我们的知觉是我们唯一的对象""世界仅仅是由我的感觉构成的""感性表象也就是存在于我们之外的现实"等等唯心主义哲学观点。马赫是奥地利物理学家，经验批判主义的创始人。他利用自然科学提供的最新材料，用折中主义的手腕，努力调和唯物主义与唯心主义之间的对立，声称哲学的任务就是"批评地了解经验"，而把经验解释为"感觉的综合"。俄国的波格丹诺夫鼓吹马赫的经验批判主义，宣称"信仰外部世界的真实性就是神秘主义"。

20世纪初，列宁面临一个迫切的任务：将唯物主义反映论的原则彻底应用于文学艺术。波格丹诺夫认为艺术不过是阶级的主观"经验"的系统化，而考茨基把艺术看作现成的思想的动人的表现形式，列宁则表明，任何真正的艺术创作不仅具有主观内容，而且具有更加广泛更加重要的客观内容，它是人民群众的生活、状况和历史命运的一定方面的深刻反映。

清算经验批判主义的错误思潮，击退马赫主义及其变种经验批判主义对马克思主义的进攻，总结自马克思、恩格斯逝世以来自然科学与社会科学所获得的最新成果，这些是列宁撰写《唯物主义和经验批判主义》深刻的社会历史目的。列宁反复批判了以"物是感觉的复合"为基础的哲学体系，强调现实存在是人的感觉和意识产生的源泉。在19世纪马克思、恩格斯生活的年代和20世纪初列宁生活的时代，马克思主义哲学面临着不同的任务。马克思、恩格斯特别注意的不是唯物主义认识论，而是唯物主义历史观。但是，在20世纪初，马克思主义理论最重要的任务是捍卫和宣传认识论领域的唯物主义。在美学领域，

应当特别注意艺术认识论问题，特别注意用马克思主义反映论的观点去分析艺术创作。马克思的《〈政治经济学批判〉序言》属于历史唯物主义，而列宁的《唯物主义和经验批判主义》属于辩证唯物主义的认识论。列宁研究的领域和马克思有所区别，列宁说："马克思和恩格斯……所特别注意的是使唯物主义向上发展，也就是说，他们所特别注意的不是唯物主义认识论，而是唯物主义历史观。"①

《唯物主义和经验批判主义》一书彻底清算了马赫主义的唯心主义哲学，创造性地发展了马克思主义认识论，提出了辩证唯物主义的能动的反映论。列宁写道："对象、物、物体是在我们之外、不依赖于我们而存在着的，我们的感觉是外部世界的映象。这个结论是由一切人在生动的人类实践中作出来的，唯物主义自觉地把这个结论作为自己认识论的基础。与此相反的马赫的理论（物体是感觉的复合）是可鄙的唯心主义胡说。"②在《唯物主义和经验批判主义》一书中，列宁把艺术同其他认识形式放在一起探讨。认识无穷多样的自然现象和社会现象是一个统一的过程，尽管各种认识形式各具特色，但都服从于统一的认识规律。

列宁的反映论是唯物论的反映论。在列宁看来，人的意识、认识以及知觉和表象，都是现实生活的反映。他指出："我们的感觉、我们的意识只是外部世界的映象；不言而喻，没有被反映者，就不能有反映，但是被反映者是不依赖于反映者而存在的。"③从这一基本观点出发，他又进一步指出："生活、实践的观点，应该是认识论的首要的和基本的观点。"④

把实践观点引入认识论，是列宁反映论的一大特色。列宁的反映论继承并发展了马克思的实践观点，他强调"实践高于（理论的）认识，因为实践不仅

---

① 列宁：《唯物主义和经验批判主义》，载《列宁论文学与艺术》，人民文学出版社1983年版，第24—25页。

② 《列宁选集》第2卷，人民出版社2012年版，第78页。

③ 《列宁选集》第2卷，人民出版社2012年版，第66页。

④ 《列宁选集》第2卷，人民出版社2012年版，第103页。

有普遍性的优点，并且有直接的现实性的优点"①。生活实践是检验反映的真伪的唯一标准，评价艺术作品的真实程度不能脱离生活实践。列宁提出生活实践的观点是认识论的首要和基本的观点，是对认识论的重要发展，也是反映论的重要组成部分。

只承认认识源于生活，还不是辩证唯物论的反映论，辩证唯物论和机械唯物论的重要区别在于是否承认主体在反映过程中的能动作用。列宁的反映论不仅强调反映客体是认识的源泉，也强调反映主体的能动性和创造性，列宁在强调认识是现实生活的反映时，十分重视反映主体的能动作用。他指出："反映可能是对被反映者的近似正确的复写，可是如果说它们是同一的，那就荒谬了。"②

同时，列宁的反映论特别重视在反映过程中主客体的相互关系和相互作用，主客体辩证统一的关系。列宁关于反映过程中主客体关系的观点主要体现在下面这两段论述之中："自然界在人的思想中的反映，要理解为不是'僵死的'，不是'抽象的'，不是没有运动的，不是没有矛盾的，而是处在运动的永恒过程中，处在矛盾的发生和解决的永恒过程中。"③"智慧（人的）对待个别事物，对个别事物的复制（＝概念），不是简单的、直接的、照镜子那样死板的行为，而是复杂的、二重化的、曲折的、有可能使幻想脱离生活的行为。"④

二、反映论作为美学的哲学基础

《唯物主义和经验批判主义》一书虽然1909年就出版了，然而反映论作为美学的哲学基础是远在20世纪30年代的事。

---

① 《列宁全集》第38卷，人民出版社1959年版，第230页。
② 《列宁选集》第2卷，人民出版社2012年版，第219页。
③ 《列宁全集》第55卷，人民出版社1990年版，第165页。
④ 《列宁全集》第55卷，人民出版社1990年版，第317页。

在20世纪10—20年代，普列汉诺夫一直被视为马克思主义美学的奠基人。而列宁关于文艺问题的言论尚未得到整理和研究，没有引起应有的重视。20年代列宁的文艺论著无人问津。在20年代苏联出版的几本马克思主义文艺论文选里，没有一篇列宁论文艺的论文。苏联对列宁文艺思想的重视是从30年代开始的，1929—1930年苏联出版了《列宁文集》第9卷和第12卷，首次刊载了列宁的《哲学笔记》，推动了文艺界对列宁的反映论和辩证法同文艺的关系问题的研究。1932年出版了列宁致高尔基的书信集。1938年出版了里夫希茨选编的《列宁论文化艺术》一书。全书分三部分：第一部分是关于列宁主义的哲学基础以及列宁对现实主义和文化问题的论述；第二部分是关于资本主义社会的文化和艺术问题；第三部分是关于工人阶级在文化领域中的任务。该书对宣传和介绍列宁的文艺思想具有重要的意义。加上30年代初苏联哲学界批判了德波林等的"为普列汉诺夫的正统而斗争"的口号，"普列汉诺夫的正统"在苏联已不再被看作马克思主义美学和文艺学的标杆，而列宁的文艺思想开始被认为是马克思主义文艺思想发展的重要阶段的成果。

30年代对列宁文艺思想的研究首推卢那察尔斯基。1933年，为了纪念马克思逝世五十周年，卢那察尔斯基发表了《马克思论艺术》一文（载《共产主义学院公报》第2—3期）。他写道："我们注意到一般意识形态的作用已经为马克思很好地阐明，从而他的关于艺术的一切意见也就应该被珍视和被理解，并且应该结合他的观点的一切体系来加以应用，——我们应该说，他的那些意见的价值确是巨大的，而且为了使我们在恩格斯和列宁的著作中所发现的关于艺术问题的那些特别重要的补充材料自然联系起来，它是完全足够的；我们作为这些伟大人物的学生，已经有可能集体地、彼此互相检验着来进一步建立马克思列宁主义艺术学的大厦了。"[①]有的研究者在阐述卢那察尔斯基的文艺思想时，加了一个说明："卢那察尔斯基——列宁文艺思想的阐述者和宣传者。"

---

① 中国社会科学院外国文学研究所、《文艺理论译丛》编辑委员会编：《文艺理论译丛》第1期，中国文艺联合出版公司1983年版，第10页。

这是很贴切的。

在列宁文艺思想的研究中，卢那察尔斯基为《文学百科辞典》撰写的词条"列宁"（1932）和小册子《列宁与文艺学》（1934，载卢那察尔斯基《论文学》，第1—46页，人民文学出版社1978年版）不仅在时间上是最早的，而且在内容上较为系统全面，它们的问世标志着列宁文艺思想研究转折的开始。卢那察尔斯基在苏联首次系统阐发列宁的文艺思想，说明了列宁文艺思想的重要地位，阐述了反映论和两种文化学说的重大意义，揭示了研究列宁文艺思想的方法论问题，这些都对后来苏联列宁文艺思想的研究产生了深远影响。卢那察尔斯基写道："我们向列宁学习的那种方法，比普列汉诺夫的方法准确得多"，必须"在列宁的有关言论的烛照下重新检查普列汉诺夫的艺术学"。[①]卢那察尔斯基在谈到列宁的哲学著作和文艺学的关系时指出："由列宁论证过的马克思主义一般哲学原则，对于无产阶级科学的一个支脉的文艺学自然也有着奠基的意义。"[②]

文艺与现实关系问题是美学和文艺学最根本的问题，卢那察尔斯基指出了列宁的反映论和文艺学的关系："反映论所注意的，与其说是作家隶属的家系，不如说是他对社会变动的反映，与其说是作家主观上的依附性和他同某个社会环境的联系，不如说是他对于这种或那种历史局势的客观代表性。"[③]列宁的艺术反映论的提出对美学和文艺学产生过巨大影响。保加利亚托多尔·巴甫洛夫院士主持的由苏联和保加利亚两国学者共同编写的《列宁的反映论和当代》一书指出："离开或者反对辩证唯物主义的反映论，就不可能正确地提出，也不可能有效地解决人类创造的问题。"[④]法国作家罗曼·罗兰在《列

[①] 转引自卢那察尔斯基：《卢那察尔斯基论文学》，蒋路译，人民文学出版社1978年版（2016年重印），第584页。

[②] 卢那察尔斯基：《卢那察尔斯基论文学》，蒋路译，人民文学出版社1978年版（2016年重印），第5页。

[③] 卢那察尔斯基：《卢那察尔斯基论文学》，蒋路译，人民文学出版社1978年版（2016年重印），第6页。

[④] 转引自梅特钦科：《继往开来》，石田、白堤译，中国社会科学出版社1983年版，第25页。

宁：艺术和行动》一文中也指出列宁的反映论对文学创作的积极作用，他以赞美的口吻说："希望这也成为艺术的最高规律！"①

列宁自己也运用唯物主义反映论，对托尔斯泰引起的极其巨大而复杂的文学现象进行了精彩的研究，这些研究是反映论在艺术领域里的具体运用和进一步发展，成为文艺学的光辉典范，丰富了马克思主义文艺批评的宝库。在1908至1911年间，列宁先后撰写了7篇有关托尔斯泰的评论文章，而《列夫·托尔斯泰是俄国革命的镜子》这篇重要文章是列宁在1908年9月写的，同年同月他正在撰写《唯物主义和经验批判主义》这部全面阐述唯物主义反映论著作的序言。这一事实清楚地表明列宁在哲学和文艺领域同时坚定地捍卫着反映论。

客观现实是艺术的唯一源泉，艺术是客观现实的反映，艺术反映的客观现实不依赖于艺术家的意识和感觉而存在。列宁的这种观点在论托尔斯泰的论著中得到生动的体现和深刻的阐述。从反映论的基本观点出发，列宁认为托尔斯泰不是什么"人类的良心"，他的创作也不是主体精神的产物。在他看来，托尔斯泰的创作是同俄国现实生活密切联系的，托尔斯泰创作和思想的基本性质和基本矛盾是19世纪最后三十几年俄国实际生活所处的矛盾条件的表现。正是从这种唯物主义反映论出发，他得出托尔斯泰是"俄国革命的镜子"的著名论断。

列宁从俄国革命的性质和动力的角度对这个论断做了深刻的阐述。他说："它（俄国革命——引者注）之所以是资产阶级革命，是因为它的直接任务是推翻沙皇专制制度、沙皇君主政体和摧毁地主土地占有制，而不是推翻资产阶级的统治。""它之所以是农民资产阶级革命，是因为客观条件把改变农民基本生活条件的问题，把破坏旧的中世纪土地占有制的问题，把给资本主义'扫清基地'的问题提到了第一位，是因为客观条件把农民群众推上了多少带点独立性的历史行动的舞台。"②托尔斯泰的作品真实反映了俄国自1861年"农奴

---

① 转引自梅特钦科：《继往开来》，石田、白堤译，中国社会科学出版社1983年版，第31页。

② 列宁：《列宁论文学与艺术》，人民文学出版社1983年版，第211页。

制改革”至1905年俄国第一次革命前这个时代。这个时代的特征是：一方面俄国经济生活和政治生活中充满着农奴制度的痕迹和残余，另一方面资本主义在下层蓬勃生长，在上层得到积极培植。卢那察尔斯基赞扬列宁的论文《列夫·托尔斯泰是俄国革命的镜子》是运用反映论的"一个特别突出的范例"[1]认为列宁对托尔斯泰的看法"对于今后整个文艺学的道路有着巨大意义"[2]。

托尔斯泰并不了解俄国革命，甚至避开这场革命，他没有通过再现街垒鏖战来反映革命，他为什么能够成为俄国革命的镜子呢？列宁把托尔斯泰的作品称作"俄国革命的镜子"，绝不因为他认为反映是照镜子的行为，而是确定反映即使在初看起来根本不可能谈到的地方也存在着。托尔斯泰之所以反映了革命，是因为他的观点中的矛盾，是一面反映俄国农民在俄国革命中所处的各种状况和从事历史活动的镜子。

列宁在评价托尔斯泰的创作时，特别强调作为创作主体的作家的能动性和创造性，强调托尔斯泰特殊的世界观和艺术才能对创作的积极作用。他认为托尔斯泰能成为"俄国革命的镜子"，归根到底在于托尔斯泰创作个性的力量，在于托尔斯泰对现实独特的认识和独特的艺术表现才能。列宁强调指出："如果我们看到的是一位真正伟大的艺术家，那末他就一定会在自己的作品中至少反映出革命的某些本质的方面。"[3]

很多研究者充分肯定了反映论对美学研究的价值和意义。复旦大学中文系文艺理论教研室指出："列宁的以反映论为哲学基础的美学思想是非常丰富、非常深刻的，处处体现着唯物、辩证的思想光辉。"[4]还有人强调说："把文学艺术看成一定社会生活的反映，突出和强调了文艺与社会生活的联系，这在

---

① 卢那察尔斯基：《卢那察尔斯基论文学》，蒋路译，人民文学出版社1978年版（2016年重印），第6页。

② 卢那察尔斯基：《卢那察尔斯基论文学》，蒋路译，人民文学出版社1978年版（2016年重印），第30页。

③ 列宁：《列宁论文学与艺术》，人民文学出版社1983年版，第201页。

④ 复旦大学中文系文艺理论教研室编著：《马克思主义文艺理论发展史》（修订本），中国文联出版社2001年版，第169页。

美学史上是一个革命性的变革。"①

现实主义以反映论为基础，斯坦密尔斯在《二十世纪文学批评主潮》中说："现实主义是马克思主义美学的核心。""现实主义的美学原则在20世纪整个马克思主义范围内，得到了广泛发展。20世纪马克思主义文艺学的主潮可以说仍然是现实主义。这不能不归功于苏联模式的马克思主义文艺学的巨大影响。"②

美学研究把反映论作为哲学基础，取得了很大成绩，同时又有明显的偏颇和失误之处。在20世纪30—40年代苏联美学的偏颇和失误之处主要是把反映论绝对化，只看到艺术的认识论方面，片面抬高艺术的认识因素，把美学说成是认识论。在这种语境下，现实主义登上美学理论的前台，并被说成是艺术超历史的、永恒的特性。在"现实主义中心论"的倾向下，不承认艺术的其他流派如浪漫主义、古典主义等的美学价值。

从20世纪50年代下半期开始，苏联美学中的认识论绝对化倾向开始得到坚决的纠正和全面的克服。苏联美学认识到，艺术无疑认识现实，但同时也评价现实。因此，无论纯认识论分析，还是纯价值论分析，都不能理解艺术的本质。只有认识论和价值论的结合，才能理解艺术复杂的结构。而我国美学正是在苏联美学纠正反映论绝对化倾向后，开始把反映论奉为美学研究的唯一圭臬的。这是一个值得深思的文化影响和文化接受现象。

虽然20世纪50—60年代反映论成为中国美学的哲学基础，但是并不是像有的学者认为的那样，推崇反映论来源于"权威性舆论一律"，是"思维方法层面的强制性主潮"。实际上，在20世纪50年代我国已有美学家明确反对仅仅把反映论作为美学的哲学基础，这仍然属于正常的学术争论。1957年，朱光潜在《论美是客观与主观的统一》一文中就指出："我们看到的企图运用马克思主义去讨论美学的著作几乎毫无例外地都简单地不加分析地套用列宁的反映论，

---

① 冯宪光：《马克思美学的现代阐释》，四川教育出版社2002年版，第10—11页。
② 冯宪光：《马克思美学的现代阐释》，四川教育出版社2002年版，第13页。

而主要的经典根据都是列宁的《唯物主义与经验批判主义》一书。"①

在20世纪50—70年代，反映论成为对中国美学和文艺学影响最大的一种理论。在50—60年代的美学大讨论中，绝大多数美学家都把反映论作为美学的哲学基础，反映论甚至替代、涵盖了社会存在决定社会意识的历史唯物主义原理。我国美学把反映论作为哲学基础，显然受到苏联美学的影响。有人认为，反映论是1949—1979年风靡大陆的思维方法论。②一个典型的例证，我们在第四章《20世纪50—60年代的中苏美学大讨论》第三节《20世纪50—60年代中苏美学大讨论涉及的若干理论问题》第四小节《中国美学大讨论中朱光潜美学理论的前沿性和原创性》已经谈到：朱光潜提出美学的哲学基础不能仅有反映论，而且要有社会存在决定社会意识的历史唯物主义；结果遭到李泽厚的当头棒喝，他认为美学的哲学基础只要反映论就足够了。

马克思主义美学的哲学基础经历的第三种衍变，即基于马克思《1844年经济学—哲学手稿》的社会实践的历史唯物主义，我们在第三章《〈1844年经济学—哲学手稿〉的美学思想研究》中已经阐述。这里想指出的是，苏联美学发生这种衍变是在20世纪50年代中期，中国在美学大讨论中虽然有些美学家运用了《手稿》的观点来阐述美学问题，但是仍然在反映论的框架内进行。而发生哲学基础的衍变是在20世纪80年代中期。

---

① 《朱光潜全集》第5卷，安徽教育出版社1989年版，第62页。
② 夏中义：《反映论与钱钟书〈宋诗选注〉——辞别苏联理论模式的第三种方式》，《文艺研究》2016年第11期，第42页。

第七章　艺术本质审美意识形态说的学术史研究

　　艺术本质的审美意识形态论作为新时期以来对意识形态论的突破，已经为我国大多数文艺理论家所赞同。"审美意识形态论"被我国主流学术界称为文艺学的第一原理（童庆炳在《学术研究》2000年第1期上发表的论文题目就是《审美意识形态论作为文艺学的第一原理》，他在其他一系列文章中多次阐述了这个观点）。所谓第一原理，又称第一规定，它是艺术理论其他所有问题的根基，它规范着、制约着其他所有艺术理论问题研究的价值取向和基本路径。审美意识形态论之所以能够成为艺术学理论的第一原理，是因为它是一个整一的范畴，它在揭示艺术自身固有的特征方面有足够的涵盖力，能够同时揭示艺术的客体、主体和功能等方面的特征。

　　艺术本质的审美意识形态论被说成是新时期以来我国文艺理论研究所取得的重要成果。"'审美意识形态'理论的明确提出和系统完整阐明，是中国马克思主义文艺理论对20世纪马克思主义文艺理论的重要贡献，是20世纪马克思主义文艺理论中国化的重要成果。"[1]为了深入地了解百年来这个原理的形

---

　　[1]　程正民等：《20世纪俄国马克思主义文艺理论研究》，北京大学出版社2012年版，第11页。

成、诞生和发展的过程，我们对它做一番学术史考察。在进行这种考察时，我们特别关注它研究的问题、它的方法论的出发点以及它的理论水平。

在20世纪中，马克思主义美学对艺术本质做过三次重要的规定：艺术是一种意识形态，艺术是以形象反映现实的意识形态，艺术是审美的意识形态。这三种规定恰恰对应我们在第六章所阐述的马克思主义美学三种哲学基础的衍变：把艺术看作一种意识形态，基于马克思《〈政治经济学批判〉序言》中关于社会存在决定社会意识、经济基础决定上层建筑的历史唯物主义；把艺术看作以形象反映现实的意识形态，基于列宁《唯物主义和经验批判主义》的辩证唯物主义反映论；把艺术看作审美意识形态，基于马克思《1844年经济学—哲学手稿》的社会实践的历史唯物主义。

第一节　艺术是一种意识形态

在俄苏和我国长期产生重要影响的艺术本质的意识形态论，最早是由普列汉诺夫根据马克思主义的基本原理提出来的，这是哲学层面对艺术本质的规定。

一、哲学层面对艺术本质的规定

所谓哲学层面对艺术本质的规定，是指这种规定只注意到艺术与其他意识形态如哲学、宗教、法律等的共同性，而没有说明艺术区别于其他意识形态的特殊性。为什么会出现这种情况呢？

研究普列汉诺夫提出的艺术本质意识形态论，不能离开产生它的那些历史条件。我们要考虑到普列汉诺夫所生活的时代的现实特点，以及这个时代向他提出的现实任务。为了反击马赫主义、新康德主义以及德国社会民主党对艺术理论的影响，普列汉诺夫把主要的注意力放在如何将马克思的历史唯物主义基本原理运用于美学和艺术的问题上。"他们（梅林、普列汉诺夫、拉法格等——引者注）以马克思和恩格斯的基本思想为依据进行研究。但是，他们还没有把艺术反映的特殊对象和特殊形式问题摆在首要位置，而是把艺术的阶级性和艺术的社会作用等问题摆在首要地位。"①

普列汉诺夫根据马克思主义基本原理来阐述美学和艺术问题。1859年《政治经济学批判》的问世，是马克思政治经济学理论发展到重要阶段的一个标志。序言中，马克思对历史唯物主义的实质做了经典性的说明，指出"物质生活的生产方式制约着整个社会生活、政治生活和精神生活的过程"，"艺术"是一种"意识形态的形式"。②对于马克思主义基本原理，不能离开产生它的那些历史条件来研究，要考虑到马克思恩格斯所生活的时代的现实特点，以及这个时代在每一个具体情况下向他们提出的现实任务；要考虑到马克思主义的历史发展，以及马克思恩格斯所提出的每一个原理在马克思"总的观点和学说体系"中的具体地位。

马克思在同"德意志意识形态"的唯心主义进行斗争时，在自己的著作中首先予以强调的，通常不是使艺术跟其他社会意识形态区别开来的那些特征，而是艺术和其他社会意识形态的共同的、物质的制约性。相应地，艺术本质意识形态论也只注意到艺术与其他意识形态如哲学、宗教、法律等的共同性，而没有说明艺术区别于其他意识形态的特殊性。

马克思在中性的含义中使用意识形态的概念，但是，在艺术本质意识形态论的定义中，意识形态指阶级的意识形态。普列汉诺夫指出，笼统地讲艺术是生活的反映还不十分明确。为了了解艺术是如何反映生活的，就必须了解生活的机制，而阶级斗争恰恰构成了文明民族中这种生活的机制的"最重要的推动力之一"。"只有考察了这个推动力，只有注意了阶级斗争和研究了它的多种多样的变化，我们才能够稍微满意地弄清楚文明社会的'精神的'历史：'社

---

① 埃哈德·约翰：《马克思列宁主义美学诸问题》，朱章才译，云南教育出版社1999年版，第43页。

② 《马克思恩格斯选集》第2卷，人民出版社1972年版，第82—83页。

会思想的进程'本身反映着社会各个阶级和它们相互斗争的历史。"①艺术构成了文明社会"精神的历史"的一个重要组成部分，同样也反映了社会各阶级及其相互斗争的历史变化。

二、艺术本质意识形态论的影响

马克思关于文学艺术是意识形态之一、属于上层建筑并由经济基础决定的理论，在1919年就传入我国。1919年5月出版的《新青年》（6卷5号"马克思研究号"）就有译自《〈政治经济学批判〉序言》的话语："人类必须加入那于他们生活上必要的社会的生产，一定的，必然的，离于他们的意志而独立的关系，就是那适应他们物质的生产力一定的发展阶段的生产关系。此等生产关系的总和，构成社会的经济的构造——法制上及政治上所依以成立的，一定的社会的意识形态所适应的，真实基础，——物质的生活的生产方法，一般给社会的，政治的，及精神的生活过程，加上条件。不是人类的意识决定其存在，他们的社会的存在反是决定其意识的东西。"②1930年1月1日出版的《萌芽月刊》第1卷第1期上的《艺术形成之社会的前提条件》，是马克思《〈政治经济学批判〉序言》的内容更为丰富的节译。

艺术本质意识形态论一经普列汉诺夫确立，立即产生巨大的影响，并得到广泛传播。卢那察尔斯基写道："总括起来：一切艺术都是意识形态性的，它来源于强烈的感受，它使艺术家仿佛情不自禁地伸展开来，抓住别人的心灵，扩大自己对这些心灵的控制。"③20世纪30年代苏联出版的《文学百科全书》对文学的定义为：文学是"阶级意识形态"的特殊形式，它"通过形象表现阶级对现实的认识，完成阶级自我确证的任务"。④这个定义的错误之处在于，

---

① 《普列汉诺夫美学论文集》，曹葆华译，人民出版社1983年版，第496页。

② 李大钊：《我的马克思主义观（上）》，《新青年》第6卷第5号，第529页。

③ 卢那察尔斯基：《艺术及其最新形式》，郭家申译，百花文艺出版社1998年版，第309—310页。

④ 《文学百科全书》第6卷，莫斯科1932年版，第419页。

文学的内容不是来自外部世界，而是来自某种深层的阶级心理。每部艺术作品成为隐匿着某种阶级含义的信码。因此需要猜测这些信码，确定它们的社会学等价物。而根据列宁的反映论，人们的意识不仅仅是某种主观观点的心理学符号，它还提供客观世界的图景，反映外部现实。精神现象的阶级本质不取决于这些现象的主观色彩，而取决于其中所包含的对现实理解的深刻性和真实性。

关于文艺的本质，高尔基说：阶级社会的"文学是社会诸阶级和集团底意识形态——感情、意见、企图和希望——之形象化的表现。它是阶级关系底最敏感的最忠实的反映。"① 又说："作家是阶级底眼睛、耳朵和声音。作家也有由于没有意识到这一点而对此否认。但是，他往往不可避免地是阶级底器官和感官。"② 高尔基强调艺术的社会性质，他说："文学从来不是司汤达或列夫·托尔斯泰个人的事业，它永远是时代、国家、阶级的事业。"③

艺术本质意识形态论早就对我国产生了重要影响。周扬编的《马克思主义与文艺》一书，于1944年由延安解放社出版，这是我国文艺界在译介马克思主义艺术理论方面的一项具有重要意义的成果。书中选入了马克思、恩格斯、普列汉诺夫、列宁、斯大林、高尔基、鲁迅、毛泽东等人有关文学艺术的文章片段和相关言论。该书在延安出版后，大连大众书店（1946）、东安东北书店（1947）、香港谷雨社（1948）、中原新华书店（1949）等单位，陆续出了翻印本。该书第一辑的标题就是《意识形态的文艺》，在周扬的概念中，文艺当然是阶级的意识形态。

在20世纪50—70年代，我国几乎所有的美学和文艺学著作都坚持艺术本质的意识形态论。直到21世纪，仍然有人沿袭这种观点。艺术本质的意识形态论成为贯穿很多教科书的一条红线。我国70—80年代的一些文艺学教科书在基本观点、话语系统、论述方式等方面与苏联50年代的一些论著高度相似。

1961年中宣部主持召开的全国文科教材会议确定编写两本文学理论教材：

---

① 高尔基：《俄国文学史》序言，缪灵珠译，上海文艺出版社1959年版，第1页。

② 《高尔基论儿童文学》，以群、孟昌译，中国青年出版社1956年版，第30页。

③ 高尔基：《论文学》，孟昌、曹葆华、戈宝权译，人民文学出版社1978年版，第34页。

蔡仪主编的《文学概论》和以群主编的《文学的基本原理》。这两本教材具有很高的权威性，在社会上产生了广泛影响，特别是《文学的基本原理》印数庞大，它1963—1964年初版，1979年、1980年、1984年三次修订，在1988年2月时印数累计已达惊人的1818000册，到90年代末约已印刷了200万册。我们把这两本书的文学本质意识形态论的观点和苏联50年代的一些论文相比较。

苏联《哲学问题》1952年第6期发表了《论艺术在社会生活中的地位和作用》一文（中译载《学习译丛》编辑部编译的《苏联文学艺术论文集》，学习杂志社1954年版），这篇文章的第一段话是：

A.马克思主义认为艺术是一种社会现象，是以艺术形象反映现实的一种特殊的观念形态。艺术总是表现某一阶级的思想的。艺术过去和现在在社会生活和阶级斗争中都起着积极的作用。反动的艺术总是为衰朽的社会力量服务，而先进的艺术则总是代表进步的社会力量的利益并反对反动的社会制度、反动的思想、反动的艺术观点。[1]

B.文学是反映社会生活的特殊的意识形态。[2]
文学是一种社会现象，是一种社会意识形态。[3]
文学作品的表现某一阶级的立场、观点和要求，也就是要宣传这一阶级的立场、观点和要求，扩大这一阶级的思想影响，归根结底是为这一阶级的利益服务的。[4]

C.文学是一种社会意识形态。[5]

---

[1] 《学习译丛》编辑部编译：《苏联文学艺术论文集》，学习杂志社1954年版，第1页。
[2] 蔡仪主编：《文学概论》，人民文学出版社1979年版，第一章标题。
[3] 蔡仪主编：《文学概论》，人民文学出版社1979年版，第1页。
[4] 蔡仪主编：《文学概论》，人民文学出版社1979年版，第42页。
[5] 以群主编：《文学的基本原理》，上海文艺出版社1984年版，绪论第二节标题，第19页。

文学艺术同哲学、社会科学等其他部门一样，都是人类意识活动的产物，属于社会的精神现象。①

文学既然是社会生活在作家头脑中的反映的产物，它就会直接或间接地反映出社会生活中实际存在的阶级关系和阶级斗争，表现出作家的一定的思想倾向和阶级倾向。②

没落阶级的反动文学，也必定以各种方式成为反革命的总战线中的一翼。③

由于艺术是一种意识形态，它的内容和发展变化受到经济基础的制约："在各个不同时代，画家、作家、作曲家所创作的艺术形象、主人公、典型、性格各不相同，此种不同并不是由艺术的想像力来决定的，而首先是以不同的社会制度、不同的社会关系、不同的心理和生活，不同的习俗以及不同的社会经济制度来决定的。"④在这种原则的指导下，阐述了如下内容：古希腊艺术反映了当时的社会制度，中世纪的经济制度产生了禁欲主义的封建艺术，资本主义经济关系产生资产阶级艺术。"各个社会发展阶段的文学，它们的主要内容和性质都各不相同，这种不同是由各自的经济基础决定的。"⑤在这种原则的指导下，阐述了如下内容：原始社会的文学是原始社会生活的反映，奴隶社会的文学是奴隶制社会的产物，封建社会的文学是在封建社会基础上产生的，资本主义社会的文学根本上是由资本主义经济基础决定的。"作为社会意识形态之一的文学，是在一定的社会经济基础上形成和发展起来的，它的产生和发展归根到底是受着经济基础决定和制约的。"在这种原则的指导下，阐述了如

① 以群主编：《文学的基本原理》，上海文艺出版社1984年版，第20页。
② 以群主编：《文学的基本原理》，上海文艺出版社1984年版，第87页。
③ 以群主编：《文学的基本原理》，上海文艺出版社1984年版，第113页。
④ 《学习译丛》编辑部编译：《苏联文学艺术论文集》，学习杂志社1954年版，第11—12页。
⑤ 蔡仪主编：《文学概论》，人民文学出版社1979年版，第36—37页。

下内容："原始社会的文学，是人们在生产劳动的过程中，在与自然界作斗争的过程中产生和发展起来的。"欧洲"在奴隶制的基础上，产生了古希腊的史诗、戏剧和罗马帝国的文化"。在封建社会时，"古希腊、罗马的文化，为新的中世纪的封建教会文化所代替"。[①]在资本主义时代，欧洲爆发了反对中世纪封建文化的文艺复兴运动。

坚持艺术本质意识形态论，就会十分重视艺术的思想内容：

A.单独的思想内容或单独的艺术形式，都不能给我们提供真正的艺术。马克思主义者认为，把二者截然分开并对立起来是毫无意义的。但是在形式与内容的统一中，内容是决定性的因素。在马克思主义者看来，以艺术形象所表现出来的艺术思想内容是艺术中起决定作用的东西。[②]

B.作品的内容和形式的相互依存关系又有主导的一面，即内容决定形式，形式服从于内容。作品有怎样的内容就要有怎样的形式，而它的某种形式总是为了表现特定的内容的。[③]

C.文学作品的内容与形式的关系，是辩证统一的关系：没有内容，形式就无法存在；没有形式，内容也无从表现。这两者是相互依赖、相互制约，各以对方为存在条件的。……内容决定形式，形式为内容服务，这是文学作品内容和形式的一般关系。[④]

苏联《哲学问题》杂志1951年第1—2期、1952年第2期刊载了一批文章，讨论作为社会意识形态的艺术的特点问题，关于艺术与基础和上层建筑的关系

① 以群主编：《文学的基本原理》，上海文艺出版社1984年版，第23—25页。
② 《学习译丛》编辑部编译：《苏联文学艺术论文集》，学习杂志社1954年版，第9页。
③ 蔡仪主编：《文学概论》，人民文学出版社1979年版，第142页。
④ 以群主编：《文学的基本原理》，上海文艺出版社1984年版，第275—276页。

问题，以及艺术在社会生活中的作用问题。关于艺术和文学与基础和上层建筑的关系问题是争论的中心，基本分歧可以归结如下：绝大部分人都认为，艺术体现和表现某些社会阶级的艺术观点，它是上层建筑的现象，因为它受适合于它的社会制度的制约，并归根到底受该社会的经济的制约。也有人反对把艺术归为上层建筑，他们认为艺术是社会意识形态，不是上层建筑性质的现象。特罗菲莫夫说："马克思把艺术当作一种社会意识形态，而没有把它列入上层建筑，他只把政治和法律列入上层建筑。"[①]特罗菲莫夫把艺术观点列入上层建筑，把艺术列入意识形态，把意识形态看作一种装着艺术观点的贮藏器。苏联《哲学问题》编辑部批评特罗菲莫夫等人没有正确地、科学地、唯物地去了解什么是"社会意识形态"。苏联《哲学问题》1952年第6期发表的《论艺术在社会生活中的地位和作用》一文就是这场讨论的总结。

马克思认为，国家、法律和包括艺术在内的一切社会意识形态都取决于社会的经济制度。在这个意义上，它们是上层建筑。恩格斯在马克思墓前的讲话确定了马克思所发现的唯物史观的实质："一个民族或一个时代的一定的经济发展阶段，便构成为基础，人们的国家制度、法的观点、艺术以至宗教观念，就是从这个基础上发展起来的，因而，也必须由这个基础来解释，而不是象过去那样做得相反。"[②]恩格斯认为国家、法律观点、艺术以至宗教观念不是从它们本身，而是从该社会的经济基础中发展起来的，也就是说把它们看作适合于基础的上层建筑。历史唯物主义的实质即在于此。我国学术界赞同苏联《哲学问题》编辑部的观点，把作为一种意识形态的艺术归为上层建筑：

> A.经济制度对艺术发展、对艺术的影响虽然是曲折的，但它具有物质的即经济的制约性则是无疑的。政治、艺术、哲学的观点以及整个社会上层建筑发生变化、变革的根本原因，不应当到这些观点的本身中去探求，

---

① 苏联《哲学问题》1951年第2期，第167页。

② 《马克思恩格斯选集》第3卷，人民出版社1972年版，第574页。

而应当到社会经济基础的变化中去探求，一切思想形式，其中也包括艺术，都是基础的上层建筑。①

B.肯定文学艺术是一定经济基础的上层建筑，必须为一定的经济基础服务，这是马克思主义文艺理论的一个基本观点，正是在这个观点中贯彻了历史唯物主义的根本原则。承认不承认文学艺术是一定经济基础的上层建筑，是马克思主义文艺理论和资产阶级、修正主义文艺理论的一条分界线。②

C.文学属于社会意识形态，而社会意识形态又是上层建筑的一个部分；上层建筑最终为经济基础所决定，而又反转来为基础服务，对基础发生反作用。③

自20世纪50年代中期起，苏联美学界关于艺术本质的观点主要有两派：以斯托洛维奇为代表的审美学派主张艺术的审美本质，以波斯彼洛夫为代表的自然派美学家主张艺术的意识形态本质。钱中文指出："我国目前有关文学艺术本质的观点，和这两派十分相似。有主要以认识论的观点来阐述文学本质及其特性的，最近十几年出版的文学理论书籍都持此说。以认识论作为出发点的文学本质论，一般把文学界定为社会意识形态，上层建筑，力图从经济基础与上层建筑、意识形态的系统，为政治服务，来确定文学的地位及其本质特性。应该说，这种阐述自有其特点，文学确实是认识生活的一种意识形态。问题在于，它只是阐明了文学本质特性的一个方面。如果要以这点来代替文学本质特

---

① 《学习译丛》编辑部编译：《苏联文学艺术论文集》，学习杂志社1954年版，第10—11页。

② 蔡仪主编：《文学概论》，人民文学出版社1979年版，第41页。

③ 以群主编：《文学的基本原理》，上海文艺出版社1984年版，第23页。

性总体的把握，这就使文学与理论不分了。"① "文学理论中的另一种观点认为，文学的本质特性是审美，因而持此说者竭力反对认识论、反映论、意识形态这类观念，并认为这些观念只会导致文学理论的简单化。"②

波斯彼洛夫1978年出版的《文学理论》（中译本名为《文学原理》）在新的历史条件下重新确认艺术的意识形态性。该书主要阐述了文学艺术的特征，它的核心思想就是"意识形态本性论"，作者把这一理论贯穿于他关于文学特征的认识之中。他坚持文学的"内在形式论"。文学艺术是人类社会意识发展中的一种高级形式，是社会意识在其历史形成中的某一阶段上，合乎规律地转化出来的一种特殊形式，是社会意识的一种"内在形式"；同时这种特殊形式也是其所在单个作品的"内在形式"，故而是它们的共同规律。

波斯彼洛夫指出："艺术的最重要的一个特征是表达对社会生活独特性的感情和思想认识，并在富于表现力的形象中对这些特性加以创造性地典型化。"③他认为，文艺理论的基本问题，应当是"文学的特点和它的历史发展的规律性问题"，"所有其他文学理论问题的解决都取决于对这两个相互联系的基本问题的研究"。④波斯彼洛夫论证了文学何以是意识形态，他认为，有两种世界观，即抽象的世界观和"对世界的具体感受"的世界观，文学主要是在后者的制约下产生的。文学作为一种意识形态，它的特殊对象，它的特性，都只能从这种意识形态本性加以说明，所以，文学的本质特性是社会意识形态性。

波斯彼洛夫主张文艺是一种特殊的意识形态，意识形态性是文艺的本质属性，艺术是人类认识生活的一种高级形式。他之所以把意识形态视为艺术的本质属性，这与他自然派的美学观点有着直接的因果联系。他认为："现象的审

---

① 钱中文：《文学原理——发展论》，社会科学文献出版社2007年版，第94—95页。

② 钱中文：《文学原理——发展论》，社会科学文献出版社2007年版，第95页。

③ 波斯彼洛夫：《文学原理》，王忠琪、徐京安、张秉真译，生活·读书·新知三联书店1985年版，第95页。

④ 波斯彼洛夫：《文学原理》，王忠琪、徐京安、张秉真译，生活·读书·新知三联书店1985年版，第46页。

美价值——这从来都仅仅是现象的本质的优越的整体表现，而不是现象的本质本身的价值，世上没有一种生活现象是就其本质来说是审美的。相反，生活现象的所有那些属于它们的本质本身的属性，都不是它们的审美属性。"[1]既然生活中任何现象的本质都不是审美的，那么艺术的本质也就不是审美的。

第二节　艺术是以形象反映现实的意识形态

艺术本质意识形态论只确定了艺术与其他意识形态的共同性，而没有确定艺术的独特性。理论家们下一步思考的问题是：艺术自身独特的品格是什么？起先，理论家们仅仅从艺术反映现实的方式上来界定艺术的本质。艺术是对现实的形象反映，就是从反映方式层面对艺术本质的规定。

一、从反映方式层面对艺术本质的规定

在同"德意志意识形态"的唯心主义进行斗争时，马克思主义创始人从斗争的要求出发，在自己的著作中首先予以强调的，通常不是艺术区别于其他社会意识形态的那些特征和属性，而是艺术和其他社会意识形态共同的、历史的、物质的制约性。在美学领域，马克思恩格斯的时代向他们提出的主要任务是：证明文学艺术是受社会制约的现象，它们在某个时期的发展归根到底取决于社会生活的经济条件。理论家们下一步思考的问题是：艺术自身独特的品格是什么？

1897—1898年，列夫·托尔斯泰根据他对艺术问题的长期思考，写了一部《什么是艺术？》，并在这部著作中给艺术下了如下的定义："艺术是人与人之间交往的手段之一。……这种交往不同于通过语言的交往的特点在于：一个人使用语言向别人传达自己的思想（着重号是我作的），而人们使用艺术互相

---

[1]　波斯彼洛夫：《论美和艺术》，刘宾雁译，上海译文出版社1981年版，第138页。

传达自己的感情（着重号也是我作的）。"①普列汉诺夫不同意这个定义，并在引文中对一些词语加了着重号，他说："不，艺术既表现人们的感情，也表现人们的思想，但是并非抽象地表现，而是用生动的形象来表现。艺术的最主要的特点就在于此。"②正因为艺术借助形象反映社会生活，所以对于艺术欣赏来说，艺术作品总是对"我们的直观能力发生作用，而不是对我们的逻辑能力发生作用"③。普列汉诺夫没有把艺术同宗教、哲学、法律等其他种意识形态一样看待，而是分析了艺术反映社会生活的方式与其他意识形态的区别，肯定了艺术的特点。也就是说，普列汉诺夫是从艺术的形式方面来界定艺术与其他意识形态的区别的。这里，普列汉诺夫显然继承了黑格尔和别林斯基的观点，即艺术同科学、哲学的区别在于它们反映现实的方式的不同。

黑格尔一再强调，艺术和宗教、哲学一样，都表现了共同的绝对理念，"因此它在内容上和专门意义的宗教以及和哲学都处在同一基础上"④。"艺术之所以异于宗教与哲学，在于艺术用感性形式表现最崇高的东西。"⑤别林斯基对这个问题的看法与黑格尔相同。

别林斯基前后三次提出艺术和科学同一内容、不同形式的论点。第一次是在1839年所著《智慧的痛苦》一文中提出，第二次是在1843年所著《杰尔查文作品集》第一篇论文中，第三次是在1847年《一八四七年俄国文学一瞥》这篇著名论文中（别林斯基第二年去世）。第三次的说法是："人们只看到，艺术和科学不是同一件东西，却不知道它们之间的差别根本不在内容，而在处理一定内容时所用的方法。哲学家用三段论法，诗人则用形象和图画说话，然而他们所说的都是同一件事。政治经济学家靠统计材料武装着，诉诸于读者或听众

---

① 转引自《普列汉诺夫美学论文集》，曹葆华译，人民出版社1983年版，第307—308页。括号中的"我"指普列汉诺夫。

② 《普列汉诺夫美学论文集》，曹葆华译，人民出版社1983年版，第308页。

③ 《普列汉诺夫美学论文集》，曹葆华译，人民出版社1983年版，第409页。

④ 黑格尔：《美学》第1卷，朱光潜译，商务印书馆1979年版，第129页。

⑤ 黑格尔：《美学》第1卷，朱光潜译，商务印书馆1979年版，第10页。

的理智，证明社会中某一阶级底状况，由于某一种原因，业已大为改善，或大为恶化。诗人被生动而鲜明的现实描绘武装着，诉诸读者的想象，在真实的图画里显示社会中某一阶级底状况，由于某一种原因，业已大为改善，或大为恶化。一个是证明，另一个是显示，可是他们都是说服，所不同的只是一个用逻辑结论，另一个用图画而已。"①

别林斯基在第三次的论述中的一小段话"人们只看到，艺术和科学不是同一件东西，却不知道它们之间的差别根本不在内容，而在处理一定内容时所用的方法。哲学家用三段论法，诗人则用形象和图画说话，然而他们所说的都是同一件事"被广为援引，人们借此说明，文艺的本质同科学是一样的，都是认识，文艺的特点是形象性。于是，他们得出一个定义："艺术以形象的形式反映生活。"

普列汉诺夫根据黑格尔和别林斯基的论述，从反映方式而不是从反映对象的特点来确定艺术本质的做法，产生了广泛的影响。老一辈文艺理论家季莫菲耶夫（1903—1984）的《文学原理》第一版出版于1934年，第二版出版于1948年，由我国著名诗人和翻译家查良铮根据该版翻译的中译本分三部于1953—1954年由平明出版社出版，1955年又合为一册出版。这是经苏联高等教育部批准、当时苏联高校语文学系一使用的教材，曾在我国广为流行。该书共分三部：一、概论；二、文学作品的分析；三、文学发展过程。季莫菲耶夫的基本观点是：文学是一种意识形态，是生活的反映，其特点是以形象来反映生活。他引用俄国心理学派文艺学者波捷布尼亚（1835—1891）的话："形象是作家从人生把握到的一些规律在实践中的具体例证。"②形象塑造论成为季莫菲耶夫整个文艺理论的基石。

沃隆斯基（1884—1943）是苏联著名文艺理论家，曾任社会政治和文学艺术大型综合性刊物《红色处女地》主编，主要著作有《艺术和生活》

---

① 《别林斯基选集》第2卷，时代出版社1952年版，第429页。

② 季莫菲耶夫：《文学原理》，查良铮译，平明出版社1955年版，第39页。

（1924）、《文学典型》（1925）、《文学札记》（1926）、《观察世界的艺术》（1928）、《文学肖像》（两卷本，1928—1929）。后来出版的论文集有《沃隆斯基文学批评论文集》（1968）、《沃隆斯基文学论文选》（1982）。沃隆斯基美学观点的核心是"艺术是对生活的认识"。他在《作为认识生活的艺术和现代生活》（1923）这篇文章里全面论述了文学和生活的关系："艺术是对生活的认识。艺术不是幻想、感觉、情绪的随心所欲的游戏，艺术并不表现为仅仅是诗人的主观感受和主观体验，艺术并不是以首先在读者中唤起'善良的感情'为目的。艺术像科学一样，是在认识生活。艺术也像科学一样，有同样的对象：生活，现实生活。但是科学作出分析，艺术则进行综合；科学是抽象的，艺术则是具体的；科学诉诸人的理智，艺术则诉诸人的感情。科学认识借助于概念，艺术则借助于形象，在活生生的感情直观形式中认识生活。"[1]沃隆斯基肯定了艺术和科学有相同的对象，它们的区别在于艺术借助形象认识生活，而科学借助概念认识生活。

托洛茨基（1879—1940）在1923年出版了论文集《文学与革命》，在这部代表作中，他运用马克思主义原理阐述文艺问题，对十月革命前后俄国文坛上几乎所有的流派与作家都进行了细致入微的分析，考察广泛，论述深刻。鲁迅曾指出："托罗兹基是一个嘻鸣叱咤的革命家和武人……也是一个深解文艺的批评者。"[2]托洛茨基认为："在诗歌领域，我们涉及的是对世界的形象认识，而不是对世界的科学认识。"[3]

虽然在普列汉诺夫生前列宁的《历史唯物主义和经验批判主义》已经出版，但是，苏联学界普遍把《历史唯物主义和经验批判主义》的反映论用于艺术理论研究是20世纪30年代的事，那时普列汉诺夫已经作古多年。不过，普列汉诺夫也强调艺术是对现实的反映。普列汉诺夫在研究原始艺术时，发现艺术

---

① 《沃隆斯基文学论文选》，第302页，转引自刘宁、程正民：《俄苏文学批评史》，北京师范大学出版社1992年版，第401页。

② 《鲁迅全集》第7卷，人民文学出版社2005年版，第313页。

③ 托洛茨基：《文学与革命》，莫斯科1923年版，第122页。

的一个特殊规定性就在于它是社会生活的反映。他写道："事实上，说艺术是生活的反映，不是没有原因的。如果'野蛮人'是毕歇尔所描绘的那样的个人主义者，那末他们的艺术必然一定会再现他们所特有的个人主义的特点。而且艺术主要是社会生活的反映；如果您用毕歇尔的眼光去看野蛮人，要是你向我指出，在'个人寻找食物'占主要地位和人们之间几乎没有任何协同活动的地方，是根本谈不到艺术的，那您将是十分彻底的。"[1]在谈到18世纪法国戏剧文学和绘画时，普列汉诺夫曾指出："在革命时期也和在以前的一切时代一样，戏剧也是社会生活连同它的矛盾和被这些矛盾所引起的阶级斗争的真实的反映。"[2]

最早对"艺术是生活的形象反映"的观点质疑的，在俄罗斯是普列汉诺夫，在中国则先是钱谷融（见本书第十四章《"文学是人学"的理论》），然后是朱光潜。

在《没有地址的信》中，普列汉诺夫对这个问题进行思考后，在原稿中写下这样一段话："由于不是任何思想都可以用生动的形象表现出来（比方说，您试试表现一下这个思想：直角两边平方之和等于斜边的平方），所以黑格尔（我们的别林斯基也和他一起）说艺术的对象是同哲学的对象一样……时，并不完全对。"[3]这一意见只是写在草稿上，在文章正式发表时又被删除了。在这段被删去的话前面，仍然保留着这样一段话："艺术开始于一个人在自己心里重新唤起他在周围现实的影响下所体验过的感情和思想，并且给予它们以一定的形象的表现。"[4]这段话论述艺术的特性，前半句讲艺术特殊的表现对象，后半句讲艺术特殊的表现形式。可见，普列汉诺夫对这个问题有过疑虑和思考，但是思考还不成熟。

---

[1]　《普列汉诺夫美学论文集》，曹葆华译，人民出版社1983年版，第354页。

[2]　《普列汉诺夫美学论文集》，曹葆华译，人民出版社1983年版，第494页。

[3]　《普列汉诺夫哲学著作选集》第5卷，生活·读书·新知·三联书店1984年版，第927页，第261条注释。

[4]　《普列汉诺夫哲学著作选集》第5卷，生活·读书·新知·三联书店1984年版，第308页。

与普列汉诺夫相比，朱光潜的质疑要明确和深入得多。朱光潜在1964年出版的《西方美学史》下卷中评述别林斯基的艺术思想时，指出了别林斯基关于诗和哲学的区别不在内容、只在形式的论点的偏颇，他说："诗和哲学的分别不在内容而只在形式，完全相同的内容可以表现为完全不同的形式，内容和形式就可以割裂开来了。""诗和哲学就在内容上也不能看成同一的。他之所以把它们看成同一，是因为他随着黑格尔相信艺术是从理念到形象的。"①但是，朱光潜并没有进而论述诗和哲学在内容上的不同。

二、文艺是社会生活的形象的反映

由于别林斯基的观点的广泛传播，也由于列宁的反映论的巨大影响，"文艺是社会生活的形象的反映"成为20世纪50—80年代我国美学和文艺学中影响最大、流行最广的一种观点。20世纪50年代我国学者编写的文学理论教材在论述文学的基本特征时，都认为反映论原理"彻底解决了文学与现实生活的关系问题"②。霍松林编著的《文艺学概论》（陕西人民出版社1957年版），李树谦、李景隆编著的《文学概论》（吉林人民出版社1957年版）、刘衍文著的《文学概论》（新文艺出版社1957年版）等莫不如此。

20世纪60—80年代我国出版的一些文艺学教材，甚至2015年出版的文艺学教材，在论述艺术的本质时，也明显受到苏联20世纪30—50年代论著的影响，采用已经被苏联美学批判的观点。为此，我们做一个比照。

　　为要了解资产阶级所创造的艺术和文学的阶级性，就必须弄明白艺术这一种意识形态跟科学、哲学等不同的特点何在。假如说科学是通过概念来认识世界，那么艺术却是通过形象来认识世界的。艺术表现的形象和方式的性质非常复杂。艺术可以采取图画、雕刻、舞蹈、音乐以及用语言来

---

① 朱光潜：《西方美学史》下卷，人民文学出版社1979年版，第550—551页。
② 冉欲达等编著：《文艺学概论》，辽宁人民出版社1957年版，第40页。

表达等等形式。然而艺术与科学虽有这种区别，取形象方式（即形象的思维方式）的艺术却也反映和认识世界的。[①]

别林斯基对艺术与科学的区别给了天才的规定。他写道，科学和艺术的区别完全不在内容，而只在于处理这内容的方法。

人对客观世界认识的过程是一个，可是这个统一的过程分着两个情景、两种方式、两个形式：对世界的科学—逻辑的把握的方式和艺术—形象的把握的方式。科学和艺术具有认识的同一的对象——即存在于外界和离开我们的意识而独立的真实的现实界，它们有着认识过程的共同的规律性，然而对客观世界的真相的发现和表现方法，科学和艺术却各不相同。[②]

和其他一切社会意识形态一样，艺术也是社会存在的反映。但这是反映现实的特殊形式。艺术和科学不同，它是用艺术形象，而不是用科学概念来反映现实的。同时艺术也和科学相似，因为它的使命是帮助人们认识现实。科学和宗教相反，它反映客观真理，从而武装人们去认识世界和改造世界。艺术也和科学一样，应该用自己的特殊手段表现生活真实。[③]

文学是社会生活的形象的反映。[④]

---

① 米丁：《历史唯物论》，莫斯科1934年版，中译本第六章第五节第四小节。转引自中国社会科学院外国文学研究所外国文学研究资料丛刊编辑委员会编：《外国理论家 作家论形象思维》，中国社会科学出版社1979年版，第218页。

② 索波列夫：《列宁的反映论和艺术》，莫斯科1947年版，中译本由中华书局于1951年出版，第二、三节的节录。同上书，第241页。

③ 特罗菲莫夫等：《马克思列宁主义美学的原则》，《共产党人》1954年第16期。转引自《学习译丛》编辑部编译：《苏联文学艺术论文集》第2集，学习杂志社1956年版，第4页。

④ 蔡仪主编：《文学概论》，人民文学出版社1979年版，第一章第二节的标题，第17页。

文学和科学对社会生活的反映方式确有不同，科学的反映是抽象的，形成概念和理论，而文学的反映则是具体的，形成形象及形象体系。别林斯基曾有一段话也说明这一点。

通过形象反映社会生活是文学的基本特征。

文学和科学的反映对象，总的说来是相同的，即都是客观现实的社会生活。①

文学用形象反映社会生活。②

作为社会意识形态之一的文学，不仅具有同其他社会意识形态一样的共同性质，而且还具有自身的显著特点。

文学艺术的基本特点，在于它用形象反映社会生活。

哲学、社会科学以抽象的概念的形式反映客观世界；文学、艺术则以具体的、生动感人的形象的形式反映客观世界。③

反映论是马克思主义艺术理论的核心学说，它认为，艺术是社会生活的能动反映，这是艺术的本质特征。④

---

① 蔡仪主编：《文学概论》，人民文学出版社1979年版，第17—19页。
② 以群主编：《文学的基本原理》，上海文艺出版社1984年版，绪论第三节标题，第32页。
③ 以群主编：《文学的基本原理》，上海文艺出版社1984年版，第32—34页。
④ 张同道：《艺术理论教程》，北京师范大学出版社2015年版，第206页。

第三节　艺术是审美的意识形态

艺术本质审美意识形态论表明对艺术本质的确定从哲学层面进入美学层面，这种确定来源于艺术审美本质论。

一、艺术的审美本质

斯托洛维奇1955年的论文《论艺术审美本质的若干问题》在世界美学史上，第一次明确地提出并论证了艺术的审美本质。他在苏联《洛明》杂志1954年第9期发表的论文《论艺术内容的独具的特征》、在苏联《哲学问题》杂志1956年第4期上发表的论文《论现实的审美特性》，以及在1959年出版的专著《现实中和艺术中的审美》中都论述了艺术的审美本质问题。

20世纪50年代的苏联美学界，一些著作和论文仿佛以自身的标题就艺术本质问题进行论战：《艺术的审美本质》，《文学和艺术的认识论本质》，《形象作为信息》或者《艺术活动作为信息系统》，《艺术作为社会学现象》，《艺术作为价值》，《艺术作为符号学系统》，《艺术和控制论》，《艺术作为过程》，《艺术的社会交际本质》，等等。

斯托洛维奇把艺术的本质说成是审美的，他的主要观点是：在人类的很多活动中，都可能产生审美价值，但是，在这些活动中主要任务是创造另外的价值，如实用价值、道德价值等，而审美价值只是这些活动的某种次要的产品。艺术的情况与此不同，艺术必须把审美关系从其他关系中分离出来，使之凝聚和客观化。艺术不是自身闭锁的世界，它可以具有许多意义：功利意义（特别是实用艺术、艺术设计和建筑），科学认识意义，政治意义和伦理意义。但是，如果这些意义不交融在艺术的审美冶炉中，如果它们同艺术的审美意义仅仅是折中地共存并处而不是有机地纳入其中，那么作品可能是不错的直观教具，或者是有用的物品，但是永远不能上升到艺术的高度。审美和非审美的辩证法对于艺术来说是外部的而不是内部的矛盾。艺术价值把审美和非审美交融在一起，因而是审美价值的特殊形式。

斯托洛维奇认为，艺术作品可以具有"第二性"价值——功利价值，道德价值，政治价值，等等。但是，只有在存在着作品的"第一性"价值即审美价值时，这才有可能。艺术具有认识功能，但这是不同于科学知识的认识意义的特殊认识。艺术实现对世界的审美认识，只有通过这种认识才能够实现其他任何认识，无论是对社会规律的理解，还是对医学问题的理解。艺术评价它所反映的现象，但这首先是审美评价。艺术家只有通过审美评价，才能够从道德上、政治上评价现实。艺术具有交际意义，但这不单是交往活动。通过艺术实现特殊的、审美的交际，由于审美价值而进行的交际，这种交际揭示人们之间的审美联系，而通过审美联系揭示其他的联系和关系——友谊的、民族的、国际的等等联系和关系。艺术如果没有产生的享受、享乐功能就不可思议。但是，艺术带来的是审美享受，而不是由生理因素所决定的享受。

艺术的审美本质与艺术的特殊对象密切相关，正是艺术的特殊对象决定了艺术的审美本质。艺术特殊对象问题的解决将使艺术本质从意识形态共性的层面进入艺术自身特性的层面，从而实现对艺术本质意识形态论的超越。最早沿着这种方向进行研究的学者之一，是后来被称为审美学派代表人物的布罗夫。我们在第四章第三节第一小节中已经阐述过布罗夫的观点。布罗夫在《艺术的审美实质》中首先指出：既然艺术是一种社会意识形态，那么它必然具有与其他一切意识形态相类似的特性，但是"艺术的相对独立性的问题具有原则性的意义"。"我们往往低估和贬低了艺术的独立性"，这也就是整个美学落后的原因，产生庸俗化错误的原因。[1]布罗夫指出："艺术的质的规定性，它的实质，也就是审美的规定性和实质。"[2]

布罗夫说，我们通常把艺术反映现实的形式称为形象的形式，以区别于科学的逻辑的形式，这个特点不应被忽略。但是，只在形式方面寻找特征，而忽

---

[1]　布罗夫：《艺术的审美实质》，高叔眉、冯申译，上海译文出版社1985年版，第4—5页。

[2]　布罗夫：《艺术的审美实质》，高叔眉、冯申译，上海译文出版社1985年版，第9页。

视艺术内容方面的特征，否定艺术的特殊内容，把艺术的全部特征归结为表现的形式，这就意味着："在艺术中具有审美意义的仅仅是形式，至于内容，它只是审美之外的范畴。"①正如布罗夫自己所说，他进一步发挥了车尔尼雪夫斯基的美学观点和季莫菲耶夫在《文学原理》中论述的艺术的特殊对象是人和人的生活的观点，同时明确指出了这一特殊内容正是艺术的审美实质所在。

苏联美学家们虽然在许多问题上同布罗夫进行过争论，但是布罗夫所提出的"艺术的特性要在它的内容或对象中去寻找"这样的基本原理却得到了他们的认可甚至成了他们研究的出发点。布罗夫把人作为艺术的特殊对象，显然不能令人满意，因为从"人"这个特殊对象里并不能得出艺术审美本质的结论。斯托洛维奇走上了另外一条路，他把现实的审美属性说成是艺术的特殊对象，正是现实的审美属性决定了艺术的审美本质。艺术之所以具有审美的本质，是因为它的对象是现实的审美属性，也就是说，艺术反映的对象、反映的内容决定了它的本质特征。

斯托洛维奇从历史唯物主义出发来论证现实的审美属性的客观性和社会性，但是，他依据的不是马克思的《〈政治经济学批判〉序言》，而是马克思的《1844年经济学—哲学手稿》。他利用《手稿》中"人化的自然"的概念，说明自然现象的审美属性同社会生活现象的审美属性没有原则性区别，两者都具有在社会历史实践过程中客观形成的社会历史的、人的内容。

艺术像任何一种人的意识形式一样，不可能不反映客观现实。但是，艺术对现实的反映不同于科学的反映。艺术所实现的认识同科学认识的本质区别不仅在于形式，而且在于它们的对象和内容。科学家力图揭示物质运动一切形式的规律，历史学家和社会学家力图认识历史发展的客观规律和人的各种共同体相互关系的规律，而对艺术家来说，重要的是认识这些现象的审美属性，揭示这些属性对人的思想情感的作用。

---

① 布罗夫：《艺术的审美实质》，高叔眉、冯申译，上海译文出版社1985年版，第55页。

二、从美学层面对艺术本质的确定

发端于艺术审美本质的艺术审美意识形态论是从美学层面对艺术本质的确定。

"审美意识形态"这个概念，最早出现于沃罗夫斯基的著作中。人们常把普列汉诺夫、卢那察尔斯基和沃罗夫斯基三人作为俄苏早期的马克思主义美学家并称。在《马克西姆·高尔基》（1910）一文中，沃罗夫斯基写道："从纯艺术的观点来看，高尔基早期写的那些'流浪汉'的短篇小说成就最高，而他的大部头小说都写得不成功。《福玛·高尔杰耶夫》、《三人》以及《母亲》这些作品都很冗长、呆滞，好象是用许多片断组合而成的；艺术性在这里明显地成了政论的牺牲品。"[1]他认为高尔基的《母亲》"是一个很好的宣传材料；可是宣传价值还不能作为一部文艺作品的凭证"[2]。沃罗夫斯基把"政治的意识形态"与"审美的意识形态"这两个概念相比较着使用。他认为，在当时的俄国"政治的意识形态"已经具备了完全符合工人运动要求的形式，而"审美的意识形态"还没有确立起来。用他的话就是："审美的意识形态的内容只能是一些朦胧而欢欣的预感和期望。"[3]这里，沃罗夫斯基隐含着把艺术看作"审美的意识形态"的意思。

苏联此后的美学著作中，审美意识形态的概念就明确用来指称艺术的本质特征。苏联美学家、苏联科学院院士叶果罗夫1959年在《艺术和社会生活》一书中写道：艺术是一种意识形态现象，这是"审美方面"的意识形态现象。[4]艺术作为意识形态现象，其特殊实质就在于这种"审美方面"。

布罗夫1975年在《美学：问题和争论》一书中写道："'纯'意识形态原则上是不存在的。意识形态只有在各种具体表现中——作为哲学意识形态、政

---

① 沃罗夫斯基：《论文学》，人民文学出版社1981年版，第291页。
② 沃罗夫斯基：《论文学》，人民文学出版社1981年版，第285页。
③ 沃罗夫斯基：《论文学》，人民文学出版社1981年版，第271页。
④ 转引自布罗夫：《美学：问题和争论》，凌继尧译，上海译文出版社1987年版，第41页。

治意识形态、法的意识形态、道德意识形态、审美意识形态——才会现实地存在。"①笔者的这段译文常为审美意识形态论的支持者所援引。显而易见，有许多学者持艺术就是审美意识形态的观点。

1990年，英国学者伊格尔顿出版了《审美意识形态》一书，伊格尔顿的审美意识形态，指一般的意识形态中的特殊的审美领域，它与伦理、宗教等其他领域相连接，为一般生产方式所最终决定。它是一般意识形态中的"文化意识形态"的一部分，包括审美的价值、意义、功能等。文学艺术是审美意识形态的组成部分。

我国倡导艺术本质审美意识形态论的学者的观点，主要来自苏联审美学派，而不是来自伊格尔顿。从20世纪80年代中后期开始的几十年中，我国学者关于艺术本质的审美意识形态论的主张，无疑受到苏联学者的影响。坚持审美意识形态论的主将之一童庆炳写道："我认为苏联'审美学派'对艺术的本质的探讨是十分有益的和令人信服的。""'审美学派'的探讨既肯定了艺术的意识形态性质，把理论建立在马克思主义的哲学基础上，同时又不停留在一般哲学的层次，而是从哲学的层次进入了美学的层次，鲜明地提出并回答了艺术区别于其他意识形态的审美特征问题，这无疑是把对艺术本质问题的研究推进了一步。苏联'审美学派'在艺术本质问题上跨出的这关键的一步对我国的文艺学建设是有启迪作用的。"②

20世纪80年代，钱中文、童庆炳、王元骧等提出文艺是"审美反映""审美意识形态"的新命题（王元骧：论文《审美反映与艺术创造》，《文艺理论与批评》1989年第4期；著作《审美反映与艺术创造》，杭州大学出版社1992年版）。钱中文于1982年在《论人性共同形态描写及其评价问题》一文（《文学评论》第6期）中提出，"文艺是一种具有审美特征的意识形态"。钱中文认为，文学的本质是审美的，文学的反映是一种审美反映。1986年他在《最具

---

① 布罗夫：《美学：问题和争论》，凌继尧译，上海译文出版社1987年版，第41页。

② 童庆炳：《文学审美特征论》，华中师范大学出版社2000年版，第299页。

体的和最主观的是最丰富的——审美反映的创造性本质》一文中指出："文学的反映是一种特殊的反映——审美反映，由于其自身的特殊性，较之反映论原理的内涵，丰富得不可比拟。反映论所说的反映，是一种二重的、曲折的反映，是一种可以使幻想脱离现实的反映，是一种有关主体能动性原则的说明。审美反映则涉及具体的人的精神心理的各个方面，他的潜在的动力，隐伏意识的种种形态，能动的主体在这里复杂多样，而且充满着种种创造活力，这是一个无所不能的精灵。"①

钱中文在《文学原理——发展论》（社会科学文献出版社1989年第1版，2007年再版）进一步阐述了艺术本质意识形态论的观点："审美意识是人的本质的确证，我们把审美意识作为文学这种艺术形式发生的逻辑起点。"②"从社会文化系统来观察文学，从审美的哲学的观点出发，把文学视为一种审美文化，一种审美意识形态，把文学的第一层次的本质特性界定为审美的意识形态性，是比较适宜的。"③"具有美的特征的现实，只有对于具有审美感觉、能力的人，才是真实的存在；通过审美主体的把握，形成被主体所深切感受了的心理化了的现实，这时就出现了审美对象的变化。"④主体把被感受了的现实特征，物化于自己的作品中，创造了一种新的现实。"这种新的现实表现为一种意识形式——审美意识形态。""文学的根本特性就在于审美的意识形态性。"⑤"文学作为审美的意识形态，以感情为中心，但它是感情和思想认识的结合；它是一种自由想象的虚构，但又具有特殊形态的多样的真实性；它是有目的的，但又具有不以实利为目的的无目的性；它具有社会性，但又是一种具有广泛的全人类性的审美意识的形态。"⑥

---

① 钱中文：《新理性精神文学论》，华中师范大学出版社2000年版，第157—158页。
② 钱中文：《文学原理——发展论》，社会科学文献出版社2007年版，第1页。
③ 钱中文：《文学原理——发展论》，社会科学文献出版社2007年版，第95页。
④ 钱中文：《文学原理——发展论》，社会科学文献出版社2007年版，第97页。
⑤ 钱中文：《文学原理——发展论》，社会科学文献出版社2007年版，第98页。
⑥ 钱中文：《文学原理——发展论》，社会科学文献出版社2007年版，第103页。

童庆炳在1981年发表的《关于文学特征问题的思考》一文中针对传统的形象性的艺术本质特征提出质疑，他认为根据内容与形式的统一这一辩证唯物主义原理，决定事物特征的应该是内容，而不是形式。因此，文学的本质特征不是我们传统上所认为的形象性，而是文学所反映的内容特征。1983年，他在《文学与审美——关于文学的本质问题的一点浅见》一文中继续发挥了这一观点，同时进一步认为："艺术（包括文学）面对着客观事物的自然属性和价值系统，它的对象是什么呢？它的对象不是客体的单纯的自然属性，否则艺术就将变成生物、物理原理的图解；……它的对象也不是客体的单纯的认识价值，否则艺术就将变成通俗化的哲学讲义；它的对象也不是客体的单纯的政治价值，否则艺术就将变成方针政策条文的解说；它的对象也不是客体的单纯的宗教价值，否则艺术就将变成教义的形象讲解；它的对象必须而且只能是客体的审美价值。"①

童庆炳在《苏联的"审美学派"及其对我国文艺学建设的启示》一文（载童庆炳《文学审美特征论》，华中师范大学出版社2000年版）写道："当我国的文艺学界正在寻找新的出路的时候，我认为苏联的'审美学派'给了我们以有益的启示。首先，文艺学的建设必须坚持以马克思主义的哲学作为理论基础。苏联的'审美学派'在强调'审美'的时候，并没有抛开马克思，相反他们从马克思早期的著作和后期成熟的著作中寻找理论根据。在'审美学派'看来，马克思的《1844年经济学—哲学手稿》虽保留有费尔巴哈思想的痕迹，但它包含着丰富的、至今仍未充分挖掘出来的美学、艺术学思想。如关于'人化的自然'的观点，要是加以阐发、引申，就必然得出美不能脱离人和社会而存在的结论。特别是马克思所阐发的哲学认识论、价值论，在把握艺术与社会生活的关系、审美主体与审美客体的关系等方面都是最有力的理论武器。因此，当我们对传统文艺学进行反思时，我们决不可对马克思主义哲学理论基础有丝毫的动摇。其次，文艺学的建设着重要解决文艺的特征和自身艺术规律的问

① 童庆炳：《文学审美特征论》，华中师范大学出版社2000年版，第28—29页。

题，不能总是在外部规律上面绕圈子。而要达到此目的，就必须把文艺学的一般哲学的探讨深入到审美的探讨，要充分阐明艺术的审美本质，并在文艺学的各个范畴里引入'审美'这个观念。苏联的'审美学派'认识到艺术是美的领域，以'审美'的观点来审视各种艺术现象，才能揭示其内在的规律性。而这一点正是我国文艺学建设的最薄弱的方面。"①

童庆炳还论述到艺术的特殊对象的问题。20世纪80年代我国文艺理论界认为，不承认文学艺术有自己的特殊对象，就难以从根本上把它与一般的社会意识区分开来，其后果必然是简单地把艺术归结为一种认识，而忽视其审美性质。"前苏联当代学者布罗夫进一步根据马克思在《1844年经济学—哲学手稿》中关于'人的对象化'和'自然人化'的观点，论证了艺术的审美本质根源于它的特殊对象，即'活生生的人的性格'，以及人的本质力量在自然中的对象化。他认为，'艺术所揭示、并构成它的思想内容的全部本质，就是人的本质'，亦即'各种人物性格及其相互关系的真实，或内心体验的真实'，因此，'艺术的特殊客体是人的生活，更确切些说，是处在社会和个人的有机统一中的社会的人'。"②布罗夫的论述有助于我们理解文学艺术的特殊对象。童庆炳认为："文学艺术的特质是审美。文学有其特殊的对象和特殊的反映生活的方式。文学的特殊对象是人生，即人的生活、人的现实活动，是人的思想感情和性格命运。文学的特殊性规定了文学反映方式的特殊性。文学按照审美方式来反映世界。文学的对象的特殊性和审美反映方式的特殊性，决定了文学的内容和形式都是审美的。文学是人对现实的审美反映，是具有审美特质的社会意识形态。"③

从20世纪80年代起，我国美学和文艺学研究与以往的显著不同在于：对文艺的审美特性的强调，带来了文艺研究主视角的变化，愈来愈多的学者自觉地把审美当作把握文艺自身性质和价值的基本范畴，强调"人对世界的艺术掌

---

① 童庆炳：《文学审美特征论》，华中师范大学出版社2000年版，第301页。
② 童庆炳主编：《文学概论》（修订本），武汉大学出版社1995年版，第52—53页。
③ 童庆炳主编：《文学概论》（修订本），武汉大学出版社1995年版，第67页。

握，只就其精神掌握方式而言，是能动地反映世界的审美掌握"①。在这一时期的许多美学家和文艺理论家看来，文艺学研究"只有以审美为核心，多元地检视文艺的性质和特点，才能建立起真正科学的文艺学"；而文艺学的出路也就在于：以审美论为基础建立和发展"文艺的审美社会学""文艺的审美实践论""文艺的审美心理学"。②80年代文艺学研究中审美论的自觉，标志着文艺学研究的理论视角和价值取向由"他律论"向"自律论"的转变，标志着文学的特殊性质和审美价值已经成为越来越多的中国美学家和文艺理论家关注的中心。

我国学者对艺术审美本质论做了进一步的论证。艺术审美反映论或艺术审美意识形态论，绝不是"审美"加"反映"或"审美"加"意识形态"。艺术审美反映是一种区别于一般反映的特殊反映，它有自身的特殊规定性。艺术审美意识形态也是一种完整统一的理论形态，也有自身完整的内涵。审美意识形态是一个具有规定性的复合结构，它是意识与无意识的对立统一，是情感与认识的对立统一，是无功利与功利的对立统一，是集团倾向性与人类共通性的对立统一，是假定性与真实性的对立统一，是内容和形式的对立统一，等等。这些论证丰富了艺术本质审美意识形态论的内容。

艺术作为一种特殊的社会意识形态的本体特征得到了愈来愈多的理论家的关注，"文艺是社会生活的审美反映""文艺是审美意识形态"成为新时期美学和文艺学深入探讨艺术本质规律的新命题。

尽管我国艺术本质意识形态论的倡导者的观点与苏联审美学派相同，但是这种观点的生成理路却与苏联审美学派有区别。

第一，苏联审美学派关于艺术审美本质的观点产生于艺术特殊对象的研究。艺术与科学不仅反映现实的方式不同，而且反映的对象不同。艺术有特殊的对象，这就是现实的审美属性。艺术的特殊对象决定了艺术的审美本质，艺

---

① 胡经之：《文艺美学》，北京大学出版社1989年版，第155页。

② 杜书瀛：《文艺与审美及其他——关于文艺观念的一些思考》，《学习与探索》1987年第2期，第100—109页。

术的审美本质是由艺术的特殊对象合乎逻辑地产生出来的。我国则没有对艺术的特殊对象进行专门的讨论，对这个问题的认识不够明确。

在上文的阐述中，童庆炳认同布罗夫把艺术的特殊对象说成是"处在社会和个人的有机统一中的社会的人"，认为这"有助于我们理解文学艺术的特殊对象"。但是，"人"作为艺术的特殊对象并不能产生出艺术的审美本质。童庆炳在《文学与审美——关于文学的本质问题的一点浅见》一文中又说，艺术的特殊对象"必须而且只能是客体的审美价值"[①]，这与斯托洛维奇的观点一致。而斯托洛维奇的观点完全不同于布罗夫的观点，在艺术的特殊对象问题上，斯托洛维奇对布罗夫做了尖锐的批判。

我国学者注意到苏联审美学派根据马克思《1844年经济学—哲学手稿》中"自然的人化"的观点解释艺术的特殊对象。这样，把艺术看作审美意识形态，其哲学基础是马克思《1844年经济学—哲学手稿》的社会实践的历史唯物主义。

第二，我国艺术本质意识形态论的倡导者与苏联审美学派都认为艺术对现实的反映是审美反映，但是，论证方法不同。苏联审美学派得出这种结论来自对艺术结构模式的研究。他们指出，艺术具有多侧面的结构，例如反映因素、评价因素、教育因素、享乐因素等，每一种因素对应一种艺术功能。然而，审美因素处在各种因素的中心位置，其他各种因素只有经过审美艺术的熔炼才可能存在。所以，艺术中的反映是审美反映，艺术中的评价是审美评价，艺术中的教育是审美教育，艺术中的享乐是审美享受。我国学者没有对艺术的结构模式进行研究。

---

① 童庆炳：《童庆炳文学五说》，时代文艺出版社2001年版，第28页。

第八章　形象思维研究

　　1938年，别林斯基首次提出"诗是寓于形象的思维"这个定义。后来，"寓于形象的思维"被人们简称为"形象思维"。别林斯基本人并没有直接使用过"形象思维"的概念，直接使用这个概念的另有其人。属于俄国无产阶级文化派的《锻工场》杂志，在1920年第2期上刊登了奥勃拉多维奇的文章《论形象思维》。此后，维诺格拉多夫在《拉普》杂志1931年第3期上发表的《关于艺术方法问题》一文里，肯定了"文学是形象思维"。在20世纪30年代，高尔基、卢那察尔斯基、法捷耶夫等人也使用了这个概念，它在苏联美学界开始流行起来。很多苏联美学家研究了形象思维理论，这个理论成为苏联美学的重要内容。

　　20世纪30年代初期，形象思维理论传入我国，一直到80年代，它在我国美学和文艺学中产生了重要影响，影响辐射的时长远超五十年。有的研究者指出，重建当代中国美学和文艺学须以反思当代中国美学和文艺学为前提，而这一反思最重要的论域之一，应是"形象思维论及其20世纪争论"。"形象思维论作为对艺术形象特征的传统解释，是与当代中国文学以及与之关系密切的苏俄文艺学基础论中争论持续最久、规模最大的论域，也是中国当代文艺学不同于西方文艺学的独特现象之一。"①

第一节　形象思维论在我国的影响概述

苏联美学界一般认为，别林斯基是在《〈冯维辛全集〉和札果斯金的〈犹里·米洛斯拉夫斯基〉》一文中首先提出"诗是寓于形象的思维"这个定义。普列汉诺夫在《别林斯基的文学观》中就是这样说的，并且赞同别林斯基的这个定义。《〈冯维辛全集〉和札果斯金的〈犹里·米洛斯拉夫斯基〉》一文发表于《莫斯科观察家》1838年7月号上。在这之前，在该杂志的同一年6月号上发表的别林斯基的书评《伊凡·瓦年科讲述的〈俄罗斯童话〉》里就已谈到这个定义了。不过，真正展开论述的，则是他写于1840年的《艺术的概念》一文。在那里，定义中的"诗"已经改为"艺术"，"诗是寓于形象的思维"变成了"艺术是寓于形象的思维"。文章开篇别林斯基就指出："艺术是对于真理的直感的观察，或者说是用形象来思维。"②他还特地注明，在俄文中是他第一个使用这个定义。后来，在他的其他文章里，一再使用"用形象来思考"的提法。

一、20世纪30—60年代形象思维论在我国的影响

别林斯基关于形象思维的论述在20世纪60年代及以前被译成中文的有：《一八四三年的俄国文学》《一八四七年俄国文学一瞥》，载《别林斯基选集》第2卷，时代出版社1952年版；《〈冯维辛全集〉和札果斯金的〈犹里·米洛斯拉夫斯基〉》《智慧的痛苦》和几篇对《当代英雄》的评估，载《别林斯基选集》第2卷，上海文艺出版社1963年版。

---

① 尤西林：《形象思维论及其20世纪争论》，《文学评论》1995年第6期，第103页。

② 《别林斯基选集》第3卷，满涛译，上海译文出版社1980年版，第93页。

俄国革命民主主义批评家和古典作家关于形象思维的论述在20世纪60年代及以前被译成中文的有：车尔尼雪夫斯基的《现代美学概念批判》，载《车尔尼雪夫斯基论文学》中卷，人民文学出版社1965年版；车尔尼雪夫斯基的《生活与美学》，光华书店1948年版；车尔尼雪夫斯基的《俄国文学果戈理时期概观》（1855—1856），载《车尔尼雪夫斯基论文学》上卷，新文艺出版社1961年版；杜勃罗留波夫的《А·В·柯尔卓夫》（1858）、《黑暗的王国》（1859），载《杜勃罗留波夫选集》第1卷，新文艺出版社1954年版；杜勃罗留波夫的《黑暗王国的一线光明》（1860）、《逆来顺受的人》（1862），载《杜勃罗留波夫选集》第2卷，上海文艺出版社1959年版；皮萨烈夫的《现实主义者》（1864），载《古典文艺理论译丛》第4册，人民文学出版社1962年版；屠格涅夫的《关于〈父与子〉》（1869），载《文学回忆录》，文化生活出版社1949年版；冈察洛夫的《迟做总比不做好》（1879），载《古典文艺理论译丛》第1册，人民文学出版社1961年版；柯罗连科的《关于现实主义和浪漫主义》，载《世界文学》1959年8月号。

十月革命前后的俄苏批评家和作家关于形象思维的论述在20世纪60年代及以前被译成中文的有：普列汉诺夫的《没有地址的信 艺术与社会生活》，人民文学出版社1962年版；卢那察尔斯基的《赫尔岑与四十年代的人》（1924—1925），载《论俄罗斯古典作家》，人民文学出版社1958年版；高尔基的《我怎样学习写作》，读书出版社1945年版；高尔基的《和青年作家谈话》《苏联的文学》（1934）、《我国文学是世界上影响最大的文学》（1935），载《文学论文选》，人民文学出版社1958年版；法捷耶夫的《论作家的劳动》，载《论写作》，人民文学出版社1955年版。

苏联当代理论家和作家关于形象思维的论述在20世纪60年代以前被译成中文的有：米丁的《辩证唯物论与历史唯物论》，商务印书馆1936—1938年版；苏波列夫的《列宁的反映论与艺术》，中华书局1951年版；布罗夫的《论艺术内容和形式的特性》，载《文艺理论学习小译丛》第5辑合订本，新文艺出版社1954年版；叶果罗夫的《艺术的特点及其在社会生活中的地位》，载《文艺理论学习小译丛》第4辑合订本，新文艺出版社1954年版；叶果罗夫的《论艺术的内容和形式问题》，载《文艺理论译丛》第1辑合订本，新文艺出版社1956年版；尼古拉耶娃的《论文学的特征》，载《文艺理论学习小译丛》第6辑合订本，新文艺出版社1954年版；涅陀希文的《艺术概论》，朝花美术出版社1958年版；沙莫达的《论艺术形象的若干特点和艺术性的概念》，载《译文》杂志1955年8月号；《共产党人》编辑部的《关于文学艺术中的典型问题》，载《文艺理论译丛》第2辑合订本，新文艺出版社1957年版；阿斯塔霍夫的《论艺术和文学的特征》，载《现代文艺理论译丛》1965年第6期；苏契科夫的《关于现实主义的争论》，载《现代文艺理论译丛》1965年第5期。由此可见，俄苏形象思维理论在我国翻译的密集以及传播的广泛。

　　1931年11月20日出版的《北斗》杂志发表了何丹仁翻译的苏联作家法捷耶夫的《创作方法论》，1932年出版的胡秋原编著的《唯物史观艺术论》提到普列汉诺夫从别林斯基那里引用了"形象的思索"的观点。赵景深在1933年北新书局出版的《文学概论讲话》中将"想象"解释为"具体形象的思索或再现"。1935年7月郑振铎和傅东华曾邀请欧阳山为他们编的《文学百题》一书写"形象的思索"的条目。1935年周立波发表的《形象的思索》等，都分别提到这个概念并对其做了阐释。[①]胡秋原不仅把形象思维看作艺术创作的规律，而且看作艺术的定义。1932年他在批评钱杏邨的艺术观时指出："钱先生不懂柏林斯基朴列汗诺夫（即别林斯基、普列汉诺夫——引者注）关于艺术的第一个基本命题——所谓'艺术是借形象而思索'的科学美学之第一课。"[②]

　　40年代，胡风在《今天，我们的中心问题是什么？》一文中，论述到文艺特征时曾指出："文学创造形象，因而作家底认识作用是形象的思维。并不是先有概念再'化'成形象，而是在可感的形象的状态上去把握人生，把握世

---

　　① 杜书瀛、钱竞主编，孟繁华著：《中国20世纪文艺学学术史》第3部，中国社会科学出版社2007年版，第170页；高建平：《"形象思维"的发展、终结与变容》，《社会科学战线》2010年第1期，第165页。

　　② 胡秋原：《钱杏邨理论之清算与民族文学理论之批评》，《读书杂志》第2卷第1期特大号，第4页。

界。"①这些论断所依据的都是别林斯基最初的定义。胡风在《关于"诗的形象化"》一文中，正确地区分了形象思维和思维形象化。形象思维指创作过程中，思维始终与生活现实和感性形象密切联系。而思维的形象化则把抽象的思想，观念"化"成"形象"，即思想、观念的图解。胡风写道："在美学或艺术学上，我们可以说'形象的思维'或'形象地思维'，但却不能说'形象化'。在艺术创造过程里面，思想（思维、作家底主观认识）只能是一根引线，始终要附着在生活现实里面，它底被提高只能被统一在血肉的生活现实里面同时进行。要这样，才能谈生活和创作的统一，才能谈思想和艺术的统一；要这样，思想才是活的思想而形象才是活的形象，……至于'形象化'，那是先有一种离开生活形象的思想（即使在科学上是正确的思想），然后再把它'化'成'形象'，那就思想成了不是被现实生活所怀抱的，死的思想，形象成了思想底绘图或图案的，不是从血肉的现实生活里面诞生的，死的形象了。"②胡风认为形象思维存在于创作的全过程，艺术家不能先把所描写的现象的本质抽象出来，然后再用形象来图解它。

新中国成立后，50年代中期，周扬作为文艺界领导人，肯定了形象思维，把它作为艺术创作的一种规律来看待。他在1955年2月20日电影创作会议上的报告，有一部分是专门论述创作规律的。一开始他就指出："对艺术的规律、特征过去是存在不正确的认识，……艺术的规律是什么，艺术认识现实的手段是什么？——科学和艺术都是反映现实的，艺术反映现实的特点是通过形象，通过艺术的特殊规律——形象思维，不是艺术没思想，任何艺术都是有思想的，和科学、政治不同的地方是艺术通过形象表达思想，艺术的特点是形象思维。"③

《文艺理论学习小译丛》第5和第6辑合订本（新文艺出版社1954年版）分别译载了布罗夫的《论艺术内容和形式的特性》和尼古拉耶娃的《论文学的特征》。布罗夫竭力否定形象思维，尼古拉耶娃则充分肯定形象思维。这成了引

---

① 《胡风评论集》中册，人民文学出版社1984年版，第113页。
② 《胡风评论集》中册，人民文学出版社1984年版，第372页。
③ 《周扬文集》第2卷，人民文学出版社1985年版，第336页。

发20世纪50—60年代我国关于形象思维讨论的导火线。批评布罗夫而又及时译成中文的论文有阿斯塔霍夫的《论艺术和文学的特征》，该文同年译成中文，载《现代文艺理论译丛》1965年第6期。据资料统计，从1954年初《学习译丛》译载尼古拉耶娃《论艺术文学的特征》一文（即上文《论文学的特征》，译名不同）后，截至1965年年底，先后有20篇专题论文谈形象思维问题，22篇论文涉及这一问题，9本文艺理论教科书、8本文艺理论著作、2本语言学著作，对形象思维问题做了论述。有人认为，"50年代中期中国学人对于一度引进的别林斯基诗定义曾经趋之若鹜，一而再地激起巨大的研究热情"[1]。中国学人关于形象思维的这些论述从总体上与苏联在论证这一问题时所形成的两派之争，有很大的相似之处。

我国美学家大部分赞同形象思维，少部分人反对形象思维。在反对形象思维的学者中，郑季翘特别引人注目。后来成为"中央文革小组"成员的他，"文化大革命"前夕在《红旗》杂志1966年第5期发表了《文艺领域里必须坚持马克思主义的认识论——对形象思维论的批判》的文章，从阶段斗争和意识形态斗争的高度，对形象思维论者做了凌厉的口诛笔伐，认为"现代形象思维论是一个反马克思主义的认识论体系，是现代修正主义文艺思潮的一个认识论基础"，把学术讨论上升到政治斗争的高度，从而为50—60年代我国关于形象思维的争论画上了句号。

二、20世纪70—80年代形象思维论在我国的影响

70年代末80年代初，我国发生了关于形象思维的第二次讨论，其导火线是1977年12月31日《人民日报》刊登了《毛泽东给陈毅同志谈诗的一封信》。这封信也刊登在《诗刊》杂志1978年第1期上。信是1965年写的，信中几次提到"形象思维"。信中说："诗要用形象思维，不能如散文那样直说，所以比、

---

[1] 刘欣大：《"形象思维"的两次大论争》，《文学评论》1996年第6期，第44页。

兴两法是不能不用的。""宋人多数不懂诗是要用形象思维的，一反唐人规律，所以味同嚼蜡。"

在第二次争论中对形象思维的支持已呈一边倒趋势。郑季翘在《必须用马克思主义认识论解释文艺创作》一文中虽然仍然坚持自己的观点，反对把形象思维说成是与抽象思维相对称的特殊的思维规律，但他也不得不承认形象思维是一种表达思想的艺术方式。郑季翘对形象思维的反对已经失去了昔日的棱角，完全处于守势。

有的研究者指出，中国新时期的美学研究，是从探讨形象思维问题起步的。

我国著名美学家朱光潜、蔡仪、李泽厚在这段时期都发表了关于形象思维的文章。朱光潜发表了3篇论述形象思维的文章：《形象思维：从认识角度和实践角度来看》刊于李泽厚主编的《美学》创刊号（上海文艺出版社1979年版）中；《形象思维在文艺中的作用和思想性》刊于《中国社会科学》1980年第2期；《形象思维与文艺的思想性》，为《谈美书简》的第8章，上海文艺出版社1980年版。朱光潜还在1979年出版的《西方美学史》第2版的第20章《关于四个关键性问题的历史小结》之中，专门辟一节谈"形象思维"。

《蔡仪文集》第4卷（中国文联出版社2002年版）中，收入了4篇论述形象思维的文章：在《毛泽东给陈毅同志谈诗的一封信》发表后，蔡仪立即在1978年第1期的《文学评论》上发表《批判反形象思维论》一文；同年写的《诗的比兴和形象思维的逻辑特性》和《诗的赋法和形象思维的逻辑特性》，后来收录在《探讨集》中；他于1979年至1980年间在中国社会科学院研究生院专门讲授形象思维的讲稿——《形象思维问题》，后来收录在1985年出版的《蔡仪美学讲演集》中。

70年代末到80年代初，李泽厚接连发表了四篇讨论形象思维的文章：《形象思维的解放》（《人民日报》1978年1月24日），《关于形象思维》（《光明日报》1978年2月11日），《形象思维续谈》（《学术研究》1978年第1期），《形象思维再续谈》（载《美学论集》，上海文艺出版社1980年版）。

20世纪70年代我国编辑出版的关于形象思维的讨论资料有：复旦大学中文系文艺理论教研组编《形象思维问题参考资料》第1—2辑，上海文艺出版社1978—1979年版；四川大学中文系资料室编《形象思维问题（资料选编）》，四川人民出版社1978年版；《鸭绿江》杂志社资料室编《形象思维资料辑要》，辽宁人民出版社1979年版；《社会科学战线》编辑部编《形象思维问题论丛》，吉林人民出版社1979年版；哈尔滨师范学院中文系形象思维资料编辑组编《形象思维资料汇编》，人民文学出版社1980年；等等。在这众多的资料集中，影响最大的是中国社会科学院外国文学研究所编的一部近50万字的《外国理论家 作家论形象思维》，参加编译的有钱锺书、杨绛、柳鸣九、刘若端、叶水夫、杨汉池、吴元迈等中国社会科学院的重要学者，并于1979年1月由中国社会科学出版社隆重推出。该书用了约八分之七的篇幅介绍俄苏理论家、作家关于形象思维的论述。

胡风是我国最早接触到形象思维理论的学者之一。在20世纪80年代他回忆道："1935年，我评介了苏联文学顾问会编出的《给初学写作者的一封信》。我摘要说明的内容之一，是'形象的思维'这个观点……我省悟到这个观点的重要性，作了一些说明。但只是当作方法（作者的'本领'），没有提到原则性的高度，也没有引起理论批评家的注意。""1942年，我又一次提到了它。我有了进一步的理解，采用了'形象的思维'这个说法，但那是为了批评把这个观点庸俗化地叫做'形象化'的不正确的理解；而仍然是没有正面对这个观点本身做进一步的探讨。"胡风与友人伍禾就此进行的论争，已整整过去半个世纪了，但是"形象思维"还是"形象化"，依然是其后两次大规模论争中肯定论者与否定论者争论的焦点问题。①

---

① 胡风：《"形象的思维"观点的提出和发展》，《艺谭》1984年第3期。

第二节　中苏美学家对形象思维理解的异同

上文已经指出，1954年我国翻译发表了布罗夫的《论艺术内容和形式的特征》和尼古拉耶娃的《论文学的特征》。布罗夫竭力否定形象思维，尼古拉耶娃则充分肯定形象思维，从而引发了我国关于形象思维的第一次讨论。在讨论中，只有少数人赞同布罗夫的观点。这与苏联当时的情况很不相同。苏联美学家中固然有不少人反对布罗夫的观点，但是也有很多人赞同布罗夫。他们不一定赞同布罗夫的最终结论，但是认可布罗夫提出问题的思路，并按照这种思路与布罗夫展开争论。

布罗夫的这篇论文涉及两个问题：第一，否定形象思维；第二，形象思维不是艺术的本质特征，艺术的本质特征应该从艺术的特殊对象中去寻找，由此引出艺术的审美本质问题。我国当时只有个别学者注意到布罗夫所提出的第二个问题，大部分学者则忽略了这个问题，以至我国的艺术本质意识形态论错失了及时转换为艺术审美本质论的时机。这种转换是在80年代完成的，整整晚了三十年。

一、布罗夫论文的价值

只有在苏联美学发展的背景中，才能更好地理解布罗夫这篇论文的价值。在苏联美学发展的最初二十年中，面对当时政治思想斗争的情况，美学家们把注意力集中在思想宣传的任务上，并对艺术中的唯心主义和形式主义展开批判。当时看重的是艺术内容的意识形态方面，艺术是意识形态的一种，它就像政治、法律、哲学一样，应该表现社会观点和艺术家本人的理想。根据这种观点，艺术作品内容中最主要的、起决定作用的是思想倾向性，而不是对现实生活反映的真实性。这段时期内，庸俗社会学的观点盛行。

20世纪30年代庸俗社会学遭到批判，这导致了另一个极端。美学家们开始尽量少谈艺术作品的思想倾向性，而把反映现实生活的真实性作为评价艺术作品的标准。恩格斯对巴尔扎克小说内容的政治经济方面的意义所做的高度评价，使人把艺术和科学相联系。而别林斯基所说的艺术和科学之间的区别，"根本不在于内容，而在处理特定内容时所用的方法"，容易使人得出结论：无论艺术还是科学，它们都是对生活的反映，就内容而言，它们基本上是同一的。著名美学家涅陀希文在《艺术概论》一书（中译本由朝花美术出版社于1958年出版）中写道："人可以用各种方法认识现实，艺术和科学就是两种认识现实的方法。目的和对象的相同使二者接近起来。艺术和科学的任务都是认识客观现实。就这一点来看，科学和艺术只不过是社会的人用来认识周围世界的不同形式罢了。"①

涅陀希文在《艺术概论》一书中问道：艺术与科学之间的区别何在呢？他回答说："我们可以根据别林斯基的'艺术是寓于形象的思维'这一定义来给艺术的本质下定义。按照别林斯基的看法，艺术和科学同样是认识现实的，不过艺术是用形象来认识现实，而科学则是用概念来认识现实。"②然而，形象不仅存在于艺术之中，而且存在于科学、哲学、道德之中。不过，艺术所创造的形象和科学所创造的形象之间存在着巨大差异，艺术中的形象具有独立意义，而科学中的形象只起辅助作用。这样，就产生了新的问题：如果艺术和科学都是同样地反映生活，它们的内容没有根本区别，为什么它们的形象会出现本质区别呢？既然艺术反映现实的任务已为科学所完成，为什么艺术还要作为社会的特殊领域而存在呢？

为了解决这些问题，苏联美学中出现了决定性的转折。在这种转折中，布罗夫是一个标志性的人物。他在《哲学问题》1953年第5期上发表的《论艺术内容和形式的特征》一文，就是要解决艺术作为意识形态的特殊性问题。以前的美学主要从艺术和其他社会意识形态的共同性来考察艺术，甚至把艺术和哲学、社会学、政治学等社会意识形态混为一谈。后来在研究艺术的特殊性时，

---

① 涅陀希文：《艺术概论》，莫斯科1953年版，第13页。

② 涅陀希文：《艺术概论》，莫斯科1953年版，第14页。

又只从艺术形式方面来考察艺术的特征。这种理论家所关心的是如何、用什么方法反映现实，而不是现实中什么东西在何种程度上得到反映。布罗夫论证了艺术的特殊对象的存在，这种对象不同于科学的对象，艺术的特殊对象决定了艺术的本质。布罗夫在《哲学问题》1951年第4期上发表的《论艺术概括的认识论特性》一文就已经指出，"应该考虑到艺术对象的特性，并以这一特性为出发点"[①]。

　　布罗夫的《论艺术内容和形式的特征》一文在苏联美学界引起极大反响，很多人不一定赞同布罗夫对艺术特殊对象的界定，但是赞同他关于艺术特殊对象的判断，赞同他关于艺术的特殊对象决定艺术的本质的观点。这篇文章成为苏联审美学派的先声，由艺术特殊对象的探讨产生了艺术审美本质的结论。莫斯科大学教授、自然派的主要代表波斯彼洛夫称这种认识是苏联美学中的"一个新的倾向，这种倾向乃是从前的那种倾向的对立面"[②]。波斯彼洛夫接着写道："当然，并非所有的艺术理论家们都转到了新的立场上来了。在现在还能碰到一些这样的人，他们顽固地站在从前的立场上，顽固地认为，艺术和科学及其他社会认识种类的区别，仅仅在于艺术的形象性。但是，这不过是一些数量不多的和无精打采的'残余分子'，现在和他们相对立的却是人数众多的和乐天开朗的'革新者们'。"[③]波斯彼洛夫是审美学派的反对者，所以他给"革新者们"打上了引号，他的这段文字是1965年写的，他也不得不承认，革新者已经人数众多。这说明，布罗夫的文章发表十多年后，大部分苏联美学家都否定了艺术本质的形象思维论。

　　就布罗夫的《论艺术内容和形式的特征》一文发表的时间而言，中苏美学

---

① 布罗夫：《论艺术概括的认识论特性》，斯韧译，载中国社会科学院外国文学研究所外国文学研究资料丛刊编辑委员会编：《外国理论家 作家论形象思维》，中国社会科学出版社1979年版，第255页。

② 中国社会科学院外国文学研究所外国文学研究资料丛刊编辑委员会编：《外国理论家 作家论形象思维》，中国社会科学出版社1979年版，第584页。

③ 中国社会科学院外国文学研究所外国文学研究资料丛刊编辑委员会编：《外国理论家 作家论形象思维》，中国社会科学出版社1979年版，第584页。

家对它的态度也有很大区别。苏联美学界对它的关注度比中国美学界高得多，对它的评价也比中国美学界积极得多。既然布罗夫的这篇文章成为审美学派的先声，那么，布罗夫在审美学派中占有什么地位呢？准确地回答这个问题，能够更好地判断布罗夫这篇文章的价值。我们还是看一下波斯彼洛夫的说法，他认为，在该文发表后的近几年，斯托洛维奇、包列夫、万斯洛夫、塔萨洛夫、潘席特诺夫、戈尔津特利赫特（布罗夫也用自己的方式）"特别热情地"宣传艺术的新观点。"可以说，他们是我们的一般艺术学中的'审美学派'。他们写了很多。他们互相支持，结成了统一战线，尽管在他们之间也存在着某些分歧和不同看法。"①

波斯彼洛夫对审美学派代表人物的排名顺序不是随意的，它表明斯托洛维奇是审美学派最主要的发言人。波斯彼洛夫特地用括弧标明"布罗夫也用自己的方式"宣传艺术的新观点，原因有二：第一，审美学派把艺术的特殊对象说成是现实的审美属性，正是这种对象决定了艺术的审美本质。而布罗夫把艺术的特殊对象说成是人，他写道："艺术对象的特征在于：艺术是把人作为活的整体在其现实环境及其对环境的态度中加以把握的。"②第二，审美学派的代表不把艺术看作一种认识，不把美学看作一种认识论，而布罗夫仍然用认识论观点看待艺术。

在20世纪50年代，我国有两位学者比较重视布罗夫的《论艺术内容和形式的特征》一文。一位是钱谷融，他在《论"文学是人学"》一文中提出的最主要的观点是文学的对象并非现实生活，而是人。他自己说，这种观点来自布罗夫的这篇文章。正因为人的生活始终是艺术的真正的内容，所以高尔基并非偶然地建议称文学为"人学"。另一位是毛星，他赞同布罗夫的观点，反对形象思维。他在《论文学艺术的特性》一文中写道："就思维来讲，文艺的特性，

---

① 中国社会科学院外国文学研究所外国文学研究资料丛刊编辑委员会编：《外国理论家 作家论形象思维》，中国社会科学出版社1979年版，第584页。

② 布罗夫：《论艺术内容和形式的特征》，载《学习译丛》编辑部编译：《苏联文学艺术论文集》，学习杂志社1954年版，第125页。

正象别的事物也有特性一样，不表现在思维的方法而表现在思维的内容。"①
钱谷融和毛星都注意到艺术的特殊对象问题，并认为艺术的特性只能在艺术的
内容中去寻找，可是他们都未能深入一步，提出关于艺术本质的新观点。

二、对形象思维的理解

中国学者对形象思维的理解与苏联学者有不同之处，但是相同之处占主要
地位。

1. 反对者的观点

20世纪50年代，我国反对形象思维的主要人物有郑季翘、毛星和马奇。郑
季翘主要从政治方面反对形象思维，从学术方面反对形象思维并且比较有深度
的是毛星。我国有的研究者指出，我国的反对"形象思维论者"如毛星"沿袭
了"布罗夫的观点。②

布罗夫在批评许多引用别林斯基关于"艺术是寓于形象的思维"命题的人
时，他的总的观点是：在一般的、逻辑的思维，即用概念的思维以外，并不存
在特殊的、没有概念的、所谓的形象思维。把思维分为逻辑思维和形象思维是
不正确的，因为所谓的形象思维（如果说的是达到完整概括的真实思维），在
自身中应该包括逻辑思维，它非有逻辑思维不可。另一方面，逻辑思维（由于
思维的共同本性）并没有失去形象的因素，也就是说，它具有伴随抽象化过程
或掌握抽象的过程而产生的或多或少明确的表象。

布罗夫认为，形象既有概括性，又有具体性。但是，形象思维中达到的那
种概括只具有简单的性质，它所反映出的本质永远仅仅是部分的，永远不可能

① 复旦大学中文系文艺理论教研组编：《形象思维问题参考资料》第1辑，上海文艺出版社
1978年版，第190页。

② 杜书瀛、钱竞主编，孟繁华著：《中国20世纪文艺学学术史》第3部，中国社会科学出版
社2007年版，第172页。

是全部的，而且缺少的正是能反映最深刻的规律性的方面。抽象思维的特点是能够做深刻的概括，它能够揭示事物的主要本质。真正的、完备的抽象只有在逻辑思维中才可实现。因此，在形象范围里的思维不可能是完备的，不可能做出深刻的概括。如果承认艺术是真正的知识，那么就不能把艺术家的思维归结为形象思维。要阐明和揭示生活中的典型形象，必须达到对生活的深入认识。艺术家所需要的艺术本质，并不是在包括形象在内的简单感性知识基础上得出的概括所能企及的。

布罗夫强调了概念和逻辑在艺术创作中的作用。艺术对于生活中典型的、本质的东西的揭露和再现，要求深刻地理解和完整地概括，而这只在认识的第二阶段即理性认识阶段才有可能，在这一阶段上没有任何东西能够代替概念的作用。许多生动的形象，应该用思想，也就是说用逻辑贯串起来、充实起来，应该把概念吸收进来以便使自身臻于完善。形象思维离不开想象，不能把想象看作一种特殊的、与逻辑方式并存的概括方式，因为它本身根植于逻辑。为使想象臻于完整，只有普通的生活经验、普通的认识和观察是完全不够的，因为想象首先是现象的逻辑在意识中的再现。而为了在意识中再现事物的逻辑，就需要在意识中有逻辑，也就是说，需要逻辑地、抽象地思考。

毛星的基本立论与布罗夫相同，他在《论文学艺术的特性》一文中写道："许多人认为有一种和一般思维完全不同为作家和艺术家所运用的形象思维。因此，不但文学艺术特殊，连作家艺术家的思维也是十分特殊的了。我以为这种说法是不正确的，至少，形象思维这个词是不科学的。"①根据毛星的观点，不能认为作家和艺术家在观察认识现实的过程中有什么与众不同的特别的思维。作家艺术家是注意捕捉事物的形象的，可是不能说这就叫作形象思维。因为像小说家仔细地观察他所研究的事物的形象一样，科学家也要仔细地观察事物的形象，比如植物学家观察植物的形象，动物学家观察动物的形象。如果

---

① 复旦大学中文系文艺理论教研组编：《形象思维问题参考资料》第1辑，上海文艺出版社1978年版，第187页。

这就叫形象思维，那么科学家观察认识现实也在进行形象思维了。在认识现实的过程中，科学家和艺术家都需要感性认识和理性认识。任何科学家都有具体的研究对象，对于他所研究的具体对象，都需要进行极为细致的具体观察，都需要研究具体观察中的一些极为细微的现象。

在关于艺术的对象问题上，毛星的观点和布罗夫相同，都把人作为艺术的主要对象。毛星写道："文学艺术的主要对象是一个个活生生的人，而且着重要研究一个个活生生的人的内心世界，因此一个作家或艺术家需要比一切从事别的劳动的人更仔细地观察、了解一个个活生生的人及人的内心世界，正如一个原子物理学家需要比一切别的人更仔细观察了解原子的性能和活动一样。"①

与布罗夫一样，毛星也十分强调概念在思维活动中的作用。因为思维活动是人认识现实的理性活动，所谓思维必须是大脑认识活动的这一阶段向另一阶段的推移，因此不可能离开概念、推理和判断。"形象思维这个词所以不科学，象上面说的，思维是大脑的一种认识活动，离不开概念、判断和推理，不能只是一堆形象。"②如果只是一些形象，没有任何概念、判断和推理参加，只是把眼睛从这一形象移到另一形象，如何进行思维呢？又如何可以叫作思维呢？

郑季翘在《文艺领域里必须坚持马克思主义的认识论——对形象思维论的批判》一文（《红旗》杂志1966年第5期）中，批判了现代形象思维论的一个代表作——苏联女作家尼古拉耶娃在苏联《哲学问题》杂志1953年第5期上发表的长文《论艺术文学的特征》，也批判了苏联《共产党人》杂志1955年第18期上发表的《关于文学艺术中的典型问题》的专论和《共产党人》杂志1958年第1期上发表的该杂志编委伊凡诺夫的论文《谈谈艺术的特征》中关于形象思

---

① 复旦大学中文系文艺理论教研组编：《形象思维问题参考资料》第1辑，上海文艺出版社1978年版，第191页。

② 复旦大学中文系文艺理论教研组编：《形象思维问题参考资料》第1辑，上海文艺出版社1978年版，第197页。

维的观点，还批判了被打成反革命分子的胡风、被打成右派分子的《文艺报》编委陈涌和另一名被打成右派分子的周勃支持形象思维的观点。在郑季翘的眼中，形象思维论是修正主义者、反革命分子和右派分子的观点。

2. 支持者的观点

20世纪50—60年代我国的形象思维论者的观点与苏联学者相类似，特别是被郑季翘称为形象思维代表作的尼古拉耶娃的《论艺术文学的特征》一文在当时产生了很大影响。尼古拉耶娃认为，形象思维和逻辑思维是两种独立存在的思维，它们之间既有区别，又有联系。思维过程是通过具体的表象、抽象、概念、对现实法则的理解等形式来进行的。逻辑思维和形象思维的区别在于："在逻辑思维过程中，人从具体到抽象，即人从次要的特征中抽出一切主要的特征，从一切细节中理出主要的东西，使现象的本质以其最明显的形式呈现出来。形象思维过程本质上不同于逻辑思维的过程，因为在形象思维过程中，对现象本质的概括和认识，一开始就是与对具体感性的特征和细节的选择紧密地联系在一起的。现象的本质是通过这些具体感性的特征和细节而最充分、最富有感染力地表现出来的。"[1]逻辑思维是，从一切非本质的东西、从一切有感染力的具体感性的因素中抽象出事物的本质。而形象思维，不但保留，而且选择具体事物中那些明显表现出某些现实现象的一般本质的、感性的、有感染力的因素，并把它们特别地集中起来。

另一方面，形象思维和逻辑思维有具有共同性，不能把形象与概念作为思维的范畴对立起来。尼古拉耶娃写道："形象决不是意识中具体事物的消极反映，它与概念一样，是通过对具体表象的复杂改造的方法而形成的。具体的感性表象是形象思维的基础，也是逻辑思维的基础。"[2]形象思维与逻辑思维一

---

① 尼古拉耶娃：《论艺术文学的特征》，载《学习译丛》编辑部编译：《苏联文学艺术论文集》，学习杂志社1954年版，第168页。

② 尼古拉耶娃：《论艺术文学的特征》，载《学习译丛》编辑部编译：《苏联文学艺术论文集》，学习杂志社1954年版，第148页。

样，不仅反映个别事物，而且也反映个别事物与其他事物的相互联系和关系。形象思维完全可以揭示生活现象中最本质的特征，认识和理解生活中的典型事物。

在我国学者中，肯定形象思维是文艺创作基本特征的学者占据争论的主流地位。《毛泽东给陈毅同志谈诗的一封信》在1977年12月31日发表后，对形象思维的肯定更是呈一边倒的态势。社会科学战线编辑部编、吉林人民出版社于1979年出版的《形象思维问题论丛》收录了22篇文章（编者没有注明这些文章的出处），都是肯定形象思维的。尼古拉耶娃关于形象思维和逻辑思维是两种独立存在的思维、它们之间既有区别又有联系的观点，得到我国一些研究者的赞同。霍松林在《试论形象思维》一文（《新建设》1956年5月）就明确指出："形象思维和逻辑思维是认识现实的不同形式。形象思维是艺术的思维，艺术家通过形象思维认识现实，用具体的形象表现认识现实的结果。逻辑思维是科学的思维，科学家通过逻辑思维认识现实，用抽象的概念表述认识现实的结果。形象思维和逻辑思维各有其特殊性，因而不应该把它们等量齐观；但它们又有其共同性，因而也不应该把它们对立起来。"①

我国很多研究者都根据别林斯基的有关论述，认为逻辑思维和形象思维两者之间内容相同而形式不同，并由此引申出形象思维是文学艺术的特殊法则的观点，强调这是对文学艺术的性质、含义的最基本的理解。文学艺术上的许多问题都基于对这个特殊法则的不同理解而产生。形象思维是作家和艺术家为了构造艺术形象，而采用的一种特殊的思维方式。以群主编的《文学的基本原理》指出，形象思维的特点和"精义"在于创作过程中，"思维不能脱离具体事物的形象和通过具体事物的形象进行思维的精义"②。由于该书是教科书的缘故，这种说法得到广泛的传播。

我国学者在阐述逻辑思维和形象思维的区别时，所使用的话语与我们上述

---

① 霍松林：《试论形象思维》，载复旦大学中文系文艺理论教研组编：《形象思维问题参考资料》第1辑，上海文艺出版社1978年版，第19页。

② 以群主编：《文学的基本原理》上册，上海文艺出版社1963年版，第190页。

援引的尼古拉耶娃的有关论述也颇为相似。蒋孔阳写道："形象思维与逻辑思维的区别，不在于一个纯粹是感性的，一个纯粹是理性的。它们之间的区别，是在于认识现实的方式不同。逻辑思维是通过概念的形式，从现实中个别的具体的事物中，抽象出它们本质的规律，以得出一般的法则。形象思维则是通过形象的方式，就在个别的具体的具有特征的事件和人物中，来揭示现实生活的本质规律。"①蒋孔阳在书中还直接引用了尼古拉耶娃在《论艺术文学的特征》一文中的有关论述。

形象思维和逻辑思维有区别，但是，它们既然都是思维，就要遵循思维的一般规律，所以它们之间又有联系。在论述形象思维和逻辑思维的联系时，我国研究者的观点也与尼古拉耶娃相类似。"形象思维与逻辑思维不仅是互相渗透的，互相辅助的，而且，形象思维是在不断地利用逻辑思维的成果上，再来构造艺术形象的。""形象思维所要反映和认识的，并不是一些个别的偶然的表面的生活现象，而是具有本质特征的符合于现实发展的客观规律的一些生活现象。"②

1959年李泽厚在《试论形象思维》一文（《文学评论》1959年第2期）中肯定了形象思维。他在这篇文章中开宗明义地指出："第一个问题，有没有形象思维？答曰：有。"③他认为："思维，不管是形象思维或逻辑思维，都是认识的一种深化，是人的认识的理性阶段。人通过认识的理性阶段才达到对事物的本质的把握。"④形象思维的特点是个性化与本质化同时进行。"在整个过程中思维永远不离开感性形象的活动和想象"⑤。相反，在这种过程中，形象的想象愈来愈具体、愈生动、愈个性化。逻辑思维是形象思维的基础，它会

---

① 蒋孔阳：《形象思维与逻辑思维》，载复旦大学中文系文艺理论教研组编：《形象思维问题参考资料》第1辑，上海文艺出版社1978年版，第97页。

② 蒋孔阳：《形象思维与逻辑思维》，载复旦大学中文系文艺理论教研组编：《形象思维问题参考资料》第1辑，上海文艺出版社1978年版，第122页。

③ 李泽厚：《美学论集》，上海文艺出版社1980年版，第226页。

④ 李泽厚：《美学论集》，上海文艺出版社1980年版，第230—231页。

⑤ 李泽厚：《美学论集》，上海文艺出版社1980年版，第231页。

随时插入到形象思维中去，但它不可以替代形象思维任何一部分。李泽厚这篇文章的观点与尼古拉耶娃颇为接近，他的结论"形象思维是个性化与本质化的同时进行"，与尼古拉耶娃的表述也有相似之处。尼古拉耶娃写道："形象思维的特征是：在形象思维中对事物和现象的本质的揭示、概括是与对具体的、富有感染力的细节的选择和集中同时进行的。"①20世纪70年代末到80年代初，李泽厚接连撰写了四篇讨论形象思维的文章：《形象思维的解放》（《人民日报》1978年1月24日），《关于形象思维》（《光明日报》1978年2月11日），《形象思维续谈》（《学术研究》1978年第1期），《形象思维再续谈》（载《美学论集》，上海文艺出版社1980年版）。与50年代相比，李泽厚的观点已经有了很大修正。实际上，李泽厚的观点在60年代初期就起了变化，他在1963年发表的《审美意识与创作方法》（《学术研究》1963年第6期）中指出，"'形象思维'作为严格的科学术语，也许并不十分妥贴，因为并没有一种与逻辑思维相平行或独立的形象思维，人类的思维都是逻辑思维（不包括儿童或动物的动作'思维'）"②，这时候他已经否定形象思维的存在了。

李泽厚认为，所谓形象思维，本意是指创造性的艺术想象活动，即艺术家在第二信号系统渗透和指引下，第一信号系统相对突出的一种认识性的心理活动，它以逻辑思维为基础，本身也包括逻辑思维的方面和成分，但并不等同于一般的抽象逻辑思维，而包含着更多的其他心理因素。在哲学认识论上，它与逻辑思维的规律是相同的。

布罗夫也曾经运用巴甫洛夫关于第一信号系统和第二信号系统的学说来阐述艺术思维问题。巴甫洛夫把我们对周围世界的感觉和周围世界的表象称为事物的第一信号系统，而把对现实的抽象和概括称为第二信号系统。第一信号系统和第二信号系统既有区别，又有联系。这两者处在密切的相互联系中，因此，人的第一信号系统和动物的第一信号系统已经有了质的区别。布罗夫写

① 尼古拉耶娃：《论艺术文学的特征》，载《学习译丛》编辑部编译：《苏联文学艺术论文集》，学习杂志社1954年版，第182页。

② 李泽厚：《美学论集》，上海文艺出版社1980年版，第362页注①。

道："在人的心理中根本不可能在感性因素和理性因素之间划出清楚的界限，因为第二信号系统能渗透到第一信号系统中去，并反过来对它起调整作用。所以，就象对于人说来不存在没有知觉和表象的思维一样，也不存在没有思维的知觉和表象。"[①]第二信号系统虽然渗透到感性认识，但是没有把它们与自己等同起来。感性和抽象之间质的区别无疑是存在的，完备的概括只有在认识的第二阶段即在抽象思维中才有可能。

李泽厚在1979年的《形象思维再续谈》一文中提出了关于形象思维的最新看法。他明确表示形象思维并非思维，它不过是艺术创作过程中的创造性的想象，是包含想象、情感、理解、感知等多种心理因素、心理功能的有机综合体。其中包含思维因素，但是不能归结为、等同于思维。同理，他反对把艺术说成是一种认识："把艺术简单说成是或只是认识，只用认识论来解释艺术和艺术创作，这一流行既广且久的文艺理论，其实是并不符艺术欣赏和艺术创作的实际的。""艺术包含认识，它有认识作用，但不能等同于认识。"[②]相应地，也不能把美学仅仅看作一种认识论。这种观点比起他在20世纪50—60年代美学大讨论中把艺术看作一种认识、仅仅从认识论观点看待艺术的观点，已经有了很大变化。

---

① 中国社会科学院外国文学研究所外国文学研究资料丛刊编辑委员会编：《外国理论家 作家论形象思维》，中国社会科学出版社1979年版，第290页。

② 李泽厚：《美学论集》，上海文艺出版社1980年版，第560页。

第九章　典型研究

　　典型化是艺术创作的基本规律。"典型"（Tupos）这个术语在希腊文中的原义是铸造用的模子。同一个模子脱出来的东西都是一样的，这些东西具有一种共性和普遍性。因此，典型性与共性、普遍性密切相关。西方美学史上最早的典型观点是亚里士多德在《诗学》第九章比较诗和历史的区别时提出来的："诗所描述的事带有普遍性"，"所谓'有普遍性的事'，指某一种人，按照可然律或必然律，会说的话，会行的事，诗要首先追求这目的，然后才给人物起名字。"[①]亚里士多德虽然没有使用典型这个术语，然而他的典型观是清楚的：诗所写的是个人，但须见出普遍性。不过，在个性和共性、特殊性和一般性的统一中，晚年亚里士多德是倾向共性和一般性的。他在《修辞学》中把典型等同于类型。在他的影响下，从罗马时代的贺拉斯一直到17世纪的新古典主义都把类型当成典型。

　　文艺复兴运动以后，启蒙主义和浪漫主义提出的典型理论把重点放在个性特征的强调上。鲍姆嘉敦说："个别的事物都是完全确定的；所以个别事物的

_____

　　① 亚里士多德、贺拉斯：《诗学　诗艺》，罗念生、杨周翰译，人民文学出版社1962年版，第29页。

观念最能见出诗的性质。"①德国古典美学重新从个别性与普遍性的统一中来
理解典型。黑格尔写道："理念就是符合理念本质而现为具体形象的现实，这
种理念就是理想。"②这里的"理想"就是典型，它是显现了普遍理念的个别
形象。在《精神现象学》中，黑格尔提出"这个"的概念，每一个"这个"单
个人都包含着许多"这个"，因此"这个"既是个别的，又是普遍的。

第一节　20世纪30—40年代我国的典型理论

为了阐述20世纪30—40年代我国的典型理论，有必要了解19世纪以来典型
理论的产生过程。典型这个术语是伴随着对现实主义的研究而广泛流传开来
的。

一、现实主义和典型

现实主义在文学艺术中通常指19世纪30年代以后在欧洲文学艺术运动中取
代浪漫主义而占主导地位的文艺流派。但是，1930年以前，在欧洲作家和批评
家的头脑中还根本没有关于艺术的现实主义概念。稍后，这个概念才形成，
并且成为新的纲领性的创作原则。在英国文学中，现实主义是在18世纪后半期
至19世纪前半期中逐渐发展起来，代表人物是狄更斯，他在他的第一部社会学
长篇小说《奥列佛·推斯特》（今常译"《奥立弗·退斯特》"）的序言中，
认为自己的写作任务是"展示严峻的真实"，他认为任何粉饰缺点的企图都
是"浪漫主义的"。这表明，他近乎承认自己是现实主义者。19世纪30年代前
夕，法国现实主义在巴尔扎克和司汤达的创作中得到高度发展。巴尔扎克对

---

① 北京大学哲学系美学教研室编：《西方美学家论美和美感》，商务印书馆1980年版，第
143页。

② 黑格尔：《美学》第1卷，朱光潜译，商务印书馆1979年版，第92页。

现实主义的认识比狄更斯更加深入，他写道："文学是社会的反映。这个真理……乃是智慧的观察、深入研究民族与诗歌的历史的总结。"他把自己命名为《人间喜剧》的整个系列社会小说看成是"当代法国社会的历史"。[①]

但是，用"现实主义"来命名这个流派，则是19世纪50年代以后的事。巴尔扎克虽然是19世纪欧洲现实主义文学的奠基者，但是他在浪漫主义作家中间活动，并没有找到现实主义这个名称，他自认为是浪漫主义作家。巴尔扎克去世后，他的崇拜者法国作家尤桑（笔名尚夫勒利）出版了《现实主义》一书，才在序言里试图提出类似现实主义创作的纲领。尤桑的学生杜朗蒂创立了以《现实主义》为名的杂志（1856—1857，共出6期），于是有了文艺中的"现实主义"这一正式名称的流派，"现实主义"的术语在欧洲文艺界流行开来。

普希金借鉴英国和法国现实主义文学和理论中的成就，实现了创作向现实主义的过渡。他的长篇小说《叶甫盖尼·奥涅金》成为俄国现实主义文学登上世界舞台的先驱。他在1830年为《波里斯·戈都诺夫》撰写前言时，得出了适用于戏剧的类似现实主义的定义，认为戏剧描绘"可能情境下感觉的逼真"[②]。别林斯基根据当时西欧和俄国文学，特别是果戈理的创作，在《1843年的俄国文学》一文中阐述了现实主义的本质，但是他还没有使用"现实主义"的术语，而代之以"自然主义"。在19世纪50年代后半期，别林斯基的观点在车尔尼雪夫斯基和杜勃罗留波夫论述现实主义的理论中得到发展，他们使用在法国理论界已经通用的"现实主义"术语代替了"自然主义"的术语。由此可见，相对于文学流派来说，文学思潮是在较晚的发展阶段上形成的。"并非……文学思潮赋予文学流派以生命，前者包孕后者；而是相反，文学流派在其发展的某个阶段上能够形成统一的思潮，而在这以前或以后，能够在思潮之

---

① 巴尔扎克：《随想》（对列图什作品的评论），转引自波斯彼洛夫：《文学原理》，王忠琪、徐京安、张秉真译，生活·读书·新知三联书店1985年版，第201—202页。

② 波斯彼洛夫：《文学原理》，王忠琪、徐京安、张秉真译，生活·读书·新知三联书店1985年版，第203页。

外而存在。"①

现实主义替代浪漫主义走上历史舞台，有其深刻的社会历史原因。19世纪资本主义社会阶级矛盾日益激化，自然科学和唯物主义的发展促使人们用比较客观的态度来观察世界，这样，文学艺术中客观描写社会现实生活的现实主义，就逐步代替了耽于主观幻想的浪漫主义。现实主义在深入地观察生活的基础上，强调从人物和环境的联系中塑造典型性格。巴尔扎克在《人间喜剧》的导言中指出，不仅仅是人物，就是生活上的主要事件，也用典型表达出来。有在形形色色的生活中表现出来的处境，有典型的阶段，而这就是自己刻意追求的一种准确。巴尔扎克还以雕像为例，说明典型的特点。一具石膏像可以准确地表达出人物的外形，但这还不是典型。雕刻家的刻刀所选择的是人物的本质特点，他把人物的精神面貌呈现在我们面前，这才是典型。如果你照着自己爱人的手塑造一个石膏模型，再把这个模型摆在自己面前，你就会看到一具毫不相似的可怕的尸体。而雕刻家虽然没有做出准确的摹写，然而传达出了生命的运动。所以，艺术家必须抓住事物的精神、意义和面貌。

别林斯基对典型理论的贡献首先在于充分肯定了典型化是现实主义的艺术法则，他指出"典型是创作的基本法则之一"。他写道："如果在长篇小说或中篇小说里，没有形象和人物，没有性格，没有任何典型的东西，那么，无论它所叙述的一切是怎样忠实而精确地从自然中摹写下来的，读者也不会在这里找到任何自然性，看不出任何正确觉察到的、巧妙地把握住的东西。在他眼里，人物会互相混淆起来；他会在故事里看到一团混乱的不可理解的事件。破坏艺术法则，是不可能不受到惩罚的。"②

其次，别林斯基明确提出典型是概括和个性化、抽象和具体化不可分割的统一体。他在阐述典型化这一艺术创作的基本规律时写道："既要使一个人物

① 波斯彼洛夫：《文学原理》，王忠琪、徐京安、张秉真译，生活·读书·新知三联书店1985年版，第205页。

② 别林斯基：《1847年文学概观》，载《别林斯基全集》第3卷，莫斯科1956年版，第789—790页。

表现许多人物完整的特殊世界，又要使他是一个完整的、具有个性的人物。只有在这种情况下，只有使这些对立性协调起来，他才能成为典型人物。"①别林斯基认为，典型化是概括和个性化不可分割的、相互渗透的统一体。在创作的时候，概括和个性化的过程是同时进行的。典型化过程是概括和个性化这两个矛盾因素相互渗透的过程，它们是不可分割的紧密的统一体。

再次，别林斯基认为，艺术真实可以由各个不同的艺术家，甚至同一个艺术家通过许多艺术典型体现出来。体现同一个客观真实的艺术典型，其数量在原则上是无限制的。关于这条原则，别林斯基写道，商人的本质和思想只有一个，"但商人的典型却是极不相同的。果戈理的泼留希金是丑恶的，令人讨厌的，这是一个喜剧人物。普希金的男爵是令人非常可怕的，这是一个悲剧人物。这两个人都是极其真实的"。别林斯基指出，无论泼留希金，还是男爵，"都浸透着同样一种卑鄙的欲望，但他们毕竟没有丝毫相像的地方，因为他们两个都不是他们所表现的那种思想的讽喻化身，而是生动的人物，他们身上的共同缺点各有各的独特表现"。②

最后，典型化的重要手段是幻想、想象和艺术虚构。别林斯基写道："我们把'理想'不是理解为夸张，不是理解为谎言，不是理解为幼稚的幻想，而是理解为如实的现实中的事实；但这不是现实摹写下来的事实，而是透过诗人的想象、被一般的（而不是特别的、局部的和偶然的）意义的光芒所照亮的、升高为创造的珍品的事实，因此，它比盲目地摹写现实之忠实于原物更加酷肖它自己，更加忠实于它自己。"③

别林斯基典型观的哲学基础是对艺术与其他社会意识形态的重大区别的比较研究。科学通过抽象的概念、规律、公式、定理反映自然界和社会的客观规律，而艺术则通过具体可感的形象再现现实生活中的本质方面。科学的概念和规律、哲学的范畴是从具体的、个别的事物中抽象出来的，其中没有丝毫的

---

① 《别林斯基全集》第4卷，莫斯科1956年版，第73页。
② 《别林斯基选集》第3卷，莫斯科1955年版，第622页。
③ 《别林斯基选集》第2卷，莫斯科1955年版，第460页。

感性，而艺术形象在表现所描绘的现象的实质时，保持它们具体可感的特征，正如别林斯基所说，艺术中"富有诗意的思想不是三段论法，不是教条，不是规则，而是炽烈的热情，是一种激情"①，这使得艺术典型既是色彩鲜明的形象，又是一种深刻的概括。

车尔尼雪夫斯基批评了把典型化和个性化对立起来的做法，他反对一些艺术理论家把典型性格确定为实际性格的真髓。他写道："事物的真髓通常并不和事物本身一样：茶素——不是茶，酒精——不是酒；实际上，一些'著作家'就是按照上述原则做的，他们给我们提供的不是人而是用满身恶习的怪物和冷酷人物的形式表现出来的英雄主义和仇恨的真髓。"②

别林斯基的典型理论成为俄苏美学乃至中国美学关于典型问题论述的重要理论依据。

二、恩格斯关于典型的论述

苏联美学界和文艺理论界关于典型问题的讨论，在20世纪30年代重新活跃起来。这与恩格斯致哈克奈斯关于现实主义的信的俄译本第一次发表有关。1932年出版的《文学遗产》第2卷发表了恩格斯致哈克奈斯的信的俄文译文。令人感兴趣的是，译文中关于现实主义定义中最重要的部分的译法在后来有所改动。恩格斯关于现实主义定义的译文是："现实主义除了指细节的真实性之外，就是指传达典型环境中的典型性格的正确性。"③

这种译法一直保持到1938年，例如，这一年出版的《马克思恩格斯论艺术》第2卷写道："现实主义……就是指传达……典型性格的正确性。"④然而，在1940年出版的第一部马克思和恩格斯的文集中，译法改变了，"传

① 《别林斯基选集》第3卷，莫斯科1955年版，第378页。
② 《车尔尼雪夫斯基哲学选集》第1卷，莫斯科1950年版，第130—131页。
③ 《文学遗产》第2卷，莫斯科1932年版，第1页。
④ 《马克思恩格斯论艺术》第2卷，莫斯科1938年版，第163页。

达典型环境中典型性格的正确性"换成了"再现典型环境中典型性格的真实性"①。由于这个版本的权威性，这种译法一直保留下来。1957年出版的两卷本的《马克思恩格斯论艺术》写道："现实主义……就是指再现典型环境中典型性格的真实性。"②中译本也采用了这种译法③。在《马克思恩格斯文集》第2版中，这段话的译法略有变化，但是实质没有改变："现实主义……要求真实地再现典型环境中典型性格。"④

波斯彼洛夫主张采用第一种译法。恩格斯用英语写的这封信，英文词"truth"在不同的场合可以译成"正确性"或者"真实性"。从恩格斯这段话的上下文出发，并且参照他关于这个问题的其他言论，这里应该译成"正确性"。恩格斯在这里所说的是再现"性格"对典型环境而言的"正确性"，是前者符合后者的正确性。这个词的德文译法是"die getreue wiedergabe"，就是"正确性"，波斯彼洛夫认为这种译法完全正确。

恩格斯所说的"典型环境"，不是人物的日常生活条件，不是他们的个人的关系，而是这些人物的生活和活动所处的时代和国家的社会关系。"作品的现实主义主要的就在于作家应让自己的主人公们，按照他们所处的时代和国家的社会关系，即'典型环境'所造成的他们的社会性格特点和这种性格的内在规律来行事（欲望、行动、思考、感觉、说话）。""在恩格斯看来，'典型性格'不单纯是个别的个性，而是那些能够在自己的特征中，明确而有力地体现出社会生活的某些本质特点的个性。他们是社会历史性格的典型体现。"⑤

① 《马克思恩格斯文集》第28卷，莫斯科1940年版，第27页。

② 《马克思和恩格斯论艺术》第1卷，莫斯科1957年版，第11页。

③ 《马克思恩格斯论艺术》第1册，曹葆华译，人民文学出版社1960年版，第9页。

④ 《马克思恩格斯文集》第37卷，莫斯科1965年版，第35页。

⑤ 波斯彼洛夫：《文学原理》，王忠琪、徐京安、张秉真译，生活·读书·新知三联书店1985年版，第379、377页。

三、我国早期的典型观及其理论资源

在我国早期的典型观中，鲁迅的典型理论值得重视。他的典型观充分体现了共性和个性的统一，他认为作家"取人为模特儿"大致有两种方法："一是专用一个人，言谈举止，不必说了，连微细的癖性，衣服的式样，也不加改变。""二是杂取种种人，合成一个。"①鲁迅本人是用后一种方法的。他自述创作小说："人物的模特儿也一样，没有专用过一个人，往往嘴在浙江，脸在北京，衣服在山西，是一个拼凑起来的脚色。"②

20世纪30年代，我国学术界关于典型的讨论，在理论资源方面，明显受到俄苏美学的影响。1931—1933年，苏联《文学遗产》发表了马克思和恩格斯分别致斐·拉萨尔的信，恩格斯致保·恩斯特、玛·哈克奈斯、敏娜·考茨基的信，苏联美学界和文艺理论界立即掀起了关于典型问题的讨论。在马克思和恩格斯这些信件以及苏联美学界讨论的启发下，我国也展开了关于典型问题的讨论。

马克思和恩格斯的这五封信是在1859—1890年之间写的，它们的俄文版本在20世纪30年代初发表后，瞿秋白很快将它们译成中文。瞿秋白在阐述恩格斯关于"典型环境中的典型性格"时，提出艺术要表现"典型化的个性"和"个性化的典型"。关于典型，恩格斯有两段话最为精要。他在致哈克奈斯的信中指出："据我看来，现实主义的意思是，除细节的真实外，还要真实地再现典型环境中的典型人物。"③他在致敏娜·考茨基的信中指出："对于这两种环境里的人物，我认为您都用您平素的鲜明的个性描写手法刻画出来了；每个人都是典型，但同时又是一定的单个人，正如老黑格尔所说的，是一个'这个'，而且应当是如此。"④

---

① 《鲁迅全集》第6卷，人民文学出版社2005年版，第537、538页。
② 《鲁迅全集》第4卷，人民文学出版社2005年版，第527页。
③ 《马克思恩格斯选集》第4卷，人民出版社1995年版，第683页。
④ 《马克思恩格斯选集》第4卷，人民出版社1995年版，第673页。

自从恩格斯提出了典型理论之后，它被视为我国美学和文艺学的核心问题。根据恩格斯的理论，周扬1933年在《关于"社会主义的现实主义与革命的浪漫主义"》（载《现代》第4卷第1期）、1936年在《现实主义试论》（载《文学》第6卷第1号）、同年在《典型与个性》（载《文学》第6卷第4号）中讨论了典型问题。周扬写道："典型的创造是由某一社会群里面抽出最性格的特征，习惯，趣味，欲望，行动，语言等，将这些抽出来的体现在一个人物身上，使这个人物并不丧失独有的性格。"① 与此同时，胡风1935年在《什么是"典型"和"类型"》中讨论了典型问题，他写道："作者为了写出一个特征的人物，得先从那人物所属的社会的群体里面取出各样人物底个别的特点——习惯、趣味、体态、信仰、行动、言语等，把这些特点抽象出来，再具体化在一个人物里面，这就成为一个典型了。"②

尽管周扬和胡风在典型的某些问题上有过争论（见周扬《现实主义试论》，《文学》第6卷第1号），然而，他们对典型本质的理解以及表述这种理解的话语却惊人地相似，他们关于典型的论述直接脱胎于高尔基1928年的创作自述："假如一个作家能从二十个到五十个，以至从几百个小店铺老板、官吏、工人中每个人的身上，把他们最有代表性的阶级特点、习惯、嗜好、姿势、信仰和谈吐等等抽取出来，再把他们综合在一个小店铺老板、官吏、工人的身上，那么这个作家就能用这种手法创造出'典型'来——而这才是艺术。"③

与别林斯基的典型观相比，周扬和胡风的典型理论退步了。虽然他们也认为典型是共性与个性的统一，但是他们认为在创作中共性和个性分作两步走，先从某一社会群体中抽象出最有代表性的特征，然后把这些特征体现在一个人物身上。这种观点实际上把共性理解为典型的第一个本质特征，把这个特征确

---

① 周扬：《现实主义试论》，《文学》第6卷第1号，第88页。
② 胡风：《什么是"典型"和"类型"》，载傅东华编：《文学百题》，岳麓书社1987年版，第173页。
③ 高尔基：《论文学》，孟昌、曹葆华、戈宝权译，人民文学出版社1978年版，第160页。

定后，才是下一个特征，即个性化。而根据别林斯基的观点，典型化的过程是共性和个性化同时进行并相互渗透的，它们是不可分割的统一体。高尔基多次说过，典型是"根据抽象化和具体化的法则创造出来的"①，典型化是概括和个性化的统一体。如果先有共性，然后用个性来体现，那么，艺术作品中的人物就不会是具有独特个性的栩栩如生的人物，而是"时代精神的单纯的传声筒"②，人的性格实际上变成了"智慧""勤劳""勇敢"等的象征、图解和隐喻。这种个性化被恩格斯称为"拙劣的个性化"。典型化是一个复杂的创作过程，它不是某种社会本质的具体体现。在创作过程中，概括和个性化的过程是同时进行的。

20世纪40年代蔡仪在《新艺术论》（重庆商务印书馆1943年版）和《新美学》（上海群益出版社1948年版）中研究了典型问题。蔡仪认为，现实现象是繁杂和变幻的，艺术不是反映单纯的现实现象，而是要显露现象中晦暗的本质，反映现实的本质。所以，艺术要加工、概括现实，"艺术是现实的典型化"③。

那么，什么是典型呢？蔡仪对典型的理解与他对美的本质的理解密切相关，典型就是美："我们认为美的东西就是典型的东西，就是个别之中显现着一般的东西；美的本质就是事物的典型性，就是个别之中显现着种类的一般。"④ "美的事物就是典型的事物，就是显现着种类普遍性的个别事物。美的本质就是事物的典型性，就是这个别事物中所显现的种类的普遍性。但是种类的普遍性显现于个别事物之中，必得通过这个别事物的特殊性，而不能在个别事物之中显现着单纯的种类的普遍性。"⑤典型就是显现着某个种类的一般性和普遍性的个别事物。例如，一棵树如果显现着树这个种类的普遍性，它就

① 高尔基：《论文学》，孟昌、曹葆华、戈宝权译，人民文学出版社1978年版，第162页。
② 《马克思恩格斯选集》第4卷，人民出版社1995年版，第555页。
③ 蔡仪：《美学论著初编》上册，上海文艺出版社1982年版，第8页。
④ 蔡仪：《美学论著初编》上册，上海文艺出版社1982年版，第238页。
⑤ 蔡仪：《美学论著初编》上册，上海文艺出版社1982年版，第243页。

是典型的树、美的树；一匹马显现着马这个种类的一般性和普遍性，它就是典型的马、美的马。

按照蔡仪的理解，美和典型有高级和低级之分。一个事物所体现的一般普遍性愈大，人们对它的美感就愈强、愈普遍，它就愈是高级的美和高级的典型。反之，该事物所体现的普遍性愈小，不能引起多数人的美感，它就愈是低级的美和低级的典型。一个人如果体现了人这个种类的普遍性，他就是美的人、典型的人，如果他只体现了黄种人这个种类的普遍性，他就是美的黄种人、典型的黄种人。在高级种类范畴里是美的和典型的，只要符合低级种类范畴的条件，在低级种类范畴里也必然是美的和典型的。"就低级的种类范畴来说也是如此，这个人要是典型的人，美的人，那他的当作黄种人应当是典型的黄种人，美的黄种人；他的当作青年人应当是典型的青年人，美的青年人。"①李泽厚批评蔡仪关于美在典型，而典型是物质的一种种类自然本质属性的观点是简单化、机械化的形而上学观点，如果按照蔡仪的理论：典型有高级和低级之分，高级的自然种类属性比低级的美，那么，苍蝇、老鼠、蛇就一定比古松、梅花美了。李泽厚认为这显然只是笑谈。②蔡仪所说的典型是事物的常态，是平均数，实际上指的是类型。

20世纪30—40年代，我国美学界已经认识到，典型是共性和个性的统一。这条大原则之下包括两个问题。第一个是，重点是摆在一般上还是摆在特殊上？另一个问题是，典型化应该从一般出发还是从特殊出发？对于第一个问题，蔡仪主张把重点摆在一般上。对于第二个问题，周扬和胡风都主张从一般出发。

---

① 蔡仪：《美学论著初编》上册，上海文艺出版社1982年版，第255—256页。
② 李泽厚：《美学论集》，上海文艺出版社1980年版，第23—24页。

第二节　20世纪50—80年代苏联话语体系对我国典型理论的影响

20世纪50年代我国关于典型问题的讨论是对苏联关于典型问题的讨论的直接回应。50年代中国的典型理论有两种理论来源：苏共中央领导人马林科夫在苏共十九大总结报告中关于典型的论述，以及1955年第18期的苏联《共产党人》杂志发表的《关于文学艺术中的典型问题》专论。60—80年代我国对典型问题的认识有所深化，但是讨论仍然在"共性与个性的统一"的框架内展开。

一、马林科夫关于典型的论述

在1952年召开的苏共十九大的总结报告中，苏共中央领导人马林科夫阐述了有关典型的理论："典型不仅是最常见的事物而且是最充分地、最尖锐地表现一定社会力量的本质事物。""典型是和一定社会——历史的本质相一致的。""典型是党性在现实主义艺术中表现的基本范畴。典型问题经常是一个政治性的问题。"[1]有的研究者指出，马林科夫的这些论述"也是中国文艺理论界理解这一概念的基本依据"[2]。

值得注意的是，马林科夫第一次用"党性"的概念解释典型，把典型说成是党性的表现。"党性"的术语是列宁在《民粹主义的经济内容及其在司徒卢威先生的书中受到的批评》（1894—1895年初）这部早期著作中首次提出来，用来指人们的社会观点、活动和创作的。他写道："唯物主义本身包含有所谓党性，要求在对事变做任何评价时都必须直率而公开地站到一定社会集团的立场上。"[3]党性指直率、公开地表达和捍卫一定社会集团、阶级、社会运动的观点和利益。

---

① 转引自杜书瀛、钱竞主编，孟繁华著：《中国20世纪文艺学学术史》第3部，中国社会科学出版社2007年版，第162页。

② 杜书瀛、钱竞主编，孟繁华著：《中国20世纪文艺学学术史》第3部，中国社会科学出版社2007年版，第162页。

③ 《列宁全集》第1卷，人民出版社2013年版，第363页。

文学艺术的党性在党派出现之前也是存在的，因为党性来源于文学艺术内容的意识形态特征。所有具有活跃的社会观点的作家的创作，总是有某种程度的党性。恩格斯致敏娜·考茨基的信中写道："悲剧之父埃斯库罗斯和喜剧之父阿里斯托芬都是强烈的倾向诗人，但丁和塞万提斯也是如此。"[①]文艺作品某种思想情感的倾向性，就是作家创作思想的党性表现。

以党性来定义典型，强调了典型的意识形态性，这与恩格斯关于典型的定义已经相去甚远，这是50年代初期苏联美学中的教条主义和庸俗社会学的表现。不过，把典型说成是社会本质的表现，也与对自然主义典型观的批判有关。苏共十九大以后，现实主义艺术中的典型问题成为苏联美学界关注的中心。马林科夫的报告批判了苏联出现的许多平庸乏味的、不能表达苏联现实而是经常歪曲苏联现实的作品的理论基础。这种理论基础认为典型是统计的平均数，是某种平常的、最普遍的东西，不能夸张想象，不能突出性格。这种理论受到自然主义美学思想的影响。自然主义理论家批评现实主义作家所塑造的具有巨大概括力的典型形象。他们认为，巴尔扎克只是在描绘室内陈设和服饰上才是真实的，但是当他描绘性格时，就不真实了。巴尔扎克笔下的人物性格不是典型的，因为这些人物都是怀有惊天动地的宏大计划的奇特天才，而不是平常的人物。

法国作家左拉的一些理论文章特别明显地表现出自然主义的观点。他指责巴尔扎克小说的主人公总是那么雄伟，他的小说被夸大作品主人公的意图歪曲了。他认为，如果自然主义作家要写小说，只要收集材料，研究一下就可以了。一旦材料收集好，小说也就自然成功了。小说家要做的只是从逻辑上安排各种事件。从他所得到的一切素材中抽出富有戏剧性的情节和事件，他所要做的是搭起书中章节的架子。作品的趣味并不在于这一事件异乎寻常，相反地，事件愈平凡，愈寻常，也就愈典型。

在自然主义理论家看来，莎士比亚的《威尼斯商人》中的夏洛克这个形象

---

① 《马克思恩格斯论艺术》第1册，曹葆华译，人民文学出版社1960年版，第6页。

体现了一种巨大的幻想和十足的荒诞无稽。生活中哪里有高利贷者要从他的债务人身上割取一磅肉呢？但是，如果把典型理解为最完全最突出地表现出某种社会势力的本质的话，夏洛克这个形象是典型的。在夏洛克身上反映出高利贷残酷无情的本质，表现出资产阶级的许多特征。《威尼斯商人》以有意识的夸张使夏洛克这个名字成为通用名词。典型形象是艺术的概括，这种概括以实际生活为基础，同时需要艺术创作的想象和虚构。

马林科夫在苏共十九大报告中批评的关于典型的错误观点，与自然主义典型观有联系。这种典型观认为，只要把艺术家在现实生活中所遇到的个别现象和人物真实地搬到自己的作品中就够了，无须选择和综合最突出的特征并把它们集中到一个鲜明的形象上。于是，在苏联文学艺术中出现了普拉斯托夫的绘画《拖拉机手的晚餐》、拉克吉奥诺夫的绘画《乔迁之喜》、潘诺娃的小说《明朗的岸》（今多译“《光明的河岸》”）等作品。马林科夫还批评了这样的观点——典型是平凡的东西，是统计的平均数，是最普遍的、时常碰到的东西，因此，艺术中的主人公也应该是普通的、平常的人。马林科夫的报告旨在切断苏联文学艺术中采用自然主义和照相式描绘现实的道路，号召艺术家在平常的人物身上利用塑造典型的方法，揭示人物的高尚精神和优秀品质。

马林科夫阐明了典型就是一定的社会历史现象的实质。不仅生活中固定下来的、普遍的、主导的东西是典型的，而且正在衰亡、腐朽的东西（如果它代表一定的社会力量）以及再生的、萌芽的、成长的、必然胜利的东西也是典型的。体现当代的能够团结群众的先进思想的伟大人物的性格是典型的，表现狭隘的自私意图的渺小人物的性格也是典型的。表现一定阶级、一定民族和一定时代的社会精神实质和思想实质的任何性格都是典型的。在马林科夫的报告发布以后，苏联美学界仍然有人把典型简单地看作只是生活中普遍的、主导的事物，这种观点在苏联科学院文学和语言分院学术会议上得到支持，持这种观点的包括著名的理论家季莫菲耶夫。

在马林科夫的报告发表后，苏联美学家中有人用党性来解释典型。烈瓦金在《现实主义艺术文学中的典型性问题》一文（载《文学教学》1953年第4

期）中指出："苏联作家的政治思想水平愈高，共产主义的党性表现得愈自觉，他再现现代生活和过去生活的典型特征和典型现象也就愈充分、愈深刻，愈尖锐。"肖洛霍夫的小说《被开垦的处女地》的党性在于：他表明了改造农村时党的领导作用，把共产党员——新的集体农庄的建设者——的形象摆在第一位。①

二、《关于文学艺术中的典型问题》专论

1955年第18期的苏共中央机关刊物《共产党人》杂志，发表了《关于文学艺术中的典型问题》专论。这篇专论在我国产生了巨大影响，我国《文艺报》1956年第3期译载了这篇文章，同年第8期辟《关于典型问题的讨论》专栏，首发了张光年、林默涵、钟惦棐、黄药眠四人的文章，《文艺报》还发了"编者按"。

从1952年到1955年，苏联政治生活发生了重大变化。1953年斯大林去世，美学和文艺学对教条主义的影响开始了部分清算。《关于文学艺术中的典型问题》专论不点名地批判了马林科夫阐述的典型理论，虽然没有点名，可是批判的语气非常尖锐。批判主要涉及三个方面：反对把典型理解为一定社会历史现象的本质，反对用党性解释典型，反对塑造典型时做有意识的夸张。这三个方面集中在专论的一段话中："近年来，在文学和艺术工作者中间传播着某些对艺术创作中的典型问题的烦琐哲学的、错误的观点。有一些公式风行一时，根据这些公式，典型被归结为一定社会历史现象的本质，被确定为党性在现实主义艺术中表现的基本范围，因而断定，典型性问题任何时候都是政治问题，而且只有对艺术形象作有意识的夸张，才能更充分的展示和强调它的典型性。这些烦琐哲学的公式冒充是马克思主义的公式，并且错误地同我们党对文学和艺

---

① 烈瓦金：《现实主义艺术文学中的典型性问题》，载《学习译丛》编辑部编译：《苏联文学艺术论文集》，学习杂志社1954年版，第200页。

术问题的观点联系在一起。"①专论对马林科夫的典型理论逐条做了批判。

把典型仅仅规定为与一定社会力量的本质的一致，与一定社会历史现象的本质的一致，这是片面的和不完全的，这种定义只指出了艺术与其他意识形态的共同性，而没有注意到艺术区别于其他意识形态的特征。艺术对现实的反映有自己的规律，同科学对现实的反映在许多方面不同。典型化是艺术的基本规律之一，艺术不同于科学，它以形象，也就是以具体感性的形式来反映现实的规律性，把一般体现在个别之中。如果把典型仅仅看作是一定社会力量的本质的体现，就会使艺术作品丧失生活的丰富多彩的现象，就会去创造公式，而不是创造艺术形象。这个烦琐哲学的公式促使艺术家去给一般原理做例证，而不去进行艺术上的发现。

艺术形象的深刻的个性化是现实主义美学的基本要求之一。不把一般再现在个别和特殊之中，就不可能有艺术的、具体感性的形象。典型的事物一旦被描绘成某种抽象的东西，艺术形象就会失去它的可感触性而变成公式。

用党性来解释典型，是一种庸俗化的做法。根据典型是党性的表现的观点，各个不同时代所有创造了典型形象的现实主义艺术家都被列入有党性的艺术家的范畴，这是十分荒唐的。不能把艺术家分成两个在政治上相互对立的党派。列宁1905年在《党的组织和党的文学》一文中，根据一定的历史环境揭示了党性的具体内容，党性并不是一个抽象的无所不包的范畴。"十分明显，不能把文学和艺术的党性概念的历史具体的内容简单化地、烦琐哲学地同一切时代和一切艺术家所采用的典型化联系在一起。"②

马林科夫关于典型的第三种观点也受到批判，这种观点认为创造典型形象必须做有意识的夸张，而这种夸张能够更充分地展示典型性。《关于文学艺术中的典型问题》专论指出，典型化的手段，创造典型形象的方法，是多种多

---

① 《关于文学艺术中的典型问题》，载《学习译丛》编辑部编译：《美学与文艺问题论文集》，学习杂志社1957年版，第105页。

② 《关于文学艺术中的典型问题》，载《学习译丛》编辑部编译：《美学与文艺问题论文集》，学习杂志社1957年版，第115页。

样和无穷无尽的，它们随着人类艺术的发展而发展。典型化总是十分重视艺术的想象力，但不是无条件地要求夸张方法。"不估计到艺术实践的全部复杂性以及文学和艺术的发展，而把某些典型化的方法神圣化起来，教条主义地断定这些方法胜过其他许多方法，这除了带来危害以外，是不能有任何别的结果的。把典型化的艺术方法的全部多样性仅仅归结为夸张，这是无论如何不行的。"①夸张问题上的理论混乱导致了粉饰现实的作品的出现。

《关于文学艺术中的典型问题》专论发表后，中国美学界立即做出回应。《文艺报》1956年第8—10期发表了一系列讨论典型的文章。这些文章的观点主要有两种：一种没有超出马林科夫的典型理论，认为典型是一定社会力量的本质；另一种赞同《关于文学艺术中的典型问题》专论的观点，认为典型是共性和个性的统一。持第一种观点的有张光年、巴人等。"作家笔下的艺术典型，当然要反映生活的本质。如果作家描写的是工业战线上的先进人物，却不能从这个主人公的全部活动中，从这个方面或那个方面表现出工人阶级这个先进的社会力量的本质，这个阶级的高度觉悟性，对人民的利益、对社会主义、共产主义事业的无限忠诚，集体主义的革命精神和对消极现象的不妥协精神，那么，就不能说这位作家已经完满地反映了生活的真实。……艺术典型的概括性越广，越是反映了生活中本质的事物，它的真实性就越强，教育意义就越大。"②巴人指出："典型是什么呢？就是代表性。典型形象是什么呢？就是代表人物。人物既然是代表，那就有他所代表的社会力量；而代表既然是人物，那就有属于他自己个人的东西，即个人的运命与个性。这是我们现实生活中日常接触到的不可否认的事实，文学艺术的现实主义原则就是以现实生活中这一种法则为依据的。"③巴人把典型看作某一类型个性特征的综合，是典型

---

① 《关于文学艺术中的典型问题》，载《学习译丛》编辑部编译：《美学与文艺问题论文集》，学习杂志社1957年版，第116页。

② 张光年：《艺术典型与社会本质》（原载《文艺报》1956年第8期），《张光年文集》第3卷，人民文学出版社2002年版，第177页。

③ 巴人：《典型问题随感》，《文艺报》1956年第8期，第38页。

阶级论的另一种表达。

大部分讨论者赞同典型是个性与共性的统一："典型乃是概括性与个性的有机融合；同时，概括性、一般性是通过个性、特殊性来表现的。在艺术中一定阶级或集团的同一类特征，不可能脱离个性人物的特殊的命运而单独存在。"①这种观点的理论依据是恩格斯对典型和艺术个性的论述。

三、20世纪60—80年代我国的典型理论

1963年李泽厚的《典型初探》一文（《新建设》1963年第10期）引起我国理论界的关注。在这篇文章里，李泽厚论述了三个问题。

第一，究竟应该怎样阐释艺术典型作为共性与个性的统一问题。李泽厚运用列宁的《哲学笔记》的观点，不是停留在一种静止的抽象中的特点里，而是具体地研究共性与个性的统一的特点，由共性与个性的范畴进到更深一层的本质与现象、必然与偶然的范畴上来，探究一般所以成为一般的根本道理。"典型作为个性体现共性的特点，其实质正在于它是在偶然性的现象中体现着必然性的本质或规律。""典型的个性所以能有突出的普遍意义（共性），在于它是体现必然的偶然，是表现本质的现象，是具有规律性的实在。"②在共性与个性的基础上，李泽厚提出必然与偶然这对范畴，从必然与偶然的角度来阐述艺术典型作为共性与个性的统一，使问题深入了一步。典型作为共性与个性相统一的特点，正在于它体现了事物的本质和必然。

第二，仅仅从客观现实方面来理解艺术典型是不充分的。艺术典型的创造，从客观方面说，是一定现实社会生活的本质必然的再现；就主观方面说，又是一定时代阶级的人们的审美理想的表现。审美理想以多样而独特的现象形态表现客观现实的本质必然。"与必然性相反相成的偶然性在这里具有极大的

---

① 李幼苏：《艺术中的个别和一般》，《文艺报》1956年第10期，第31页。

② 李泽厚：《美学论集》，上海文艺出版社1982年版，第290页。

意义。偶然性成为构成典型的艺术特性之所在。"①

第三，艺术典型的形式的发展。李泽厚认为，古代的类型性典型与近代的特征性典型，是艺术典型中最为显著的两种历史形态。在类型性典型中，共性相对特出，"在共性与个性、本质与现象、必然与偶然的统一中，以前一方面在现象形式中的直接呈露为特点。这种典型形态以其较为明晰的伦理、理智内容的直接揭示，来满足人们的伦理判断和知性认识的要求"②。突出共性表现某一类型成为一种典型。在特征性典型中，不再是由共性到个性，而是由个性到共性，由特殊到一般。"艺术形象在共性与个性、本质与现象、必然与偶然的统一中，个性的、偶然的、现象的方面被突出出来。"③

李泽厚特别重视偶然性在典型中的作用，在这方面他吸收了亚里士多德和黑格尔的观点，亚里士多德在《诗学》、黑格尔在《美学》中都谈到偶然性与艺术典型的密切关系。苏联美学家也有过类似的观点，马塞也夫在《论艺术中典型化》一文（《哲学问题》1954年第6期，中译载《学习译丛》编辑部编译的《苏联文学艺术论文集》第2集，学习杂志社1956年版）中写道："典型艺术形象通过一些个别的、具体的、有时是偶然的现象的特殊形式把被反映的生活过程和社会力量的合乎规律的、必然的、一般的、本质的方面再现出来。"④烈瓦金在《现实主义艺术文学中的典型性问题》一文（《文学教学》1953年第4期，中译载《学习译丛》编辑部编译的《苏联文学艺术论文集》，学习杂志社1954年版）中写道："作家通过个别的形式再现典型时，也可能借助于特殊的、偶然的生活事实和现象，使它们成为体现典型的手段，成为使典型具体化的手段，使它们有助于揭示客观的规律性。"⑤"在艺术中采取描写

① 李泽厚：《美学论集》，上海文艺出版社1982年版，第307页。
② 李泽厚：《美学论集》，上海文艺出版社1982年版，第315页。
③ 李泽厚：《美学论集》，上海文艺出版社1982年版，第318页。
④ 《学习译丛》编辑部编译：《苏联文学艺术论文集》第2集，学习杂志社1956年版，第92页。
⑤ 《学习译丛》编辑部编译：《苏联文学艺术论文集》，学习杂志社1954年版，第192页。

偶然事物和特殊事物的方法，采取这种表现和表达必然的、典型的、合乎规律的事物的手段和形式，是非常普遍的，这是由于作家想通过极具体的、生动的、个别的环境来表明生活的缘故。"①

20世纪70年代末期，我国对典型问题展开了热烈的争论。总的倾向是：从强调典型的共性、普遍性、必然性到强调典型的个性、特殊性、偶然性。蒋孔阳在论文集《形象与典型》（百花文艺出版社1980年版）中指出，个性是典型的基础。要典型化首先必须个性化。艺术创作必须突出形象的个别性、具体性和生动性的特点。典型不仅要个性化，而且要概括化。不过，典型的概括化不是从许多个别之中抽象出一般的概念，而是沿着个性化的方向前进的，即通过现象来表现本质，不离开具体的对象。典型所反映的不是某种抽象的共性，而是具体体现现在生活本身发展的逻辑过程中的某种特殊的本质和规律。可以看出，蒋孔阳的典型观点与别林斯基比较接近。

---

① 《学习译丛》编辑部编译：《苏联文学艺术论文集》，学习杂志社1954年版，第193页。

凌继尧

◆ 著

重估
俄苏美学

下

CHONG GU E-SU MEIXUE

百花洲文艺出版社
BAIHUAZHOU LITERATURE AND ART PRESS

第十章　俄苏美学对中国美学的负面影响

20世纪俄苏美学对中国美学产生负面影响的理论来源主要有三种：无产阶级文化派和"拉普"，庸俗社会学及其余绪，日丹诺夫和苏共中央关于文艺问题的一系列决议。

第一节　无产阶级文化派和"拉普"的影响

具有明显的极左倾向的无产阶级文化派和"拉普"，是20世纪初期俄苏美学对中国美学产生负面影响的主要来源。

一、无产阶级文化派和"拉普"概况

无产阶级文化派指对无产阶级文化的性质、建设路径，以及文化遗产等持相同观点的人员形成的派别，他们有自己的组织——无产阶级文化协会，这是一个自愿参加的无产阶级业余文娱组织，这个组织涉及文化教育和文学艺术的

各个领域，特别是文学和戏剧领域。无产阶级文化派的存在时间为1917—1932年，主要领导人为波格丹诺夫和普列特尼约夫。"拉普"的全称为俄罗斯无产阶级作家联合会，存在时间为1925—1932年。

无产阶级文化协会的全名为"无产阶级文化教育组织"。它成立于十月革命前夕的1917年10月，十月革命后，由于广大工人群众迫切需要科学文化，协会参与人数急剧增长，成为广泛的群众性组织，人数最多时有40多万，直接参加协会所属各种工作室活动的达8万人。协会拥有《无产阶级文化》（莫斯科）、《未来》（彼得格勒）、《熔炉》（莫斯科）等15种杂志。它在全国各省和各大城市设有分会，1920年分会数量约达100个。协会的领导机关是无产阶级文化协会全俄中央委员会，下设戏剧艺术部、文学出版部、科学部、俱乐部部等，有各种活动场所有"中央舞台"、"第一工人剧院"、戏剧工作室、造型艺术工作室、俱乐部等等。1920年8月还成立了无产阶级文化协会国际工作局，在欧洲一些国家如英、德、捷也成立了无产阶级文化协会。[1]

无产阶级文化协会力图用知识去武装工人阶级，对工人群众的文化艺术活动的开展起过良好的促进作用。但是，随着波格丹诺夫等人掌握了协会的领导权，协会的方针路线被改变，走上了错误发展的道路。列宁对协会和波格丹诺夫做出批评，协会最终于1932年8月被撤销。

波格丹诺夫是无产阶级文化派的理论权威，他的著作很多，如《自然史观的基本要素》《从历史观点来看认识》，著名的3卷集《经验一元论》，以及其他著作《组织形态学》（3卷）等，论文集《生动经验的哲学》等。在哲学上，他鼓吹马赫主义，批评马克思主义。在《生动经验的哲学》一书中，他指出："马克思的辩证法的基本概念也象黑格尔的一样，没有达到十分明确和完善的地步；正因为这样，对辩证方法的运用就不准确、不固定了，在辩证方法的公式中就掺杂着随意的成分，以致不仅辩证法的范围不能确定，就连辩证法

---

① 郑异凡编译：《苏联"无产阶级文化派"论争资料》，人民出版社1980年版，编译者前言第1页。

的意义有时也被严重地歪曲了。"接着，波格丹诺夫强调，"如果用我们的方法，我们一开始就能确定辩证法是通过对立倾向的斗争道路的、组织起来的过程。这和马克思的理解是否一致呢？显然，不完全一致：马克思讲的是发展，而不是组织起来的过程。"①

波格丹诺夫1918年在《论艺术遗产》一文中指出，无产阶级文化派面临两大任务：独立创作和取得遗产。正是在解决这两大任务中，无产阶级文化派出现了极左的错误：认为只有无产阶级才能从事无产阶级文化的建设，而对文化遗产则采取虚无主义的态度。1922年9月27日无产阶级文化协会主席普列特涅夫在《真理报》上发表了《在意识形态战线上》一文，这是系统阐述无产阶级文化派观点的纲领性文章。列宁看到这篇文章后，当即在报纸上对文章做了评注，寄给《真理报》主编布哈林，责问他为什么要刊登这种伪造历史唯物主义的文章。

在这篇文章一开头，普列特涅夫写道："创造新的无产阶级的阶级文化，就是无产阶级文化协会的基本目标。"列宁在这句话旁边嘲讽地批上"哈哈！"两个字，并打上惊叹号。②普列特涅夫接着写道："建设无产阶级文化的任务只有靠无产阶级自己的力量，靠无产阶级出身的科学家、艺术家、工程师等等才能得到解决。"列宁在这段话旁边批注"十足的杜撰"。③普列特涅夫强调，"无产阶级的艺术家将同时是艺术家，也是工人"，列宁对这句话批注"一派胡言"。④无产阶级文化协会第一任主席列别捷夫-波梁斯基甚至把知识分子党员也排斥在无产阶级作家队伍之外，他说："我们称之为无产阶级作家的首先是那些表现无产阶级的理想并直接出身于工人阶级的作家。""而知识分子即使他是共产党人，他表达的也不是直接感受，而是对工人在锅炉旁的

---

① 转引自郑异凡编译：《苏联"无产阶级文化派"论争资料》，人民出版社1980年版，第169页。

② 郑异凡编译：《苏联"无产阶级文化派"论争资料》，人民出版社1980年版，第18页。

③ 郑异凡编译：《苏联"无产阶级文化派"论争资料》，人民出版社1980年版，第24页。

④ 郑异凡编译：《苏联"无产阶级文化派"论争资料》，人民出版社1980年版，第29页。

感受的观察。"①

无产阶级文化派的另一个极左思潮是对文化遗产采取虚无主义的态度。这种态度的理论基础是波格丹诺夫关于艺术的定义："艺术不仅在认识范围，并且也在情感和意向范围通过生动的形象组织社会经验。因此，它是组织集体力量的最强大的武器，而在阶级社会中则是组织阶级力量的最强大的武器。"②既然艺术组织人们的社会经验，而不是反映现实，各个阶级的社会经验各不相同，因此不同阶级在文化艺术上是不可能有继承关系的，尤其是无产阶级的文化艺术更不可能同过去时代的文化艺术有任何共同之处。在这种理论指导下，无产阶级文化派主张"把资产阶级文化当作无用的废物完全抛弃"，"吸取资产阶级文化是不可救药的倒退"③。有人甚至叫嚣："为了我们的明天，我们要把拉斐尔烧成灰，把那艺术之花踩得粉碎……"④

20世纪20年代至30年代初，"拉普"是当时苏联加入人数最多、影响最大的文学团体，它在促进苏联文学的发展方面起过一定的作用，同时它保留了无产阶级文化派作风的残余，它在文艺领域中推行的错误路线给苏联文学带来难以估量的损失。"拉普"的成员包括著名作家肖洛霍夫、富尔曼诺夫、绥拉菲摩维奇等，但是他们不是掌权人物。"拉普"的主要错误是片面理解文学与生活、文学与革命的关系，认为文学是"特定的阶级意识形态的产物"⑤，从而对古典文学持全盘否定的态度。他们要求无产阶级作家队伍纯之又纯，认为只有工人作家才能表现无产阶级思想，而把非无产阶级出身的作家视为

① 郑异凡编译：《苏联"无产阶级文化派"论争资料》，人民出版社1980年版，第181—182页。

② 郑异凡编译：《苏联"无产阶级文化派"论争资料》，人民出版社1980年版，第89页。

③ 郑异凡编译：《苏联"无产阶级文化派"论争资料》，人民出版社1980年版，第6页。

④ 郑异凡编译：《苏联"无产阶级文化派"论争资料》，人民出版社1980年版，第20页。

⑤ 汪介之：《回望与沉思：俄苏文论在20世纪中国文坛》，北京大学出版社2005年版，第130页。

"同路人"①。"'拉普'那帮人怀疑高尔基究竟算不算无产阶级作家，他们对马雅可夫斯基、肖洛霍夫也是怀疑的。A. 托尔斯泰干脆被列为资产阶级作家。"②1925年以后的后期"拉普"把文学视为政治宣传的工具，主张围绕一定时期的政治任务来规范文学创作，提出了臭名昭著的"辩证唯物主义创作方法"，把艺术创作方法混同于哲学方法。作为"拉普"后期领导人之一的著名作家法捷耶夫在《创作方法论》一文中全面阐述了辩证唯物主义创作方法，号召"为了艺术文学上的辩证派的唯物论而斗争"。1932年4月，"拉普"被解散。

二、我国对无产阶级文化派和"拉普"的接受

"中国无产阶级文学运动从一开始就直接或间接（主要通过日本）受到苏联早期文学思想的影响，这种影响之深、之广是任何一种外来文学思潮都不能与之比肩的。"③这些影响中也包括无产阶级文化派和"拉普"的影响。

1. 我国对无产阶级文化派的接受

无产阶级文化派的论著在20世纪20年代就被引进到中国。有些论著通过俄文翻译成中文，有些论著则通过英文或日文翻译成中文，译者包括冯雪峰、陈望道、周佛海等。20年代出版的无产阶级文化派的论著有波格丹诺夫的《经济科学大纲》（另一译本为《经济科学概论》）、《社会主义社会学》（另一译本为《社会意识学大纲》）以及论文集《新艺术论》，《新艺术论》收录了波格丹诺夫的《无产阶级的诗歌》《无产阶级艺术底批评》和《宗教、艺术与

① "同路人者，谓因革命中所含有的英雄主义而接受革命，一同前行，但并无彻底为革命而斗争，虽死不惜的信念，仅是一时同道的伴侣罢了。"（《鲁迅全集》第4卷，人民文学出版社2005年版，第445页。）

② 梅特钦科：《继往开来》，石田、白堤译，中国社会科学出版社1983年版，第127—128页。

③ 陈建华：《二十世纪中俄文学关系》，学林出版社1998年版，第113—114页。

马克思主义》等3篇文章，同时附有《"无产者文化"宣言》。其中的《无产阶级的诗歌》一文曾经以《诗的唯物解释》为题刊登在《小说月报》第20卷第4号，波格丹诺夫的《无产阶级艺术底批评》的中译刊登在《镕炉》（上海复旦书店）1928年第1卷第1期上。苏联学者论述无产阶级文化派的著作《新兴文学论》《伟大的十年间文学》《俄国革命后的文学》，以及日本学者研究无产阶级文化派的著作《新俄的无产阶级文学》《苏俄文学理论》《苏俄新艺术概观》也被译成中文出版。

茅盾是我国较早接受马克思主义的学者，长期以来，他的《论无产阶级艺术》（1925）一文被认为是最早倡导无产阶级文学的力作之一，他在《我走过的道路》一书中认为，他写这篇文章的目的是想"对无产阶级艺术的各个方面试作一番探讨"①，并以此来确立自己的新的艺术观。然而近年来据某些学者的考证，此文脱胎于波格丹诺夫的《无产阶级的艺术批评》（1918）②。下文将波格丹诺夫和茅盾观点相近处列出，供比对：

波文　"劳动阶级艺术的思想意识应当是纯洁的、明确的，脱离一切异己因素的。"③

茅文　"无产阶级的艺术意识须是纯粹自己的，不能掺有外来的杂质。"④

波文　无产阶级艺术的界限："第一，无产阶级的艺术和农民的艺术之间"在理论上有本质的区别。"无产阶级的灵魂，它的组成基础，是集体主义、联合、合作"，而农民"大部分倾向于个人主义"，"并且，家族中的家

---

① 茅盾：《我走过的道路》上，人民文学出版社1997年版，第318页。

② 波格丹诺夫：《无产阶级的艺术批评》，载白嗣宏编选：《无产阶级文化派资料选编》，中国社会科学出版社1983年版，第38—50页。

③ 波格丹诺夫：《无产阶级文化派资料选编》，中国社会科学出版社1983年版，第42—43页。以下同类引文只标页码。

④ 《茅盾全集》第18卷，人民文学出版社1989年版，第510页，以下同类引文只标页码。

长制还在农民身上保存着尊敬长者和宗教的精神"。①

　　茅文　第一，无产阶级艺术"和旧有的农民艺术是有极大的分别的"。"无产阶级的精神是集体主义的，反家族主义的，非宗教的"，而"农民的思想多倾向于个人主义，家族主义，宗教迷信的"。②

　　波文　第二，无产阶级艺术不能受军人意识的影响。不然就会"降低了一个伟大的阶级斗争的理想"，而限于"对于那些资产阶级代表个人仇视的精神"。③

　　茅文　无产阶级艺术"没有兵士所有的憎恨资产阶级个人的心理"。不然"就难免要失却了阶级斗争的高贵的理想"。④

　　波文　第三，"应当在无产阶级艺术和知识分子社会主义之间划一条分界线"。因为"劳动知识分子脱胎于资产阶级文化，是在这个文化上培养出来的，并且为它服务过。他们主张个人主义。……即便当劳动知识分子对于劳动阶级抱着深切的同情、对于社会主义的思想有了信仰的时候，过去的一切在他的思想方法、他的人生观、他的力量概念和概念发展的道路上，还保留着它们的影响"。⑤

　　茅文　第三，无产阶级艺术"没有知识阶级所有的个人自由主义"。因为知识分子"生长于资产阶级的文化之下，为这种文化所培养，并且给这种文化尽力的。他们的主义是个人主义"。⑥

---

① 波格丹诺夫，第39页。

② 茅盾，第507页。

③ 波格丹诺夫，第40页。

④ 茅盾，第510、508页。

⑤ 波格丹诺夫，第41—42页。

⑥ 茅盾，第510、509页。以上比对引文转引自陈建华：《二十世纪中俄文学关系》，学林出版社1998年版，第115—116页。引用时有改动。

　　除了茅盾以外，中国最早接受无产阶级文化派理论的还有瞿秋白和蒋光慈，与茅盾不同，他们是在俄苏期间直接接受了无产阶级文化派的理论。1921—1922年，瞿秋白旅俄时撰写的《俄国文学史》，以及他的《赤俄新文艺时代的第一燕》（1923）一文，都显示出对无产阶级文化派的推崇。蒋光慈1921—1924年在莫斯科东方大学学习期间，接受了无产阶级文化派的理论，1924年回国后，把这一理论带到中国现代文坛。他在1924年发表的《无产阶级革命与文化》一文中，像无产阶级文化派一样，把文化的阶级性绝对化、简单化，他断言："现在资本主义制度下的文化非有害于无产阶级，即与无产阶级没有关系。"[①]他在《十月革命与俄罗斯文学》一书（1927）中引用了波格丹诺夫和波梁斯基的论述，认为他们给无产阶级艺术下的定义，"规定了无产阶级文学的特质"[②]。

　　蒋光慈还仿照无产阶级文化派对待苏联"同路人"作家的态度，看待中国现代作家。他于1925年在《现代中国社会与革命文学》（《民国日报》副刊《觉悟》1925年1月1日）一文中，对当时的作家大贴阶级标签：称叶圣陶是"市侩派的小说家之代表"，"作者本身是市侩"；冰心"所代表的只是市侩式的女性，只是贵族式的女性"；等等。[③]他完全按照作家的出身来评判作家，与无产阶级文化派的所作所为如出一辙。

　　20世纪20年代末期，无产阶级文化派已经走向衰落，然而我国对无产阶级文化派的接受却形成了一个新的高潮，这与创造社有关。1927年底，留学日本的创造社成员李初梨、冯乃超、彭康、朱镜我等人相继回国。他们通过日本无产阶级文学运动中的福本主义接受了苏联无产阶级文化派的思潮，并把它们带回国内。1928年初，创造社、太阳社开始以更大的声势倡导无产阶级文学，他们有接受的热情和鼓吹的锐气，但是未能把马克思主义和无产阶级文化派的理论严格区分开来，而是把后者当成前者大力宣传和推广。在这一阶段，从郭沫

① 《蒋光慈文集》第4卷，上海文艺出版社1988年版，第139—140页。
② 《蒋光慈文集》第4卷，上海文艺出版社1988年版，第124页。
③ 《蒋光慈文集》第4卷，上海文艺出版社1988年版，第151—152页。

若、成仿吾、李初梨、冯乃超、钱杏邨等人的文章中可以看出，他们的一些理论、观点和主张与苏联的无产阶级文化派的思潮有明显的联系。

李初梨在《怎样地建设革命文学》一文中认为，文学"是反映阶级的实践的意欲"，"文学的社会任务，在它的组织能力"，"文学有它的组织机能，——一个阶级的武器"。①郭沫若表示认同李初梨的观点。彭康则强调："文艺是思想的组织化，同时又是感情的组织化。"②李初梨、彭康等人完全采用了波格丹诺夫关于艺术的定义。

受到无产阶级文化派对待"同路人"作家的态度的影响，创造社和太阳社断然否定一大批有成就的作家。鲁迅被污蔑为"资本主义以前的一个封建余孽"，"二重性的反革命的人物"。③叶圣陶被说成是"中华民国的一个最典型的厌世家"④，而茅盾的立场被说成是"将变为资产阶级底上层小资产阶级底立场"⑤。甚至冯雪峰也对鲁迅做出了不公正的评价，他后来承认自己对鲁迅的轻薄的狂妄态度，是受了苏联无产阶级文化派把高尔基看成革命的"同路人"的错误看法的影响，把鲁迅也看成革命"同路人"，他认为这是他的许多错误中最严重的错误。

对于苏俄马克思主义美学在中国的传播过程中，出现了"左"的思想倾向和机械的方法，鲁迅批评道："第一，他们（指传播者——引者注）对于中国社会，未曾加以细密的分析，便将在苏维埃政权之下才能运用的方法，来机械的地运用了。再则他们……将革命使一般人理解为非常可怕的事，摆着一种极左倾的凶恶的面貌，好似革命一到，一切非革命者就都得死，令人对革命只抱

---

① 上海文艺出版社编：《中国新文学大系：1927—1937》第2集（文学理论集二），上海文艺出版社1987年版，第51、54、55页。

② 《彭康文集》上卷，上海交通大学出版社2018年版，第116页。

③ 北京大学、北京师范大学、北京师范学院中文系中国现代文学教研室主编：《文学运动史料选》第2册，上海教育出版社1979年版，第126页。

④ 北京大学、北京师范大学、北京师范学院中文系中国现代文学教研室主编：《文学运动史料选》第2册，上海教育出版社1979年版，第8页。

⑤ 北京大学、北京师范大学、北京师范学院中文系中国现代文学教研室主编：《文学运动史料选》第2册，上海教育出版社1979年版，第154页。

着恐怖。"①

2.我国对"拉普"的接受

我国从20世纪20年代起，就陆续翻译出版了"拉普"的理论著作。1925年在我国翻译出版的《苏俄的文艺论战》一书收录了"拉普"前身"岗位派"领导人阿维尔巴赫的论文《文学与艺术》。1930年从日文翻译出版的《文艺政策》一书收录了《观念形态战线和文艺》一文，即1925年1月第一次全苏无产阶级作家会议决议。"拉普"后期主要领导人之一的法捷耶夫的《创作方法论》一文，全面阐述了辩证唯物主义创作方法，并通过国际无产阶级革命作家联盟影响各国左翼文学。该文1931年由冯雪峰从日文转译，刊登在《北斗》月刊第1卷第3期。"拉普"的代表作家之一的潘菲洛夫的论文《关于语言》的中译刊登于《文学丛报》"诞生号"（1936年4月）。蒋光慈在《十月革命与俄罗斯文学》中，对由无产阶级文化派而成为"拉普"诗人的别泽缅斯基等人给予热烈颂扬，实际上他们的诗歌成就十分有限。

1930年左联成立之初，它的纲领中就出现了"左"的错误，出现错误的一个重要原因就是以苏联的几个文学团体的宣言作为左联纲领的蓝本。冯乃超事后回忆说："这份宣言是我和雪峰等人起草的，参考了苏联几个文学团体的宣言，如'十月'的，'列夫'的，'拉普'的。"②在左联内部，原创造社的成员仍然把"拉普"的极左理论奉为圭臬，试图以此指导中国文学的发展。

"拉普"提出的"辩证唯物主义"创作方法，在20世纪30年代的中国左翼作家中产生了重要影响③。法捷耶夫认为：无产阶级作家应该"为了艺术文学上的辩证法的唯物论"而斗争；他们"不走浪漫主义的路"，"而是走最澈

---

① 《鲁迅全集》第4卷，人民文学出版社2005年版，第304页。

② 《冯乃超文集》上卷，中山大学出版社1986年版，第380页。

③ 详见汪介之：《回望与沉思：俄苏文论在20世纪中国文坛》，北京大学出版社2005年版，第143—146页。

底的，决定的无容情的，从现实上‘剥去所有的假面’的路”。[①]1933年瞿秋白在《马克思恩格斯和文学上的现实主义》一文中，认为辩证唯物主义创作方法要比资产阶级现实主义高出一个阶段。周扬也在1933年发表的《文学的真实性》一文中写道，只有辩证唯物主义创作方法，“才是到现实的最正确的认识之路，到文学的真实性的最高峰之路”[②]。

1932年，丁玲主编的《北斗》杂志在第2卷第1期上开展了关于“创作不振之原因及其出路”的讨论，丁玲、阳翰笙、郑伯奇、穆木天等人在讨论中都认为，唯物辩证法的创作方法是克服种种错误倾向的唯一方法，主张运用辩证法去处理表现题材，把生活现象表现出来。

左联还仿效“拉普”号召工人突击队员进入文学界的做法，在1930年8月4日通过的一项决议中，提出开展工农兵通信运动，认为这种运动无疑是无产阶级文学运动的发展过程。左联的某些成员也像“拉普”一样，排斥非党员作家和非无产阶级作家，从而犯了关门主义的错误。

值得注意的是，鲁迅从未肯定和提倡过辩证唯物主义创作方法，在他的全部著作中，找不到这个概念。这说明，对“拉普”的极左做法，鲁迅始终没有盲目接受和认同。

第二节　庸俗社会学及其余绪的影响

我们在本书第二章第一节第二小节中，阐述了里夫希茨对弗里契的庸俗社会学的批判。“庸俗社会学”的术语是20世纪30年代在苏联的出版物上出现的，它用来指称早已产生的、20年代在苏联美学和文艺学中风靡一时、30年代中期走向衰落的一个学派。美学和文艺学中庸俗社会学学派的主要代表是弗里

---

① 法捷耶夫：《创作方法论》，冯雪峰译，《北斗》第1卷第3期，第118、123页。

② 《周扬文集》第1卷，人民文学出版社1984年版，第73页。

契（1870—1929），此外还有彼列维尔泽夫（1882—1968）。庸俗社会学的余绪指庸俗社会学作为美学和文艺学中的一个学派虽然消亡了，可是它的学术思潮——对艺术与经济、阶级的关系的庸俗社会学的理解，仍然长期存在。

一、庸俗社会学的影响

庸俗社会学作为一种学术思潮，不仅曾经存在于美学和文艺学中，而且曾经存在于哲学、历史学等其他社会科学中。从地域上看，它不仅在俄国和苏联产生过影响，而且有更广泛的国际影响。

1.庸俗社会学概况

19世纪70—80年代，西欧社会民主主义运动中的青年"马克思主义者"就表达了某些庸俗社会学观点。19世纪末到20世纪初，庸俗社会学观点在西欧社会民主党的书刊中曾广泛传播。在俄国，庸俗社会学观点出现在20世纪初，哲学领域的代表人物是波格丹诺夫（即上文中提到的无产阶级文化派的理论权威）和舒里雅齐科夫。

庸俗社会学的特点是把历史唯物主义的一些非常重要的概念简单化，把思想现象的内容仅仅归结为"阶级利益"的表现，归结为社会阶层的心理。庸俗社会学不懂得存在和意识、经济和意识形态之间复杂的辩证关系。例如，舒里雅齐科夫认为，"一切哲学术语和公式毫无例外地"都是哲学家用来"表示社会的阶级、集团、基层单位以及它们之间的相互关系"的，因此，"在笛卡尔的体系中，世界是按工场手工企业的样子组织起来的"，"斯宾诺莎的世界观乃是一首对胜利的资本、对吞没一切、集中一切的资本的赞歌"。[①]

俄国形式主义遭到批判后，彼列维尔泽夫在20世纪20年代后半期的美学和文艺学中的作用明显增强，他的一系列著作流传甚广。20年代，他曾与卢那察

---

① 康斯坦丁诺夫主编：《苏联哲学百科全书》第1卷，上海译文出版社1984年版，第405页。

尔斯基、弗里契共同编辑《文学百科全书》。20年代后期，成立了以他为首的文学理论小组，形成了彼列维尔泽夫学派（本书第四章第二节提到的苏联50年代自然派美学家的主要代表波斯彼洛夫，也曾是这个学派的成员），该学派的共同纲领在他主编的《文学学》（1928）的序言中得到阐述。这个学派宣称自己是马克思主义正统思想在当代艺术学中的唯一代表。

彼列维尔泽夫对社会过程做极其简单化的解释，把社会生活的多样性归结为生产过程，进而又从生产过程中直接引出各种意识形态，包括艺术的全部复杂性。他指出："形象体系的规律性是由生产过程的规律性决定的。"[1]他无视艺术同经济基础之间复杂的相互联系，企图建立文艺创作对生产过程的直接依赖。1929—1930年，苏联共产主义科学院文学、艺术和语言学部举行了关于"彼列维尔泽夫学派"的讨论，在美学和文艺学中对彼列维尔泽夫的机械的庸俗社会学的错误进行了批判。这是30年代美学界和文艺界对庸俗社会学展开尖锐的、大规模的批判的先兆。

30年代批判的锋芒主要指向已故的美学家弗里契。他是美学和文艺学中庸俗社会学的泰斗，他于1926年出版的《艺术社会学》一书是庸俗社会学集大成的著作。

除了这本书外，弗里契的其他主要著作有《西欧文学简史》《普列汉诺夫和科学的美学》《文学史纲》《艺术史纲》以及《弗洛伊德主义和艺术》等。这位"红色教授学院"和"共产主义学院"的教授与普列汉诺夫一起，被人称为"俄国马克思主义文艺学的创始人"。他1904年起在莫斯科大学任教，是苏联科学院院士。卢那察尔斯基对他的一些著作赞扬备至。

弗里契自称是普列汉诺夫的学生，他深化和发展了普列汉诺夫方法论体系中软弱的一面。他在继承普列汉诺夫反对唯心主义美学和资产阶级颓废派艺术以保卫唯物主义关于社会存在决定社会意识的原理的斗争传统时，对文艺的阶

---

① 转引自《马克思主义文艺理论研究》编辑部编选：《美学文艺学方法论》续集，文化艺术出版社1987年版，第644页。

级性做了片面的，有时甚至是主观主义的理解。

2. 庸俗社会学的理论谬误

庸俗社会学的理论谬误主要有两点。第一，曲解意识形态的经济和阶级制约性。片面解释马克思主义关于意识形态的经济和阶级制约性的原理，对历史过程做简单化的理解，把文学艺术的发展和功能直接与经济关系联系起来，这是庸俗社会学的基本出发点。他们的其他观点都是由此派生而来的。

弗里契认为艺术社会学的首要任务是阐明"一定的艺术类型对于一定的社会形态的合规律的适应"①。"无论何时何地一个社会形态与一定的经济组织不可避免地合理地一致。"②这样，在弗里契的概念中，社会形态与经济组织相等同。艺术类型对社会形态的适应，也就直接变成了对经济组织的适应。这种理论前提必然导致庸俗社会学确立文艺创作对经济关系、作家的阶级归属的直接依赖，甚至力图运用经济因素解释句子结构、比喻、节奏的特征；把对历史现实的理解局限在某个阶级的物质生活条件中，而不考虑多方面的思想的、心理的生活；把艺术创作不是理解为对客观世界的主观反映，而是理解为对现实的被动实录；在文学艺术形象中单线条地揭示一般政治经济范畴、抽象的"经济心理意识形态"的特征，从而把艺术社会学变成了"艺术经济学"。

弗里契把"阶级观点"作为基本论据，断言"一个作家不可能脱离他的阶级的皮"③，称列夫·托尔斯泰的创作是上流社会的"贵族现实主义"。他的许多继承者则在这种贵族内部寻求更细的分类，例如把托尔斯泰说成是庄园贵族或者宗法贵族的代表。按照这种逻辑，几乎所有的古典作家都成了"剥削阶级的仆从，为人民的压迫者歌功颂德"；但丁在他的作品中反映了"商业资产阶级的心理及意识形态的矛盾"；塞万提斯是试图"适应新环境"的"贫穷堕

---

① 弗里契：《艺术社会学》，天行译，作家书屋1947年版，第4—5页，译文有改动。

② 弗里契：《艺术社会学》，天行译，作家书屋1947年版，第9页，译文有改动。

③ 转引自《马克思主义文艺理论研究》编辑部编选：《美学文艺学方法论》续集，文化艺术出版社1987年版，第228页。

落的小贵族心理及意识形态的"表现者；堂吉诃德是"历史的社会梦游症"的产物；普希金被宣称是沙皇尼古拉一世的"仆从"和"混迹于上流社会的趋炎附势者"；果戈理则是"病态的，妄图复辟封建主义意识形态"的表达者；莎士比亚悲剧的"社会学等价物"就在于，它们"是以昔日封建时代遗老遗少的观点对业已建立的资产阶级制度提出的批评"。①

庸俗社会学家教条主义地理解"存在决定意识"这条唯物主义原理，把意识形态，包括艺术，视为狭隘的阶级利益或经济利益的反映，把作家的作品仅仅看作他所处的并对他的心理产生影响的社会环境的一种图解。实际上，"存在决定意识"这条唯物主义原理有更深刻的含义。不应该从托尔斯泰那里寻找某种社会阶级生活的心理学特征，对他的作品的分析根本不能依据贵族阶级的经济生活，而应该依据广泛的历史含义上的社会存在，依据社会各个阶级的相互关系和斗争。

庸俗社会学家按照作家的阶级出身演绎他们的创作思想，在艺术形象的语言中寻觅作家按照其出身所属的阶级的"心理及意识形态"，从而认为过去时代一切杰出的艺术家都是统治阶级利益的代表和捍卫者。从这种立场出发，他们必然对古典遗产采取极端虚无主义的态度，彻底否定、摒弃人类一切优秀的文化遗产，割断无产阶级文化和优秀传统文化的联系，从而给无产阶级文化事业带来巨大危害。

由于对艺术的经济制约性做直线式的理解，庸俗社会学家有时得出明显有悖于马克思言论的荒谬结论。例如，关于艺术的盛衰问题，弗里契认为，这完全取决于经济的盛衰，艺术的发展和经济的发展呈同步状态。他在《艺术社会学》一书中写道："某国的美术底盛衰，是与其经济势力有依存关系的，换言之，美术底衰微，常在那国在经济上失了优越的地位的时候到来，同时，经济的先进国常是美术界底霸权者。"②确实，艺术史上有很多例子可以证明艺术

---

① 转引自《马克思主义文艺理论研究》编辑部编选：《美学文艺学方法论》续集，文化艺术出版社1987年版，第653—655页。

② 弗里契：《艺术社会学》，天行译，作家书屋1947年版，第98页。

和经济的平衡发展,然而,艺术史上也有不少例子可以证明艺术和经济发展的不平衡。马克思早在1857—1858年写的《〈政治经济学批判〉序言》中,就已科学地、深刻地揭示了物质生产的发展与艺术生产之间的不平衡关系。

庸俗社会学第二个理论谬误是否定艺术发展的内部规律。无视艺术自身的特性,是庸俗社会学的又一显著特征。庸俗社会学家把艺术作品的内容和目的同社会科学的内容和目的相等同,把艺术变成社会学的"形象图解"。在他们那里,艺术的审美内容和认识功能消失了,被提到首位的是作为"阶级存在"的枯燥的、僵死的符号。

弗里契认为,艺术在自身发展中自动遵循社会经济生活中所发生的规律。"艺术的作品底生产,是依从着和物的价值底生产同样的法则的。所以,在社会发展底各种阶段上的支配的经济制度,也必然地制约着艺术家底生产的劳动(艺术家底社会的地位也是同样)。"[1]结果,艺术没有自身的特殊规律,它的规律完全被消融在物质生产规律中了。不仅艺术生产是这样,而且艺术流派和风格的变换也只服从物质生产的规律,与艺术自身的发展无关。弗里契把诗说成是"时代经济风格的审美表现",感伤主义代替古典主义是"由于中、小资产阶级反对商业贵族",浪漫主义代替感伤主义是"由于从经济领域被驱赶到文学领域去的大量贵族阶层开始参与文学的创建工作",现实主义代替浪漫主义则是"由于资产阶级作家在资产阶级经济发展的比较高级阶段重新登台"。[2]这样,艺术发展就彻底丧失了自身的特殊性和内在规律性。

庸俗社会学家不仅在艺术作品的内容中,而且在艺术作品的形式中寻找社会学等价物。弗里契把绘画分为"线的绘画"和"色彩绘画",进而把"线条"和"色彩"看作不同的阶级意识形态的象征符号。"决定着绘画上的线或是色彩的优位的,并不是各美术家的个人的素质,和地理的、气候的环境,而是阶级心理……要之,新兴的、战斗的、生产的阶级的美术家(合理主义者)

① 弗里契:《艺术社会学》,天行译,作家书屋1947年版,第55页。
② 转引自《马克思主义文艺理论研究》编辑部编选:《美学文艺学方法论》续集,文化艺术出版社1987年版,第653页。

把他的世界感由线传达出来，而生产的被动的，倾向于享乐主义的统治者阶级的美术家，却情绪性地通过着色彩再现着世界。"[1]通过对绘画中色彩运用的进一步分析，弗里契又在不同的色彩和不同的社会阶层之间一一找出对应关系，给绘画中不同的色彩简单地贴上"阶级"标签。"强固的，健全的，尚在势力底全盛期而享受着那包含主权的一切的生活底福祉的阶级，便倾向于乐天，享乐，又这阶级定必欢喜那强力地在心理上起作用的辉煌的热闹的鲜明的色彩吧。"[2]"在被虐待的阶级，生活并不是祭日而是牢狱。所以这些阶级自然不能以鲜明的色彩底交响乐之形和降注着的光底瀑布之形来思考世界。所以这种阶级的艺术家们，便选择了表示着屈辱和绝望底心理状态的阴惨的暗色彩。"[3]"最后，把生活力底蓄积和肉体的、精神的健康消耗尽了的颓废的阶级，即只在别的阶级所创造，所使其变革发展了的生活底表面和周围轻薄地飞回之外什么都不能的阶级，自然选那适应于低下了的生活力的，带着哀调的褪色的色彩。"[4]

我们认为，艺术作品的形式因素是在长期的艺术实践中不断丰富和发展起来的，虽然它是为表现艺术作品的具体内容服务的，但它本身没有阶级性。相同和相似的内容，可以用不同的形式来表现。艺术家可以根据自己的特长、爱好和习惯，选择不同的形式来表现大体相同的内容。如果像庸俗社会学家那样，把艺术作品的形式看作表现阶级意识的僵死符号，那么，生动丰富的艺术世界就成了社会生活的拙劣图解，艺术也就丧失了自己特殊的价值和功能。

3. 我国对庸俗社会学的接受

我国几乎在第一时间里翻译出版了弗里契最主要的著作《艺术社会学》。《艺术社会学》在苏联是1926年出版的，该书的中译本于1930年由水沫书店出

---

[1] 弗里契：《艺术社会学》，天行译，作家书屋1947年版，第158页，译文略有改动。

[2] 弗里契：《艺术社会学》，天行译，作家书屋1947年版，第319页。

[3] 弗里契：《艺术社会学》，天行译，作家书屋1947年版，第320页。

[4] 弗里契：《艺术社会学》，天行译，作家书屋1947年版，第321页。

版。弗里契的庸俗社会学理论30年代在苏联已经遭到激烈的批判，可是我国对这种批评安之若素，很长时期内没有认识到庸俗社会学的错误，以至于在1952年还出版了弗里契的《艺术的社会意义》（上海万叶书店），1949年和1954年两次出版了他的《欧洲文学发展史》（群益出版社、新文艺出版社）。

在30年代，对弗里契做出评价的影响最大的文章是瞿秋白的《论弗里契》。当时，苏联已经开始批判弗里契，瞿秋白在文章中也谈到弗里契的错误，主要指他受到普列汉诺夫的孟什维克主义的影响而形成的矛盾。但是，在总的倾向上瞿秋白是把弗里契作为马克思主义美学开创性的人物来看待的。他写道："文艺是社会科学之中'最细腻'的一种，……唯物论的文艺理论，还需要专门的细致的研究，文艺方面的各种科学都需要彻底的重新估价。这是二十世纪的伟大的工作。开始这个伟大的工作的，就是弗理契。"[1]弗里契所主张的庸俗社会学观点："在没有阶级的社会里，只有社会集体的艺术；在有阶级的社会里，只有阶级的艺术。"对于这些观点，瞿秋白充分肯定。他认为，弗里契"能够在阶级斗争的过程之中去研究艺术"，而这正是"马克思主义的艺术理论的基础"。[2]因此，在瞿秋白看来，弗里契不仅是"唯物论的文艺科学的开创的人"，而且是"专门研究文艺科学的第一个人。"[3]对于弗里契的《艺术社会学》一书，冯乃超评价说，"此书之出世，确立了他在国际艺术理论上的第一人的地位"[4]。瞿秋白和冯乃超对弗里契的评价代表了当时我国很多人的观点。

瞿秋白作为杰出的马克思主义美学家和文艺理论家，在对待弗里契庸俗社会学方面，表现出一定的局限性。他运用弗里契庸俗社会学的理论观点、思维方式和话语体系阐述自己对艺术的理解："艺术——不论是那一个时代，不论是那一个阶级，不论是那一个派别的——都是意识形态的得力的武器"；"客

---

① 《瞿秋白文集》（文学编）第2卷，人民文学出版社1986年版，第267页。

② 《瞿秋白文集》（文学编）第2卷，人民文学出版社1986年版，第276页。

③ 《瞿秋白文集》（文学编）第2卷，人民文学出版社1986年版，第267页。

④ 《文艺讲座》，神州国光社1930年版，第308页。

观上，某一个阶级的艺术必定是在组织着自己的情绪，自己的意志"。①他指出："文艺——广泛的说起来——都是煽动和宣传，有意的无意的都是宣传。文艺也永远是，到处是政治的'留声机'。"②从这些言论中可以听到庸俗社会学的回声。

有的研究者指出："瞿秋白的文学批评，通常是从'文学的真面目——阶级性'、'文艺是意识形态的得力武器'的基本观点出发，由政治视角切入批评对象，依据作品对于阶级斗争的描写和反映的具体情况，对作品的价值意义和作家的政治立场作出评判，并借以阐发自己的政治见解。这种注重于政治性、阶级性的文学批评，并不是完全没有存在的必要。问题在于，瞿秋白在进行这种批评时，主要借用了苏联'无产阶级文化派'、庸俗社会学和'拉普'的理论和话语，不知不觉地陷入了极左思潮的泥淖，而几乎完全忘却了马克思主义关于'从美学观点和历史观点'来衡量作品的思想。这是作为中国著名的马克思主义批评家瞿秋白的主要历史局限。"③

二、庸俗社会学余绪的影响

庸俗社会学作为一个学派虽然成为历史，然而其余绪在长时期内依然产生着影响。这种余绪的影响主要表现在两个方面："一是把文学看作是一种意识形态，上层建筑，认为一切文艺都是阶级文艺，并为政治服务"；"二是在文学从属于政治的思想指导下，强调了它的认识、教育作用"，"文学被贬为一种令人厌烦的说教。在'文化大革命'动乱中，这一错误的文学观念发展到顶端"。④

我国接受庸俗社会学余绪的影响的渠道主要有两种。一是大量翻译出版

① 《瞿秋白文集》（文学编）第1卷，人民文学出版社1985年版，第541页。
② 《瞿秋白文集》（文学编）第3卷，人民文学出版社1989年版，第67页。
③ 汪介之：《回望与沉思：俄苏文论在20世纪中国文坛》，北京大学出版社2005年版，第109—110页。
④ 钱中文：《文学原理——发展论》，社会科学文献出版社2007年版，第68—69页。

苏联的美学和文艺理论著作。除了报刊上的译载外，影响较大的单行本有：季莫菲耶夫的《文学原理》（平明出版社1955年版，1953—1954年曾分三部出版），毕达可夫的《文艺学引论》（高等教育出版社1958年版，这是他于1954年春至1955年夏在北京大学中国语言文学系为文艺理论研究生讲授"文艺学引论"的讲稿，讲稿主要依据那一时期在苏联被广泛采用的季莫菲耶夫1948年出版的《文学原理》和阿布拉莫维奇于1953年出版的《文艺学概论》两本书编写而成），谢皮洛娃的《文艺学概论》（人民文学出版社1958年版，原著出版于1956年，是供苏联师范院校文学系学生阅读的参考书），柯尔尊的《文艺学概论》（高等教育出版社1959年版，这是他于1956—1957年在北京师范大学给中文系的俄罗斯苏维埃文学研究生和进修教师讲课的讲稿），涅陀希文的《艺术概论》（朝花美术出版社1958年版，原书出版于1953年），等等。另一条渠道是请苏联专家来华传授，如北京大学请了毕达可夫，北京师范大学请了柯尔尊，中国人民大学也请了美学专家，等等。他们在中国开班设课，编写讲义出版，其授课的对象是新中国第一代青年文艺学教师，他们的影响也是很大的。"可以这样说，50年代的苏联文论在新中国开创时期取得了霸权地位，中国文论则完全臣服于苏联文论的脚下。这就不能不带来严重的后果。"[1] "以上几种在50年代进入我国的苏联文艺学教材，在一个长时期中成为我国高等院校文艺理论教学的主要参考书。在当时和后来我国学者自己编写的多种文艺理论教科书中，都可以清楚地看到模仿和依傍苏联文艺学教材的痕迹。"[2] 我国对苏联美学和文艺学的接受是自觉的，苏联方面没有，也不可能强制我国接受这些理论。

庸俗社会学余绪中关于文艺从属于政治、文艺是阶级的意识形态、文艺是阶级斗争的武器和工具的理论，在相当长的时期内，成为我国美学理论和文艺理论的主线，给我国的文艺创作、美学理论和文艺理论打下不可磨灭的深刻烙

---

[1] 童庆炳：《文学审美特征论》，华中师范大学出版社2000年版，第309页。

[2] 汪介之：《回望与沉思：俄苏文论在20世纪中国文坛》，北京大学出版社2005年版，第215页。

印，产生了十分重大的影响。

对于这个问题，我国学者多有论述。例如，钱中文指出："毛泽东在《新民主主义论》中说：'一定的文化是一定的社会的政治和经济在观念形态上的反映'。在《在延安文艺座谈会上的讲话》中又说：'文艺是从属于政治的'。""50年代以后，这一观点和文艺工作，逐渐被纳入了'以阶级斗争为纲'的错误轨道，使文艺成为人为的阶级斗争的工具，宣传各项政策的手段。"①洪子诚认为，毛泽东对文艺社会效用的理解和要求，并不像马克思主义经典作家那样复杂，"在毛泽东的文学主张中，文学与政治的关系已被极大地简化：政治是文学的目的，而文学则是政治力量为达到自身目标可能选择的手段之一"②。童庆炳写道："建国以来，在'全面学习苏联'的口号下，苏联文论（主要是苏联50年代的文论）成为中国当代文论建设的主要参照系。当然，它给我们带来过积极的影响，那就是使当代中国文论建立在辩证唯物主义的基础上。但毋庸讳言的是我们也接受了它的庸俗社会学和机械唯物论。在苏联，在它还没有解体之前，70、80年代的苏联的文论早已超越了苏联50年代的文论。然而，在我国，情况显得很特别，就文艺理论教学来说，由于多还采用60年代编写的教材，或受60年代旧教材影响的'新'教材，这样我国的文艺理论教学仍然笼罩在苏联50年代文论的阴影中。"③

改革开放后，这种情况才得到根本的改变。邓小平在阐述中国共产党新时期文艺政策时指出："不继续提文艺从属于政治这样的口号，因为这个口号容易成为对文艺横加干涉的理论根据，长期的实践证明它对文艺的发展利少害多。"④"党对文艺工作的领导，不是发号施令，不是要求文学艺术从属于临时的、具体的、直接的政治任务。"⑤

---

① 钱中文：《文学原理——发展论》，社会科学文献出版社2007年版，第68—69页。
② 洪子诚：《中国当代文学概说》，北京大学出版社2010年版，第10页。
③ 童庆炳：《文学审美特征论》，华中师范大学出版社2000年版，第302页。
④ 《邓小平文选》第二卷，人民出版社1994年版，第255页。
⑤ 《邓小平文选》第二卷，人民出版社1994年版，第213页。

第三节　日丹诺夫和苏共中央关于文艺问题的决议的影响

20世纪俄苏美学对中国美学产生负面影响的来源的第三个方面是日丹诺夫和苏共中央关于文艺问题的一系列决议。

一、日丹诺夫的影响

日丹诺夫（1896—1948）1934年起任联共（布）中央书记，1939年起为联共（布）中央政治局委员，主管意识形态工作，他是一名职业革命家，没有理论修养和学术建树，在苏联学术界和文艺界执行了一条极左路线。自从1956年苏联反对对斯大林的个人崇拜后，苏联的学术著作中就很少提到日丹诺夫，可是我国80年代出版的权威的文学理论教科书仍然以赞同和欣赏的态度援引日丹诺夫的言论。

日丹诺夫理论的基础与庸俗社会学相类似，强调文艺为政治服务，断言作家的阶级立场和作品的政治倾向具有头等重要的意义。比庸俗社会学更进一步的是，他具有操弄专政机器的强大执行力，采用极其粗暴的手段对待学者、作家和艺术家。

1946年，日丹诺夫在《关于〈星〉和〈列宁格勒〉两杂志的报告》中，痛斥作家左琴科（1895—1958）是"市侩和下流家伙""流氓""文学的渣滓""无聊文人"，有着"下流和卑劣的灵魂"，说他的讽刺小说《猴子奇遇记》是"野兽式地仇恨苏维埃制度的有毒作品"，没有比写这篇小说"更厉害的在道德和政治上的堕落"。①日丹诺夫说女诗人阿赫玛托娃的诗歌是"奔跑在闺房和礼拜堂之间的发狂的贵妇人的诗歌"，她"并不完全是尼姑，并不完全是荡妇，说得确切些，而是混合着淫秽和祷告的荡妇和尼姑"。②1946年9月4日，苏联作家协会理事会主席团做出决定：解除吉洪诺夫苏联作家协会主席

① 《日丹诺夫论文学与艺术》，人民文学出版社1959年版，第13—15页。
② 《日丹诺夫论文学与艺术》，人民文学出版社1959年版，第20—21页。

的职务，改组《星》杂志编委会，勒令《列宁格勒》杂志停刊，开除左琴科和阿赫玛托娃苏联作家协会会籍，并停止刊登他们的作品。四十多年后，苏共中央政治局于1988年10月20日撤销《关于〈星〉和〈列宁格勒〉杂志的决议》，为作家左琴科和女诗人阿赫玛托娃平了反。

日丹诺夫要求作家们以政治为指针从事创作，他关于苏联文艺现状的一些报告和讲话，迅速被译介到中国来。1948年创刊于延安的《群众文艺》刊登了日丹诺夫语录，日丹诺夫的文集《论文学、艺术与哲学诸问题》1949年由上海时代出版社出版。

进入20世纪50年代，人民文学出版社于1953年编辑出版了《苏联文学艺术问题》一书，收录了日丹诺夫1934年在第一次苏联作家大会上的演讲（该演讲在1939年就被译成中文，收录在大会汇刊《国际文学》上）、1946至1948年关于文学艺术的三次报告和演说。1959年人民文学出版社又出版了文集《日丹诺夫论文学与艺术》，收录了日丹诺夫关于文学艺术的全部演讲、报告和发言，其中最后一篇讲话是批判苏联著名哲学家亚历山大洛夫的《西欧哲学史》一书的。

1948年，邵荃麟在《对于当前文艺运动的意见》一文中回顾总结抗日战争全面爆发以来的中国文艺运动，此文就已经开始用日丹诺夫的观点来强调革命文艺的阶级性、政治倾向和作家的思想武装的重要性。[1]1951年我国对电影《武训传》的批判，是新中国成立以后文艺界第一场规模较大的批判运动。邵荃麟在《党与文艺》中指出："我觉得，我们应该好好学习一下苏联的经验。一九四六年，联共中央书记日丹诺夫同志作《关于〈星〉和〈列宁格勒〉两杂志所犯错误》的报告以后，苏联文学界、戏剧界、音乐界、美术界全面展开了为苏维埃文学艺术的思想纯洁性的斗争。""我觉得，我们应该从这次《武训传》的讨论开始，建立起这种自我批评的良好基础。"[2]我国文艺界后

---

① 《邵荃麟评论选集》上册，人民文学出版社1981年版，第151页。
② 《邵荃麟评论选集》上册，人民文学出版社1981年版，第301—302页。

来的历次批判运动，如对《红楼梦》研究领域"资产阶级唯心论"思想的批判（1954）、对胡风文艺思想的批判（1955）等，都沿着上述思路进行，有着日丹诺夫理论的明显影响，并且采取了更为激烈的形式。

在批判电影《武训传》之后，自1951年11月起，首都文艺界进行了一次整风学习。由当时文艺界的领导人组成的整风学习委员会，指定了10份学习材料，其中包括日丹诺夫的报告。1952年，周扬在《社会主义现实主义——中国文学前进的道路》中写道："斯大林同志的关于文艺的指示，联共中央关于文艺思想问题的历史性的决议，日丹诺夫同志的关于文艺问题的讲演，以及最近联共十九次党代表大会上马林科夫同志的报告中关于文艺部分的指示，所有这些，为中国和世界一切进步文艺提供了最丰富和最有价值的经验，给予了我们以最正确、最重要的指南。"①

1965年11月10日，《文汇报》发表了姚文元的文章《评新编历史剧〈海瑞罢官〉》，揭开了"文化大革命"的序幕。1980年，胡乔木在《〈历史决议〉要注意写的两个问题》中回忆道："在全国范围内，由党中央亲自发动批一个剧本，搞得规模那样大，这在国际上是没有先例的。这也受到斯大林的影响。第二次世界大战以后，苏联由日丹诺夫出面，批了好些作品，但是都没有像中国那样搞成大运动。"②中国对文艺的批判运动也受到日丹诺夫向文艺界挥舞大棒的粗暴做法的影响。

1980年，徐迟在中国外国文学学会第一届年会上，做了《日丹诺夫研究》的发言，回忆他曾经怀着景仰之心，如饥似渴地阅读着日丹诺夫《论文学、艺术与哲学诸问题》，"错以为这是苏联的、社会主义的，故我们必须遵循的文艺路线和方针政策，那时还不能将它和马克思主义文艺的理论之间的某些原则差别区分出来，误把它作为法式而认真地学习，初初几年里并诚惶诚恐地接受而奉行不渝"③。

---

① 《周扬文集》第2卷，人民文学出版社1985年版，第190页。

② 《胡乔木文集》第2卷，人民出版社1993年版，第133页。

③ 徐迟：《日丹诺夫研究》，《外国文学研究》1981年第1期，第23页。

关于20世纪50年代日丹诺夫在中国的影响，作家王蒙后来回忆道："在我从事共青团工作的那些年代，一提起日丹诺夫来大家都十分崇敬，甚至于有人曾经把中国的某一位十分有威望的领导人称为'中国的日丹诺夫'。"王蒙还认为，日丹诺夫报告的语言，即"典型的绝对型、权威型、干脆说是暴力型的语言"，"我辈是如此熟悉——我们与这种类型的语言可以说是周旋了一辈子！"日丹诺夫的逻辑和语言"远远不是死的过去，而是活的，到处可以见到它们的出现或者影子或者变形的"。"日丹诺夫的影响不能低估。"[1]

日丹诺夫在《关于〈星〉和〈列宁格勒〉两杂志的报告》中，把文学从属于政治推进到文学家应"以政策为指针"。他在报告中明确要求"我们的文学领导同志和作家同志都以苏维埃制度所赖以生存的东西为指针，即以政策为指针"[2]。1950年邵荃麟在《论文艺创作与政治和任务相结合》一文中认为：文艺必须服从政治，而政治的具体表现就是政策，只有以政策为指针，才能增强作品的"政治内容与艺术力量"；"创作与政策相结合，不仅仅是由于政治的要求，而且是由于创作本身上的现实主义的要求"。[3]

有的研究者指出，成书于20世纪60年代的我国两本高校统编文艺理论教材，即蔡仪主编的《文学概论》（1963年初稿，1979年出版）和以群主编的《文学的基本原理》（上下册，1963—1964年初版），仍然留有日丹诺夫理论影响的痕迹。[4]其中，《文学概论》三次引用日丹诺夫《在第一次全苏作家代表大会上的讲演》中的相关论述，来说明"社会主义现实主义"的特征及其对作家作品的要求，抨击资产阶级文学的"普遍堕落"；还引用了日丹诺夫《关于〈星〉和〈列宁格勒〉两杂志的报告》中吹捧斯大林的一段话，似乎是要确认苏联文学是由斯大林"所科学地发挥和论证了的"19世纪俄国文学优良传统

---

[1]　王蒙：《想起了日丹诺夫》，《读书》1995年第4期，第21、27页。

[2]　《日丹诺夫论文学与艺术》，人民文学出版社1959年版，第30页。

[3]　《邵荃麟评论选集》上册，人民文学出版社1981年版，第287页。

[4]　汪介之：《回望与沉思：俄苏文论在20世纪中国文坛》，北京大学出版社2005年版，第204—205页。

的继续。《文学的基本原理》也两次引用日丹诺夫《在第一次全苏作家代表大会上的讲演》，以论证"社会主义现实主义"的特点和它对作家的要求。

我们在本书绪论第二节也谈到，我国1979年出版的蔡仪主编的《文学概论》多次正面引用了日丹诺夫的言论①，我国1984年出版的以群主编的《文学的基本原理》也正面引用了日丹诺夫的言论②。这确实令人惊讶，日丹诺夫的极左言论在苏联受到批判三十年后，在我国改革开放后的重要教科书中，依然被作为权威观点加以引用。

二、苏共中央关于文艺问题的一系列决议的影响

从20世纪20年代开始，我国除了翻译介绍马克思、恩格斯和俄国早期马克思主义美学的三位代表普列汉诺夫、卢那察尔斯基、沃罗夫斯基等人的著作外，被当成新兴的科学的美学和文艺理论加以翻译介绍的，还包括：苏联无产阶级文化派、"拉普"和庸俗社会学的代表人物的著作，苏联美学家、文艺理论家的论著，日本的左翼文艺理论家的相关研究著作或资料选编，以及苏共中央关于文艺问题的一系列决议。它们都被当作马克思主义美学和文艺理论被介绍到中国来。

在苏共中央关于文艺问题的一系列决议中，影响特别大的是1946年至1949年联共（布）中央对一系列具体的文艺问题发出的近10个决议。1946年8—9月，联共（布）中央连续做出了《关于〈星〉和〈列宁格勒〉两杂志的决议》《关于剧场上演节目及改进方法的决议》《关于影片〈灿烂的生活〉的决议》等三项决议；1948年2月，又做出了《关于穆拉杰里的歌剧〈伟大的友谊〉的决议》。《关于〈星〉和〈列宁格勒〉两杂志的决议》批评了这两家杂志发表了"文学无赖和渣滓"左琴科的小说和诗人阿赫玛托娃的"渗透着悲观和失望情绪的"诗歌等与苏联当时的政治思想"背道而驰的作品"，决定《列宁格

---

① 蔡仪主编：《文学概论》，人民文学出版社1979年版，第270页。

② 以群主编：《文学的基本原理》，上海文艺出版社1984年版，第256页。

勒》杂志立即停刊，同时改组《星》杂志，并责成该刊端正办刊方针，"停止刊登"左琴科和阿赫玛托娃等人的作品。决议还批评苏联作家协会理事会及其主席吉洪诺夫"纵容了与苏联文学背道而驰的倾向和风气渗入两杂志"。《关于穆拉杰里的歌剧〈伟大的友谊〉的决议》在尊重古典传统的旗号下全盘否定现代主义艺术。

其他决议还有《关于影片〈伟大的生活〉的决议》《批评音乐界错误倾向的决定》《关于剧场上演节目及其改进办法》等。这些带有极左思想倾向的决议立即被译介到中国。在上海出版的《苏联文艺》杂志，从1946年10月第24期起开辟《文献》专栏，最早将上述文件翻译到我国。在1947—1949年间，这些决议被汇编成很多小册子，在我国广为发行。这些小册子包括《战后苏联文学之路》《联共（布）党的文艺政策》《苏联文艺方向的新问题》《苏联文艺问题》《论苏联文艺与哲学的方向》《苏联文艺政策选》《大胆公开的批评》等。这些决议以极左的理论观点、粗暴的批判方式、极端的行政干预手段等，对我国当时的解放区文艺运动以及新中国成立后的文艺政策产生了重要影响。

第十一章　文艺的内部研究

1983年8月，即将赴哈佛大学攻读比较文学博士学位的北京大学西语系青年教师张隆溪，在当年《读书》第8期上发表了文章《艺术旗帜上的颜色——俄国形式主义与捷克结构主义》，这是张隆溪在《读书》上发表的阐述20世纪西方文论系列文章的第一篇，在广大读者渴望了解西方文论的期待视野中，这是国内第一次以准确、简要、生动的方式系统介绍20世纪西方文论，所以引起了人们的浓厚兴趣，加上当时《读书》杂志在读者心目中的威望，张隆溪这篇正面评价俄国形式主义的文章产生了很大影响，拉开了俄国形式主义在我国传播的序幕。

我国对俄国形式主义的介绍，还可以追溯到此前几年。1979年，中国社会科学院外国文学研究所的袁可嘉在《世界文学》第2期上发表了《结构主义文学理论述评》一文，其中提到了作为结构主义的先驱的俄国形式主义。1980年布洛克曼的《结构主义》一书的中译本出版，其中有专节介绍俄国形式主义。1983年，中国社会科学院外国文学研究所李辉凡在当年《苏联文学》第4期上发表了《早期苏联文艺界的形式主义理论》一文，该文强调形式主义理论曾经"泛滥于整个创作界和理论界，对年幼的苏联文艺的发展产生过十分不良的影响"；"它企图在文学研究和文学史中占据垄断地位，因而是早期苏联文艺理论发展中的一块绊脚石"。①该文对俄国形式主义做了负面评价。对于俄国形式主义的介绍，上述论文和译著都没有张隆溪的文章影响大。

第一节　俄国形式主义在中国传播的概况

20世纪产生的俄国形式主义尽管在当时的俄苏尽人皆知，然而它在中国的传播却走了一段大大的弯路。

一、中国理论界对俄国形式主义的漠视

张隆溪上述文章的题目《艺术旗帜上的颜色——俄国形式主义与捷克结构主义》是从俄国形式主义的主要代表人物什克洛夫斯基的一句被人们经常引用的名言中衍生而来的："艺术总是脱离生活，艺术色彩从不反映飘扬在都市堡垒上空的旗帜的色彩。"②什克洛夫斯基的这句话强调文学创作和文学研究的自主性。什克洛夫斯基在《散文理论》（1929）中说："文学作品的灵魂不是别的，而是它的形式。""文学作品的内容（也包括灵魂）等同于它风格手法的总和。"③这段话可以说是俄国形式主义学派理论的核心。

20世纪初期，俄苏产生了两种具有世界影响的美学思潮：马克思主义美学和俄国形式主义。马克思主义美学重视文学与现实、文学与社会、文学与政治、文学与道德等所谓"外部关系"的研究，俄国形式主义重视文学自身的语言、形式、结构、文体、文学性等所谓"内部关系"的研究。马克思主义美学

---

①　李辉凡：《早期苏联文艺界的形式主义理论》，《苏联文学》1983年第4期，第80页。

②　转引自韦勒克：《近代文学批评史》第7卷，杨自伍译，上海译文出版社2009年版，第568页。

③　什克洛夫斯基：《散文理论》，莫斯科1929年版，第228页。

在"社会—文学"的框架内研究文学，是文学的外部研究，即他律的研究；而俄国形式主义主张文学的内部研究，即自律的研究。

俄国形式主义是在批判俄国19世纪历史文化学派和象征派的基础上产生的。历史文化学派死板地运用陈旧的美学、心理学、历史学的定理，轻视艺术特性；象征派则对艺术作品的风格特点和语言特点做随心所欲的，有时甚至是非理性的解释。俄国形式主义是对文学自身特征认识深化的结果。它认为过去的文艺学研究对象不是文学本身，而是作家的生平及其他，所以陷入了传记学、心理学、历史学、哲学的领域，文艺学成了社会学的附庸。俄国形式主义在俄苏长期受到不公正的待遇，直到1967年，苏联有的美学著作仍然把俄国形式主义称作"马克思列宁主义文艺学最初遇到的，并且也是最危险的思想反对者之一"[①]。

俄国形式主义向哲学美学宣战，向"艺术的观念形态"宣战，主张艺术非意识形态化，反对从社会学、哲学的角度来理解艺术的内容。形式主义风靡一时，其著作不是以抽象的形式，而是以具体的文学史研究和批评来发展自己的理论原理，在20世纪20年代广为流传，影响甚大，传遍整个美学界、文艺学界和语言学界。冯宪光在《马克思美学的现代阐释》一书（四川教育出版社2002年版）中谈到，西方哲学在发展过程中，研究重心发生了三次大的转向。第一次转向是古希腊哲学的重心从神话思维转向人的思维，研究世界存在的本体论问题。第二次转向是17世纪笛卡儿提出的"我思故我在"的命题，哲学研究的重心为主体认识的意义，从本体论转向认识论。第三次转向发生在20世纪，逻辑实证主义、语言分析哲学认为，哲学研究的对象是由语言所表达的思想和理性，从而出现了语言学转向。

同样，20世纪的美学和文艺学也发生了语言学转向。伊格尔顿在《文学原理引论》的作者序中指出："倘若人们想确定本世纪文学理论发生重大转折的

---

① 中国艺术研究院马克思主义文艺理论研究所外国文艺理论研究资料丛书编委会编：《回顾与反思——二、三十年代苏联美学思想》，盛同等译，中国人民大学出版社1988年版，第130页。

日期，最好把这个日期定在1917年。在那一年，年轻的俄国形式学派理论家维克多·谢洛夫斯基发表了开创性的论文《作为技巧的艺术》。"①俄国形式主义学派的一些人很快转移到捷克，深入研究语言文学的形式，形成有名的布拉格学派。在俄国形式主义和布拉格学派的基础上前行的是法国结构主义、英美新批评和塔尔图-莫斯科符号学学派。而解构主义、后现代主义等都有结构主义的影子。

佛克马和易布思说："欧洲各种新流派的文学理论中，几乎每一流派都从这一'形式主义'传统中得到启示，都在强调俄国形式主义传统中的不同趋向，并竭力把自己对它的解释，说成是唯一正确的看法。"②这些评价充分说明了俄国形式主义的世界性影响。

然而，在20世纪80年代以前，我国对俄国形式主义几乎没有反响，只是偶尔有人提及。1936年11月在南京出版的《中苏文化》第1卷第6期，曾刊登过《苏联文艺上形式主义论战特辑》，介绍过当时苏联国内批评形式主义的情况。钱锺书在写于20世纪40年代的《谈艺录》一书中，根据西方资料，多次提到俄国形式主义，并运用这一学派的理论对中西文学进行比较研究。他写道："俄国形式论宗许克洛夫斯基论文谓：百凡新体，只是向来卑不足道之体忽然列品入流。诚哉斯言，不可复易。"③在20世纪80年代所作的"谈艺录补订"中，钱锺书又提到："近世俄国形式主义文评家希克洛夫斯基等以为文词最易袭故蹈常，落套刻板，故作者手眼须使熟者生，或亦曰使文者野。"他接着谈了自己的看法："夫以故为新，即使熟者生也；而使文者野，亦可谓之使野者文，驱使野言，俾入文语，纳俗于雅尔。……抑不独修词为然，选材取境，亦复如是。"④可见，钱锺书赞同什克洛夫斯基的陌生化理论。

---

① 伊格尔顿：《文学原理引论》，文化艺术出版社1987年版，作者序第1页。

② 佛克马、易布思：《二十世纪文学理论》，林书武、陈圣生、施燕等译，生活·读书·新知三联书店1988年版，第13—14页。

③ 钱锺书：《谈艺录》，中华书局1984年版，第35页。

④ 钱锺书：《谈艺录》，中华书局1984年版，第320—321页。

面对同时兴起的俄苏马克思主义美学和俄国形式主义，我国当时热烈拥抱了前者，而忽略了后者，这深刻地反映了接受外来文化的规律：根据自身需要的强烈的选择性。俄苏马克思主义美学符合当时我国的社会现实和美学理论的需要，当时我国文学理论的主导研究是一种外在研究，而不是内在研究。虽然俄国形式主义当时在俄苏就遭到激烈的批判，但是，这不是我国理论界对它漠视的根本原因。20世纪30年代苏联美学中以弗里契为代表的庸俗社会学一出现，这一学派的著作就得到我国迅速的翻译出版，其观点也在我国被广为介绍，并得到赞赏，瞿秋白就曾称赞弗里契是杰出的马克思主义文艺理论家。美学中的庸俗社会学旋即在苏联遭到激烈的批判，30年代就销声匿迹了，然而我国在40—50年代仍然出版了弗里契著作的中译本。

二、新时期俄国形式主义的蜂拥而至

新时期以来，各种外国文学理论思潮涌向我国，其中文学内在研究的理论影响巨大。出于文学回归自身的强烈要求、主张文学自主性的迫切需要，强调文学内部研究的20世纪西方文论受到我国研究者的青睐。有的研究者用"来势汹涌"描述中国文学研究的这种转向："中国新时期文学批评在80年代末开始了向'文本本位'的位移，在来势汹涌的文本批评、形式批评、结构批评、话语批评中，主体的'心灵'被作为一个'莫须有'的东西弃置在批评视野之外。""中国文学批评的这一转向，自然是与国际上人文学科研究的'语言学转向'相接轨的，有着它的来头。"①

这种"来头"就是20世纪西方文论，其中俄国形式主义作为这种文论的源头，起着独特的作用。有著名的英美文学研究者指出："实际上，就我国目前文学批评的现状而言，更为实际的恐怕还不是结构主义批评，神话原型批评或后结构主义的解构主义批评这类批评模式，而是经历过类似我国的文艺斗争

---

① 鲁枢元：《文学的内向性——我对"新时期文学'向内转'讨论"的反省》，《中州学刊》1997年第5期，第95页。

实际，最终仍被证明有一定生命力的俄国形式主义批评理论。我们可以说，不了解俄国形式主义的基本论点，就无法真正理解后来出现的各种形式主义理论。在西方，如果没有俄国形式主义的影响，今日西方文论的面貌可能就是另一个样子。"①从1979年起至2004年底，我国约有110篇论文和44部著作翻译、研究、运用俄国形式主义理论。②

我国引进俄国形式主义有一个耐人寻味的现象是，最初引进和研究俄国形式主义的学者是我国的英美文学理论研究者，他们所援引的资料和文献来自西方，不是对俄国形式主义的重要性的认识，而是西方学术界对俄国形式主义的高度评价，这促使我国英美文学理论研究者对俄国形式主义产生了浓厚的兴趣。我国最初对俄国形式主义的引进不是来自近邻苏联，而是不远万里绕道西方。

20世纪80年代的中国文学界，无论创作实践还是理论批评，曾经都有过一个很重要的带倾向性的现象，即所谓"向内转"，"向内转"成为80年代文艺学主流话语之一。鲁枢元在《论新时期文学的"向内转"》一文中提出，创作实践上的"向内转"，是从以往更注重再现外在现实，转而更注重表现内心世界。"题材的心灵化、语言的情绪化、主题的繁复化、情节的淡化"等创作精神的"内向化"表现，构成了文学创作最富当代性的色彩。③鲁枢元虽然不认同文学研究的"向内转"，但是他主张的文学创作"向内转"在客观上与文学研究"向内转"相呼应。

鲁枢元所说的"向内转"这个术语，据他自己说，来自美国文学评论家里恩·艾德尔，艾德尔写道：第一次世界大战后，西方文学的"向内转"运动，使"文学和心理学日益抹去了它们之间的疆界"④。文学创作"向内转"的主

---

① 钱佼汝：《"文学性"和"陌生化"——俄国形式主义早期的两大理论支柱》，《外国文学评论》1989年第1期，第26页。

② 耿海英：《新时期俄国形式主义文论在中国的接受与研究》，《俄罗斯文艺》2007年第1期，第62页。

③ 鲁枢元：《论新时期文学的"向内转"》，《文艺报》1986年10月18日。

④ 转引自鲁枢元：《文学的内向性——我对"新时期文学'向内转'讨论"的反省》，《中州学刊》1997年第5期，第88页。

要观点是：文学作品不是像镜子那样反映客观存在的外物，而是表现外物在作家自己心灵里的映像；反对文学创作的镜子式、工具式的反映，而强调客观现实生活的心理化、心灵化是文学创作的必由之路。"向内转"即转向文学艺术自身的存在，回归到文学艺术的本真状态。文学创作"向内转"其实不是一个新观点。针对古希腊以来的艺术模仿说和文艺复兴时期达·芬奇的艺术再现现实的"镜子"说，18世纪末到19世纪初的欧洲浪漫主义运动就提出了艺术不是再现客观现实而是表现内心世界的观点。然而文学创作"向内转"是在特定的时代提出来的，它引起激烈的争论，争论时间前后长达五年之久。在"向内转"的讨论中，俄国形式主义无疑是一种理论资源。"西方现代形式主义文论研究，为中国20世纪80年代形式本体论的生成提供了直接的参照和摹本。"①

第二节　文学作品的特殊性

俄国形式主义是20世纪10—20年代在俄苏出现的一个重要的文学理论和美学理论流派。

一、俄国形式主义作为一个学派的形成

"学派"一词的英文为school，德文为Schule，法文为école，皆源于希腊文skhole一词。按照形成的原因，学派大体上可分为三类：师承性学派，如柏拉图学园派；地域性学派，如法兰克福学派；问题性学派，如心理分析学派。它们之间也有交叉，如俄国形式主义学派，既是地域性学派，又是问题性学派。《辞海》把"学派"解释为"一门学问中由于学说师承不同而形成的派别"，这指的是师承性学派。《现代汉语词典》把"学派"解释为"同一学科

---

① 杜书瀛、钱竞主编，张婷婷著：《中国20世纪文艺学学术史》第4部，中国社会科学出版社2007年版，第156页。

中由于学说、观点不同而形成的派别"，这指的是问题性学派。

俄国形式主义在莫斯科语言学小组（成立于1915年）和彼得格勒诗歌语言会（成立于1916年）的基础上形成，高度重视从语言学的角度研究诗学问题，并从诗歌研究扩展到散文理论和文学史方面的研究，着重探讨文学的艺术特征及其演变。什克洛夫斯基（1893—1984）是彼得格勒诗歌语言会创始人，雅各布森（1896—1982）于1915年发起成立了莫斯科语言学小组，并与彼得格勒的诗歌语言研究会密切合作，形成彼此呼应的形式主义学派的两大支脉。

什克洛夫斯基在1913年12月31日夜间在一次诗人集会上，做了题为《未来派在语言史上的地位》的长篇报告，报告结束时，已是1914年1月1日凌晨。这篇报告构成了次年出版的小册子《词语的复活》（1914）的基础。在这篇报告中，什克洛夫斯基初步表达了后来被称为"形式主义方法"的基本观点。

准确地确定俄国形式主义学派活动的时间，是一件颇为困难的事。只能极其相对地说，什克洛夫斯基的小册子《词语的复活》和自我批评的文章《学术错误志》（《文学报》1930年1月27日）大体上标志着这个学派的产生和终结。然而事实上，在1930年后，这个学派的大部分代表仍然积极地从事研究，在许多年后完成了在30年代前就业已开始撰写的学术著作。

"形式主义学派""形式主义方法""形式主义和形式主义者"这些概念在大部分场合下指的是团结在彼得格勒诗歌语言研究会、国立艺术史研究所和莫斯科语言学小组周围的青年文学理论家。《词语的复活》问世的1914年也可以看作彼得格勒诗歌语言研究会诞生的日期（关于它诞生日期的第二种说法是1919年，不过更确切地说，这是它"再生"的日期，1919年10月21日《艺术生活》报道了这件事）。参加彼得格勒诗歌语言研究会的有什克洛夫斯基、特尼亚诺夫、托马舍夫斯基、波利瓦诺夫、雅库宾斯基、勃利克。1919年，艾亨鲍姆也参加了这个组织。他们中的大部分人曾在彼得堡大学（彼得格勒大学）温格罗夫主持的普希金讨论班学习过。莫斯科语言小组出现于1915年。其成员有雅各布森、别尔恩斯坦、博加特廖夫、勃利克、维诺库尔、日尔蒙斯基、彼什科夫斯基、波利瓦诺夫、索科洛夫、托马舍夫斯基、什克洛夫斯基、什彼得等。马雅可夫斯基和其他作家、诗人也经常参加他们的会议。

当时，苏联全国有很多学术组织，一个人可以同时是几个组织的成员。1920年成立了国立艺术史研究所。诗歌语言研究会和莫斯科语言小组的许多成员——恩格尔加尔特、特尼亚诺夫、艾亨鲍姆、日尔蒙斯基、托马舍夫斯基、维诺格拉多夫、巴卢哈特依、古科夫斯基，都积极地参与了研究所的工作，形成了研究所"年轻的一翼"。也有其他高校和研究机构的人归入形式主义门下。但是，很难说这种方法的拥护者之间有某种统一的组织联合。

俄国形式主义是具有国际影响的文学理论或美学学派，它符合学派形成的四个条件。

第一，具有领军人物和核心成员。俄国形式主义的领军人物是什克洛夫斯基和雅各布森，核心成员很多。这一流派的直接继承者、国际上著名的苏联塔尔图符号学派在编选的形式主义文选（切尔诺夫编：《文学理论文选》第1辑，塔尔图1976年版，这是诸多俄国形式主义文选中很好的一个选本，本章部分地采用了这个选本的观点）中，介绍了俄国形式主义学派9名最重要的代表的生平。他们是：什克洛夫斯基、艾亨鲍姆、雅各布森、特尼亚诺夫、托马舍夫斯基、普罗普、雅尔霍、维诺库尔和勃利克。我们认为，在这9名代表中，前3名尤为重要。俄国形式主义的代表人物有一个共同的特点：他们不是饱学的宿儒，而是初出茅庐的年轻人。什克洛夫斯基出版标志俄国形式主义学派诞生的《词语的复活》时21岁，雅各布森发起成立莫斯科语言学小组时19岁，日尔蒙斯基加入莫斯科语言学小组时24岁，特尼亚诺夫参加彼得格勒诗歌语言研究会时20岁。至于艾亨鲍姆，他参加彼得格勒诗歌语言研究会时28岁，已经是相对年长的了。

什克洛夫斯基（1893—1984）是俄国形式主义方法发展的第一阶段最著名的散文理论家。曾就读于彼得格勒大学语文系。1920年任国立艺术史研究所教授。他早期的主要著作有《艺术即手法》（1917）、《情节分布的拓展》（1921）、《文学和电影》（1923）、《词语的复活》（1924）、《散文理论》（1925，1929年第2版）。对艺术本文结构的研究给他带来世界性的声誉。1930年以后，他屡次批评形式主义方法和自己以前的学术遗产。

雅各布森（1896—1982）是现代杰出的语文学家和符号学家，莫斯科、布拉格和纽约语言学小组的创始人之一，在语文学的各个领域做出了重要贡献。1914年毕业于拉扎列夫东方语言学院（1921年起改名为莫斯科东方语言学院），1918年毕业于莫斯科大学。1921年移居国外。先后在莫斯科、布尔诺（捷克）、哥本哈根、奥斯陆、乌普萨拉（瑞典）、纽约等地的高等学校任教。后来成为哈佛大学斯拉夫语言、文学和普通语言学的教授，并在世界各地的大学讲学。他早期的主要著作有：《俄罗斯最新诗歌》（1921）、《战争和革命年代俄国的斯拉夫语文学》（与博加特廖夫合著，1923）、《论捷克诗歌（主要与俄罗斯诗歌对比）》（1923）、《文学和语言研究问题》（与特尼亚诺夫合著，1928）等。以他为代表的布拉格学派成为连接俄国形式主义与英美新批评、法国结构主义的桥梁，对西方文论的语言学转向产生了有力的影响。

艾亨鲍姆（1886—1959）是形式主义学派的"官方"理论家，形式主义者在一切重要的论辩和争论中的代表。1912年毕业于彼得堡大学。1919—1949年留校任教。他于1919年发表的《果戈理的〈外套〉是怎样写成的》一文表明他的学术立场从"认识论美学"到"形态学美学"的转变。他的《"形式"方法的理论》（1925）对这一学派做了最精炼的阐述。他的早期著作有《杰尔查文的诗学》（1916）、《果戈理的〈外套〉是怎样写成的》（1919）、《俄罗斯抒情诗的旋律构造》（1922）、《青年托尔斯泰》（1922）、《安娜·阿赫玛托娃：分析尝试》（1923）、《莱蒙托夫：文学史评价尝试》（1924）、《透视文学》（1924）、《文学，理论，批评，争论》（1927）等。

日尔蒙斯基（1891—1971）1919年任彼得格勒大学教授，1966年当选苏联科学院院士。先后被牛津大学、波兰克拉科夫大学、柏林古姆鲍利特大学、布拉格卡尔洛夫大学授予名誉博士学位。是德国柏林科学院（1956）、不列颠科学院（1962）、丹麦科学院（1956）、巴伐利亚科学院（1970）通讯院士。主要著作有《诗学的任务》（1919—1923）、《诗句的旋律结构》（1922）、《抒情诗的结构》（1921）等。

特尼亚诺夫（1894—1943）于20世纪20年代第一个将"结构"的概念引入苏联艺术学。

究竟是谁想出了"形式主义"这个称谓，现在已经无从查考了。艾亨鲍姆在1924年发表的一篇文章中，表示当时就无法弄清"形式主义"这个称谓的来源①。不过，"形式主义"绝不是形式主义者的"一个战斗口号"。相反，被称作"俄国形式主义"的代表们不使用这个术语，并且千方百计地拒绝它。他们自称为"形态学家"，而更多地自称为"材料鉴定家"。

第二，作为一个学派，必须形成相对统一的观点和核心概念。研究文学作品可以有两种方法。第一种方法的依据是文学的本质隐匿在本文本身中，每部作品的价值在于它自身。在这种情况下，研究者注意力集中在艺术作品结构的内部规律上。第二种方法是把作品看作某种比本文更重要的东西的表现。这些更重要的东西是：艺术家的个性、心理因素或者社会情境。在这种情况下，本文不是自身使研究者感兴趣，而是作为构筑上述心理因素或者社会情境的模式的材料使研究者感兴趣。俄国形式主义倡导第一种方法。俄国形式主义的基本原理和主要功绩在于，确认文学不只是研究心理和历史的辅助材料，文学理论具有自身的研究客体。他们宣告研究客体和研究方法的独立性，把本文问题提到首位。他们认为，文学作品的意义不可能不取决于物质实体——符号以及符号组织。

什克洛夫斯基在《散文理论》的前言中，开宗明义地表达了自己的研究侧重："在文学理论中我从事的是其内部规律的研究。如以工厂生产来类比的话，则我关心的不是世界棉布市场的形势，不是各托拉斯的政策，而是棉纱的标号及其纺织方法。所以，本书全部都是研究文学形式的变化问题。"②在这里，什克洛夫斯基明确地提出了研究文学的"内部规律"的主张，而他所说的"内部规律"，显然就是文学的形式及其变化。

---

① 切尔诺夫编：《文学理论文选》第1辑，塔尔图1976年版，第16页。
② 什克洛夫斯基：《散文理论》，百花洲文艺出版社1994年版（1997年重印），第3页。

什克洛夫斯基提出了俄国形式主义的核心概念——"陌生化"，雅各布森则提出了这一学派的另一个核心概念——"文学性"。

第三，作为一个学派，必须有一系列影响广泛的著作。这些著作包括什克洛夫斯基的《词语的复活》《散文理论》，雅各布森的《文学和语言研究问题》（与特尼亚诺夫合著），艾亨鲍姆的《"形式方法"的理论》，日尔蒙斯基的《诗学的任务》《诗句的旋律结构》《抒情诗的结构》，等等。

第四，作为一个学派，应该有广泛的、长期的国际影响。俄国形式主义出现不久，在20世纪20年代的德国高校里，已经有人把对它的研究作为博士论文的题目。在百年以后，它的影响依然强劲。对于中国而言，"在一段时间里，英美新批评、俄国形式主义、法国结构主义等文艺学美学流派的理论著作，成为越来越多的中国当代文艺理论家和批评家案头的常备书。西方形式本体论的'形式即内容'、'形式自身即是目的'几乎成为中国80年代后期一种新的批评范式产生的直接诱导甚至逻辑前提"[①]。

1955年，美国耶鲁大学教授维克多·厄利希出版了《俄国形式主义：历史与学说》一书（海牙Mouton1955年版），首次把俄国形式主义介绍到西方。他写道：俄国形式主义是一种对文学和艺术进行精致分析的现代趋势最鲜明的表现。[②]塔尔图-莫斯科学派认为，这本书当时未能引起人们的重视（后来，这部书多次再版，我国有人称它为俄国形式主义研究史上里程碑式的奠基之作）。1956年，保加利亚裔法国学者托多罗夫编译了《俄苏形式主义文论选》一书，使形式主义文论产生广泛的反响。法国符号学家罗兰·巴特吸取了索绪尔语言学、法国人类学家斯特劳斯结构主义人类学和俄国形式主义普罗普叙事学的结构观点，使法国成为结构主义活跃的中心。这就是人们常说的莫斯科—布拉格—巴黎的结构主义理论形成和发展的历程。

1974年，比利时的布洛克曼在《结构主义：莫斯科—布拉格—巴黎》一书

①　杜书瀛、钱竞主编，张婷婷著：《中国20世纪文艺学学术史》第4部，中国社会科学出版社2007年版，第154页。

②　厄利希：《俄国形式主义：历史与学说》，海牙1955年版，第63页。

的英译本序中写道："作为巴黎时兴思潮的结构主义只是标志二次大战后结构主义思想发展的第一个阶段——这一发展一般来说是建立在俄国形式主义和捷克文学结构主义的主要原理之上的。"①1979年，托尼·本奈特出版了《形式主义与马克思主义》一书（伦敦麦休与辛格出版有限公司）。1980年，美国符号学家、国际符号学会会长T.西比奥克在日本早稻田大学的一次演讲中也说："结构主义主要开始于20年代的俄国。"

20世纪60年代以后，苏联对形式主义理论重新进行了评价。特别是塔尔图-莫斯科符号学派的理论家们在他们的著作中，总是怀着深深的敬意谈到自己的先驱者对建立文学科学的重要贡献。

俄国形式主义最主要的贡献有两点：一是开启了文学研究中具有世界影响的语言学转向，二是成为20世纪西方文论的源头，20世纪西方文论的诸多流派都源于此。美国学者韦勒克和沃伦在名著《文学理论》中兴奋地谈道："特别精采的还有俄国的形式主义者及其捷克和波兰的追随者们"的研究方法，"这些方法给文学作品的研究带来了新的活力，对此我们仅仅开始有了正确的认识和足够的分析。"②他们从俄苏形式主义学派那里吸纳了不少成果，如对文学的"外部研究"必须代之以"文学的内部研究"，即对文学创作的本身的研究。

二、文学性作为文学科学的特殊对象

关于文学科学对象的特殊性，雅各布森说过一段颇为有名的话："文学科学的对象不是文学，而是文学性，也就是使给定作品成为文学作品的那种东西。然而，迄今为止文学史家们多半像个警察，他的目的是逮捕某个人，于是

---

① 布洛克曼：《结构主义：莫斯科—布拉格—巴黎》，李幼蒸译，商务印书馆1980年版，第8页。

② 韦勒克、沃伦：《文学理论》，刘象愚、邢培明、陈圣生等译，生活·读书·新知三联书店1984年版，第146页。

为以防万一，要把在住宅中的，甚至偶尔从旁边经过的一切人和物统统抓起来。文学史家们就这样无所不用——日常生活，心理学，政治，哲学。从而建立的不是文学科学，而是一些不够格的学科的大杂烩。"①

俄国形式主义学派一再表明，他们和历史文化学派的区别，不是研究方法的区别，而是研究对象的区别，他们的研究对象就是使作品成为文学作品的那种文学性。艾亨鲍姆的《"形式方法"的理论》一文是俄国形式主义学派的代表性论著之一。在这篇文章中，作者详尽而明确地阐述了形式主义的理论批评原则。艾亨鲍姆首先申明："表明我们的特点的并不是作为美学理论的'形式主义'，也不是代表一种确立的科学体系的'方法论'，而是希望根据文学材料的内在性质建立一种独立的文学科学。我们唯一的目标就是从理论和历史上认识属于文学艺术本身的各种现象。"他还强调："对于'形式主义者'来说，在文学研究中，主要的不是方法问题，而是作为研究对象的文学问题。"②

从美学史看，俄国形式主义的产生有深刻的原因。18世纪关于文学的科学，首先是关于文学本身内部结构规律的科学。布瓦洛的《论诗艺》和莱辛的《汉堡剧评》把文学理论同文学批评和生动的文学生活相联系，把注意力集中在"文学作品怎样构筑"这个问题上。法国新古典主义诗人和理论家布瓦洛（1636—1711）的《论诗艺》总结了新古典主义的基本原则，被称为"文学的《古兰经》"。布瓦洛美学的基本出发点是：艺术遵循理性。艺术的内容和形式都要符合理性。为了实现艺术中的理性，艺术家必须服从严格的规则，特别要把希腊罗马美学理论和艺术实践中形成的规则奉为圭臬，比如三一律。由于重视规则，布瓦洛特别重视表现技巧，而在表现技巧中，他又格外强调语言的纯洁和明晰。布瓦洛对完全艺术的理想是：内容高雅化，形式精致化，情感平淡化，一切都中规中矩。

---

① 切尔诺夫编：《文学理论文选》第1辑，塔尔图1976年版，第247页。

② 艾亨鲍姆：《"形式方法"的理论》，载托多罗夫编选：《俄苏形式主义文论选》，蔡鸿滨译，中国社会科学出版社1989年版，第21、19页。

德国启蒙运动理论家莱辛的《汉堡剧评》不仅是艺术理论著作，而且是艺术批评的范例。《汉堡剧评》的核心是提出了德国戏剧的发展道路问题。与法国相比，德国的戏剧创作和戏剧理论都很落后。德国新古典主义者力图按照法国模式发展德国戏剧，把法国的高乃伊和拉辛的戏剧原则视为典范。而莎士比亚对于德国和法国新古典主义者来说，是一个缺乏艺术教养和良好趣味的野蛮人。与此针锋相对，莱辛利用高乃伊、拉辛的戏剧在汉堡上演的机会，对法国新古典主义戏剧的题材、语言和三一律进行了尖锐的批判。他主张以莎士比亚为榜样："莎士比亚作品的各部分，甚至连最细微的地方，都是按照历史剧的宏大篇幅剪裁的，这跟具有法国趣味的悲剧相比，犹如一幅广阔的壁画和一幅绘在戒指上的小品画。"①

19世纪的历史文化学派和象征派坚决拒绝把艺术作品看作具有独立意义的某种东西。他们在本文中寻求精神的表现——历史、时代或者外在于作品的某种实体的表现。既然外在于本文的某种实体被看作活生生的和无限的，而作品本身是它的不完全合身的衣服，是无限的有限形象，那么，读者和研究者的任务是穿透本文，到达处在本文后面的实体。在这种观点看来，本文与外在现实（无论世界精神的发展，抑或社会力量的斗争）的关系，具有决定意义。历史文化学派和象征派的衰颓，导致了俄国形式主义的诞生。

用"形式主义方法"这个术语来表明这一流派的学术追求，是很不确切的。因为这一流派所说的不是文学研究的方法，而是建立文学理论的原则——关于这门科学的内容和基本的研究对象。形式主义者在独特的意义上使用这个词语，他们不是把"形式"理解为与"内容"相对应的某种东西，而是理解为艺术现象基本的东西、组成艺术现象的原则。文学作品的特殊形式是文学科学的基本问题。俄国形式主义拒绝采用当时支配俄国文学批评的心理学、哲学和社会学方法，不根据作家生平，也不根据对当时社会生活的分析来解释一部作品，而是把文学作品（不是把作家）作为考虑的中心，把作品本文提到首位，

---

① 莱辛：《汉堡剧评》，张黎译，上海译文出版社1981年版，第375页。

注意力集中在文学作品结构的内部规律上。他们希望根据文学材料的内在性建立一种独立的文学科学，从理论和历史上认识属于文学艺术本身的各种现象。

科学的特殊性和具体化的原则是形式主义方法的组成原则。所谓特殊性，就是认为文学科学的对象应是区别于其他一切材料的文学作品的特殊性，用艾亨鲍姆的话来说，他们要把"独立的文学科学"建立在"文学材料的特有属性"上。所谓具体化，是指形式主义不注重思辨，而注重事实；不构筑抽象的理论体系，而信奉实证主义和经验主义，从具体文学作品切入，就近观察，使科学变得具体。从某种意义上可以说，文学作品的特殊性是这派理论家的研究对象，而具体化则是他们所采用的研究方法。

三、艺术作为一种手法

文学作品的特殊性究竟表现在哪里呢？首先表现在诗的语言上，这是一切文学作品的基础；其次是这种作品的结构。形式主义者通过比较诗歌语言和日常语言的异同来探讨这个问题。这种方向使得他们把研究重点放在语言学上，而不是像过去的文学科学那样竭力利用哲学、文化史和心理学等研究文学。形式主义者在这方面进行了大量的研究，考察了文学理论中一直被人所忽视的问题，例如，情感语言和诗歌语言的关系，诗句的声音结构，声调作为诗句的结构原则，诗句和散文的格律，格律标准和节奏，诗歌中节奏和语义学的关系，等等。

通过比较诗歌语言和日常语言，形式主义者发现，语音、重复、对称等形式因素在诗歌中具有独立的意义，它们本身就具有内容，而不是一种外壳。诗歌的根本特点不在于形象，形象只是诗歌手法系统中的一个因素，并不起主导作用，诗歌的特点在于具体利用各种材料。换言之，艺术就是一种手法，它的目的是使我们能够感觉到形式。什克洛夫斯基的《艺术即手法》一文（即上文《作为技巧的艺术》，有多种译名）可以说是形式主义方法的宣言，它为具体分析形式开辟了道路。

　　什克洛夫斯基写道："这样，我们就可以给诗歌下个定义，这是一种困难的、扭曲的话语。诗歌的话语是经过加工的话语。"① "诗歌语言是难懂的、晦涩的语言，充满障碍的语言。"②为什么这种"晦涩、延迟的现象"会成为艺术的普遍规律呢？按照什克洛夫斯基的观点，这是因为艺术的目的在于使我们的感觉摆脱自动性。动作一旦成为习惯，就会变成自动的动作，我们所有的习惯就退到无意识和自动的环境里。

　　列夫·托尔斯泰在一则日记中写道："我在房间里擦洗打扫，我转了一圈，走近长沙发，可是我不记得是不是擦过长沙发了。由于这都是些无意识的习惯动作，我就记不得了，并且感到已经不可能记得了。因此，如果我已经擦过，并且已经忘记擦过了，也就是说如果我做了无意识的动作，这正如同我没有做一样。如果有一个有意识的人看见我擦过，他可能把我的动作重复一遍。但是，如果谁也没看见，或是无意识地看见我擦过，如果许多人的复杂的一生都是无意识地匆匆过去，那就如同这一生根本没有存在。"什克洛夫斯基在援引这一段话后指出："自动化囊括了一切物品、衣服、家俱……和对战争的恐惧。"③因此，为了恢复对生活的感觉，使我们感觉到事物，并使感觉的力量和时间达到最大的限度，艺术就应运而生了。艺术运用各种手法来达到自己的目的，正是在这种意义上，艺术就是一种手法。

　　由于把艺术看作一种手法，形式主义者特别重视作品的"制作"问题。如果对于社会学家来说，文学作品本文的解释由"受什么制约？"这样一个问题来决定，那么，对于形式主义者来说，一切被归结为对另一个问题的答复："怎样制作？"

　　在小说理论方面，形式主义者论述了情节概念和本事概念之间的区别：

---

① 托多罗夫编选：《俄苏形式主义文论选》，蔡鸿滨译，中国社会科学出版社1989年版，第77页。

② 托多罗夫编选：《俄苏形式主义文论选》，蔡鸿滨译，中国社会科学出版社1989年版，第76页。

③ 托多罗夫编选：《俄苏形式主义文论选》，蔡鸿滨译，中国社会科学出版社1989年版，第64页。

情节概念指的是一种结构，而本事概念指的是材料。先前的文学理论只注重材料，把它看作内容，而把其余的一切都归结为外在形式。在这种思想指导下，人们看一部作品主要看它的内容是否深刻。如果内容深刻，往往会原谅它的形式的蹩脚。现在，形式主义者把一部作品的结构要素和材料要素区分开来，发现在情节结构过程中所使用的各种不同手法（层次结构、类似、"框架"、列举等），旨在根据各种材料建立某种结构手法的统一。

什克洛夫斯基写道："人们常常把情节的概念和对事件的描绘，和我提出的按照习惯称为本事的东西混为一谈。实际上，本事只是组成情节的材料。因此，《叶甫盖尼·奥涅金》的情节不是男主人公和达吉雅娜的恋爱故事，而是由引入插叙而产生的对这一本事的情节加工……"[1]形式主义者竭力突出结构手法的重要意义，情节和结构也构成作品的内容，并且比材料重要。艾亨鲍姆在《果戈理的〈外套〉是怎样写成的》一文中，也论述了短篇小说的结构问题。他试图说明果戈理的本文"是由言语的生动形象和言语的感情组成的"，词语和句子是果戈理按照有表现力的直接叙述原则选择的，发音、模仿、发音动作等都起了特别重要的作用。形式主义者发现了情节布局的特殊手法，从而为小说的历史和理论的研究开拓了广阔的前景。

形式主义者还把他们的理论运用到文学史研究上。他们反对把文学史局限于孤立的作家传记和心理研究，反对用现实主义和浪漫主义等笼统的概念来阐述文学的演变。他们强调，文学的演变是"新形式的辩证的自我创造"[2]，是形式的辩证延续，新的形式并不是为了表达新的内容，而是为了代替旧的形式才出现的。

艾亨鲍姆写道："我们研究文学史，是因为它有一种特征，并且是在它独立而不直接依赖其他文化系列的范围内进行研究的。换句话说，我们把考虑的

---

① 转引自托多罗夫编选：《俄苏形式主义文论选》，蔡鸿滨译，中国社会科学出版社1989年版，第38页。

② 托多罗夫编选：《俄苏形式主义文论选》，蔡鸿滨译，中国社会科学出版社1989年版，第52页。

因素的数量加以限制，以便不致在泛泛的而又不能解释文学演变本身的众多联系和对应中迷失方向。我们并没有把传记或创作心理学的问题放进我们的研究里，并指出这些向来非常重要而复杂的问题应在其他科学中占有位置。我们认为重要的是要在文学演变中找到历史规律的特点；因此，从这种角度出发，我们把看来与历史无关的偶然性的东西搁在一边。"[1]形式主义者所关心的是文学演变的过程本身，文学形式的动态过程，文学类别的形式及其替代。

第三节　"陌生化"理论

"陌生化"理论是什克洛夫斯基提出的轰动一时的理论，这一词语首次见于他的纲领性宣言《词语的复活》（1914），他在同时期的一些演讲和文章《波捷勃尼亚》《艺术即手法》《托尔斯泰笔下的二元对立》中也用过这个词语。

一、"陌生化"的含义

"陌生化"是由俄语副词"陌生"加后缀而变成的动名词，这是什克洛夫斯基按照俄语构词法生造的一个新词，含有"使之陌生、使之奇异"等意思。它的英语译名是make it strange。它还带有疏离的意思，所以有人译为"离间化"。德国戏剧家布莱希特就根据什克洛夫斯基的"陌生化"理论创造发展了"间离化"理论。

在日常生活中常常发生陌生化的情景。要使一个男孩把自己的母亲看作一名妇女，需要陌生化，而当继父出现时，这种陌生化就产生了。当学生看到自己的老师被公安人员押着的时候，就产生了陌生化：教师被摒弃在习惯联系之

---

① 托多罗夫编选：《俄苏形式主义文论选》，蔡鸿滨译，中国社会科学出版社1989年版，第53页。

外，在习惯联系中他是"大人"；现在学生在其他场合中看到他，在这里他显得"渺小"。

"陌生化"标明文学作品的任务是使读者摆脱"自觉自动性"的状态，迫使他仿佛重新审视对象，使得习惯的东西成为异常的、奇特的，不言而喻的东西在某种程度上成为难以理解的，而这样做的目的正是为了更好地理解它。什克洛夫斯基写道："艺术的目的是使对事物的感觉变成一种审视，而不是一种认知；艺术手法是事物'陌生化'的手法，是使形式变得复杂、增加知觉的困难和时间的手法，因为艺术中的知觉过程就是目的本身，它应该延长；艺术是一种体验事物的制作的方式，而艺术中被制作成的东西并不重要。"[1]

什克洛夫斯基所说的"认知"，是指对于熟悉的人和物，我们只要漫不经心地一瞥，便可辨出来。比如，在经常往返的街道上行走，我们不假思索就能认出哪座建筑物是商店，哪座建筑物是银行，而对这些建筑物的外貌、形状、轮廓和颜色等熟视无睹。我们也很难发现自己熟悉的文稿的校样的错误，因为我们读了上文就知道下文。在这种情况下，我们的知觉陷入机械状态，在惯性动作中失去对事物的感受。什克洛夫斯基在《文学与电影艺术》（1923）中举例说明"认知"："居住海滨的人渐渐习惯海浪的声音，以致听不见它。由于同样的原因，我们几乎不去听我们说出的话语……我们相互看着，但实际上不去看。我们对世界的知觉已经萎缩，只剩下认知。"[2]

什克洛夫斯基所说的"审视"，是指面对陌生的人和物，我们往往会仔细打量，目不转睛地端详。比如，在一个陌生的环境中，建筑物还没有成为某种使用价值的符号，我们就会把注意力集中在它的外貌和轮廓上。一个陌生的老师给学生上课，出于好奇，学生们会仔细观察老师的容貌，老师的一举手、一投足都会给学生们留下深刻的印象。对于艺术的知觉就不能陷入自动的"认知"，而要求进行"审视"，并且，知觉的难度越大、审视的过程越长，艺术

---

① 切尔诺夫编：《文学理论文选》第1辑，塔尔图1976年版，第276页。

② 厄利希：《俄国形式主义》，耶鲁大学出版社1981年版，第176—177页，转引自彭克巽主编：《苏联文艺学学派》，北京大学出版社1999年版，第2页。

的效果就越好。艺术正是通过陌生化手法来达到这个目的的。

二、"陌生化"的意义

"陌生化"对艺术的意义在于，文学作品应该通过一系列手法，特别是语言和结构，使日常事物"陌生化"。读者在阅读文学作品时，摆脱了惯常的、不假思索的"认知"状态，而进入反复揣摩和品味的"审视"状态，从而增强对文学作品感受的难度，延长审美感受的时间，加大感受的强度。

什克洛夫斯基写道："那种被称为艺术的东西的存在，正是为了唤回人对生活的感受，使人感受到事物，使石头更成其为石头。艺术的目的是使你对事物的感觉如同你所见的视象那样，而不是如同你所认知的那样；艺术的手法是事物的'陌生化'（原译'反常化'——引者注）手法，是复杂化形式的手法，它增加了感受的难度和时延，既然艺术中的领悟过程是以自身为目的的，它就理应延长；艺术是一种体验事物之创造的方式，而被创造物在艺术中已无足轻重。"①

陌生化不是现代艺术的特权，从远古年代起，它就进入了艺术创作的血肉中。古埃及的狮身人首像、巴比伦的飞牛、戏剧舞台上的滑稽剧、文学中的幻想形象——许多类似的现象表现在各种艺术样式中。只是20世纪的陌生化方法充实了新的内容，使它更加复杂和完善。

什克洛夫斯基主要以列夫·托尔斯泰的作品为例，说明陌生化的手法。"托尔斯泰的陌生化手法在于，他不用事物的名称称呼事物，而是把它作为第一次见到的事物来描绘，而对于事件，也作为第一次发生的事件来描绘，而且，在描绘事物时，他不使用事物各个部分通常的名称，而是用其他事物相应部分的名称来称呼它们。"②例如，托尔斯泰不直接承认各种事物，说勋章像

---

① 什克洛夫斯基等：《俄国形式主义文论选》，方珊等译，生活·读书·新知三联书店1989年版，第6页，译文有改动。

② 切尔诺夫编：《文学理论文选》第1辑，塔尔图1976年版，第276页。

一片片着色的硬纸板，盛圣体的圣爵像个小面包。

诗人和作家为了把一种事实变成艺术事实，就把它从现实中脱离出来。他们不用常见的词来表示一个事物，而是抛弃事物原有的名称，通过形象、比喻，赋予事物新的名称和额外的意义。例如，把火称作红色的花朵，使词义转移，把事物从它习惯的组合外壳中解脱出来，置放到另一个语义学系列里，这样我们就感到新颖。托尔斯泰有时候还在某个细节上耽搁许久，并加以强调，从而产生常见的比例的变形。例如，在描写一次战役时，他详细地描述了一张嚼着东西的湿漉漉的嘴的细节，强调这个细节就创造出一种特别的变形。

托尔斯泰在《霍斯托密尔》中，通过一匹马的眼光看待世界，揭示私有制的荒唐和不合理。这匹马是这样看待私有制的："譬如，把我叫做自己的马的那些人中，有许多人并不驾驭我，驾驭我的完全是另外一些人。喂我的也不是他们，而完全是另外一些人。侍候我的也不是他们，不是那些把我叫作自己的马的人，而是马车夫、马医，总之都是一些旁人。后来，扩大了观察的范围，我相信不仅是我们马，对任何东西使用'我的'这个字眼并没有什么理由，它只是反映人类低级的没有理性的本能——他们把它说成是私有感或私有权。一个人说：'我的房子'，可他从来不在里面住，他只关心房子的建筑和维修。一个商人说：'我的铺子'，譬如说，'我的呢绒铺子'，他却没有一件衣服是用他铺子里上等料子做的。有些人把土地称为'我的土地'，可是他从来没有看到过这块土地，也没有在上面走过。有些人把另外一些人称作他们的人，其实从来没有看见过那些人，而且他们总是伤害那些人。"[1]这匹马最后得出结论说："因此，不说我们比人类优越的其它地方，光凭这一点，我们就可以大胆说一句，在生物等级的分类上，我们比人类更高一级：支配人类活动的，至少就我所接触到的，是一些字眼；而支配我们的活动的，却是事业。"[2]

---

[1]　转引自托多罗夫编选：《俄苏形式主义文论选》，蔡鸿滨译，中国社会科学出版社1989年版，第67—68页。

[2]　转引自托多罗夫编选：《俄苏形式主义文论选》，蔡鸿滨译，中国社会科学出版社1989年版，第68页。

关于陌生化理论，什克洛夫斯基有一个重要结论："凡是有形象的地方，几乎都有陌生化。"①由此可见，形象的目的并不是要使它带有的意义更容易为我们所理解，而是要创造一种对事物的特别的感觉，创造对它的审视，而不是对它的认知。例如，在挪威作家汉姆生的小说《饥饿》中有这样的描写："从她的衬衣里露出两个令人惊奇的白色的东西。"作家采用迂回的手法描绘对象，其目的显然不是为了使它便于理解。类似的例子还有文艺作品中关于性器官的描述，把它们比作锁和钥匙，弓和箭，指环和钉子，鹅毛笔和墨水瓶，等等。

"陌生化"手法的关键在于语言的运用，艺术陌生化的前提是语言的陌生化。文学作品使用的不是一般的"日常语言"，而是"文学语言""诗歌语言"。"诗歌语言"不同于"日常语言"。什克洛夫斯基认为："我们在研究诗歌言语时，无论是研究它的语音和词汇构成，还是研究它的词语位置的性质以及由词语组成的意义结构的性质，我们处处都能见到艺术具有同一的标志：即它是为使感受摆脱自动化而特意创作的，而且，创造者的目的是为了提供视感，它的制作是'人为的'，以便对它的感受能够留住，达到最大的强度和尽可能持久。同时，事物不是在空间上，而是在不间断的延续中被感受。诗歌语言正符合这些特点。"②

20世纪现代主义艺术以陌生化手法为基础，放弃典型化创作方法，而采用类型化创作方法。艺术中的类型化形象仿佛是一种轮廓描绘。它比典型形象更概括，容量也就更大。在这里，具体性没有消失，它只是失却了一部分明显性。根据辩证唯物主义原理，除了个别现象的感性具体性以外，还存在着逻辑具体性，它是从某些抽象中构筑起来的。典型形象接近于前者，类型形象接近于后者。

在运用艺术类型化方法时，艺术和科学（人文科学知识）相接近。这种艺

---

① 切尔诺夫编：《文学理论文选》第1辑，塔尔图1976年版，第276页。
② 什克洛夫斯基：《散文理论》，百花洲文艺出版社1994年版（1997年重印），第20页。

术被称作理智艺术。在理智艺术中，审美情感以思想和理解的愉悦为中介。言未尽意，形象故意的不充分性，这正是现代主义艺术所喜欢采用的手法。因为在艺术中重要的不是知道，而是猜测。德国作家海塞的小说《玻璃球游戏》、奥地利作家卡夫卡的小说《城堡》、意大利导演费里尼的影片《$8\frac{1}{2}$》都采用了陌生化的手法。总之，现代主义艺术使陌生化理论更加充实、丰富和复杂。

三、形式主义方法和社会学方法的结合

俄国形式主义把艺术作品本文作为研究的中心，力图探索文学作品发展的内部规律，揭示艺术创作的特征。这种研究取向对文学科学的发展具有重要意义。关于俄国形式主义的贡献影响，我们在前面已经阐述过，兹不赘述。

不过，形式主义理论并不是内部完全统一的整体，它内部也有着分歧，有时甚至存在深刻的冲突。什克洛夫斯基、艾亨鲍姆、雅各布森是最坚定的形式主义者，主张对文学作品本身进行最直接的、孤立的分析。勃利克则把形式主义分析方法同艺术的内容结合起来。日尔蒙斯基不同意形式主义理论的某些极端性，认为除了什克洛夫斯基提出的"艺术即手法"这个公式外，还存在着另外一些同样完备的公式，如艺术是心灵活动的产物，艺术是社会要素，艺术是道德的、宗教的、认识的，等等，这些不同的公式都具有合理性。后来，形式主义方法有了一定的演变，这派理论家在分析文学现象时，也经常注意它与哲学、历史、社会生活的关系。

在我们看来，形式主义的根本缺陷就是关于文学独立自主的思想，他们否认文学与社会生活和其他意识形态的联系，主张文学的研究对象仅仅是艺术作品的语言和结构、风格和体裁特征，而作家的精神世界、思想立场，以及作品的思想意蕴，对文学研究都没有任何意义。他们仅仅从审美的角度，而不从历史的角度看待艺术，忽视艺术的历史发展的一般规律以及艺术与生活现实的多方面联系。按照这种方法论原则是不能够建立真正的文学科学的。

形式主义理论把文学发展看成是一个完全孤立的、自身封闭的内在过程，

并且否定文学同其他意识形态的相互联系和相互作用。这是形式主义理论中最薄弱的环节。形式主义一出现，就受到了严厉的批评。对它的批评来自三个方面。首先是来自象征主义的中坚人物，他们的观点（勃留索夫等人的观点）在苏联20世纪20年代初期的文学理论中占有显著地位。他们习惯把本文仅仅看作深层的、隐匿的含义的外在符号，不同意把思想归结为结构。其次是与德国古典哲学有联系的研究者（什彼得），这些批评者把文化看作精神的运动，而不是本文的总和。最后，20世纪20年代的社会性批评指出了形式主义者文学理论分析的内在性，认为这是他们缺点的基础。1924年，在《出版与革命》杂志上开展了关于形式主义的讨论，艾亨鲍姆的《关于形式主义者的问题》一文揭开了这场讨论的序幕，他的文章受到严厉的批评。在这种批评中起到重要作用的，有托洛茨基、卢那察尔斯基等。卢那察尔斯基在当年的《出版与革命》第5期的文章中，指出形式主义是一种"无内容的艺术"和"不易根除的旧事物的残余"。他写道："形式主义同马克思主义进行斗争则是完全可以设想的。这很好：马克思主义在这个领域中还很年轻，只会在这场斗争中成长壮大起来。但是，它，马克思主义喜欢确切知道各种意识形态的阶级底蕴，因此它在参加实际斗争以前就明确地断言：无论是艺术中的还是艺术学中的形式主义，都是已被传入俄国这个血缘环境中的资产阶级晚熟或过分早熟的产物。"[①] 批评者无非说形式主义的哲学根源是唯心主义，而社会根源是资产阶级。1930年，什克洛夫斯基在《文学报》第4期自我批评的《学术错误之志》一文中写道："对我来说，形式主义是一条已经走过的路。"从此以后，形式主义作为一个流派就销声匿迹了。

实际上，俄国形式主义者在解释作家的个人创作时，也往往注意到历史主义的范畴。例如，艾亨鲍姆就把艺术创作称为"历史潮流中的自我意识步

---

① 转引自中国艺术研究院马克思主义文艺理论研究所外国文艺理论研究资料丛书编委会编：《回顾与反思——二、三十年代苏联美学思想》，盛同等译，中国人民大学出版社1988年版，第144页。

骤"①。他早在20世纪20年代就宣告自己要对形式主义重新审视。20年代以后，什克洛夫斯基有时寻求艺术作品同客观现实的复杂的联系。特尼亚诺夫也摒弃了形式主义原则，倾向于历史主义的思想。他在《文学事实》（1924）一文中说："作者的个性不是静止不变的体系，文学的个性像文学的时代一样是变幻不定的：它来自这个时代并且活动在这个时代。"②日尔蒙斯基认为，不能够设想，在诗学领域只研究韵律、语音、句法和情节构成就可以了。他强调说："从美学观点看问题，只有将诗歌的主题因素，即所谓内容，也包括到研究的范围之内，那时文学作品的研究任务才能算完成。"③

　　受到批评后，形式主义力图把形式主义的研究方法同社会学的因素结合起来。1925年，米·列维多夫在《星》第1期发表文章指出："形式主义者和社会学家的协同工作，就是用唯一的马克思主义方法来研究文学。"④1927年3月，什克洛夫斯基在一次公开的辩论会上，做了一个轰动一时的题为《捍卫社会学方法》的报告，报告的主要思想发表于《新左翼艺术战线》1927年第3—4期上。报告谈到："最近几年的研究使人信服这一点，过去的公式认为，文学系列是独立的，是在切断与日常生活现象联系下发展起来的，这个以前总认为只是人工假设的公式，现在应该复杂一些了。"托马舍夫斯基在《新左翼艺术战线》1927年第4期发表的文章中承认："现在形式主义者正在向社会学方法靠拢，我认为，在他们看来，社会学方法在解释体裁时是必须采用的。"⑤形式主义者逐渐走上了与马克思主义相结合的道路。连形式主义的反对者也承认，什克洛夫斯基、特尼亚诺夫、艾亨鲍姆、托马舍夫斯基、日尔蒙斯基等形

---

①　艾亨鲍姆：《论诗》，列宁格勒1969年版，第38页。

②　特尼亚诺夫：《诗学，文学史，电影》，莫斯科1977年版，第259页。

③　日尔蒙斯基：《文学理论·诗学·修辞学》，列宁格勒1977年版，第103页。

④　转引自中国艺术研究院马克思主义文艺理论研究所外国文艺理论研究资料丛书编委会编：《回顾与反思——二、三十年代苏联美学思想》，盛同等译，中国人民大学出版社1988年版，第145页。

⑤　转引自中国艺术研究院马克思主义文艺理论研究所外国文艺理论研究资料丛书编委会编：《回顾与反思——二、三十年代苏联美学思想》，盛同等译，中国人民大学出版社1988年版，第147—148页。

式主义者，后来写了不少优秀著作，大大丰富了苏联的文学科学。

1928年，巴赫金的《文艺学中的形式主义方法》出版，他自觉地把马克思主义社会学与形式主义有机地结合起来。巴赫金写道："再重复一下，每一种文学现象（如同任何意识形态现象一样）同时既是从外部也是从内部被决定的。从内部——由文学本身决定；从外部——由社会生活的其它领域所决定。不过，文学作品被从内部决定的同时，也被从外部决定，因为决定它的文学本身整个地是由外部决定的。而从被外部决定的同时，它也被从内部决定，因为外在的因素正是把它作为具有独特性和同整个文学情况发生联系（而不是在联系之外）的文学作品来决定的。这样，内在的东西原来是外在的，反之亦然。"①

20世纪20年代，巴赫金把形式主义称为"非社会学的诗学"，把庸俗社会学称为"非诗学的社会学"，认为它们把文学的形式研究和文学的社会历史研究割裂开来了。到了70年代，他肯定形式主义的积极意义，又批评形式主义对内容的轻视而导致"材料美学"，把创作变成制作。他实践了形式主义与社会学研究相结合的理论主张。

第四节　20世纪60—80年代的塔尔图-莫斯科学派

塔尔图是苏联西部濒临波罗的海的加盟共和国爱沙尼亚境内的一座小城市，很多地图上往往不会标明。然而在国际符号学界，它却异常知名。有些著名的语文学家甚至把它视为世界上最大的符号学研究中心。自20世纪60年代以来迅速崛起的、令人瞩目的塔尔图-莫斯科学派，就是以它和苏联首都莫斯科共同命名的。这个学派的最著名的代表、担任国际符号学学会副主席的洛特曼（1922—1993）也长期在塔尔图大学任教。

---

① 巴赫金：《文艺学中的形式主义方法》，李辉凡、张捷译，漓江出版社1989年版，第38页。

　　洛特曼1964年出版的《结构诗学讲义》不仅引起当时苏联学术界的重视，而且引起西方国家的关注。该书英译本1968年在美国出版时，出版序言称，这部著作是"对文艺学的一个重要贡献"。《艺术文本的结构》是洛特曼的代表作（中译本由中山大学出版社于2003年出版）。比利时的布洛克曼指出："斯大林过世之后就有机会发展的现代俄国结构主义，试图抛弃整体观和对文学理论的细节研究之间的区别。这一派结构主义最重要的代表之一J.M.劳特曼在他……的《艺术本文的结构》一书中说，本文内部结构的分析应当永远与本文怎样在它的整个社会—文化背景中起作用的分析相配合。于是我们看到了这样一种文化观，它被设想为一个复杂而又争议纷纭的、按等级方式组织起来的记号系统的整体。对于劳特曼来说，这反过来就意味着对俄国形式主义的，以及对布拉格语言学派贡献的一种新看法。"①洛特曼的其他主要著作有：《电影符号学和电影美学问题》（塔林1973年版），《诗歌本文分析》（列宁格勒1972年版），《文化类型论文集》第1、2册（塔尔图1970、1973年版）。

　　佛克马和易布思在《二十世纪文学理论》中针对洛特曼想要把文学的内部研究和外部研究结合起来的探索意向评论道：如果这一探索终究得以成功的话，便会弥补在这两个批评流派之间日趋明显的鸿沟，从而在文学研究中带来一场"哥白尼革命"。②

　　《洛特曼文集》共9卷。我国第一届"全国洛特曼学术思想研讨会"于2005年5月在北京外国语大学举行，会议邀请了洛特曼的儿子米哈伊尔·洛特曼做了"塔尔图-莫斯科学派的历史与前景"的主题发言。会后，黑龙江人民出版社于2006年出版了会议论文集《洛特曼学术思想研究》，汇集了国内学者学习介绍洛特曼学术思想的初步成果。笔者撰写的《塔尔图-莫斯科学派》（刊登于《读书》1987年第3期）是我国最早接受该学派的文章之一。本书不

---

① 布洛克曼：《结构主义：莫斯科—布拉格—巴黎》，李幼蒸译，商务印书馆1980年版，第61页。
② 佛克马、易布思：《二十世纪文学理论》，林书武、陈圣生、施燕等译，生活·读书·新知三联书店1988年版，第50页。

拟全面评述该学派的学术成果，而只是阐述20世纪60—80年代该学派的形成过程以及它的研究方向和特色。塔尔图-莫斯科学派是俄国形式主义的直接继承者。这说明，俄苏具有深厚的美学传统，尽管俄苏形式主义受到过激烈的批判，然而在适当的时机中，它仍然会形成新的生长点。

一、塔尔图-莫斯科学派的形成

综览塔尔图-莫斯科学派一些代表人物的著作情况，就足见这个学派的世界性影响。洛特曼的论著凡500种（包括翻译），用俄语出版的专著13种，用其他语言出版的专著34种。论文刊登在53种不同的外国定期出版物上。他的主要著作被译成中、英、德、法、日、瑞典、西班牙、芬兰、葡萄牙、希腊、波兰、捷克、匈牙利、罗马尼亚、塞尔维亚、意大利等国的语言。他于1973年出版的专著《电影符号学和电影美学问题》被译成12种文字。难怪英国科学院于1977年授予他外籍院士的称号。这个学派的另一个代表、莫斯科大学教授鲍里斯·安德烈耶维奇·乌斯宾斯基（1937—   ）虽然在80年代时年资较浅，不过是莫斯科大学语文系1960年的本科毕业生，然而当时他的著作已逾200种，其中有10多本专著，主要著作也被译成英、德、法、日、波兰、匈牙利、塞尔维亚、意大利、西班牙等国的语言。

显然，要了解国际符号学包括艺术符号学的发展趋势，不能不研究塔尔图-莫斯科学派。塔尔图-莫斯科学派是两个城市——塔尔图和莫斯科的符号学家的联合，当然，也有其他城市的学者，如列宁格勒的叶果洛夫参与了其中的工作。这个学派是两种文化传统、两种语文思想的结合。莫斯科的代表通常从语言学进入符号学。虽然他们中的某些人（乌斯宾斯基、托波罗夫）专门研究过文学，但是语言学立场、语言学兴趣始终居于首位。他们以语言学家的眼光看待世界。而塔尔图的代表洛特曼和他的夫人敏茨是文学理论家，他们从另一个方面研究同样的问题。如果说莫斯科的代表在某种程度上是研究文学理论的语言学家，那么，塔尔图的代表则在某种程度上是研究语言学的文学理论家。

这种文化立场上的差异起初表现很明显，但却收到意外的效果——两者互相丰富，并以自己的兴趣感染对方。例如与文学理论的接触决定了莫斯科语言学家对本文和文化关联即本文发生功能的条件产生兴趣；而与语言学家的接触则决定了塔尔图文学理论家对作为本文发生器的语言和本文形成的机制感兴趣。

塔尔图-莫斯科学派内部这种文化立场的差异有着深刻的历史渊源。洛特曼和敏茨都是列宁格勒人，也是在列宁格勒接受的文化教育。从传统上看，彼得堡（列宁格勒）和莫斯科的学术流派具有不同的方向。20世纪初期，在莫斯科成立了莫斯科语言学小组（后来，布拉格语言学小组成为它的继承者，布拉格小组在现代语言学的发展中起了巨大的作用）。而在彼得堡，诗歌语言协会起着作用。那里对语言学本身一般漠不关心，而文学理论却异常繁荣。艾亨鲍姆、日尔蒙斯基、托马舍夫斯基、普姆彼扬斯基、巴赫金、弗雷登贝尔格、普罗普、特尼亚诺夫、古科夫斯基都是名扬四海的文学理论家。莫斯科语言学小组的成员也能够从事文学研究，但他们是作为语言学研究者、从语言学立场来做这项工作的。同时，诗歌语言协会的成员也能够研究语言——诗歌语言，但他们是从文学理论的立场出发。塔尔图-莫斯科学派两种研究方向的区别也是这样。

这里所说的不仅是某种文化传统的起源，而且是直接继承。[1]同时，塔尔图-莫斯科学派的成员们与雅各布森、博加特廖夫、巴赫金直接交往。博加特廖夫在去世之前始终是他们的会议和事业的参与者，雅各布森参加过塔尔图夏季学术聚会（1966年苏联符号学家庆贺他的七十诞辰），并热情地关注着他们的活动。巴赫金不能参加他们的聚会（他因病不能行动），但对他们的工作极感兴趣。这些声望显赫的大师都对塔尔图-莫斯科学派的成员们产生了强烈的影响，仿佛成为他们与他们的先驱者之间的联系环节。

长相老于年龄的洛特曼蓄着长发，较为年轻的乌斯宾斯基却秃了头；洛特曼上嘴唇浓密的胡髭向两面撇开，而乌斯宾斯基则胡须飘冉。他们外貌上的不

---

[1] 洛特曼曾经就学于艾亨鲍姆、古科夫斯基、日尔蒙斯基和普罗普门下。

同，似乎在向人们提醒塔尔图-莫斯科学派中两种研究方向的差异。但是，他们的密切合作却又表明，塔尔图-莫斯科符号学学派联合了两种传统——莫斯科语言学传统和列宁格勒文学理论传统，这两种传统互相丰富。

塔尔图-莫斯科学派是怎样形成的呢？应该认为"符号系统的结构研究"讨论会（1962）是它形成的基本标志。这个讨论会是由苏联科学院斯拉夫学和巴尔干学研究所与控制论委员会联合在莫斯科召开的。当时，斯拉夫学和巴尔干学研究所刚刚成立了斯拉夫语言结构类型学研究室（1961），由托波罗夫领导。讨论会由现在已经去世的院士贝尔格宣布会议开幕。参加讨论会的有语言学家、文学和艺术理论家博加特廖夫、伊凡诺夫、托波罗夫、热金、托利兹尼亚克、乌斯宾斯基等。无论结构语言学，还是控制论，此前不久在苏联还是有争议的科学学科：在20世纪50年代初期的哲学百科全书中，控制论被定义为伪科学，结构语言学也未能幸免。在这种背景下，讨论会非常引人注目。会议内容涉及语言符号学、逻辑符号学、机器翻译、艺术符号学、神话学、非口语交际系统语言的描述（例如道路信号、用牌占卜的语言学等）、同聋哑人交往的符号学、宗教符号学（佛教）。讨论会在学术界引起强烈反响。它的材料基本上刊登在印数不大的论文集《结构类型学研究》（莫斯科1962年版）中。这本论文集在传播会议参与者的思想方面起了重要作用。正是从这本书中，他们的反对者以及他们未来的支持者和同行了解了他们。

该论文集出版后立即引起批评。书的印数为1000册，实际上仅仅发行了一半，另一半被斯拉夫学研究所管理部门扣留了。但批判文章却刊登在发行量很大的一些权威杂志（如《哲学问题》《文学问题》）上。因为批评文章详细地转述报告人的基本观点，大段摘引原文，所以起到广告和宣传的作用。这也促使读者去寻觅和阅读被批评的原文。

洛特曼没有参加这次会议，但独立地研究类似的问题。他通过自己的学生切尔诺夫得到了会议材料。他对这些材料很感兴趣，来到莫斯科，建议在塔尔图大学正式出版这些材料。自那时（1964）起，开始出版著名的《符号系统著作》，迄1990年为止共出20辑。在1960—1961学年中，洛特曼开设了结构诗学的课程，这门课程以后保留下来，并于1964年出版了《结构诗学讲义》一书（1962年付排），成为《符号系统著作》的第1辑。与此同时，举行了一系列会议。1964年、1966年、1968年的会议在克雅埃利克举行，1970年、1974年的会议在塔尔图举行。雅各布森参加了1966年的会议，并对此做出高度评价，认为会议气氛融洽，发言和讨论协调自然，仿佛没有经过任何人为的组织。他赞叹地说："然而在这一切后面有着洛特曼的铁手，他引导着会议的进程，他是杰出的、无可比拟的组织者！"[①]这样，塔尔图-莫斯科学派终于冲破重重阻力，在国际符号学界确立了自己的地位。

二、塔尔图-莫斯科学派的研究方向和特色

在第二次世界大战以前逐渐形成的语言学结构主义，战后在全世界得到迅猛的发展。结构主义方法开始广泛应用于各种人文科学中：法国人类学学者列维-斯特劳斯创立了结构主义人类学；心理学家、哲学家、文化学家、历史学家、艺术学家也都运用结构主义方法。在战后的年代里，符号学（一般符号理论）同样得到迅速的发展。有人把结构主义方法解释为符号系统研究的一个局部方面、一种研究方式。苏联符号学和西方结构主义的区别究竟在哪里呢？这个问题一直使笔者感到迷惑，乌斯宾斯基也认为颇难回答。不过，可以做这样的概括：西方结构主义主要是研究符号的符号学，苏联符号学主要是研究作为符号系统的语言的符号学。前者发端于皮尔斯和莫利斯，后者发端于索绪尔。相应地，可以区分出符号学中的两种倾向，即逻辑倾向和语言学倾向。在前一种情况下，研究者的注意力集中在孤立的符号上，即符号与意义、与接受者的关系上。在这种含义上，可以谈论符号的语义学、符号的结构，研究符号化的过程，即把非符号变成符号。而在第二种情况下，研究者的注意力不是集中在单独的符号上，而是集中在作为传达内容的机制的语言上，这种机制利用某组

---

① 乌斯宾斯基：《塔尔图-莫斯科符号学学派的形成》，《符号系统著作》第20卷，塔尔图1987年版，第24页。

基本的符号。遵循索绪尔的观点，语言被理解为本文生成器。但是，本文也可以被看作具有独立的、自主的内容的符号。同时，当本文的内容（意义）取决于组成该内容的符号的意义和语言规则时，本文可以被看作基本符号的连续，这些基本思想，决定了苏联符号学发展的方向。

二十多年来，塔尔图-莫斯科学派的发展有两个主要的特点。第一个特点是同结构语言学的联系。这在其发展初期（20世纪60年代）非常明显地表现出来。60年代是探索时期，学者们努力扩大研究客体，把语言学方法推广到越来越新的客体上。他们用语言学家的眼睛看世界——寻找和描述各处可能存在的语言。例如，扎利兹尼亚克描述道路信号的语言及其语法；乌斯宾斯基和列科姆采娃描述纸牌占卜的语言（同一张牌在不同的关联中获得不同的含义，这种变化的机制相当有趣）。最后，研究艺术语言。他们认为，就像不知道和不理解写就一本书所用的语言，就不可能理解这本书一样，不掌握绘画、电影、戏剧、文学作品的特殊语言，就不可能理解这些作品。他们还认为，就像研究语法是理解本文含义的必要条件一样，艺术作品的结构向人们揭示掌握艺术信息本身的途径。在完全不拒绝对内容研究的同时，他们力图研究由艺术语言和给定作品具体结构所决定的那些含义联系。

同语言学的联系也反映在术语上。塔尔图夏季学术聚会有这样的称谓——第二性模拟系统。[①]使用这个术语，部分原因在于，"符号学"的术语可能引起必要的联想。语言被理解为第一性模拟系统——语言模拟现实。在语言上面构筑起第二性系统，它们模拟这种现实的某些方面。这样，符号系统被理解为构筑在语言之上的第二性系统。

另一方面，吸收新材料必然对方法产生影响，从而促使其摆脱纯语言学方法论。对待本文可能有两种方法——将其作为符号的本文或作为某种符号组织的本文。吸收新材料恰恰展示了本文和符号之间双重关系的可能性：一方面，本文可以被理解为派生于符号的概念，第二性概念；另一方面，本文在与符号

---

① 这是乌斯宾斯基的兄弟V.A.乌斯宾斯基建议使用的术语。

的关系上也可能是第一性概念——在非离散本文中（例如在电影语言中）就是如此。这仅仅是一个例证，说明吸收新材料迫使摆脱纯语言学方法。

在对新的、各种各样的符号学客体进行探索的过程中，一组问题逐渐明确和固定了，它们集中了塔尔图-莫斯科学派的注意力。这组问题的总课题就是文化符号学。这是塔尔图-莫斯科学派研究活动的第二个特点。这个特点使它不同于国际上的其他符号学派（波兰学派、法国学派、美国学派等）。

从塔尔图-莫斯科学派的观点看来，文化是各种各样的、相对较为局部的语言的总和。在这种含义上，文化包括艺术语言（文学、绘画、电影的语言）、神话语言等。这些语言的功能处在复杂的相互联系中，这种联系的性质在不同的具体历史条件下是不同的。塔尔图-莫斯科学派中的某些人对这些局部的语言进行专门研究。例如，伊凡诺夫和托波罗夫研究斯拉夫、波罗的海和赫梯神话，伊凡诺夫和洛特曼研究电影语言，洛特曼和乌斯宾斯基研究文学语言。此外，乌斯宾斯基还研究绘画语言。这种研究每次都接触到越来越广的问题，也就是说，使他们感兴趣的不仅是对相应语言的描述和研究，而且是更一般的文化机制的实现。

在这方面，文化被理解为人（作为社会个体）和他的周围现实之间存在的系统，也就是对来自外部世界的信息进行加工和组织的机制。同时，在某种文化范围内，某些信息是重要和有意义的，而另一些信息则受到轻视。相反，在该文化中不实在的信息，在另一种文化的语言中却可能是非常重要的。这样，同样的本文在不同文化的语言中可以得到不同的阅读。

在这种情况下，同自然语言的类比是合适的。在自然语言中，某种信息对于一些语言是非常实在的，而对于另一些语言则是不实在的。例如，用印欧语系的语言说话，称谓某个客体时必然指出，所说的是一个客体或者几个客体（而在某些语言中甚至更加具体：说出一个客体、两个客体或者超过两个客体的数目）。然而，对于汉语、印度尼西亚语而言，这种信息就不是必不可少的（虽然在愿意时也可以表示）。相反，这些语言中实在的信息，对于其他语言而言可能就是不实在的。

于是，在广泛的符号学含义上，文化被理解为人和世界之间所建立的诸关系的系统。人和集体之间的关系的系统，是人和世界之间诸关系的局部状况。在这种含义上，人和集体之间的关系是实际对话：社会对人的行为做出反应，以某种方式规定这种行为，人也对社会（以及他周围的现实）做出反应。这能够从符号学前景窥视历史：历史过程是社会和围绕社会的现实之间也包括各个社会之间的交际的系统，是历史个性和社会之间的对话。在这方面特别有趣的是冲突情境。这时候交际过程的参与者用不同的（文化）语言说话，也就是说，同样的本文用不同的方式阅读。例如，彼得大帝改革时代的状况就是这样。彼得和他的支持者用不同于他们的接受者的语言说话（这甚至不是比喻），这决定了深刻的文化冲突，其后果很多年后都能令人体会到。

如果要为塔尔图-莫斯科符号学派的活动做最终总结，那为时尚早。这个学派还在前进，它的学术兴趣在不断发展。然而，这个学派的存在已有多年，有必要评述它所走过的道路。总的结论是，塔尔图-莫斯科学派的研究方向在这段时间中发生了转变，从运用语言学方法研究非语言学客体，转变到研究作为某种内在的研究领域的文化符号学。如果在初期这个学派感兴趣的首先是描述语言问题——怎样描述某个客体，那么现在感兴趣的首先是符号研究的客体本身，也就是这样或者那样地得到实现的文化——不是怎样描述，而是描述什么。这种状况使得这个学派成员的研究总是同分析具体的文化本文相联系，即归根到底总是具有阐释性质。一般地说，他们不研究抽象的符号分析方法论，这是他们的符号学研究的又一个特征。

第十二章　艺术活动的功能

　　艺术功能指艺术满足人的某种特殊需要的作用，它既包括艺术创作对艺术家的作用，又包括艺术作品对知觉者的作用。艺术功能的研究具有悠久的历史，对它的最初研究已经表明艺术的多功能性。

　　《论语·阳货》记载，"《诗》，可以兴，可以观，可以群，可以怨"。"兴"是"感发志意"，使精神感动奋发。"观"是"观风俗之盛衰"，观察社会生活的变迁。"群"是"群君相切磋"，使个人融入社会，使个人社会化。"怨"是"怨刺上政"，批评社会现实。柏拉图最强调艺术的教育功能，他把艺术完全变成为他的社会政治目的服务的工具。有悖于他的道德标准的一切艺术，包括他所敬爱的荷马的作品，也要毫不留情地加以清洗。同时，柏拉图也承认艺术的审美功能（艺术形式的美能使人产生快感），并且论述过艺术的净化功能："母亲们要让不想睡觉的孩子入睡，她们采用的不是安静的方法，而是运动的方法，把孩子抱在手里固定地摇晃；她们不是沉默不语，而是哼着某种曲调，仿佛直接给孩子弹琴。母亲们运用同扬抑格和诗才相结合的这种运动，医治孩子们的烦躁。"①

艺术的多功能性研究最明显地体现在15—16世纪荷兰作曲家和理论家约安·金克托利斯的《音乐效用的总结》一文中，他列举了音乐的二十种功能，包括同宗教相联系的功能（"装饰对上帝的赞美""驱逐恶魔"等），以及"驱忧解闷""引起狂喜""使人愉悦""治愈病人""减轻劳动""鼓舞斗志""唤起爱""增加筵宴的欢愉""使乐师驰名"等。②

20世纪上半叶我国对艺术功能的研究也展示了艺术的多功能性。

第一节　艺术功能的多元阐述

20世纪上半叶，我国学者以开放的姿态，积极吸纳国外艺术功能的研究成果，阐述了多种艺术功能。这些功能可以分为若干类型：（1）艺术特有的、专门的功能，即审美功能；（2）与艺术作为客观现实的反映有关的功能，如认识功能；（3）与艺术作为人的精神世界的表现有关的功能，如自我表现功能、暗示功能、净化功能和补偿功能；（4）与艺术的社会效用有关的功能，如社会组织功能、社会改造功能、个性社会化的功能、教育功能、交际功能；（5）其他功能，如娱乐功能等。

一、审美功能

艺术令人产生审美快感即美感的能力，叫作审美功能。艺术的审美功能论是从艺术的审美本质论中派生出来的。王国维受到康德"审美不涉利害"的观念的影响，在20世纪率先明确主张艺术的纯粹性和独立性。因此，在艺术功

---

① 柏拉图：《法律篇》，790DE，引者自译。可参照商务印书馆2016年版《法律篇》，第203页。

② 转引自斯托洛维奇：《生活·创作·人——艺术活动的功能》，凌继尧译，中国人民大学出版社1993年版，第53页。

能问题上，王国维反对把艺术作为政治道德的手段，主张艺术应该具有"纯粹美术之目的"。"美术之务，在描写人生之苦痛而与其解脱之道，而使吾侪冯生之徒，于此桎梏之世界中，离此生活之欲之争斗，而得其暂时之平和，此一切美术之目的也。"① 梁启超也认为艺术具有审美功能。在他看来，审美本能是人人都有的，但是不常用或者不会用就变得麻木，"美术的功用，在把这种麻木状态恢复过来，令没趣变为有趣"②。他还把艺术看作陶冶情感的"利器"。

艺术的审美功能被我国理论家概括成两个简约的命题："不用之用"（鲁迅语），"无用便是大用"（丰子恺语）。从物质功利性看，艺术是无用的，它"益智不如史乘，诚人不如格言，致富不如工商，弋功名不如卒业之券"。然而，从精神功利性看，艺术可以"美善吾人之性情，崇大吾人之思想"。③ "美术的绘画虽然无用（详之，非实用，或无直接的用处。）但其在人生的效果，比较起有用的（详言之，实用的，或直接有用的。）图画来，伟大得多。"④ 所以，艺术的无用是大用。

二、认识功能

艺术提供关于客观现实和主观世界的知识和信息的能力，叫作认识功能。鲁迅论述过艺术的这种功能："凡有美术，皆足以征表一时及一族之思惟，故亦即国魂之现象；若精神递变，美术辄从之以转移。此诸品物，长留人世，故虽武功文教，与时间同其灰灭，而赖有美术为之保存，俾在方来，有所考见。

---

① 北京大学哲学系美学教研室编：《中国美学史资料选编》下册，中华书局1981年版，第432—433页。

② 北京大学哲学系美学教研室编：《中国美学史资料选编》下册，中华书局1981年版，第423页。

③ 《鲁迅全集》第1卷，人民文学出版社2005年版，第73页。

④ 丰子恺：《绘画之用》，载胡经之编：《中国现代美学丛编》，北京大学出版社1987年版，第158页。

他若盛典俟事，胜地名人，亦往往以美术之力，得以永住。"①

20世纪上半叶，我国很多学者都论述过艺术的认识功用，但是研究问题的角度有所不同，归纳起来主要有两种。一种是从美和真、艺术和科学的同一性来理解艺术的认识功能。梁启超从"真美合一"的观念出发，认为艺术能够产生科学，真就是美，求美先从求真入手。"科学根本精神，全在养成观察力。养成观察力的法门，虽然很多，我想，没有比美术再直捷了。因为美术家所以成功，全在观察自然之美。怎样才能看得出自然之美，最要紧是观察自然之真。能观察自然之真，不惟美术出来，连科学也出来了。所以美术可以算得科学的金锁匙。"②艺术和科学一样，具有认识功能。虽然艺术和科学有很多联系，然而它们还有根本的区别，梁启超把它们完全等同，未免片面。

论述艺术认识功能的另一种角度是把艺术看作客观现实的反映。艺术反映客观现实，必然包含着对客观现实的认识。基于这样的理由，胡秋原在1930年就采用普列汉诺夫的观点明确地阐述了艺术的认识功能："首先，艺术是生活之认识。艺术不是空想感情，以及心情随意的游戏。艺术不仅表现诗人之主观感觉和经验，也不是唤起读者的'良善感情'为第一目的。艺术与科学同样，是认识生活。"③

三、自我表现功能

艺术满足艺术家表现内在精神世界的需要的能力，叫作自我表现功能。强调艺术表现自我，是对艺术模仿现实、反映现实的观点的否定，这和浪漫主义文艺思潮影响的扩大有关。

20世纪20年代，我国有些理论家明确地主张艺术表现自我。1923年郭沫若

---

① 《鲁迅全集》第8卷，人民文学出版社2005年版，第52页。

② 北京大学哲学系美学教研室编：《中国美学史资料选编》下册，中华书局1981年版，第412页。

③ 转引自胡秋原：《蒲力汗诺夫论艺术之本质》，《现代文学》第1卷第1号，第7页。

在《印象与表现》一文中写道："从前希腊的亚里士多德说：'艺术模仿自然'。他这句话可以说是客观的印象派的鼻祖。……但是艺术的要求假如只是在求自然界的一片形似，艺术的精神只是在模仿自然的时候，那末，艺术在根本上便不会产生了。""艺术家总要先打破一切客观的束缚，在自己的内心中找寻出一个纯粹的自我来。""'求真'在艺术家本是必要的事情，但是艺术家的求真不能在忠于自然上讲，只能在忠于自我上讲艺术的精神决不是在模仿自然，艺术的要求也决不是在仅仅求得一片自然的形似，艺术是自我的表现，是艺术家的一种内在冲动的不得不尔的表现。……自然不过供给艺术家以种种的素材，使这种种的素材融合成一种新的生命，融合成一个完整的新的世界，这还是艺术家的高贵的自我！"①

艺术确有自我表现功能，但是郭沫若把它绝对化了。其观点的片面性在于，把艺术家的内在感情、情绪和欲求当作艺术创作的唯一根源，客观现实在艺术创作中完全处于无足轻重的地位。自然向艺术家提供的素材，仅仅被艺术家随意处置、利用、融合，并为艺术家的主观世界所知吞噬，完全取决于"艺术家的高贵的自我"。

几乎与郭沫若同时，李石岑接受了柏格森和尼采的影响，也主张艺术表现自我。柏格森的直觉说有两种：一为理智的或哲学的直觉，一为情绪的或艺术的直觉。哲学的直觉基于概念，艺术的直觉基于情绪。艺术的直觉近于本能，而本能表现于情绪时，就是艺术。尼采也重视本能，认为本能是人类自身具有的一种激越的创造，艺术的极致是创作者与欣赏者创造生命的燃烧，而自我表现是创造活动的根基。据此，李石岑得出结论说："现代艺术之精神，一言蔽之，自我表现之精神也。"②

---

① 郭沫若：《印象与表现》，原载《时事新报·艺术》1923年12月30日，引自《郭沫若集》，中国社会科学出版社2005年版，第360、364、363页。

② 胡经之编：《中国现代美学丛编》，北京大学出版社1987年版，第226页。

四、暗示功能

艺术对知觉者产生情感感染、唤醒他们意识和潜意识中的感情的能力，叫作暗示功能。艺术的暗示功能强烈时，知觉者仿佛进入某种催眠状态，接受艺术作品所暗示的感情。托尔斯泰曾经谈到这种艺术功能："艺术是这样的一项人类的活动：一个人用某种外在的符号有意识地把自己体验过的感情传达给别人，而别人为这些感情所感染，也体验到这些感情。"[①]

托尔斯泰对艺术功能的这种理解，在20世纪前半期我国的艺术理论中产生了一定的影响。1930年王森然指出："托尔斯泰把情绪的传导，当作一种人类团结的工具，实有几分至理。真的，凡是一件艺术品，如果不能拿感情传导到观者或听者身上去，那就不是艺术了。"[②]早于王森然，邓以蛰在《艺术家的难关》一书（古城书社1928年版）中也表述了类似的观点："这样看起来，人类精神上的联络全仗艺术的表现为媒介了。我有感情，人家也有感情，要将这两处的感情连到一气，所以才使穴居时代的初民用了极陋的工具与土的颜色，费了经年累月的工夫向不见天日的洞壁上画了些惊人的动物。不用说，我们走进博物馆或故宫三殿内，对着那些商周的鼎彝以及石砚瓷器，连远在古昔的祖先的工作感情都同我们连接起来了。"[③]艺术之所以有暗示功能，因为艺术是充满感情的，而感情能够感染人，这种感染在大程度上是潜意识的，从而成为一种暗示。

五、净化功能

艺术舒缓、宣泄知觉者过分强烈的情绪，恢复心理平衡和心理健康，从而产生审美快感的作用，叫作净化功能。20世纪20年代梁实秋在《亚里士多德的

---

① 托尔斯泰：《艺术论》，丰陈宝译，人民文学出版社1958年版，第47—48页，译文略有改动。

② 胡经之编：《中国现代美学丛编》，北京大学出版社1987年版，第430页。

③ 胡经之编：《中国现代美学丛编》，北京大学出版社1987年版，第136页。

〈诗学〉》一文（载《浪漫的与古典的》，上海新月书店1927年版）中指出，模仿论是古典主义理论的中心，而排泄涤净（Katharsis）是艺术的根本任务。梁实秋在这里所说的就是艺术的净化功能，他把希腊语Katharsis译为"排泄涤净"，现在通译为"净化"。梁实秋认为后世学者关于这一概念有两种解释：一是伦理的解释，主张悲剧的功效是伦理的，指排除恶戾的情感，容易陷入教训主义；一是艺术的解释，主张艺术的功效在使人愉快，指减轻紧张的情绪，容易陷入享乐主义。亚里士多德的艺术观介乎这两者之间。[1]尽管梁实秋对亚里士多德的净化说的理解不太准确，然而他很早就注意到艺术的净化功能。

柏拉图已经论述了艺术的净化功能，然而只有在亚里士多德那里净化说才成为一个重要的艺术理论问题。亚里士多德关于净化的论述有两处。一是《诗学》第6章中悲剧定义的最后一句话："激起哀怜和恐惧，从而导致这些情绪的净化。"[2]另一是《政治学》第8卷中的论述："音乐应该学习，并不只是为着某一个目的，而是同时为着几个目的，那就是（1）教育（2）净化（关于净化这一词的意义，我们在这里只约略提及，将来在诗学里还要详细说明）（3）精神享受。""有些人在受宗教狂热支配时，一听到宗教的乐调，卷入狂迷状态，随后就安静下来，仿佛受到了一种治疗和净化。这种情形当然也适用于受哀怜恐惧以及其它类似情绪影响的人。某些人特别容易受某种情绪的影响，他们也可以在不同程度上受到音乐的激动，受到净化，因而心里感到一种轻松舒畅的快感。因此，具有净化作用的歌曲可以产生一种无害的快感。"[3]

亚里士多德的净化理论表明，首先，净化不同于道德教育，也不同于精神享受。在论述音乐的作用时，亚里士多德是把净化同教育、精神享受并列的。其次，不同的艺术能够净化不同的情绪。悲剧净化怜悯和恐惧，产生悲剧的快感；宗教音乐净化迷狂的情绪，产生音乐的快感。再次，艺术净化通过艺术作

---

[1]　梁实秋：《浪漫的与古典的》，新月书店1927年版，第100—101页。

[2]　朱光潜译文，载《西方美学史》上卷，人民文学出版社1979年版，第87页。

[3]　朱光潜译文，载北京大学哲学系美学教研室编：《西方美学家论美和美感》，商务印书馆1980年版，第44—45页。

品疏导过分强烈的情绪，它所产生的快感不同于艺术模仿的快感和艺术作品的技巧或着色所引起的快感。有人认为，我国清代学者王夫之也曾谈到艺术对人的灵魂的净化功能。王夫之在解释孔子的"兴、观、群、怨"的"兴"时，指出"圣人以诗教以荡涤其浊心，震其暮气"。[①]所不同的是，王夫之从伦理学的角度阐述艺术净化功能，而亚里士多德从美学和心理学的角度阐述艺术净化功能。

1933年朱光潜在用英文撰写的博士论文《悲剧心理学》（中译本于1983年由人民文学出版社出版）第10章中详细分析了亚里士多德的净化说。在讨论净化的对象时，朱光潜区分出悲剧所表现的情绪和悲剧所激起的情绪。悲剧表现的情绪是悲剧人物感到的，悲剧激起的情绪则是观众感到的。例如，悲剧《奥赛罗》表现的情绪是忌妒和悔恨，但是观看这部悲剧的观众所感到的情绪却是怜悯和恐惧。悲剧中受到净化的情绪是怜悯和恐惧，而不是忌妒、悔恨、野心等所表现的情绪。

六、补偿功能

艺术补充现实生活中未能得到满足的需要、补充某些情感欠缺或信息空白的功能，叫作补偿功能。1921年胡愈之在《新文学与创作》一文中写道："文学家创造出诗的世界，想像的世界，把想像的人物，想像的事情安插进去。这种世界是物质的世界的补足（Complement），我们对于物质世界有所不满时，可以在想像的世界中，寻得慰安之物。"[②]胡愈之在这里所说的就是艺术的补偿功能。在20世纪20—30年代研究艺术功能的著作中，"慰安"是一个较常出现的词语。

20世纪西方艺术理论家中最强调艺术补偿功能的是奥地利心理学家弗洛伊德。弗洛伊德认为，人的潜意识欲望和意识处在不可调和的冲突中。意识受到

---

① 叶朗：《中国美学史大纲》，上海人民出版社1985年版，第52页。
② 愈之：《新文学与创作》，《小说月报》第12卷第2号，第6页。

社会要求的规范和制约，它严厉监督并无情压抑着潜意识欲望。人的深层欲望得不到满足，就会产生精神病。为了解决这个问题，人通过幻想来满足潜意识欲望。梦是幻想的形式之一。中国成语"黄粱美梦"就是例证：穷困潦倒的卢生在邯郸旅店中枕着道士借给他的瓷枕睡觉，这时店家正在煮小米饭。卢生在梦中中状元，做宰相，享尽了一生荣华富贵。一觉醒来，小米饭还没有熟。

　　"黄粱美梦"是在睡觉时做的，也有"梦"是在醒着时做的，这时候精力涣散，幻想涌现如同梦境一般，弗洛伊德称之为"白日梦"。朱光潜在1933年出版的《变态心理学》中援引了一个白日梦的精彩实例：有一个卖牛奶的女佣头上顶着一罐牛奶去镇上，边走边想着："这罐牛奶可以卖得许多钱，拿这笔钱买一只母鸡；可以生许多鸡蛋；再将这些鸡蛋化钱，可以买一顶帽子和一件漂亮衣服。我戴着这顶帽子，穿着这件衣服，还怕美少年们不来请我跳舞？哼，那时候谁去理会他们！他们来请我时，我就向他们把头这样一摇！""她想到这种排场，高兴极了，忘记她的牛奶罐，真地把头一摇，牛奶罐扑地一响，她才从好梦中惊醒。"[1]

　　弗洛伊德把艺术说成是"白日梦"。普通人借助白日梦满足深层欲望，艺术家则通过艺术创作满足深层欲望。朱光潜在《变态心理学》中指出了弗洛伊德所主张的艺术补偿功能："在弗洛伊德看，一切文艺作品和梦一样，都是欲望的化装。它们都是一种'弥补'（compensation）。实际生活上有缺陷，在想象中求弥补，于是才有文艺。"[2]艺术作品对知觉者具有补偿功能，观众社会学研究表明，某种类型的观众对艺术的补偿功能特别感兴趣。例如，某些观众迷恋中国古典戏剧，虽然他们熟知剧情，但仍然一次次地对剧中才子佳人历尽磨难的大团圆结局一掬同情之泪。在社会变革和转型时期，艺术的补偿功能有时也会凸现出来。在腐败现象严重时，表现清官的影视艺术作品往往拥有广泛的观众。艺术创作对艺术家也具有补偿功能，艺术创作心理学研究表明，补

---

① 《朱光潜全集》第2卷，安徽教育出版社1987年版，第170页。
② 《朱光潜全集》第2卷，安徽教育出版社1987年版，第192—193页。

偿未能满足的需要，是许多艺术家创作的主要动机之一。"莎士比亚失恋于菲东女士（Mary Fitton），于是创造出莪菲丽雅（Ophelia）一个角色；屠格涅夫迷恋一个很平凡的歌女，于是在小说中创造出许多恋爱革命家的有理想有热情的女子，这都是以幻想弥补现实的缺陷，都是一种升华作用。"①

1940年向培良在《艺术通论》一书（商务印书馆）中也根据弗洛伊德的学说，阐述了艺术的补偿功能。人内心的深层情绪是一种实际的力量，这种力量必然要求发泄，就像一座火山或一台蒸汽机，若得不到正常发泄，势必由于积压而爆炸。情绪的发泄有多种途径，例如梦里所取的途径，有时终止于生理欲望的满足，有时则转化为高尚的行为。艺术创作就是这种高尚行为之一。"所以人类的精神不得不另外开辟一个境界，以激引并涵容我们的情绪。在现实的世界之外，创造最完成的情境；在现实的行为之外，创造最深邃的行为。"②艺术的根就在这里。向培良按照补偿功能给艺术下一个定义："艺术就是在人类实际生活里所不能充分发泄的情绪之表现。"③向培良认识到艺术的补偿功能，然而他把补偿功能当作情绪的"发泄"却是不对的。补偿功能不是盈余的情绪的发泄，而是对匮乏的一种弥补，是未能实现的需要的满足。弗洛伊德强调了艺术的补偿功能，他的错误在于"太过"，把艺术补偿功能绝对化，忽视了艺术的其他功能。不过，我们不能因为批评弗洛伊德而否定艺术的补偿功能，因为这种功能确实存在着。

七、社会组织功能

艺术像号角，召唤社会共同体团结一致；艺术又像投枪，刺向敌对的社会共同体。艺术的这种作用叫作社会组织功能。鲁迅的《摩罗诗力说》最充分地说明了艺术的社会组织功能。鲁迅把18世纪末到19世纪中叶欧洲一些著名的革

---

① 《朱光潜全集》第2卷，安徽教育出版社1987年版，第193页。
② 胡经之编：《中国现代美学丛编》，北京大学出版社1987年版，第286页。
③ 胡经之编：《中国现代美学丛编》，北京大学出版社1987年版，第289页。

命浪漫主义诗人如拜伦、雪莱、普希金、莱蒙托夫、密茨凯维奇、裴多菲等，称作"摩罗诗派"（意即"恶魔诗派"）。他们的共同特点是"立意在反抗，指归在动作，而为世所不甚愉悦者"①。他们的作品起到极大的社会组织功能。例如，1844年3月，奥地利人民革命的消息传到布达佩斯，匈牙利诗人裴多菲立即写了一首《民族之歌》到群众中朗诵，号召匈牙利人民为争取自由和解放而斗争。鲁迅把波兰诗人密茨凯维奇的诗歌称作为号角，这支号角"清澈弘厉，万感悉至"，"虽至今日，而影响于波阑人之心者，力犹无限"。②

八、社会改造功能

艺术改造和变革社会现实的作用，叫作社会改造功能。艺术可以对社会产生重大的影响，然而主张艺术能够改造和变革社会，这就过分夸大了艺术的作用，把艺术抬高到不适当的位置。这种夸大艺术作用的观点在20世纪上半叶屡见不鲜。梁启超在《论小说与群治之关系》一文中，呼吁"欲改良群治，必自小说界革命始；欲新民，必自新小说始"③。在梁启超那里，艺术仿佛具有决定一切的作用。创造社后期也强调艺术改造社会和人生的意义，冯乃超说："我们的艺术是阶级解放的一种武器，又是新人生观新宇宙观的具体的立法者及司法官。"④更有甚者，徐朗西在《艺术与社会》一书中把艺术称作为社会的"原动力"，他援引唐代书画家张彦远关于"图画者，有国之鸿宝，理乱之纪纲"的论述，指出中国古代视绘画为"治国平天下之重宝"。⑤把艺术说成是社会发展的动力之一，那就把艺术的地位抬得过高了。

从理论上讲，主张艺术具有社会改造功能的种种观点，未能理解艺术是对

---

① 《鲁迅全集》第1卷，人民文学出版社2005年版，第68页。

② 《鲁迅全集》第1卷，人民文学出版社2005年版，第95页。

③ 北京大学哲学系美学教研室编：《中国美学史资料选编》下册，中华书局1981年版，第426页。

④ 冯乃超：《怎样地克服艺术的危机》，《创造月刊》第2卷第2期，卷头语第2页。

⑤ 胡经之编：《中国现代美学丛编》，北京大学出版社1987年版，第143—144页。

世界的实践—精神把握的一种方式。之所以是实践的，是因为艺术实现着对现实的改造；之所以是精神的，是因为这种改造仅仅在幻想中、想象中进行，而不是在实际中进行。

九、个性社会化的功能

艺术使个性融入某种社会共同体、接受社会共同体的价值和规范的作用，叫作个性社会化的功能。个性社会化有多种手段，如法律制度、道德规范等。艺术可以使知觉者参与艺术所描绘的各种社会关系，吸收全人类的价值，从而促进个性社会化。我国学者注意到艺术使人"超脱小我的拘圈，而投入更大的范围里去"[1]的个性社会化功能，有人指出："艺术是使人超出小我而融入整体的力，艺术以人和人互相了解为基础。而了解者，其续起的现象即使相互间发生更好的关系，且此种程序将继长增高，不能中途停顿，必然要扩到全人类的了解和全人类的永久向上。"[2]

十、教育功能

艺术培养人的审美价值取向、激发人的审美创造能力的作用，叫作教育功能。艺术教育不同于政治教育、道德教育、法律教育、劳动教育的地方在于它的综合性和渗透性。所谓综合性，指艺术教育不是对个性的某一方面、某一领域的教育，而是对个性的综合教育，其目的是培养全面地、和谐地发展的人。所谓渗透性，指艺术教育作为审美教育的重要手段，渗透在其他各种教育中，揭示它们的审美因素。在美学史和艺术理论史上，人们研究艺术的教育功能时，主要指的是道德教育功能。

朱光潜在1936年出版的《文艺心理学》中，花了两章的篇幅讨论艺术与道

---

① 向培良：《人类艺术学》，《艺风》第3卷第8期，第20页。
② 向培良：《人类艺术学》，《艺风》第3卷第8期，第14页。

德的关系。他把艺术作品分为三种。一种是有道德目的者，即作者有意要在作品中寄寓道德教训，如中世纪基督教艺术、但丁的《神曲》、弥尔顿的《失乐园》、托尔斯泰的小说等。二是一般人所认为不道德者，即作品有不道德的内容，如《金瓶梅》、英国劳伦斯的《查泰莱夫人的情人》等。三是有道德影响者，作者无意宣传一种道德，却发生了重要的道德影响。"凡是第一流艺术作品大半都没有道德目的而有道德影响，荷马史诗、希腊悲剧以及中国第一流的抒情诗都可以为证。它们或是安慰情感，或是启发性灵，或是洗涤胸襟，或是表现对于人生的深广的观照。一个人在真正欣赏过它们以后，与在未读它们以前，思想气质不能是完全一样的。"[1]朱光潜的论述揭示了艺术发挥教育功能的重要机制：艺术的教育功能把艺术的其他功能——安慰情感、启发性灵、洗涤胸襟、观照人生的深广等整合，因为艺术的根本目的是培育人的精神完整性和丰富性。

十一、交际功能

艺术促使艺术创作者和艺术接受者之间以及艺术接受者彼此之间相互交际的作用，叫作交际功能。语言是人类交际的基本手段，马克思在《德意志意识形态》里指出："语言是一种实践的、既为别人存在并仅仅因此也为我自己存在的、现实的意识。语言也和意识一样，只是由于需要，由于和他人交往的迫切需要才产生的。"[2]在西方美学史上，意大利美学家克罗齐首次提出艺术与语言的统一说，他把美学看作"表现的科学和一般语言学"，认为"美学与语言学，当作真正的科学来看，并不是两事而是一事"，[3]从而开创了运用符号学方法研究艺术的先河。符号学方法把语言和艺术都看作凝定、贮存和传递各

① 《朱光潜全集》第1卷，安徽教育出版社1987年版，第319页。
② 《马克思恩格斯选集》第1卷，人民出版社1972年版，第35页。
③ 克罗齐：《美学原理》，朱光潜译，载《朱光潜全集》第11卷，安徽教育出版社1989年版，第282页。

种信息的符号系统。

受到克罗齐的影响，朱光潜在20世纪40年代曾论述过艺术的交际功能："人与人之间，有交感共鸣的需要。每个人都不肯将自己囚在小我牢笼里，和四周同类有墙壁隔阂着，忧喜不相闻问。他感觉这是苦闷，于是有语言，于是有艺术。艺术和语言根本是一回事，都是人类心灵交通的工具，它们的原动力都是社会的本能。"[①]朱光潜对艺术交际功能的论述，是从艺术和语言的统一性出发的，这为艺术交际功能的阐释提供了广阔的空间。例如，艺术交际和语言交际的区别，艺术符号和语言符号的异同等，这些问题的研究有助于我们更深入、更准确地理解艺术的交际功能。还有些理论家没有从艺术和语言的统一性而是从艺术的社会性方面论述艺术的交际功能。例如，徐朗西在1932年指出："再简明的说，艺术决不是个人的消闲游戏，在人类之共同生活上，足以促进社交性之发达，培养社会成立之基础。"[②]洪毅然在1936年写道："艺术是人类生活中底非物质的情感和思想之物质化，艺术是人类生活中底成形了的精神诸状态；艺术的创造活动是一种交际，是一种人类彼此之间底情感和思想的传达；是到达人我的谐和境界的一种行为，一种手段，一种方法。"[③]

十二、娱乐功能

艺术充填闲暇时间，使人像体验休息一样体验到娱乐的作用，叫作娱乐功能。"艺术的娱乐功能不仅是心理学问题，而且是社会学问题。"[④]古希腊的社会学思想和美学思想就提出了以艺术充填闲暇时间的问题。亚里士多德在《政治学》第8卷第3章中把时间分为劳作时间和闲暇时间。而闲暇时间又分为两种：社会闲暇时间和个人闲暇时间。亚里士多德把个人闲暇称作"全部人

---

① 《朱光潜全集》第4卷，安徽教育出版社1988年版，第254页。

② 胡经之编：《中国现代美学丛编》，北京大学出版社1987年版，第143页。

③ 胡经之编：《中国现代美学丛编》，北京大学出版社1987年版，第452页。

④ 斯托洛维奇：《生活·创作·人——艺术活动的功能》，凌继尧译，中国人民大学出版社1993年版，第166页。

生的唯一本原"，"人的本性谋求的不仅是能够胜任劳作，而且是能够安然享有闲暇"。①如何用艺术充填闲暇时间，这是亚里士多德所关心的问题。亚里士多德的闲暇概念对于艺术理论具有重要意义。首先，他把艺术和自由联系一起，艺术"既不立足于实用也不立足于必需，而是为了自由而高尚的情操"②。艺术创作是在社会自由的闲暇时间中实现的，艺术欣赏是在个人自由的闲暇时间中进行的。艺术活动是自由地、不受强制地实现的。没有闲暇，艺术既不能产生，也不能被欣赏。这种观点触及艺术的本质特点。其次，闲暇的概念涉及艺术的娱乐功能。亚里士多德的《政治学》第8卷第5章明确提出了音乐的娱乐功能。娱乐功能使艺术对广大观众具有强烈的吸引力，没有它，艺术的其他功能就无法实现。

亚里士多德的闲暇概念没有对我国20世纪上半叶的艺术功能研究产生影响，但是，我国学者同样重视艺术的娱乐功能。例如，20年代初期梁实秋就明确指出，艺术的效用"只是供人们的安慰与娱乐"③。

20世纪上半叶我国对艺术功能的研究主要限于对现象的描述，因此，不可避免地存在一些缺陷。首先，研究者从各自的立场出发，根据艺术的某种历史形式或者某种样式和体裁来阐述艺术的功能，而不是对整个艺术的功能进行总结。艺术的认识功能论主要依据现实主义艺术，特别是19世纪的欧洲现实主义艺术；艺术的自我表现功能论主要依据浪漫主义艺术，特别是近代欧洲浪漫主义艺术。这些理论有一定的合理性和正确性，然而不能说明艺术功能的普遍规律。其次，艺术的多种功能在研究者的视野里仅仅是机械的堆积，它们之间的相互联系没有得到说明。艺术在发挥作用时，它的各种功能是彼此结合在一起的。因此，要理解艺术的整体功能，必须阐述它的各种功能的相互关系。艺术功能究竟多少种？艺术的多功能性是随意列举的，还是根据某种理论前提严密地推导出来的？这样的问题还没有引起研究者的注意。再次，艺术各种功能的

① 《亚里士多德全集》第9卷，中国人民大学出版社1994年版，第273页。
② 《亚里士多德全集》第9卷，中国人民大学出版社1994年版，第275页。
③ 梁实秋：《读〈诗底进化的还原论〉》，《晨报副刊》1922年5月27日，第4版。

特殊性没有得到研究。艺术的许多功能也为其他人类活动具有，例如，科学具有认识功能，语言具有交际功能，宗教具有补偿功能，教育学具有教育功能；那么，把艺术的这些功能联结起来、使它们区别于其他人类活动的相应功能的特殊性究竟是什么？不认清艺术功能的特殊性，就无法准确理解艺术的功能。20世纪上半叶我国艺术功能研究中存在的这些问题，在艺术功能研究的下一阶段——20世纪50—70年代不仅没有得到解决，相反，艺术功能的多元阐释被抛弃了，艺术功能被局限在仅仅两三种上。

第二节　艺术的三功能说

20世纪50—70年代，艺术功能在我国被归结为三种：认识功能、教育功能和审美功能。从艺术的多功能阐释收缩到艺术的三种功能上，这是很大的转折。造成这种转折的根本原因是苏联艺术理论的影响。

20世纪20年代，苏联艺术理论界主要从社会组织方面解释艺术，因而强调艺术的教育功能。20世纪30—40年代，艺术的反映本质在艺术理论中占据主导地位，因此，在艺术功能的研究中认识功能和教育功能被结合起来。在50年代，由于对艺术审美本质的重视，相应地，在艺术的认识功能和教育功能之外，补充了第三种功能——审美功能。苏联的这种艺术三功能说很快传到我国，并对我国的艺术功能研究产生直接的影响。

1951—1952年，苏联《哲学问题》杂志曾以"艺术与基础和上层建筑的关系问题"为题展开热烈讨论。1952年6月该杂志刊登总结性文章《论艺术在社会生活中的地位和作用》，1953年人民文学出版社出版了该文的中译本。这篇文章着重论述了艺术的认识作用和教育作用："现实主义的艺术，和科学一样，能使我们认识现实，能给我们以真理，不过它是通过艺术的形式。恩格斯谈到巴尔扎克的作品时说，他从巴尔扎克的《人间喜剧》中所知道的法国的历史和巴尔扎克用各种不同艺术形象所刻画的那一时代的情况，要比从当时一切历史著作中所知道的多得多。"①社会主义艺术"是对劳动者进行共产主义教育的工具，是社会主义制度的维护者，是动员和组织人民进行共产主义建设以及为各国人民间的和平而斗争的力量，是人类崇高理想的宣传者，是当代伟大生活真理的传达者"②。对于艺术的审美作用，该文只是顺便提及："艺术是通过对社会的美学要求和需要（应译为"审美要求和需要"——引者注）的满足、通过对人们的情感和智慧的特殊影响来完成其独有的社会政治作用的。"③

苏联专家维·波·柯尔尊在1956—1957年给北京师范大学中文系的研究生和进修教师讲学，其讲稿《文艺学概论》中译本1959年由高等教育出版社出版，印数达5万册。柯尔尊在该书中明确论述了文学艺术的认识作用、教育作用和审美作用，把它们并列为文学艺术的三种作用。④柯尔尊把教育作用又称作为"积极改造作用"：文学艺术"能积极地影响人的意识，给他灌输一定的社会理想，号召效法它所创造的人物"，因此"有着巨大的思想教育的意义"。⑤柯尔尊列举了车尔尼雪夫斯基的《怎么办？》对保加利亚革命家季米特洛夫的影响以及列宁对《国际歌》的作者欧仁·鲍狄埃的赞扬来说明艺术的教育作用。所谓审美作用就是，文艺作品"在影响我们的想象和情感时，则能引起激动、快乐或愤怒，能给与安慰，能触动我们的情绪，当然也就能触动我们的理智"。"人在感受艺术作品时所产生的这种情感，就称为美感。"⑥

① 《论艺术在社会生活中的地位和作用》，田森、陈国雄译，人民文学出版社1953年版，第27页。

② 《论艺术在社会生活中的地位和作用》，田森、陈国雄译，人民文学出版社1953年版，第21页。

③ 《论艺术在社会生活中的地位和作用》，田森、陈国雄译，人民文学出版社1953年版，第10页。

④ 柯尔尊：《文艺学概论》，北京师范大学中文系外国文学教研组译，高等教育出版社1959年版，第88—97页。

⑤ 柯尔尊：《文艺学概论》，北京师范大学中文系外国文学教研组译，高等教育出版社1959年版，第90页。

⑥ 柯尔尊：《文艺学概论》，北京师范大学中文系外国文学教研组译，高等教育出版社1959年版，第95页。

从20世纪60年代初期开始，苏联艺术学家就抛弃了艺术的三功能说，集中注意越来越多的艺术功能。他们的意见分歧仅仅在于，"究竟哪些功能为艺术所固有，功能的数量有多少"①。然而，苏联20世纪50年代的艺术三功能说及其具体论证方式（包括三种功能排列的顺序、论证的理由、所举的例证等），却被我国学者所接受，并且被模式化、固定化，在此后的几十年中产生了深远的影响。对这种影响的形成，以群主编的《文学的基本原理》起到无可比拟的作用。《文学的基本原理》虽然只谈到文学的功能，然而它完全适用于艺术。

以群主编的《文学的基本原理》是1961年全国文科教材会议上确定编写的高校文科教材之一，由上海文艺出版社于1963年至1964年分上下册出版。该书修订本于1979年仍分上下册出版，1980年开始出版合订本。该书编者在1983年又对1979年的修订本（版权页记录为1964年版，1979年印刷）进行过修订，然而该书阐述文学功能的第三节《文学对社会生活的作用》在多次修订中未做任何变动。

《文学的基本原理》把文艺的作用归纳为认识作用、教育作用和美感作用三个方面。由于文艺通过具体、生动的艺术形象再现现实生活的图景，所以，人们通过阅读优秀的文艺作品，可以了解到各个时代社会生活的真实面貌，获得丰富生动的社会历史知识和生活知识，提高观察生活、认识生活的能力。例如，恩格斯说他从巴尔扎克的《人间喜剧》中所学到的东西，甚至"比从当时所有职业的历史学家、经济学家和统计学家那里学到的全部东西还要多"②。

《文学的基本原理》的编者把文艺的教育作用确定为"帮助人们形成革命的世界观，培养崇高的思想感情和坚强的性格方面"③所起的作用。艺术家不是纯客观地描写现实生活，而是寄寓着一定的社会理想与审美观念，表现出对

---

① 斯托洛维奇：《生活·创作·人——艺术活动的功能》，凌继尧译，中国人民大学出版社1993年版，第54页。

② 转引自以群主编：《文学的基本原理》上册，上海文艺出版社1964年版（1979年印刷），第80页。

③ 以群主编：《文学的基本原理》上册，上海文艺出版社1964年版（1979年印刷），第83页。

生活的态度与评价。这种态度与评价对艺术接受者具有教育作用。《文学的基本原理》在阐述艺术的教育作用时所举的两则主要例证，也就是柯尔尊在《文学概论》中阐述艺术的这种作用时所举的例证。一则是，季米特洛夫说过："我还记得，在我少年时代，是文学中的什么东西给了我特别强烈的印象。是什么榜样影响了我的性格？我必须直接地说：这是车尔尼雪夫斯基的书《怎么办？》。我在参加保加利亚工人运动的日子里培养起来的那种坚持力和我在来比锡法庭上所采取的那种一贯的坚持力、信心和坚定精神——这一切都无疑地同我在少年时期读过的车尔尼雪夫斯基的艺术作品有关系。"另一则是，列宁高度赞扬《国际歌》的作者欧仁·鲍狄埃"是一位最伟大的用歌作为工具的宣传家"，指出"一个有觉悟的工人，不管他来到哪个国家，不管命运把他抛到哪里，不管他怎样感到自己是异邦人，言语不通，举目无亲，远离祖国，——他都可以凭《国际歌》的熟悉的曲调，给自己找到同志和朋友"。[1]

文艺作品能使接受者在情感上产生强烈的反应，"引起优美的或丑恶的、崇高的或卑劣的、悲惨的或可笑的等等感觉，从而在精神上得到愉悦和陶冶，增强对生活中的是非、美丑的判断能力"[2]，这就是艺术的美感作用。《文学的基本原理》还论述了文艺的这三种作用的关系。由于艺术家所要表达的思想和作品中所抒写的事物始终结合在一起，因此，艺术的教育作用也必然和它的认识作用紧密地结合在一起。而艺术的认识作用和教育作用又是通过美感作用来实现的。

在20世纪80年代以后，艺术的三功能说仍然为很多艺术原理著作和教科书所采用，例如，高等艺术院校集体编写的《艺术概论》（文化艺术出版社1983年版）、王宏建主编的《艺术概论》（文化艺术出版社2000年版）等都沿用此说。可以说，艺术三功能说是近四十年来我国最有代表性、最有影响的艺术功

---

[1]　以群主编：《文学的基本原理》上册，上海文艺出版社1964年版（1979年印刷），第83—84页。

[2]　以群主编：《文学的基本原理》上册，上海文艺出版社1964年版（1979年印刷），第85页。

能理论。

艺术三功能说的主要缺陷是没有考虑到艺术功能的丰富性和特殊性。它没有回答一个貌似简单的问题：艺术为什么恰恰具有而且仅仅具有这三种功能？它在阐述艺术的认识功能和教育功能时，没有说明这些功能的特殊性。艺术的认识功能被等同于科学的认识功能。这种理论认为，虽然艺术通过形象认识现实，科学通过概念认识现实，艺术由个别体现一般，科学由一般体现个别，然而这仅是认识方式上的区别，归根到底，艺术和科学都是一种认识。这样，艺术就成了科学的替代物。实际上，艺术并没有提供严格的科学意义上的认识。"诚然，恩格斯曾说过：他从巴尔扎克的《人间喜剧》所得到的知识比从当时的历史学、经济学、统计学等专业著作加起来的还要多。但这话是针对现实主义文学反映社会生活的深广程度，以及它所选用的形象素材的真实可靠性超过资产阶级伪科学著作这样一个特点而发的。如果离开这话的特定含义，认为恩格斯主张文学具有科学那样的认识意义，甚至超过科学的认识价值，那就错了。"①艺术三功能说把艺术的教育功能狭隘化为政治思想教育，狭窄化为某种道德观念的灌输，忽视了艺术的教育功能的完整性和综合性。我们已经指出，艺术不是对人的精神领域的某个方面产生影响，而是对人的整个个性产生影响。

艺术三功能说也没有考虑到艺术的根本功能。艺术三功能说虽然把认识功能、教育功能和审美功能相并列，然而实际上它们有主次之分。该理论中认识功能和教育功能被摆在重要的地位，而审美功能仅仅处于辅助的地位。艺术三功能说不是从艺术的根本任务和目的，而是仅仅从艺术表现的特点来阐述审美功能。艺术通过生动的形象，"使人如临其境、如见其人、如闻其声，从中受到感染，在思想感情上受到潜移默化的影响和教育"②。这样，艺术的认识功

---

① 林兴宅：《大探索——文艺哲学的现代转型》，福建人民出版社2000年版，第309—310页。

② 以群主编：《文学的基本原理》上册，上海文艺出版社1964年版（1979年印刷），第86页。

能和教育功能是通过审美功能来实现的，审美功能不是艺术自身的目的，而只是实现认识功能和教育功能的手段，只是导向这两种功能的桥梁。

艺术三功能说在我国的传播和影响是比较艺术学研究中一种意味深长的现象，它充分说明了我国对外国艺术理论接受的选择性，这种选择取决于我们国内的特殊需要。正如有的研究者指出的那样："令人遗憾的是，中国在接受苏联文艺学影响的时候，并不是连同它的传统一起接受的。中国特殊的历史处境，决定了接受的选择性，而选择的恰恰是不久之后在苏联被纠正的、具有教条主义和庸俗社会学意味的文艺学。"[1]苏联艺术理论研究在20世纪50年代确立而在60年代初期抛弃的艺术三功能说，恰恰在60年代以后的40年中在我国产生了深远的影响，这完全取决于我国特殊的历史环境。

20世纪50—70年代，艺术认识本质论在我国艺术学界占据主导和话语霸权的地位，这使人们产生一种根深蒂固的思维定式：艺术是对客观现实的反映，它和科学一样，是一种认识。因此，艺术的认识功能得到前所未有的强调。而"艺术工具论"是"艺术认识论"的盟友。"艺术工具论"把艺术看作阶级斗争的工具、宣传某个阶级的意识形态的工具、灌输某种政治思想的工具，因此，艺术的政治教化作用受到高度重视。艺术工具论是艺术三功能说在我国产生广泛影响的深层原因。

第三节　艺术功能的系统阐述

20世纪80年代以后，在艺术三功能说继续产生影响的同时，我国艺术研究中出现了在新的层次上、在系统联系中对艺术功能进行多元阐述的趋势。

这段时期国外一些主张艺术多功能性的著作被译成中文出版。托马斯·门

---

[1]　杜书瀛、钱竞主编，孟繁华著：《中国20世纪文艺学学术思想史》第3部，中国社会科学出版社2007年版，第89页。

罗写道："许多艺术作品的功能显然是多方面的和变化的。"①韦勒克和沃伦也指出，"诗歌可以有多种的作用"②。诗歌也像任何一种艺术一样，能令人产生享受之感，有认识意义、审美作用、宣传作用，宣传作用就是"在有意或无意中努力影响读者，使之接受作家个人的人生态度"③。此外，艺术还有净化作用，它使人从某些情感中解脱，同时又激起某些情感。④卡冈和斯托洛维奇专门研究艺术功能的著作也被介绍到中国。"功能"概念是系统方法的一种范畴，因此，研究艺术功能有必要运用系统方法。

我国研究者不仅阐述了艺术的多功能性，而且力图在艺术功能的系统联系中、在它们的相互关系和相互制约性中研究它们。有的研究者把艺术功能看作多层次多方面的一个系统，这个系统可以分为三个层次。⑤第一个层次是艺术最基本最核心的功能，即审美观照功能。没有这种功能，就谈不上艺术的其他任何功能。第二个层次是由艺术的审美观照作用必然派生出来的一些功能，主要包括认识功能、教育功能、娱乐功能和交际功能。它们也普遍存在于艺术之中，各种艺术作品都不同程度地具有这种功能。第三个层次是由第一、二层次派生出来的受到一定时空限制的艺术功能。例如，艺术作为阶级斗争的武器，艺术作为宗教宣传的工具的功能，等等。第三个层次的功能往往只是部分艺术作品的功能，只是在一定时间、一定空间范围内艺术的功能。在革命斗争的年代，有些理论家强调艺术是人民革命事业的有机组成部分，重视艺术的现实功利价值。这种理论对于推动艺术与革命的接近或结合，具有积极意义，然而，如果把它作为艺术功能的普遍规定，那就有明显的局限性，并对艺术发展产生

---

① 托马斯·门罗：《走向科学的美学》，石天曙、滕守尧译，中国文联出版公司1985年版，第372页。

② 韦勒克、沃伦：《文学理论》，刘象愚、邢培明、陈圣生译，生活·读书·新知三联书店1984年版，第29页。

③ 韦勒克、沃伦：《文学理论》，刘象愚、邢培明、陈圣生译，生活·读书·新知三联书店1984年版，第27页。

④ 韦勒克、沃伦：《文学理论》，刘象愚、邢培明、陈圣生译，生活·读书·新知三联书店1984年版，第28页。

⑤ 胡有清：《文艺学论纲》，南京大学出版社1992年版（2001年重印），第56—64页。

消极的影响。这种理解的错误在于没有认识到艺术功能作为一个完整系统具有层次性。

艺术功能的系统确实具有层次性，然而，为什么第一层次的功能必然派生出第二层次的认识功能、教育功能、娱乐功能和交际功能？这是怎样派生出来的，派生的必然性体现在哪里？第三层次的功能是由第一、二层次的功能派生出来的，如果，第一层次的功能既可以派生第二层次的功能，又可以派生第三层次的功能，那么，它在什么情况下派生第二层次的功能，在什么情况下派生第三层次的功能？对于这样的问题，该研究者没有论述。

把艺术功能看作多层次的、具有等级结构的系统，这种观点的形成是受苏联美学家卡冈的影响。卡冈以系统方法分析艺术的复杂结构，这种结构的基本成分决定了艺术的基本功能。艺术的基本功能分解成更局部、更具体的子功能，即第二、第三层次的功能。"苏联学者卡冈的理论探讨给了我们以方法论的深刻启示，卡冈认为，对于艺术本质，'单线条确定'和'双维的解释'（如认识与评价、反映和创造之类），都不能'以应有的充分再现艺术的复杂结构'。因此，必须采用系统方法。""卡冈一方面将艺术置于人类的整个社会活动中进行考察，一方面又揭示出二者的联系，提出艺术同时作为现实生活的类似物和差异物出现。艺术的各种性质和功用，是有机完整的统一体。"①

卡冈在《美学和系统方法》一书（中国文联出版公司1985年版）中指出，存在着四种基本的人类活动：认识活动、评价活动、改造活动和交际活动。这四种活动在艺术活动中融为一体。同时，艺术结构中这四种成分的比重不是固定的。例如，艺术的认识成分、认识方面在现实主义艺术和浪漫主义艺术中起着完全不同的作用。艺术结构中的四种成分决定了艺术的四种基本功能：认识功能、评价功能、改造功能（主要在想象中对现实进行改造）和交际功能。艺术功能和艺术结构具有同形性。在卡冈的理论中，艺术的特殊功能没有得到充分论证，艺术的这些功能还不是其他社会意识所不可替代的功能。不过，卡冈

---

① 胡有清：《文艺学论纲》，南京大学出版社1992年版（2001年重印），第32页。

的研究走了这样一条道路：从构筑艺术模式、分析艺术结构中推导出艺术的功能，从而使艺术功能的产生具有了必然性和坚实的理论基础。我国研究者也在依据艺术模式推导艺术功能方面做了尝试。

童庆炳在《艺术创作与审美心理》一书（百花文艺出版社1992年版，1999年重印）中研究了艺术的结构图式、构成因素和多元性质。[①]艺术活动是一种人类活动。童庆炳认为，研究艺术活动的本质可以从研究人类活动的本质来切入。人区别于动物的关键，在于人建立了两种独特的关系。一是主体与客体的关系。人是具有主体意识的特殊动物，他和对象世界的关系是主体和客体的关系。二是个性和社会的关系。人具有个性意识，同时又带有社会性因素。因此，艺术活动的本质和特点应该在主体—客体关系的"认识论轴线"和个人—社会关系的"心理学—社会学"轴线中得到解释和评定。童庆炳用下述图表来说明他的观点：

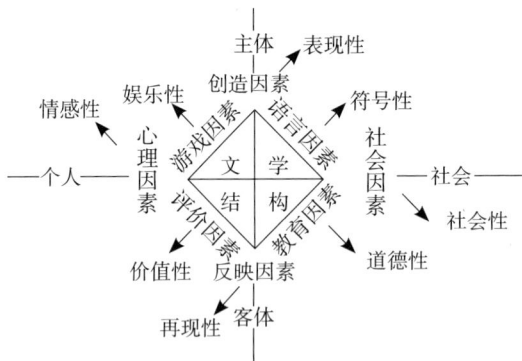

图12.1 文学的结构图式、构成因素以及多元性质

（童庆炳据斯托洛维奇《审美价值的体质》书中插图改绘而成）

图表表明，艺术在构成上有8种因素，相应地制约了艺术的8种性质：（1）艺术的创造因素与表现性。艺术是作为主体的艺术家的创造。然而艺术创造不同

---

① 童庆炳：《艺术创作与审美心理》，百花文艺出版社1992年版（1999年重印），第295—310页。

于科学创造，艺术创造中包含自我的肯定与表现。（2）艺术的反映因素与再现性。艺术是作为客体的社会生活的反映，反映因素是艺术的又一要素。艺术的反映不仅再现客体，更重要的是再现客体与主体的关系。艺术的反映因素决定了再现性是艺术的又一重要性质。（3）艺术的心理因素与情感性。艺术创作是艺术家个人的、以情感为中介的全部心理和个性的投入。（4）艺术的社会因素与社会性。艺术家个人的心理受到一定社会关系的制约，因而具有社会性。（5）评价因素与价值性。（6）教育因素与道德性。（7）游戏因素与娱乐性。（8）语言因素和符号性。

童庆炳没有直接论述艺术的功能，然而他所说的艺术的性质正与艺术的有关功能相对应。道德性对应教育功能，再现性对应认识功能，价值性对应评价功能，情感性对应净化功能和补偿功能，娱乐性对应娱乐功能，表现性对应表现自我的功能，符号性对应交际功能，社会性对应社会组织功能和个性社会化的功能。这样，艺术功能由艺术构成因素所决定、所制约。审美在艺术结构中起整合完形的作用。"它是穿珠之绳，是皮下之筋，是空中之气，是实中之虚。它不属于具体的部分，却又统领各个部分，各个部分必须在它的制约下才显示出应有的意义。"[1]同样，审美也统领艺术的各种功能。

童庆炳关于艺术的结构、构成因素和多元性质的图表，是根据斯托洛维奇在《审美价值的本质》一书（中国社会科学出版社1984年版）的有关图表[2]改制的。后来，斯托洛维奇在专门论述艺术功能的著作《生活·创作·人——艺术活动的功能》（中国人民大学出版社1993年版）中再次引用了《审美价值的本质》一书中的图表，并做了适当修改。

斯托洛维奇的出发点是：要研究一个系统的功能，首先应该研究构成该系统的各种要素和这些要素在结构上的相互关系。在研究艺术功能时，斯托洛

---

[1]　童庆炳：《艺术创作与审美心理》，百花文艺出版社1992年版（1999年重印），第309—310页。

[2]　斯托洛维奇：《审美价值的本质》，凌继尧译，中国社会科学出版社1984年版，第174，176页。

维奇首先研究艺术的基本要素及其结构关系。从20世纪60年代末期起，他开始
构筑艺术活动的模式。他认为，艺术是一种人类活动，各种人类活动在其内容
意义上既在"主体—客体"的关系中，又在"个性—社会"的系统中展示出
来。"对艺术活动的考察也应该考虑到'主体—客体'和'个性—社会'这两
种系统的相互渗透。因为艺术把认识论参数和社会心理学参数有机地结合起
来。"①斯托洛维奇的艺术活动模式如下图所示：

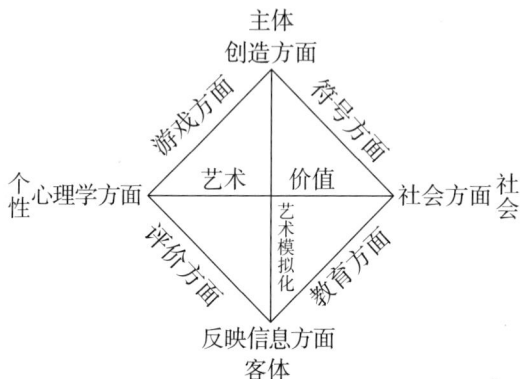

图12.2　艺术活动模式

（斯托洛维奇《生活・创作・人——艺术活动的功能》，第22页）

这张图表包括三部分内容：（1）艺术把产生主体—客体关系和个性—社会关
系"力场"的各种人类活动联成整体。（2）艺术构成有8种层面、方面或要
素：创造层面、反映信息层面、心理学层面、社会层面、符号层面、教育层
面、评价层面、游戏层面。（3）艺术的各种层面处在一定的结构关系中：艺
术创造新的现实，主体是创造能动性的载体，因此，创造层面靠近主体的一
极；艺术反映客观现实，因此，反映信息层面靠近客体一极；艺术表现主观世
界，心理学层面趋于个性一极；艺术家的精神世界负荷社会情绪和社会思想，
社会层面趋于社会一极；艺术家的评价层面可以看作为心理学层面和反映信息

---

① 斯托洛维奇：《生活・创作・人——艺术活动的功能》，凌继尧译，中国人民大学出版
社1993年版，第18页。

层面的相互作用；游戏层面分布在心理学层面和创造层面之间，因为游戏是创造的精神模式；符号层面分布在创造层面和社会层面之间，因为它是某种社会意义在创作产品中的表现；教育层面分布在社会层面和反映信息层面之间，因为艺术从社会需要和社会理想的立场去反映现实，因而有教育意义。

艺术的功能取决于艺术构成中的某个层面，艺术的功能与层面的关系组成特殊的"牌阵"。①

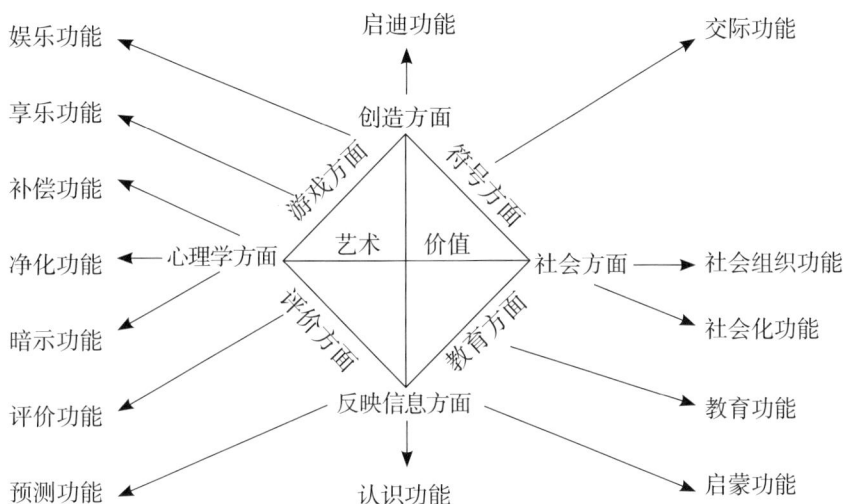

图12.3　艺术的功能与艺术的方面的联系

斯托洛维奇提出的14种功能中没有审美功能。那么，审美功能在艺术的功能系统中占据什么地位呢？"艺术的任何一种特殊的功能意义必定以艺术的审美本质为中介，在这种涵义上它是审美的功能意义。" "审美就是艺术的各种功能意义的形成系统的因素。"②斯托洛维奇的这种观点得到我国学者的广

---

① 斯托洛维奇：《生活·创作·人——艺术活动的功能》，凌继尧译，中国人民大学出版社1993年版，第77页。

② 斯托洛维奇：《生活·创作·人——艺术活动的功能》，凌继尧译，中国人民大学出版社1993年版，第70、71页。

泛认同（他在《审美价值的本质》中已经提出这种观点）。除了上面援引的我国学者关于审美功能是艺术的核心功能、它统领各种功能的论述外，还有一些学者指出："艺术的社会功用决定于它的本质。它是什么，它就有什么功用。实际上艺术在社会生活中发挥着广泛的作用，国外学者曾将艺术的社会功用概括出十四种之多。在这众多的社会功用之中，有没有最基本的或最主要的功用呢？应该说有的，这就是艺术的审美功用。"① 无论区分出多少艺术功用，"艺术最基本或最主要的社会功用仍然是审美功用，其他社会功用只有在审美功用的基础上才能发挥出来"②。"审美功能是艺术的基本功能。"③ "所谓文学的认识作用、教育作用，都是艺术审美活动派生出来的功能效应，它们都离不开文学的美感作用。一部文学作品倘不能给人以美感，那么它的一切社会功用都无法实现。"④ "所以，文学的社会作用实际上就是美感作用。只有充分发挥文学的美感功能，才能完成文学的社会使命。"⑤

艺术的各种功能以审美为中介，艺术认识是审美认识，艺术教育是审美教育，艺术交际是审美交际，艺术补偿是审美补偿，如此等等。艺术的这些功能在本质上是审美功能，它们为艺术所固有，而不为科学、道德、语言、宗教等所固有。"艺术的审美艺术特征是它的功能系统的粘结基础。"⑥

艺术功能是否是14种，这完全可以商榷。然而，斯托洛维奇的方法论给学界的启示在于：论证从艺术结构中推引出来的艺术功能，并且把它们作为有规律地组织起来的系统提出来。在他的艺术功能图表中，不仅存在着艺术的结构层面和功能之间的联系，而且也存在着功能之间的联系。一种功能合乎规律地向另一种功能过渡。例如，认识功能和评价功能不可分割地相联系，预测功能

---

① 孙美兰主编：《艺术概论》，高等教育出版社1989年版，第76页。

② 刘鸣：《艺术导论》，大众文艺出版社2007年版，第39页。

③ 杨恩寰、梅宝树：《艺术学》，人民出版社2001年版，第276页。

④ 林兴宅：《大探索——文艺哲学的现代转型》，福建人民出版社2000年版，第314页。

⑤ 林兴宅：《大探索——文艺哲学的现代转型》，福建人民出版社2000年版，第315页。

⑥ 斯托洛维奇：《生活·创作·人——艺术活动的功能》，凌继尧译，中国人民大学出版社1993年版，第78页。

居于它们中间，因为它既由认识又由评价所决定。评价功能过渡到暗示功能，因为艺术在实现评价功能时，传达和暗示它所包含的思想情感。艺术暗示引起真正的体验，艺术作为体验的根源是补偿功能的基础。而补偿功能又和净化功能相联系。总之，艺术功能处在系统联系中。

　　我国有些研究者虽然没有从艺术结构的角度论证艺术的功能，然而也抛弃了艺术三功能说，对艺术功能做多元阐述。有人认为艺术的功能有情感的宣泄与净化、审美能力的培育、认识和教化功能、传播和沟通功能、组织和激励功能，等等。这些功能组成一个系统。[①]需要强调的是，艺术功能作为一个系统，在保持完整性的同时，系统各个成分之间的相互关系在不同历史时期的艺术中，在不同的艺术样式和体裁中会发生很大变化。

---

　　①　杨恩寰、梅宝树：《艺术学》，人民出版社2001年版，第275—286页。

第十三章　社会主义现实主义

　　1932年5月29日苏联报刊上第一次使用"社会主义现实主义"的概念，1989年《苏联作家协会章程》删去了"社会主义现实主义"的表述，社会主义现实主义在苏联存活了近六十年。1933年2月"社会主义现实主义"的概念传入我国，1984年出版的以群主编的《文学的基本原理》设专节正面阐述了"社会主义现实主义"，"社会主义现实主义"在中国传播了约六十年。

　　社会主义现实主义是苏联美学和文艺学对我国产生长期影响的一个重大理论问题。"文艺学在向苏联追随、学习的过程中，社会主义现实主义是一个最为集中的理论命题。这期间虽然出现过多种阐释、讨论、改造以至于最后被置换，但它的核心内容已成为中国当代文艺学的基本骨架，它所表述的思想早已在主流文艺学中打下了难以撼动的基础，从而成为一种包容性相当广泛的文艺学命题。无论是作为创作方法、艺术思潮、评价尺度，它都拥有不可置疑的权威性和合法性。"①

　　"现实主义的美学原则在20世纪整个马克思主义范围内，得到了广泛发

---

　　① 杜书瀛、钱竞主编，孟繁华著：《中国20世纪文艺学学术史》第3部，中国社会科学出版社2007年版，第58页。

展。20世纪马克思主义文艺学的主潮可以说仍然是现实主义。这不能不归功于苏联模式的马克思主义文艺学的巨大影响。"①

我国关于社会主义现实主义的研究已经很多，但是尚缺乏对社会主义现实主义经典定义的理论分析，对中国社会主义现实主义理论所依据的本源观点也挖掘得不够。而这两点恰恰是理解社会主义现实主义最重要的关节点。本章在阐述社会主义现实主义的历史命运时，力图弥补这方面的缺憾。

第一节 社会主义现实主义理论的形成和发展

社会主义现实主义的经典定义，始见1934年第一次苏联作家代表大会通过的《苏联作家协会章程》："社会主义的现实主义，作为苏联文学与苏联文学批评的基本方法，要求艺术家从现实的革命发展中真实地、历史地和具体地描写现实。同时，艺术描写的真实性和历史具体性必须与用社会主义精神从思想上改造和教育劳动人民的任务结合起来。"《苏联作家协会章程》刊登在权威的苏共中央机关报《真理报》上。②在此之前，这个定义有一个形成过程。

一、社会主义现实主义理论的形成

20世纪30年代初期，苏联作家协会筹委会主席格隆斯基参与了"社会主义现实主义"这一概念的定义。他发表于苏联《文学问题》1989年第2期的文章《格隆斯基关于社会主义现实主义创作方法的信》，回忆了"社会主义现实主义"这个定义诞生的过程。当时格隆斯基与斯大林交往颇多，经常和斯大林讨论苏联文学的基本理论问题。1932年5月斯大林召见格隆斯基，针对"拉普"提出的文学创作的辩证唯物主义方法，斯大林征求格隆斯基对这个问题的看

---

① 冯宪光：《马克思美学的现代阐释》，四川教育出版社2002年版，第13页。
② 苏联《真理报》1934年5月6日。

法。

格隆斯基表示反对"拉普"提出的创作方法，强调不能把马克思主义哲学（辩证唯物主义）机械地搬到艺术领域。他认为，批判现实主义产生于俄国资产阶级民主社会运动阶段，但是又没有使文学超越资本主义社会。苏联文学作为批判现实主义的继续和进一步发展，是在完全不同的历史条件下——无产阶级社会主义运动阶段——形成的。这种文学并非从一般的民主主义立场，而是从工人阶级立场看待一切社会现象的。①格隆斯基建议把苏联文学的创作方法称为无产阶级社会主义的现实主义，更好的说法是共产主义现实主义。

斯大林表示，苏联暂时还没有把从社会主义向共产主义过渡问题作为一项实际任务，所以他主张把苏联文学艺术的创作方法叫作社会主义现实主义："这个定义的好处是：第一，简洁（总共只有两个词）；第二，明眼；第三，指出了文学发展的继承性（产生于资产阶级——一般民主主义运动的批判现实主义文学在无产阶级社会主义运动阶段过渡、转化为社会主义现实主义文学）。"②格隆斯基也赞成浪漫主义，赞成将人们武装起来、指明发展前景的浪漫主义，赞成社会主义的、革命的浪漫主义。但是，斯大林并没有把浪漫主义作为一种方法，更没有把它作为两种基本方法中的一种，而仅仅把它看作现有各种文学流派中的一个流派。格隆斯基把革命浪漫主义解释为苏联文学的基本方法的一种，而斯大林则认为革命浪漫主义仅是社会主义现实主义的一个方面。斯大林从来没有说过两种平等的方法——社会主义现实主义和革命浪漫主义。③

1932年5月20日，格隆斯基在莫斯科文学小组积极分子会议上第一次传达了社会主义现实主义创作方法："不应该抽象地提出方法问题，也不应该采取

① 《格隆斯基关于社会主义现实主义创作方法的信件》，徐振亚译，载倪蕊琴主编：《论中苏文学发展进程》，华东师范大学出版社1991年版，第344页。

② 《格隆斯基关于社会主义现实主义创作方法的信件》，徐振亚译，载倪蕊琴主编：《论中苏文学发展进程》，华东师范大学出版社1991年版，第344页。

③ 《格隆斯基关于社会主义现实主义创作方法的信件》，徐振亚译，载倪蕊琴主编：《论中苏文学发展进程》，华东师范大学出版社1991年版，第349页。

这样一种态度，即作家首先要学好辩证唯物主义课程才能从事创作。我们向作家提出的基本要求是写真实，真实地描写我们的现实，现实本身就是辩证的。因此，苏联文学的基本方法就是社会主义现实主义。"①格隆斯基在表述社会主义现实主义这一方法时并没有引用任何人的话，"因为这一表述方法并不属于任何个人，这是在集体的探讨和努力的基础上找到并首先由政治局专门小组，继而由俄共（布）中央政治局批准的"②。1932年5月29日《文学报》就联共（布）中央通过的《关于改组文学艺术团体的决议》发表的一篇论文中，第一次使用了"社会主义现实主义"这一名称。

1932年10月26日，在莫斯科小尼基京大街高尔基寓所举行的党政领导人与作家座谈会上，斯大林在回答一位诗人提出的问题时说："艺术家应该真实地描写生活。而如果他将真实地描写生活，那么他就不可能不注意到、不可能不反映生活中引导它走向社会主义的东西。这就将是社会主义现实主义。"③斯大林还谈到了浪漫主义的意义，他是把它作为社会主义现实主义的一个方面。高尔基多次谈到浪漫主义，例如，他在1931年6月发表的《论文学及其他》一文中写道："是否有必要找到一种可以将现实主义和浪漫主义相结合起来，能用更鲜明的色彩描写英勇的当代现实，用更高昂的、与当代现实更相称的调子谈论现实的东西呢？"在这里，高尔基说的是"现实主义与浪漫主义的结合"，而不是两种方法。④

社会主义现实主义定义的提出不是空穴来风，它是在深入研究批判现实主义和苏联文学发展状况的基础上提出来的，是对"拉普"的辩证唯物主义创作方法的批判和反拨。社会主义现实主义的定义概括了苏联文学的实际成就与

---

① 《格隆斯基关于社会主义现实主义创作方法的信件》，徐振亚译，载倪蕊琴主编：《论中苏文学发展进程》，华东师范大学出版社1991年版，第347页。

② 《格隆斯基关于社会主义现实主义创作方法的信件》，徐振亚译，载倪蕊琴主编：《论中苏文学发展进程》，华东师范大学出版社1991年版，第347页。

③ 泽林斯基：《在高尔基家中的一次会见》，苏联《文学问题》1991年第5期，第167页。

④ 转引自《格隆斯基关于社会主义现实主义创作方法的信件》，徐振亚译，载倪蕊琴主编：《论中苏文学发展进程》，华东师范大学出版社1991年版，第349页。

特点。高尔基的《母亲》《阿尔达莫诺夫家的事业》和《克里姆·萨姆金的一生》，马雅可夫斯基的《列宁》和《好！》，富尔曼诺夫的《恰巴耶夫》和《叛乱》，绥拉菲摩维奇的《铁流》，法捷耶夫的《毁灭》，革拉特珂夫的《水泥》等作品真实地反映现实，同时又以社会主义方向为特色。虽然当时还没有社会主义现实主义这个定义，但是这些作品所奉行的创作方法已经成为苏联文学的基本创作方法了。很多作家和理论家已经力图寻找能够确切地反映苏联文学创作特点的定义。例如，马雅可夫斯基使用了"有倾向性的"现实主义的术语，阿·托尔斯泰使用了"宏伟的"现实主义的术语，而使用时间更长的是"无产阶级的现实主义"的术语。在所有类似的术语中，20世纪20年代末期"拉普"提出的"艺术上的辩证唯物主义方法"影响最大。然而，所有这些定义都没能够把苏联文学创作方法的美学特征概括进去。

　　1932年4月23日，联共（布）中央通过的《关于改组文学艺术团体的决议》，强调把苏联文学的基本创作方法问题列入议事日程。为了把一切站在社会主义立场上的作家团结起来，必须有一个共同的创作纲领，而"拉普"具有庸俗论性质的创作方法是无能为力的。社会主义现实主义的概念是对"拉普"提出的创作方法的批判和反拨。1929—1931年间，"拉普"借用哲学史上的"方法"一词，首次把"创作方法"引进到苏联文艺学中来。1929年"拉普"的领导人之一、著名作家法捷耶夫（他的小说《毁灭》由鲁迅译成中文，受到我国左翼文学的高度评价）在《打倒席勒》的发言中，建议"在世界文学的整个发展中分清两种方法——'现实主义'和'浪漫主义'，以取代无数的'主义'"。[①]"拉普"成员认为，第一种方法是在唯物主义世界观的基础上产生的，而第二种方法是在唯心主义世界观的基础上产生的。法捷耶夫错误地把现实主义和浪漫主义同哲学上的唯物主义和唯心主义混为一谈，然而他的意见仍然有合理的内核。他把现实主义方法理解为符合生活客观规律的艺术地反映生活的普遍原则。

------

① 苏联《在文学的岗位上》，1929年第21期，第6页。

　　"拉普"的理论受到批判后，"创作方法"的术语在30年代和30年代以后仍然保留下来。苏联文艺学区分了"创作方法"和"文学流派"的概念。"创作方法"是分类学概念，表明文学作品在内容上所共有的、能在不同时代和流派的作品中重复出现的抽象属性。"文学流派"则是特定历史条件下的具体概念。创作方法属于文艺学的问题，文学流派属于文艺史的问题。

　　1932年11月29日—12月3日，苏联作家协会筹备委员会第一次全体会议召开。在格隆斯基的开幕词和其他人的报告中已经指出："从生活的正面和反面因素中，从它的主要的历史内容和它的必胜的发展趋势中，来真实地、正确地描写丰富与复杂的生活，我们有权利称之为社会主义现实主义。"[1]在筹备委员会第一次全体会议后，在全国范围内就社会主义现实主义问题展开了广泛的讨论，各种学术机关、作家的各级组织参与了讨论，报纸和杂志上发表了大量文章。讨论涉及一系列重要的理论问题，首先是世界观和创作方法问题。很多艺术家的世界观和艺术方法之间存在矛盾，很多艺术家的世界观和艺术方法之间存在矛盾，例如，巴尔扎克拥护君主专制政体的世界观和他的具有巨大认识意义的创作之间存在矛盾，列夫·托尔斯泰的唯心主义世界观和他的现实主义创作之间存在矛盾。但是，这并不意味着世界观和艺术创作之间没有关系。如果巴尔扎克和列夫·托尔斯泰的世界观正确一些，那么，他们就能够极大地提高自己作品的艺术价值。这种状况并不意味着，世界观与艺术创作毫无关系。如果巴尔扎克能够更充分、以更大的历史正确性来了解他所写的东西的真正内容，那就会使他的作品摆脱许多艺术上的不和谐，极大地提高这些作品的价值和意义。托尔斯泰的乌托邦主义、对勿以暴抗恶的狂热宣传，也反映在他的作品里，从而降低了作品的价值。

　　有人认为，之所以需要社会主义现实主义，是因为要使艺术家们彼此相似，消灭差异。这是对社会主义现实主义的曲解。过去的伟大的现实主义者接近客观的历史真实，塑造了不朽的艺术形象，同时，他们都是具有鲜明个性的

---

[1]　苏联《十月》1932年第11期，第168页。

人。社会主义现实主义也需要丰富的艺术个性。"社会主义现实主义绝不会把某种题材奉为典范。社会主义现实主义号召表现新的、社会主义的东西（因为在这里面，在千百万人的实践中，正在实现着真正的社会主义真理），从而要求反映人们生活的全部多样性、人类的全部历史经验、以及能够激动新人类的一切问题。"①

经过一年多的讨论，作为这次讨论的总结，社会主义现实主义的经典定义写入到1934年5月苏联作家协会第三次全体会议通过的《苏联作家协会章程草案》中。在同年8月召开的第一次全苏作家代表大会上该定义被正式载入《苏联作家协会章程》。由此可见，社会主义现实主义定义的制定是十分慎重的。社会主义现实主义的表述不是先于这个方法出现的，不是个别人苦思冥想的结果，它是从苏联文学艺术内部自然地、有机地生长出来的。《苏联作家协会章程》不是文学团体的普通章程，而是整个苏联文学最重要的、纲领性的文件。作为章程起草者之一的著名作家法捷耶夫写道："社会主义现实主义方法，这不是教条，不是法令汇编，要限制艺术创作的范围，把艺术形式和艺术探索的多样性化为文学上的诚条。相反地，社会主义现实主义是新的社会主义关系和革命世界观的自然表现，——正是因为这个缘故，它要求创作探索具有前所未见的气魄，主题视野的空前扩大，各种各样的形式、风格、体裁和艺术手法的发展。"②

在中苏和东欧影响了约六十年的这一经典定义有其价值和弊端。它的价值在于，第一次以文件的形式在苏联文艺学中把创作方法提到十分重要的地位。创作方法不同于文艺流派，现实主义和浪漫主义作为文艺流派来看，它们是在18世纪末到19世纪末在西方形成的，它们不能与其他历史时期在创作方法上具有现实主义倾向的文艺混为一谈。在以前苏联的文艺学中，一直把现实主

---

① 中国科学院文学研究所苏联文学组编：《苏联作家论社会主义现实主义》，人民文学出版社1960年版，第90页。

② 中国科学院文学研究所苏联文学组编：《苏联作家论社会主义现实主义》，人民文学出版社1960年版，第91页。

义当作一种流派。而把现实主义作为方法来理解，它就要宽泛得多。它不仅存在于现实主义流派的作品中，而且也存在于其他历史时期或其他文学流派的作品中。用"现实主义"来标明流派本来就是很晚的事，1850年当批判现实主义高潮已经开始过去的时候，一位法国作家向佛洛里（Chamfleury）才初次使用"现实主义"（realisme）来标明当时的新型文艺。苏联在20世纪30年代把"现实主义"当作创作方法来论证，是文艺学理论的进步。

社会主义现实主义还是对恩格斯致敏娜·考茨基和玛格丽特·哈克纳斯的信的回应。几乎是在1932年解散"拉普"的同时，苏联文艺界初次通过俄文译本知道了恩格斯的这些信件。恩格斯在信中写道："一部具有社会主义倾向的小说"只有在成为现实主义的作品，只有在"真实地描写现实的关系"的时候，才能够完成自己的使命。在恩格斯的信中，"社会主义倾向"和"现实主义"还不曾在一个概念里有机地统一起来。而社会主义现实主义这个概念是在马克思、恩格斯在唯物主义美学方面所制定的原则的基础上的进一步发展。社会主义现实主义成为一种新的审美现象。

社会主义现实主义经典定义的弊端在于把创作方法和作品内容混为一谈。这个定义有两句话，第一句话讲的是通过艺术形象反映生活的普遍原则，这种原则可以存在于不同流派和不同历史时代的作家的创作中。至于社会主义现实主义，它作为现实主义发展的新阶段，与以前的包括19世纪文学中批判现实主义在内的现实主义的区别，是以新的特点和可能性来反映生活的现实主义原则。第二句话讲的是对所反映的生活的思想认识和评价方面的特点，是通过文学作品的形象表现出来的思想观点的特点，是对人物的选定、对人物的理解和富于感情的评价的特点，对这些特点的强调才能使文学作品完成教育劳动人民的任务。这里说的是文学作品的内容。不能把这些内容置放在作为反映生活的原则的现实主义概念中。

社会主义现实主义经典定义具有双重性。作家如果侧重第一句话，坚持现实主义创作方法，就有可能创作出优秀的文学作品。作家如果侧重第二句话，使作品内容掩盖创作方法，就有可能创作出非常片面地粉饰生活的非现实主义的作品，确有这样的作品获得斯大林奖金，并成了社会主义文学艺术作品创作的样板。这就是在社会主义现实主义的指导下既可能出现优秀的文学作品又可能出现美化现实的文学作品的原因。

二、围绕社会主义现实主义的争论

社会主义现实主义名称一经提出以及它的经典定义颁布后，阐述这一理论的论文和著作汗牛充栋，同时，围绕它所发生的争论也从来没有停止过。在1954年召开的第二次全苏作家代表大会上，作协副总书记、著名作家西蒙诺夫做的补充报告《苏联散文发展的几个问题》中，提出修改社会主义现实主义的定义，主张删除社会主义现实主义经典定义的第二句"艺术描写的真实性和历史具体性必须与用社会主义精神从思想上改造和教育劳动人民的任务结合起来"的规定，并做了如下说明："这个本意是想作明确规定的第二句是不确切的，甚至反而容许有歪曲原意的可能。它可能被了解为一种附带条件：是的，社会主义现实主义要求艺术家真实地描写现实，但是'同时'这种描写必须与用社会主义精神从思想上改造人民的任务结合起来：那就是说，好像真实性和历史具体性能够与这个任务结合，也能够不结合；换句话说，并不是任何的真实性和任何的历史具体性都能够为这个目标服务的。正是对这条定义的这种任意的了解，在战后时期在我们一部分作家和批评家在作品里特别经常地发生，他们借口现实要从发展的趋向来表现，力图'改善'现实。"[①]这是导致苏联文学中出现"粉饰现实"的弊端的原因之一。第二次作家代表大会通过的《苏联作家协会章程》，采纳了西蒙诺夫的建议，并且将原定义中的"真实地、历史地和具体地描写现实"中的"历史地和具体地"也同时删去，只保留了"真实地"要求。

为什么要删去"历史地和具体地"这个词组呢？因为它与"真实地"的

---

① 人民文学出版社编辑部编：《苏联人民的文学》上册，人民文学出版社1955年版，第84页。

含义不同。真实地描写现实就是按照现实主义原则，描绘现实的真实性。而历史地、具体地描绘现实是按照现实发展的方向描写现实。假如现实现在是落后的、愚昧的、贫穷的，但是它经过发展以后会是先进的、文明的、富裕的，那么，文学作品应该按照它的发展来描绘。1932年5月，斯大林在和格隆斯基的谈话中有个形象的说明。一个真正的作家在看到一幢正在建设的大楼时，虽然大楼还没有竣工，但是他"应该善于透过脚手架将大楼看得一清二楚"，"他决不会到'后院'去东翻西找"。[1]斯大林拟定的社会主义现实主义的定义也可以大幅度修改，这明显地表明了苏联国内政治气氛的变化，苏联作家可以根据艺术自身的规律和创作实践，重新阐释和界定社会主义现实主义的定义。可是时隔不久，社会主义现实主义的经典定义又基本上得到恢复。

1957年，苏联科学院世界文学研究所举办了"世界文学中的现实主义问题"讨论会。谢尔宾纳在关于"社会主义现实主义问题"的报告中说，由于"文学理论中教条主义的流行"，"长期以来，社会主义现实主义方法被当成某种理论上的假设、有系统的概念体系"，这就"使方法脱离了它的基础"，成了"某种虚幻的不可捉摸的东西"。[2]1966年6月，《文学问题》杂志编辑部召开了关于"社会主义现实主义的迫切问题"的讨论会。随后苏联作协和世界文学研究所又联合举办了关于"社会主义现实主义的迫切问题"的讨论会。

著名理论家赫拉普钦科强调社会主义现实主义应当是一种创作方法，而不应当被理解为一种原则，它只是社会主义艺术内部的一种流派。他指出："应该清除某些评论家塞入这个概念的教条和偏见。迄今还受到积极支持的教条之一，是承认社会主义现实主义原则的规范化性质。但是众所周知，社会主义现实主义并不是什么僵化的、一成不变的东西，它是一种经常发展的现象。正因为如此，不能把社会主义现实主义在其历史上某个时期所展现的原则，原封不动地作为作家的规范，作为那些形成社会主义现实主义新的特点和素质的艺术

---

① 《格隆斯基关于社会主义现实主义创作方法的信件》，徐振亚译，载倪蕊琴主编：《论中苏文学发展进程》，华东师范大学出版社1991年版，第341页。

② 转引自《苏联现实主义问题讨论集》，外国文学出版社1981年版，第428—429页。

发现的准则。"①主要争论的问题还有：在苏联文学中，除了社会主义现实主义以外，是否还存在其他创作方法？很多人主张创作方法的多样化，认为除了社会主义现实主义这个基本的创作方法以外，苏联文学中还存在着浪漫主义、批判现实主义，甚至自然主义的创作方法。

从20世纪30年代中期开始，很多苏联美学家和文艺理论家对艺术方法的概念的理解发生偏差，他们自发地、不约而同地把艺术方法不是理解成反映生活的某种原则，而是理解成通过文学作品的形象表现出来的思想观点的特点。例如，谢尔宾纳的《苏联文学中的社会主义现实主义发展问题》一书写道："'方法'这个概念的含义指的是从一定的世界观的角度来艺术地认识、概括和反映现实的基本原则。"②

到了60年代初，季莫菲耶夫在论文集《关于艺术方法的概念》中更加明确地改变了"创作方法"概念的内涵。他认为创作方法是一定时代的作家创作中出现的内容的具体历史特点。也就是说，把作品中人物的选定、对正面人物形象的揭示、对生活过程的评价，都纳入作为反映生活的原则的现实主义概念中。这样一来，季莫菲耶夫等人就把社会主义文学的整个内容特点称为社会主义现实主义，社会主义现实主义和社会主义文学就成了同义词。波斯彼洛夫写道："把社会主义文学作品的全部具体内容同'社会主义现实主义'完全错误地混为一谈，使'社会主义现实主义'这一术语变成整个社会主义文学的正式称呼，会使文艺学家的思想教条化，妨碍他们看到这种文学的认识原则的全部多样性。""只要这种教条主义公式还起作用，对问题进行科学的历史的研究就几乎是不可能的。结果是社会主义现实主义要对整个社会主义文学负责，其中也包括那些非常片面地粉饰生活的非现实主义的作品。这样的作品过去是不少的，二十年前它们常常获得斯大林奖金，因而就成了社会主义文学的样板。""不是任何题材和激情，而只是不被片面地粉饰生活加以歪曲的具体历

---

① 《苏联现实主义问题讨论集》，外国文学出版社1981年版，第258页。

② 谢尔宾纳：《苏联文学中的社会主义现实主义发展问题》，莫斯科1958年版，第13页。

史的题材和巨大公民事业的激情"，才能够创作出社会主义现实主义作品。[①]

与30年代相比，50—60年代苏联美学和文艺学中的"创作方法"概念就出现了双重含义：一方面是指"社会主义文学内容的历史具体特征"；而另一方面，指的是它"在历史上反复出现的反映生活的原则"，即现实主义。正确的理解是：社会主义现实主义是"社会主义文学作品中基本的、主导的、但不是唯一的反映生活的原则"。[②]1966年关于"社会主义现实主义的迫切问题"讨论会上，奥甫恰连科所做的报告的题目就是《苏联文学中的浪漫主义》。

三、社会主义现实主义理论的发展

20世纪70年代以后，社会主义现实主义理论有了很大发展，其中影响最大的是所谓社会主义现实主义"开放体系"的理论。早在1965年，苏联科学院通讯院士苏奇科夫在《文学问题》杂志的一次座谈会上，对苏联社会主义现实主义理论的研究现状表示强烈不满，认为到当时为止还没有一个关于社会主义现实主义的明确而深刻的定义，只有两个公式：一个叫社会主义现实主义，是在革命的发展中反映现实；另一个是以党性、人民性、思想性三个特征表述的，好像社会主义现实主义只是一种具有社会主义内容的艺术，根本没有把社会主义现实主义的美学特点包括在内。因此在当时有必要更广泛地确定新艺术方法的思想和美学的特点，否则就不可能揭示新艺术方法在世界艺术发展进程中的规律性。[③]

苏奇科夫在1967年出版的《现实主义的历史命运》一书（1975年获苏联国家奖金）中指出，社会主义现实主义经常处在变化、丰富和发展之中。社会主义现实主义内部已经存在着不同的艺术流派，它以灵活性和广阔性著称，不拘泥于一种形式和一种手段。1974年苏奇科夫正式提出社会主义现实主义是一个

① 《苏联现实主义问题讨论集》，外国文学出版社1981年版，第248—249页。
② 《苏联现实主义问题讨论集》，外国文学出版社1981年版，第305—310页。
③ 参见吴元迈：《俄苏文学及文论研究》，中国社会科学出版社2014年版，第323页。

"开放范畴"。社会主义现实主义的美学特点和范畴不是凝固的、一成不变的，它处在不断的运动中。苏奇科夫在提出"开放范畴"这个命题后，不久就去世了。

1972年，苏联科学院斯拉夫和巴尔干研究所所长、通讯院士（1985年起任院士）马尔科夫在《论社会主义现实主义艺术概括的形式》一文中提出社会主义现实主义是"开放体系"的命题，经过十多年的争论，马尔科夫最后把社会主义现实主义界定为"真实表现生活的历史地开放的体系"[1]。马尔科夫旨在维护社会主义现实主义存在的合理性，因为它本身具有"最丰富的可能性"，可以在新的创作经验和新的文学理论发展的基础上拥有无限的生命力。他写道："新的艺术以过去整个进步艺术的经验为依据。因为过去只有现实主义带来了最大的成就，它理所当然地成为新艺术的中心，并保留着它的名称。但这已经是新的现实主义了，它在自己的疆界里容纳了各种善于表现生活真实的不同的艺术概括形式。社会主义现实主义作为原则上新的美学结构，与真实艺术的一般属性溶为一体，在内容上与它具有同等意义。换句话说，过去对现实主义的理解已经不符合新的本质了，这一新的本质代表着由统一世界观组成的，不同艺术形式的许多分支体系。"[2]在这一理解的基础上，马尔科夫接着写道："社会主义现实主义是原则上新的艺术意识的类型，是表现手段的历史地开放的体系。"[3]这种开放体系最重要的特点，就是"认识世界实际无限可能性、艺术真实性的广阔观点和独特地、形象地体现生活现象的广阔的、实际同样是无限的可能性"[4]。

---

① 中国社会科学院外国文学研究所编：《七十年代社会主义现实主义问题——苏联关于"开放体系"理论的讨论》，中国社会科学出版社1979年版，第123页。

② 中国社会科学院外国文学研究所编：《七十年代社会主义现实主义问题——苏联关于"开放体系"理论的讨论》，中国社会科学出版社1979年版，第17页。

③ 中国社会科学院外国文学研究所编：《七十年代社会主义现实主义问题——苏联关于"开放体系"理论的讨论》，中国社会科学出版社1979年版，第24页。

④ 中国社会科学院外国文学研究所编：《七十年代社会主义现实主义问题——苏联关于"开放体系"理论的讨论》，中国社会科学出版社1979年版，第311页。

开放体系的理论有什么价值呢？第一，它反对把社会主义现实主义看作是一些硬性规定的公式、标准指令、规章细则和僵硬教条，反对把社会主义现实主义看作一堆既定原则、脱离实际的概念、抽象的范畴、固定不变的特征，反对把社会主义现实主义同狭隘性、公式化、标准化等量齐观，而把社会主义现实主义理解为新型的艺术意识，一种能够适应历史的变化，发展艺术原则和加速表现手法的革新的美学体系。

第二，方法是开放的，不是静止的、一成不变的。不能把社会主义现实主义文学艺术的丰富性仅限于形式和风格的日益多样化，实际上，社会主义现实主义就其全部组成成分而言，是一个灵活多变的体系。社会主义现实主义艺术家在观察研究生活的时候，在选择同他个人志趣、经验、爱好相接近的主题方面，是完全自由的。而主题反过来也决定着艺术形式的特殊性。许多描写卫国战争题材的苏联文学作品，都以独一无二的特殊方式表达出来。每个作者都有自己的人物命运，各自的角度，各自对描写对象的主观感情态度。于是一切真正的杰作都各有千秋，汇成了万紫千红的百花园地。对于社会主义现实主义艺术家来说，对现实生活的客观认识是无止境的，在题材的选择以及采用足以表达生活真实的表现手法方面，也是没有限制的。在所有这些方面，社会主义现实主义都是历史地开放的，而正是在这种开放性中包含着它的极其广泛的审美潜力。社会主义现实主义并不闭关自守，它综合了从古至今的全部艺术成果，同时也开辟了新的、空前未有的前景。

第三，阐述了社会主义现实主义同其他艺术方法和流派的关系问题。有段时期，人们认为社会主义现实主义的唯一来源是19世纪中期在西方、19世纪末20世纪初在俄国和其他国家形成的无产阶级文学。马尔科夫指出，这种理解太狭隘。批判现实主义本身就是社会主义现实主义的直接源泉之一。社会主义现实主义不只是某一种类别的艺术的创作方法，更是整个社会主义艺术文化的创作方法。体系是由许多既相互区别又相互作用的内部成分构成的。这些成分分属不同的系列，既有比较普遍的，也有各种特殊的。

"开放体系"的理论提出后，苏联美学界和文艺界展开了广泛的讨论。

1975年，苏共中央社会科学院举行了关于"社会主义现实主义理论中的新现象"的讨论会。会上大多数发言人表示赞同马尔科夫关于社会主义现实主义是"历史地开放的体系"的提法，但是也有人提出不同意见。波斯彼洛夫认为马尔科夫混淆了科学概念。创作方法是在具有不同思想内容的文学中，在历史上反复出现的反映生活的原则。而马尔科夫把创作方法理解成：依据一定的世界观而形成的理解和评价生活的原则。马尔科夫写道："方法的根本问题——艺术与现实的关系"在社会主义现实主义中，"表现为一种依据马克思主义哲学来艺术地认识世界的广阔的、实际上无限的过程"。[①]这实际上就把整个社会主义文学等同于社会主义现实主义了。正确的做法应该是，在统一的"社会主义文学"的范围内区分不同"方法"之间的界限。

20世纪80年代，苏联许多美学家和文艺理论家承认社会主义现实主义理论所存在的错误和缺陷，同当时文学创作实践相脱节，但是仍然审慎地认为"社会主义现实主义过去和现在都包含着苏维埃时代文学发展的某种客观规律性"，只是"由于过去被行政的和官僚主义的领导文化体制无情地滥用，才在某种程度上成了自我垄断主义的牺牲品，让人不好意思再用了"。[②]在1991年苏联解体前，苏联意识形态已经发生重大变化。1988年，《文学报》发起了关于社会主义现实主义的讨论。1989年，《苏联作家协会章程》做了修改，最终取消了"社会主义现实主义"的表述，活跃了半个多世纪的"社会主义现实主义"成为一个历史名词。"应当说，社会主义现实主义创作理论和实践给20世纪的世界文学增添了一种独特的内容，在它的精神中，对普通民众社会价值的肯定，对人类灵魂道德维度的张扬，以及对人类美好未来的建构，都使得苏联时期的红色经典具有与西方现代主义文学不同的独特品格。如果我们剔除了它的具体语境因素，则可以看到，它的思想在所谓后现代文化盛行的今天，仍然具有启示意义。至于其'历史具体性'因素给我们带来的经验教训，则可在马

---

① 苏联《文学问题》1972年第1期，第77页。转引自《苏联现实主义问题讨论集》，外国文学出版社1981年版，第312—313页。

② 科夫斯基：《方法崇拜：原因和后果》，苏联《文学报》1988年9月7日，第36期。

克思主义的理论框架中，成为我们指导文学实践和研究的前车之鉴。"①

第二节　社会主义现实主义理论在我国的传播

自从周扬在1933年9月出版的《文学》第1卷第3号上发表《十五年来的苏联文学》一文中引进和肯定社会主义现实主义，到1984年修订的以群主编的《文学的基本原理》一书设专节阐述社会主义现实主义，社会主义现实主义在我国传播和影响近六十年。

一、20世纪30—40年代社会主义现实主义在我国的传播

社会主义现实主义传入我国的确切时间是1933年。这一年2月出版的《艺术新闻》（周刊）第2期刊登了林琪从日本《普洛文学》1933年2月号翻译的报道《苏联文学的新口号》，首次向中国读者介绍了苏联出现的社会主义现实主义口号。同年周扬的文章《十五年来的苏联文学》谈到格隆斯基和吉尔波丁分别在1932年苏联作家协会筹备委员会第一次全体会议上的报告和演说中，批判了辩证唯物主义创作方法，提出了社会主义现实主义和红色革命的浪漫主义。周扬自己说，他的文章是根据泽林斯基的一篇论文写成的，当然也反映了他自己的态度。

现实主义的概念是清末从欧洲传入我国的，在五四时期它被称作写实主义。胡适在《文学改良刍议》中提出："惟实写今日社会之情状，故能成真正文学。"②李大钊在《什么是新文学》中说："我们所要求的新文学，是为社

---

① 程正民等：《20世纪俄国马克思主义文艺理论研究》，北京大学出版社2012年版，第324页。

② 胡适：《文学改良刍议》，《新青年》第2卷第5号，第4页。

会写实的文学。"①陈独秀在《文学革命论》中主张"建设新鲜的立诚的写实文学"②。20世纪30年代，我国对现实主义的认识进入了一个新的阶段，这种新的认识体现在realism的翻译上面。30年代，理论界用"现实主义"代替了20年代"写实主义"的译名。瞿秋白在《高尔基论文选集》的序言里说："他不会从现实主义'realism'的中国译名上望文生义的了解到这是描写现实的'写实主义'。写实——这仿佛只要把现实的事情写下来，或者'纯粹客观地'分析事实的原因结果，——就够了。"③1933年，周扬发表论文《文学的真实性》，指出"一切伟大的思想家都是这种现实主义的爱好者"，现实主义之路就是"真实之路"。④之后，文坛才普遍采用"现实主义"的译法⑤。

我国文艺界一开始只把现实主义当作艺术流派，而没有把它当作创作方法。30年代初，我国文艺界掀起了创作方法研究的热潮，这与1930年11月国际革命作家联盟在苏联哈尔科夫召开的代表大会有关，大会赞同并推行"拉普"提出的辩证唯物主义的创作方法。中国左联的代表萧三参加了会议，向国内写信报告了会议内容。1931年11月，左联执委会通过的《中国无产阶级革命文学的新任务》中提出："在方法上，作家必须从无产阶级的观点，从无产阶级的世界观，来观察，来描写。作家必须成为一个唯物的辩证法论者。"⑥1931年11月，冯雪峰在《北斗》第1卷第3期上刊登了翻译的"拉普"领导人之一法捷耶夫的《创作方法论》。瞿秋白、茅盾、钱杏邨、郑伯奇等人都发表文章，赞同辩证唯物主义创作方法。

1933年周扬在《文学的真实性》一文中，根据"拉普"的观点，认为辩证

---

① 《李大钊选集》，人民出版社1959年版，第276页。

② 陈独秀：《文学革命论》，《新青年》第2卷第6号，第1页。

③ 瞿秋白：《高尔基论文选集·写在前面》，载鲁迅编：《海上述林》上卷，瞿秋白译，四川人民出版社1983年版，第244页。

④ 《周扬文集》第1卷，人民文学出版社1984年版，第59页。

⑤ 张大明、陈学超、李葆琰：《中国现代文学思潮史》上册，北京十月文艺出版社1995年版，第154页。

⑥ 《中国无产阶级革命文学的新任务》，《文学导报》第1卷第8期，第5页。

唯物主义方法和文学的真实性的联系，是最正确的方法。旋即，他在同一年发表的《十五年来的苏联文学》一文中批判了辩证唯物主义创作方法，而改为肯定社会主义现实主义方法。由此可见，周扬当时对创作方法也没有固定的观点，他关于创作方法的前后矛盾的说法，都来自苏联文艺界。"拉普"势力强盛时，他们鼓吹的辩证唯物主义创作方法影响最大，周扬接受了他们的观点。后来，"拉普"被解散，他们鼓吹的辩证唯物主义创作方法遭到批判，周扬也跟着批判辩证唯物主义创作方法，肯定了在苏联占据主导地位的社会主义现实主义创作方法。

1931年至1933年，苏联《文学遗产》发表了马克思和恩格斯致斐·拉萨尔的信和恩格斯致保·恩斯特、玛·哈克奈斯、敏娜·考茨基的信。很快，瞿秋白就将它们译成了中文。马克思和恩格斯有关现实主义的文章的发表明显地开阔和深化了有关现实主义的讨论。瞿秋白还翻译了列宁论托尔斯泰的两篇文章。瞿秋白将恩格斯致哈克奈斯的信以及论易卜生的信，和普列汉诺夫和拉法格的美学与文学论文等一起收入了《"现实"——马克思主义文艺论文集》一书。瞿秋白在《马克斯，恩格斯和文学上的现实主义》一文（《现代》第2卷第6期，1933年4月）中阐发了马克思、恩格斯的现实主义文学思想。这些都为社会主义现实主义在我国的传播准备了条件。

1933年11月，周扬在《现代》杂志第4卷第1期上发表了《关于"社会主义的现实主义与革命的浪漫主义"》一文。周扬的文章产生了重大影响，从而使现实主义的认识和发展进入了一个新的阶段。周扬的文章主要转述了吉尔波丁在1932年苏联作家协会筹备委员会第一次全体会议上的演说的观点。吉尔波丁批评了"拉普"提出的唯物辩证法的创作方法，唯物辩证法的创作方法强调世界观对于创作方法的支配作用，甚至用世界观代替了创作方法，把唯物主义与现实主义、唯心主义与浪漫主义简单地等同起来。吉尔波丁指出，唯物辩证法的创作方法"把艺术的创造和意识形态的意义之间的细密的关联，艺术的创造对于意识形态的意义的依存，艺术家对于他的阶级的世界观的复杂的依存，转化为呆板的，机械作用的法则了"①。周扬指出，吉尔波丁论证了"苏联的作家，虽然走各不相同的道路，却都在朝着社会主义的现实主义这个共同的方向走。苏联文学是一定要依着这个方向而进步，而发展的"②。

这期间也有人对社会主义现实主义提出保留意见。1936年，耿济之在一篇回顾1935年苏联文学的文章中谈到，由于新口号的提出，苏联作家的思想已被疏导到一条名为"社会主义写实"的"唯一的巨流"中去了，批评家们只用一根相同的"御制"的尺子来估计和衡量一切作品，而这就不免导致文学创作的"题材太狭窄""千篇一律"乃至"枯涸"。③

20世纪30—40年代，关于社会主义现实主义重要文献的翻译有：1935年9月号的《文艺群众》译载了法捷耶夫的文章《社会主义的现实主义》。1937年4月在上海创刊的左翼文艺理论刊物《文艺科学》刊登了《社会主义的现实主义》专栏，收有吉尔波丁等的《论社会主义的现实主义》和《新现实主义与革命的浪漫主义》，罗森塔尔的《社会主义的现实主义基本的诸源泉》等6篇文章。1939年5月我国翻译出版了苏联的《国际文学》丛刊。1935年8月苏联出版的《国际文学》丛刊第1期推出了"第一次苏联作家代表大会专号"，其中刊登了日丹诺夫在大会上的演讲、高尔基的题为《苏联的文学》的报告和他的大会闭幕词、拉狄克的报告《现代的世界文学与无产阶级艺术的任务》以及法捷耶夫的发言。《国际文学》丛刊在中国的翻译出版使得社会主义现实主义的传播范围进一步扩大。

在40年代，又有一批关于社会主义现实主义的重要文献被陆续地介绍到了中国，如吉尔波丁的《真实——苏联艺术的基础》（《希望》杂志1946年1月第1集第2期），加里宁的《论艺术工作者应学取马克思—列宁主义》（《中国文化》1940年第1卷第6期），范西里夫的《社会主义的现实主义》（天下图书公司1949年版），《苏联文艺论集——社会主义现实主义问题》（上海棠棣出

---

① 转引自《周扬文集》第1卷，人民文学出版社1984年版，第105页。

② 《周扬文集》第1卷，人民文学出版社1984年版，第109页。

③ 耿济之：《一九三五年苏俄文坛的回顾》，《文学》第6卷第2号，第263页。

版社1949年版），等等。这些论著对社会主义现实主义创作方法的哲学依据和理论内涵，都做了极为详尽的阐述。

然而，在20世纪30—40年代，中国无产阶级文学界并没有把社会主义现实主义作为自己的旗帜。1939年5月，毛泽东为延安鲁迅艺术学院成立一周年纪念的题词是"抗日的现实主义，革命的浪漫主义"。1941年5月，周扬根据毛泽东对当时中国社会的性质和历史任务的界定，仿照苏联"社会主义现实主义"的提法，提出了"新民主主义现实主义"①的概念。1942年，毛泽东《在延安文艺座谈会上的讲话》中关于创作方法的说法是："我们是主张无产阶级的现实主义的。"②后来周扬在他的文章和讲话中，则使用"革命的现实主义""新的革命的现实主义"等概念。

周扬发表了一系列阐述现实主义的文章，他在1936年1月《文学》第6卷第1号上发表了《现实主义试论》，1937年7月在《中华公论》创刊号上发表了《现实主义和民主主义》，他写道："中国的新文学运动一开始就是一个现实主义的文学运动。"胡适、陈独秀的理论主张是朴素的现实主义见解，鲁迅的创作奠定了现实主义文学的基础。"差不多所有五四以后的优秀的作品都是现实主义的"，"现实主义给五四以来的文学造出了一个新的传统，形成了中国文学主导的方向"。③

二、20世纪50—80年代社会主义现实主义在我国的传播

20世纪50年代初期，社会主义现实主义在我国的传播的标志性结果是，它被制度化。所谓制度化，指的是："社会主义现实主义从这一时代起，就成为可以整合各种理论的权威语码，它不只是一个系统理论，而且是一个评价尺度，它君临一切的意志也具有了不容挑战的合法性保证。50年代一切向社会主

① 《周扬文集》第1卷，人民文学出版社1984年版，第324页。
② 毛泽东：《在延安文艺座谈会上的讲话》，《解放日报》1943年10月19日。
③ 周扬：《现实主义和民主主义》，《中华公论》创刊号，第82—83页。

义现实主义理论挑战的理论家，都只能归于失败一路，这倒不在于其他理论本身是否存在问题，关键是社会主义现实主义所隐含的意识形态话语，是不允许挑战和超越的。"①这种情况在苏联反而没有存在过。

我国文艺界整风学习推动了社会主义现实主义的制度化。1951年11月24日北京文艺界开始整风学习，学习的文件有毛泽东的《实践论》《在延安文艺座谈会上的讲话》《应当重视电影〈武训传〉的讨论》《反对自由主义》，联共（布）中央关于文艺问题的四个决议和日丹诺夫《关于〈星〉和〈列宁格勒〉两杂志的报告》等。日丹诺夫在报告中大力推行极左路线，对有关苏联文艺刊物和作家进行了严厉的、粗暴的批判，不以社会主义现实主义为指针，成为这些刊物和作家的罪状之一。日丹诺夫说："表现苏联人民这些新的崇高的品质；表现我们的人民，但不只是他们的今天，也要展望到他们的明天；像探照灯一样帮助照亮前进的道路，——这就是每个真诚的苏联作家的任务。作家不能作事件的尾巴，他应当在人民的先进队伍中行进，给人民指出他们发展的道路。以社会主义现实主义方法为指针，真诚地和仔细地研究我们的现实，力图更深地透入我们发展过程的本质，作家就一定会教育人民，在思想上武装人民。"②通过整风学习，我国文艺界经受了苏联文艺思想和创作方法的洗礼，加深了对日丹诺夫和社会主义现实主义的印象，苏联被批判的一些作家的下场对中国文艺工作者也产生了一种威慑力。几十年后，苏联为这些被批判的作家和文艺刊物平反。

在社会主义现实主义的传播中，周扬、冯雪峰和邵荃麟三位权威理论家起到特别重要的作用。1951年5月周扬在中央文学研究所的一次演讲中指出："我们必须向外国学习，特别是向苏联学习，社会主义现实主义的文学艺术是中国人民和广大知识青年的最有益的精神食粮，我们今后还要加强翻译介绍的

---

① 杜书瀛、钱竞主编，孟繁华著：《中国20世纪文艺学学术史》第3部，中国社会科学出版社2007年版，第61—62页。

② 《苏联文学艺术问题》，曹葆华等译，人民文学出版社1953年版，第68页。

工作。"①1952年5月，周扬在文章中明确提出："革命艺术的新方法——社会主义现实主义应当成为我们创作方法的最高准绳。"②1952年12月，周扬应苏联《旗帜》杂志的邀请，撰写了文章《社会主义现实主义——中国文学前进的道路》，文章指出："追踪在苏联文学之后，我们的文学已经开始走上了社会主义现实主义道路；我们将在这个道路上继续前进。"③这篇文章在1953年1月11日被《人民日报》转载。

1953年3月11日，周扬在全国电影剧作会议的报告中指出："关于社会主义现实主义，苏联的理论家写了很多文章，数也数不清的，但最有权威的还是在一九三四年日丹诺夫第一次对于社会主义现实主义的解释，也是最正确的。"④周扬所说的日丹诺夫对社会主义现实主义的解释，篇幅并不多，我们把它们全部摘录如下：

第一，要知道生活，以便善于在艺术作品中把它真实地描写出来，不是烦琐地、不是死板地、不是简单地描写"客观的现实"，而是要从其革命发展中描写现实。

并且，艺术描写的真实性和历史具体性，必须和那以社会主义精神从思想上改造和教育劳动人民的任务结合起来。这种文学创作的和文学批评的方法，就是我们称之为社会主义现实主义的方法。

…………

…… 社会主义现实主义是苏联文学创作和文学批评的基本方法，而这是以下列一点为前提的：革命的浪漫主义应当作为一个组成部分列入文学的创造里去，因为我们党的全部生活、工人阶级的全部生活及其斗争，就在于把最严肃的、最冷静的实际工作跟最伟大的英雄气概和雄伟的远景

---

① 《周扬文集》第2卷，人民文学出版社1985年版，第61页。
② 《周扬文集》第2卷，人民文学出版社1985年版，第145页。
③ 《周扬文集》第2卷，人民文学出版社1985年版，第191页。
④ 《周扬文集》第2卷，人民文学出版社1985年版，第196页。

结合起来。①

为了准确地理解日丹诺夫的上述言论，必须把它们置入日丹诺夫讲演的语境中。在讲演中，日丹诺夫首先严厉地批判了西方资产阶级文学，资本主义制度的衰颓与腐朽滋生了资产阶级文学的衰颓与腐朽，而把自己的笔出卖给了资本家的资产阶级文学家是"盗贼、侦探、娼妓和流氓"。而苏联文化"像鲜花怒放一样地发展"，苏联文学是"最有思想、最先进和最革命的文学"。"新生活的积极建设者"是"苏联文学的主要典型和主要人物"。②

日丹诺夫的基本错误是把艺术方法理解成通过文学作品的形象表现出来的思想观点的特点，而不是理解成反映生活的某种原则。他把社会主义文学的整个内容特点称为社会主义现实主义，社会主义现实主义和社会主义文学就成了同义词。日丹诺夫在1934年对社会主义现实主义的解释，成为周扬理解社会主义现实主义的出发点和理论基石。社会主义现实主义在我国近六十年的传播，深深地打上了日丹诺夫的烙印。

1952年，《文艺报》主编冯雪峰在一篇文章中写道："我们现在必须加倍深刻了解：如果社会主义现实主义不以实践党性原则为其基本的原则，那么，它就不能成为我们的正确的文学艺术方法。苏联的文学艺术的最重要的，最中心的经验，就在于它证明了这一点。正因为苏联的同志们能够努力遵照列宁、斯大林和联共中央的指示去从事创造，所以他们能够实现了社会主义现实主义。这就是苏联文学艺术的先进经验中的最先进的东西。"③冯雪峰对社会主义现实主义理解的缺陷是把文学内容等同于创作方法。邵荃麟也在《人民文学》1953年第11期上发表了《沿着社会主义现实主义的方向前进》的文章，表

---

① 日丹诺夫：《在第一次苏联作家代表大会上的讲演》，载《苏联文学艺术问题》，曹葆华等译，人民文学出版社1953年版，第26—27页。

② 日丹诺夫：《在第一次苏联作家代表大会上的讲演》，载《苏联文学艺术问题》，曹葆华等译，人民文学出版社1953年版，第21—26页。

③ 冯雪峰：《学习党性原则，学习苏联文学艺术的先进经验》，《文艺报》1952年第21号，第59页。

达了类似的观点。

1953年9月，在中国文学艺术工作者第二次代表大会上，周扬正式宣布："我们把社会主义现实主义方法作为我们整个文学艺术创作和批评的最高准则。"他明确肯定：《在延安文艺座谈会上的讲话》以后，我们的文学艺术是"社会主义现实主义的文学艺术"，而鲁迅在其后期的创作活动中已经"成为社会主义现实主义的伟大先驱者和代表者"。[①]周扬在20世纪30—40年代对中国新文学的界定和对鲁迅创作方法的评价，已经由"革命现实主义"或"新民主主义现实主义"调整为"社会主义现实主义"。1954年，人民出版社的《毛泽东选集》第3卷首次出版发行时，收入书中的《在延安文艺座谈会上的讲话》里的"我们是主张无产阶级的现实主义的"这句话，已经改为"我们是主张社会主义的现实主义的"。此后在我国出版的毛泽东著作的各个版本，凡是收有这篇讲话的，都采用经过修改后的提法。

"当我们全面接受了社会主义现实主义这一口号时，几乎就没有再为这一理论作出过创造性的添加，而只是在追随中把它抬到了党性、政治性的高度，从而成为一种不容超越和冒犯的政治律令"，"对它的功能性要求无限扩大，把它作为一家独大、至高至尊的、唯一具有合法性的'范式'"，"更成问题的是，我们在接受、学习的同时，又把这一方法确认为'人类文学艺术方面的最高峰'，这就更突出了它至高无上的权威性和神秘性地位，引导了对它教条、僵硬、机械的理解和遵循"。[②]

当我国宣布把社会主义现实主义方法作为我们整个文学艺术创作和批评的最高准则一年多以后，1954年12月召开的第二次苏联作家代表大会采纳了西蒙诺夫在补充报告中的建议，删去了载入《苏联作家协会章程》中关于社会主义现实主义经典定义的两句话中的后一句话——"同时，艺术描写的真实性和历史具体性必须与用社会主义精神从思想上改造和教育劳动人民的任务结合起

① 《周扬文集》第2卷，人民文学出版社1985年版，第249、247页。
② 杜书瀛、钱竞主编，孟繁华著：《中国20世纪文艺学学术史》第3部，中国社会科学出版社2007年版，第68页。

来"。第一句话中"真实地、历史地和具体地描写现实"中的"历史地和具体地"也被删去，只保留了"真实地"的要求。1955年，人民文学出版社编辑出版了《苏联人民的文学》（第二次苏联作家代表大会报告、发言集，上、下册）。苏联文艺界的新动向并没有改变中国对社会主义现实主义的接受。结合对胡风否定社会主义现实主义的批判，周扬指出："社会主义现实主义的公式是马克思列宁主义对文学艺术方法的基本观点和历史贡献。"①冯雪峰不赞成西蒙诺夫的观点，认为："社会主义现实主义作家描写真实，是为了宣传社会主义，为了用社会主义来教育人民和改造生活。因此，他们是有立场地去描写真实。"②

但是，也有一些中国的文艺家受到西蒙诺夫的报告的鼓舞和启发，开始质疑社会主义现实主义，其中有代表性的是《人民文学》副主编秦兆阳。1956年9月，他在《人民文学》发表了《现实主义——广阔的道路》一文，他赞同西蒙诺夫的观点，并且作了几点补充。他写道："从这一定义被确立以来，从来还没有人能够对它作出最确切最完善的解释，常常是昨天还被认为是很正确的解释，今天又被人推翻了。"秦兆阳认为："想从现实主义文学的内容特点上将新旧两个时代的文学划分出一条绝对的不同的界线来，是有困难的。""我其所以要研究社会主义现实主义定义的缺点，是因为由这一定义所产生的一些庸俗的思想，在我们中国还跟另外一些庸俗的思想结合起来了，因而更加对文学事业形成了种种教条主义的束缚。这些庸俗思想，就是对于《在延安文艺座谈会上的讲话》的庸俗化的理解和解释，而且主要表现在对于文艺与政治的关系的理解上。"③秦兆阳主张用"社会主义时代的现实主义"的概念来代替"社会主义现实主义"的概念。

秦兆阳的观点立即受到很多人的激烈批判。批评者强调"社会主义现实

---

① 《周扬文集》第2卷，人民文学出版社1985年版，第325页。

② 《雪峰文集》第2卷，人民文学出版社1983年版，第689页。

③ 秦兆阳：《现实主义——广阔的道路》，载《文学探路集》，人民文学出版社1984年版，第143—144页。

主义"概念中的核心是社会主义，用社会主义精神教育人民是社会主义现实主义与过去的现实主义的根本区别所在。1957年，秦兆阳被打成右派分子，他的《现实主义——广阔的道路》一文是他的重要罪行之一。1958年，新文艺出版社出版了《社会主义现实主义论文集》第一集；1959年，上海文艺出版社接着出版了《社会主义现实主义论文集》第二集。两本文集收录批判秦兆阳等人的文章共58篇。

1958年6月1日《红旗》杂志创刊号上，发表了周扬的《新民歌开拓了诗歌的新道路》的文章。文章首次传达了毛泽东提出的"两结合"的创作方法："毛泽东同志提倡我们的文学应当是革命的现实主义和革命的浪漫主义的结合，这是对全部文学历史的经验的科学概括，是根据当前时代的特点和需要而提出来的一项十分正确的主张，应当成为我们全体文艺工作者共同奋斗的方向。"[1]实际上，"两结合"的创作方法高尔基早在1910年给一位作家的信中就明确提出过。从1958年6月到1960年7月，"两结合"被我国权威理论家和著名文艺家论证了整整两年。若干年后，朱寨主编的《中国当代文学思潮史》指出："对'两结合'的解释，与苏联文艺界以及我国文艺界关于社会主义现实主义的解释基本相同。实际上，'两结合'在理论上并没有提出社会主义现实主义理论以外的新内容。"[2]

"两结合"方法的倡导，并没有用它来替代社会主义现实主义，社会主义现实主义在我国文艺界中的地位仍然没有变化。1960年7月，周扬在中国文学艺术工作者第三次代表大会的报告中，肯定"社会主义现实主义"的口号"得到了全世界革命作家的赞同"[3]。1961—1962年，周扬在领导编写高校文科教材的过程中，曾多次参加《文学概论》的编写讨论会并发表讲话，一再谈

---

[1]　周扬：《新民歌开拓了诗歌的新道路》，载《文艺报》编辑部编：《论革命的现实主义和革命的浪漫主义相结合》，作家出版社1958年版，第6页。

[2]　朱寨主编：《中国当代文学思潮史》，人民文学出版社1987年版，第358页。

[3]　周扬：《我国社会主义文学艺术的道路——1960年7月22日在中国文学艺术工作者代表大会上的报告》，《文艺报》1960年第13—14期合刊。

到创作方法问题。他在1962年10月的一次讲话中，明确地指出："社会主义现实主义则是创作方法的新发展。它继承了现实主义和浪漫主义的好东西。我们不要割断历史。……社会主义现实主义在苏联产生、发展，要给予应有的评价。"①文科教材工作会议决定编写的两本文学概论教材——蔡仪主编的《文学概论》和以群主编的《文学的基本原理》——忠实地贯彻了周扬的讲话精神。蔡仪主编的《文学概论》1979年版第七章《文学的创作方法》的第三节就是《社会主义现实主义》，该书认为，1934年苏联第一次作家代表大会通过的《苏联作家协会章程》中的社会主义现实主义经典定义"是关于社会主义现实主义的根源和其意义的最概括的准确的说明"②。这一节还两次援引了日丹诺夫的《在第一次全苏作家代表大会上的讲演》③。以群主编的《文学的基本原理》1984年版第五章《文学的创作方法》第三节就是《社会主义现实主义》，该书也引用了日丹诺夫《在第一次全苏作家代表大会上的讲演》，并且援引了日丹诺夫《关于〈星〉和〈列宁格勒〉两杂志的报告》④，批判了西蒙诺夫的观点，强调指出，社会主义现实主义作为"适应无产阶级革命时代需要的一种先进的创作方法"，"为无产阶级文学事业的发展作出了重大的贡献，并且从三十年代初开始，对世界各国的无产阶级革命文学产生了深远的影响"。⑤

改革开放以后，茅盾在1979年召开的中国文学艺术工作者第四次代表大会上的发言中，肯定了社会主义现实主义。1980年以后，周扬不再提社会主义现实主义的概念，也不提"两结合"的创作方法，而是强调"革命现实主义"。1989年3月22日，苏联《文学报》公布了新的《苏联作家协会章程》（草案），放弃了社会主义现实主义的提法。1989年4月22日，我国《文艺报》第一版报道了这个消息。在此前后，我国报刊上出现了批判和否定社会主义现实

---

① 《周扬文集》第3卷，人民文学出版社1990年版，第271页。

② 蔡仪主编：《文学概论》，人民文学出版社1979年版，第268—269页。

③ 蔡仪主编：《文学概论》，人民文学出版社1979年版，第269—270页。

④ 以群主编：《文学的基本原理》，上海文艺出版社1984年版，第258，256页。

⑤ 以群主编：《文学的基本原理》，上海文艺出版社1984年版，第258—259页。

主义的文章。90年代以后，我国不再有人坚持把社会主义现实主义作为创作的基本方法了，而是把它作为一种文学史现象加以研究和评论。

回顾社会主义现实主义在苏联和中国产生重要影响的六十年，我们想指出的是：第一，在社会主义现实主义理论的指引下，苏联和中国等国家在20世纪创作出大量与西方现代主义不同的文学艺术作品，其中有些是优秀作品。不过，社会主义现实主义只应该是社会主义文学艺术中的一种创作方法，而不能是规范一切的原则。第二，社会主义现实主义经典定义的主要失误是把文学艺术的内容混同于创作方法，过分强调社会主义，而忽略了现实主义。第三，社会主义现实主义在我国传播约六十年，我国一大批权威理论家和著名文艺家发表了连篇累牍的阐述社会主义现实主义的文章，但是，这些文章都未能从理论上给社会主义现实主义添加什么内容。

第十四章 "文学是人学"的理论

　　高尔基于20世纪20—30年代提出了"文学是人学"的著名命题。钱谷融把这个命题当作"理解一切文学问题的一把总钥匙"，为了对它作出阐释，他在1957年2月撰写了《论"文学是人学"》一文，发表在《文艺月报》1957年5月号上。这篇文章长期受到批判，十分有名。1957年10月钱谷融写了一篇答辩的文章《我怎样写〈论"文学是人学"〉？》，由于批判文章铺天盖地而来，并且把学术问题当作政治问题来批判，批判的调子越来越高，钱谷融只能沉默了，文章当时未能发表。二十多年后，该文以《〈论"文学是人学"〉一文的自我批判提纲》为题发表在《文艺研究》1980年第3期上。1981年钱谷融的论文《论"文学是人学"》由人民文学出版社作为一本理论著作出版发行，其中收录了《我怎样写〈论"文学是人学"〉？》一文，题目未作变动。钱谷融的这篇文章影响很大，哥伦比亚大学夏志清主编的《百花时期的中国文学》收录了这篇文章，日本、韩国也翻译了这篇文章。陈思和主编的《中国当代文学史教程》肯定了这篇文章的主要观点。①

---

　　① 陈思和主编：《中国当代文学史教程》，复旦大学出版社1999年版，第220页。

20世纪50—80年代，"文学是人学"成为我国美学理论和文艺学理论的热点问题，直到现在，理论界对这个命题仍然保持着浓厚的兴趣。"文学是人学"命题在我国广泛传播，彰显了高尔基美学思想的深远影响。

第一节　高尔基美学理论在我国

20世纪20—60年代，高尔基是对我国产生影响最大的外国作家。他的作品最早于1907年就介绍到中国，该年《东方杂志》第4卷第1期刊载了由日译本转译的他的《忧患余生》（原名为《该隐和阿尔乔姆》）。1908年他的《鹰歌》（《鹰之歌》的节译）刊载于《粤西》第4期。《鹰歌》的译序是我国最早评价高尔基的文章，谈到高尔基长期生活于社会底层，"为庖人，为樵子，为佃夫庸工"，流离颠沛，然而"其为人沉毅勇敢，爱自由，尚质直"。[1]1917年在周瘦鹃译的高尔基的《大义》正文前载有《高尔基小传》（高尔基，原文译为"高甘"），介绍高尔基"尝为稗贩，为厮役，为园丁，为船坞工人"，"杂处于俄罗斯贫民苦工"，所以他的作品"多为无告小民请命者"。[2]

20年代前期和中期，俄罗斯文学作品的译介在中国极一时之盛。1921年《小说月报》第12卷号外《俄国文学研究》刊载了包括高尔基在内的20余位俄国作家的作品。20年代初期瞿秋白翻译了高尔基的散文诗《海燕》，同时期，瞿秋白还翻译了高尔基的《意大利童话》（2篇）。鲁迅称赞瞿秋白的翻译"信而且达，并世无两"，"足以益人，足以传世"。[3]50—60年代《海燕》选入我国的中学语文课本中。

20年代末到30年代初，大革命失败后，在中国社会面临新的历史抉择的重大关头时，中国左翼作家开始以极大的热情把苏联文学作品介绍到中国。最早

---

[1]　转引自陈建华：《二十世纪中俄文学关系》，学林出版社1998年版，第48页。

[2]　周瘦鹃译述：《欧美名家短篇小说丛刊》下册，中华书局1918年版，第30页。

[3]　《鲁迅全集》第7卷，人民文学出版社2005年版，第489页。

出现的是1928年出版的《高尔基小说集》，以及1929—1930年出版的夏衍翻译的高尔基的《母亲》。鲁迅指出："高尔基的小说《母亲》一出版，革命者就说是一部'最合时的书'。而且不但在那时，还在现在。我想，尤其是在中国的现在和未来。"①《母亲》的有关章节入选20世纪50—60年代我国的中学语文课本。从30年代开始，高尔基的文学作品在我国得到大规模的介绍，并产生广泛影响。1932年，鲁迅和茅盾等在联名发表的《高尔基的四十年创作生活——我们的庆祝》一文中，称高尔基是"新时代的文学的导师"。高尔基被沃罗夫斯基称为"无产阶级革命的海燕"，郭沫若称其得到中国作家的"崇敬、爱慕、追随"，他的作品被视为"圣经"。②高尔基的著名剧作《底层》于1931年由柯灵改编为《夜店》在中国舞台上演，成为当时上演次数最多的一部外国剧作。夏衍、老舍等在自己的创作中都受到这部剧作的影响。高尔基的自传三部曲《童年》《在人间》《我的大学》等作品，为中国作家和其他广大读者所熟悉和喜爱，产生了长远的影响。有的研究者指出："中国出版的他（指高尔基——引者注）的作品量之多，堪称不同民族文化接受史上的一个奇迹。"③

从20年代开始，中国出现了介绍和研究高尔基及其作品的文章。1928年高尔基诞生六十周年时，报刊上发表了一批纪念性的文章，如耿济之的《高尔基》、钱杏邨的《"曾经为人的动物"》和赵景深的《高尔基评传》（1929年年初）等。30—40年代，出版和发表的有关高尔基的传记、评论文章的数量之多，是任何一个俄苏作家都无法比拟的。其中比较重要的论文有茅盾的《关于高尔基》和《高尔基与现实主义》，瞿秋白的《关于高尔基的书——读邹韬奋编译的〈革命文豪高尔基〉》和《"非政治化的"高尔基》，曹靖华的《高尔基的创作经验》，周扬的《高尔基的浪漫主义》，徐懋庸的《高尔基的新的人道主义》，萧三的《高尔基底社会主义的美学观》，陈荒煤的《高尔基与文学

---

① 《鲁迅全集》第8卷，人民文学出版社2005年版，第409页。
② 《沫若文集》第12卷，人民文学出版社1959年版，第22页。
③ 陈建华：《二十世纪中俄文学关系》，学林出版社1998年版，第180页。

语言问题》，艾芜的《高尔基的小说》，念苏的《高尔基的〈母亲〉》，戈宝权的《高尔基与中国》，田汉的《高尔基与中国作家》，夏衍的《〈母亲〉在中国的命运》，巴人的《鲁迅与高尔基》，等等，可谓蔚为大观。

新中国成立的头十年里，俄苏文学作品潮水般涌入中国。据统计，1949年10月至1958年12月，中国共译出俄苏文学作品3526种，印数达8200万册，它们分别占同时期全部外国文学作品译介种数的三分之二和印数的四分之三。而高尔基文学作品的翻译雄踞俄苏文学翻译的榜首，出版的各种版本达百余种。由于1949年以前高尔基的重要作品几乎都有中译本，所以50年代的出版物既包括旧译重版，又包括新译本。例如，《母亲》有3家出版社出版了旧译本，又有1家出版社出版了新译本；《阿尔达莫诺夫家的事业》有2家出版社出版了旧译本，1家出版社出版了新译本；《底层》有1家出版社出版了旧译本，又有4家出版社出版了新译本；《童年》《在人间》和《我的大学》既有多种旧译本重新出版，又有多种新译本出版。以集子形式出版的中短篇小说、剧本和回忆录也有20来种。

高尔基其他被译成中文的文学作品有：《福马·高尔杰耶夫》《克里姆·萨姆金的一生》《夏天》，剧作《仇敌》和《小市民》，作品集《高尔基文集》《高尔基短篇小说集》《草原故事》《俄罗斯人剪影》《高尔基戏剧集》《高尔基剧作集》《高尔基代表作》等。译者包括鲁迅、耿济之、巴金、丽尼、焦菊隐、汝龙、李健吾、李霁野、夏衍等。

在所有俄苏作家中，高尔基的美学和文艺学理论对中国影响最大。用郭沫若的话说，高尔基的文学理论对中国的影响，"决不亚于在苏联本国"[①]。1930—1980年我国出版的高尔基的美学和文艺学著作有：1930年的《戈理基文录》；1935年的《给青年作家——高尔基论文选集》，YK编的《苏联作家的创作经验》（收高尔基文章一篇）；1936年的《论文》（《高尔基选集》第5卷），《文学论》，《我的文学修养》，《高尔基给文学青年的信》；1937年

---

① 《沫若文集》第12卷，人民文学出版社1959年版，第22页。

的《高尔基论苏联文学》，《给青年作家》，《回忆安特列夫》，《青年文学各论》，《怎样写作——高尔基文艺书信集》，高尔基等《苏联文学诸问题》，高尔基等《苏联文学的话》，《高尔基文学论集》，《高尔基文艺书简集》；1941年的《给初学写作者》，《文学散论》；1942年的《给初学写作者及其他》，高尔基等《写作经验讲话》；1943年的《苏联的文学》，高尔基等《苏联文学》，高尔基等《人与文学》；1945年的《我怎样学习写作》；1954年的《高尔基论文选集》；1955年的《给青年作者》；1956年的《俄国文学史》；1958年的《文学论文选》；1959年的《回忆录选》；1962年的《文学书简》（上）；1965年的《文学书简》（下）；1978年的《论文学》，《文学写照》；1979年的《论文学　续集》；1980年的《论写作技巧》，《三人书简：高尔基、罗曼·罗兰、茨威格书信集》，《高尔基论文学》。这份书单中，凡是以后重新出版的译著不再计入。

截止到21世纪初，我国对高尔基美学和文艺学理论贡献的评价为：第一，坚持社会主义文艺的阶级性质，强调文艺为工人阶级和全体劳动人民的利益服务。在《俄国文学史》的《序言》中，高尔基开宗明义地指出："文学是社会诸阶级和集团底意识形态——感情、意见、企图和希望——之形象化的表现。它是阶级关系底最敏感的最忠实的反映。"[1]文艺和人民的关系是高尔基美学理论始终关注的内容，他写道："人民不仅是创造一切物质价值的力量，人民也是精神价值的唯一的永不涸竭的源泉。"[2]

第二，对创作方法的研究。高尔基深入研究了19世纪欧洲的现实主义，第一次把它命名为批判现实主义。他认为批判现实主义是"十九世纪一个主要的、而且是最壮阔、最有益的文学流派"，它的特征是"锋利的唯理主义和批判精神"。[3]高尔基最早提出现实主义和浪漫主义相结合的创作方法。早

---

① 高尔基：《俄国文学史》，缪灵珠译，新文艺出版社1956年版，第1页。

② 高尔基：《论文学　续集》，冰夷、满涛、孟昌等译，人民文学出版社1979年版，第54页。

③ 高尔基：《论文学》，孟昌、曹葆华、戈宝权译，人民文学出版社1978年版，第335—336页。

在1910年,他在一封给作家的信中谈到:"新的文学,如果它要成为真正新的话",将是"现实主义和浪漫主义相结合"。[①]1912年,他再次提出,社会主义文学艺术很可能"既不是现实主义,也不是浪漫主义,而是两者的一种综合"[②]。1928年,他说得更为明确:"我以为,现实主义和浪漫精神必须结合起来。不是现实主义者,不是浪漫主义者,同时却又是现实主义者,又是浪漫主义者,好象同一物的两面。"[③]高尔基把社会主义现实主义称为"苏联艺术的美学和伦理学"。

第三,对俄国文学的研究。这种研究集中体现在《俄国文学史》(1908)这部专著中,该书考察了俄国文学一系列重要作家,论述了18—19世纪俄国文学发展的历史,探讨俄国文学发展的内在规律,同时也提出了文学研究的一些方法论问题。

第四,对自然主义和颓废主义的批判。自然主义首先形成于19世纪60年代的法国,它反对现实主义,主张艺术创作的绝对客观性,以自然规律代替社会规律。19世纪末期的颓废主义鼓吹"为艺术而艺术",否定艺术的社会作用,宣扬非理性。自然主义和颓废主义在19世纪90年代的俄国文学中也风靡一时,高尔基对它们进行了批判。[④]

我国对高尔基的评价并没有把他的"文学是人学"的命题作为重点。高尔基认为,文学是"人学",是创造性格的工作,创造"典型"的工作。[⑤]"文学家的材料就是和文学家本人一样的人,他们具有同样的品质、打算、愿望和

[①] 转引自冰夷:《〈关于现实主义和浪漫主义〉译后记》,《世界文学》1959年第8期,第138页。

[②] 高尔基:《文学书简》上卷,人民文学出版社1962年版,第448页。

[③] 中国科学院文学研究所苏联文学组编:《苏联作家论社会主义现实主义》,人民文学出版社1960年版,第16—17页。

[④] 以上四条参见吕德申主编:《马克思主义文艺理论发展史》,高等教育出版社1990年版;刘宁、程正民:《俄苏文学批评史》,北京师范大学出版社1992年版;程正民等:《20世纪俄国马克思主义文艺理论研究》,北京大学出版社2012年版。

[⑤] 高尔基:《论文学》,孟昌、曹葆华、戈宝权译,人民文学出版社1978年版,第160页。

多变的趣味和情绪。"①高尔基一生都在强调,文学应该高扬人道主义精神,高唱人的赞歌,文学要塑造、歌颂"大写的人",要把普通人提高到"大写的人"的境界。文学的对象是人,文学的目的也是为了人,"为着人之征服自然界力量,为着人的健康和长寿,为着住在大地上的伟大的幸福,而不断地发扬人的最有价值的各别的才能"②。

与20世纪30—60年代高尔基美学和文艺学理论在我国的影响相比,改革开放以后这种影响急剧下降。目前,我国对高尔基美学和文艺学理论的评价有两种不同的观点。一种观点如上文所述,对高尔基美学和文艺学理论做出积极和肯定的评价;另一种观点则持否定态度。"在我国评论界,对高尔基的文学思想持否定态度的观点,集中在三个问题上:一是高尔基作为'社会主义现实主义奠基人'的一系列言论;二是他关于'批判现实主义'的提法;三是他关于浪漫主义的两种不同倾向观点。"③实际上,高尔基并不是社会主义现实主义的奠基人,他与这个定义的出炉没有关系。高尔基把19世纪欧洲现实主义文学称为批判现实主义完全不是贬义,他充分肯定了批判现实主义的价值和意义。高尔基把浪漫主义分为积极的浪漫主义和消极的浪漫主义,是从作家对现实的态度而不是作家的政治立场来划分的,他并没有把浪漫主义分为革命的浪漫主义和反动的浪漫主义。这些都表明,对高尔基的研究还有进一步拓展的空间。

第二节　《论"文学是人学"》一文对苏联美学理论的全面回应

钱谷融的《论"文学是人学"》一文无论是在当年受到批判时,还是在改革开放以后受到重新评价时,人们都忽略了一个至关重要的问题:该文出现的

---

① 高尔基:《论文学》,孟昌、曹葆华、戈宝权译,人民文学出版社1978年版,第316页。

② 高尔基:《文学论文选》,孟昌、曹葆华译,人民文学出版社1958年版,第358页。

③ 汪介之:《回望与沉思:俄苏文论在20世纪中国文坛》,北京大学出版社2005年版,第158—159页。

背景。该文是对当时苏联美学理论的全面回应，只有把该文放在苏联美学理论对我国产生重要影响的历史语境中，我们才能够更深刻地理解这篇论文，从而恰当地评价它的价值。

《论"文学是人学"》的主旨是阐述高尔基"文学是人学"的命题，并根据这一意见，来观察当时文艺界所争论的一些问题。这里的"所争论的一些问题"有五个：文学创作的任务，作家的世界观与创作方法，评价文学作品的标准，各种创作方法的区别，人物的典型性与阶级性。关于这些问题的争论不仅发生在中国文艺界和美学界，而且首先发生在苏联美学界，苏联美学界的争论引起中国美学界的回应。这从一个侧面体现了当时苏联美学理论对中国的巨大影响。

钱谷融所阐述的五个问题都在"文学是人学"这个命题上统一起来。文学的对象是人，文学的任务在于影响人、教育人；作家的美学理想和人道主义精神，是作家世界观中对创作起决定作用的部分；评价文学作品的标准是人民性和人道主义；各种创作方法的区别就是对待人的态度的区别；而一个作家只要写出了他与社会现实的具体联系，也就写出了典型。

一、文学创作的任务

钱谷融所说的"文学创作的任务"，更确切地说，指的是文学的对象。他在《论"文学是人学"》一文第一节的一开始就写道："文学的对象，文学的题材，应该是人，应该是时时在行动中的人，应该是处在各种各样复杂的社会关系中的人。"①钱谷融直接批判的对象是季莫菲耶夫，季莫菲耶夫在《文学原理》一书中写道："人的描写是艺术家反映整体现实所使用的工具。"②这句话表明，季莫菲耶夫把文学的对象说成是"整体现实"，作家描写人不过是为了达到反映整体现实的目的。

---

① 钱谷融：《论"文学是人学"》，人民文学出版社1981年版，第2页。
② 季莫菲耶夫：《文学原理》，查良铮译，平明出版社1955年版，第24页。

在20世纪50年代，季莫菲耶夫（1903—1984）在我国影响很大。他的《文学原理》第一版出版于1934年，第二版出版于1948年，根据该版翻译的中译本于1953—1954年分三部年出版，1955年合为一册，曾在我国广为流行。我国还翻译出版了他的《苏联文学史》（1948，1949，1950，1951，1956），以及他主编的《俄罗斯古典作家论》（上下册，1958）、《论苏联文学》（上下卷，1958）和《俄罗斯苏维埃文学简史》（1959）。

高尔基把文学叫作"人学"，首先就说明了文学的对象是什么。钱谷融主张："文学要达到教育人、改善人的目的，固然必须从人出发，必须以人为注意的中心；就是要达到反映生活、揭示现实本质的目的，也还必须从人出发，必须以人为注意的中心。"[1]钱谷融明确指出，在文学的对象问题上，他是赞同布罗夫的观点的。[2]他所说的布罗夫的观点应该出自布罗夫发表于苏联《哲学问题》1953年第5期上的《论艺术内容和形式的特征》（中译载《学习译丛》编辑部编译的《苏联文学艺术论文集》，学习杂志社1954年版）。《哲学问题》在发表这篇长文时，特别注明"希望专家对其中所涉及的问题发表意见"。

布罗夫在这篇文章一开头就写道："艺术内容和形式的问题是美学的极其重要的问题之一。要回答怎样了解艺术内容及其形式的问题，即怎样确定这两个概念本身的定义以适用于艺术作品的问题，就得先解决艺术这一社会意识形态的性质和特征的问题。"[3]布罗夫观点鲜明地指出："艺术的特征不仅取决于反映的形式，而且也取决于反映的客体本身的特点。不仅如此，对象还决定反映的形式。"[4]"艺术之所以要反映外部世界的各种各样的对象和现象，是因为人和它们有机地联系着，离开它们，实在的人是不存在的。为了现实主义

---

① 钱谷融：《论"文学是人学"》，人民文学出版社1981年版，第7页。

② 钱谷融：《论"文学是人学"》，人民文学出版社1981年版，第65页。

③ 布罗夫：《论艺术内容和形式的特征》，载《学习译丛》编辑部编译：《苏联文学艺术论文集》，学习杂志社1954年版，第109页。

④ 布罗夫：《论艺术内容和形式的特征》，载《学习译丛》编辑部编译：《苏联文学艺术论文集》，学习杂志社1954年版，第114页。

地描写人，艺术家不能不通过与周围现实的真正联系来表现人。由此可见，艺术的对象归根到底是处于实际生活联系中的人。"①

布罗夫把艺术的对象说成是人，这种观点来源于车尔尼雪夫斯基。车尔尼雪夫斯基在《论亚理斯多德的〈诗学〉》一文中写道："柏拉图和亚理斯多德也认为艺术的真正内容，特别是诗，根本不是自然，而是人类生活。认为艺术的主要内容就是人的生活的这份伟大光荣，就是属于他们的，在他们之后，这样表示的，就只有莱辛了，所有追从他们之后的人都无法理解这一点。在亚理斯多德的《诗学》里，没有一句话说到自然：他说的是人，说的是人们的行动，说的是事件和人，……这才是诗的模仿对象。……模仿自然，是和以人为主要对象的真正诗人大异其趣的。"②车尔尼雪夫斯基说人是艺术的主要对象，但是否是特殊对象呢？他并没有说明确。布罗夫比车尔尼雪夫斯基更进一步的是，把人说成是艺术的特殊对象。

布罗夫关于艺术的特殊对象的观点我们在本书第七章《艺术本质审美意识形态说的学术史研究》已经阐述。布罗夫的观点是对黑格尔和别林斯基的观点的质疑，黑格尔和别林斯基都认为艺术和科学具有相同的对象，那就是整个现实，它们的区别只在于反映现实的形式不同。布罗夫明确指出文艺具有自己独特的对象和独特的内容。

布罗夫依据车尔尼雪夫斯基关于艺术和历史科学在内容上的区别的观点，展开关于艺术的审美实质的论述。彭克巽主编的《苏联文艺学学派》（北京大学出版社1999年版）注意到这种论述，并有相关论述。

车尔尼雪夫斯基在《俄国文学的果戈理时期概观》中说："艺术对现实的关系完全像历史对现实的关系那样；这两者的内容方面的区别仅仅在于：历史讲述社会生活，而艺术则讲述个人生活，历史讲述人类生活，而艺术则讲述人

① 布罗夫：《论艺术内容和形式的特征》，载《学习译丛》编辑部编译：《苏联文学艺术论文集》，学习杂志社1954年版，第117页。

② 《车尔尼雪夫斯基论文学》中卷，辛未艾译，上海译文出版社1979年版，第202页。

的生活。"①布罗夫发挥车尔尼雪夫斯基的这一论点，指出：

1.许多艺术作品（特别是史诗）在内容上与历史著作相近。但是，历史学家以整个社会生活的某些方面作为自己的对象，艺术家则把社会的人的生活，人的性格、典型作为自己的对象，因此产生艺术作品和历史著作及其他科学著作在内容上的原则性区分。

2.艺术内容的专门特征就在于它讲述活生生的人的命运，欢乐和痛苦，理想和渴望，等等，这就是艺术引起普遍爱好的原因。也就是说，艺术的普遍魅力首先就在于它的特殊内容上。

3.艺术以描写人、人的生活为己任，艺术所创造的典型性格不仅仅反映特定历史时期某个集团、阶级的特性，而且还反映全民族甚至全人类的特性。②

布罗夫所提出的"艺术的特性要在它的内容或对象中去寻找"这样的基本原理，是很有见地的，这一原理成为许多美学家讨论问题的出发点。

实际上，当时苏联很多美学家和文艺理论家都把人作为艺术描写的主要对象，只是他们的影响没有布罗夫大。例如，谢尔宾纳在1954年第1期《新世界》上发表的论文《列宁和文学的人民性问题》（中译刊于《学习译丛》编辑部编译的《苏联文学艺术论文集》，学习杂志社1954年版）写道："艺术反映现实的各方面。但是，描写的主要对象，即复杂的生活现象的中心，始终是人、人的活动、内心生活、人与人的关系、人与社会的关系。""按照车尔尼雪夫斯基的话来说，人的生活是'诗学的唯一的根本的对象，唯一的内容'。高尔基称文学为'人学'是完全有根据的。"③

钱谷融是我国最早对苏联美学家关于艺术的特殊对象的争论做出回应的理论家，也是我国最早对别林斯基关于科学和艺术具有相同对象的观点提出疑

———————————

① 转引自彭克巽主编：《苏联文艺学学派》，北京大学出版社1999年版，第15页。

② 以上数条，见彭克巽主编：《苏联文艺学学派》，北京大学出版社1999年版，第15—16页。

③ 《学习译丛》编辑部编译：《苏联文学艺术论文集》，学习杂志社1954年版，第242—243页。

问的理论家。他写道："文艺所反映的现实，是否有它的特定的范围呢？是否有与其他社会意识形态不同的对象呢？根据别林斯基的意见，是没有什么不同的。他认为文艺与其他意识形态的区别，不在于内容，而只在于创造内容的方法。"①钱谷融对艺术对象的探讨，正是试图在艺术的内容中寻求艺术的特征。20世纪50—80年代我国美学和文艺学中影响最大、流行最广的一种观点是"文艺是社会生活的形象的反映"，这种观点没有在艺术的内容中、只是在艺术反映现实的形式中寻求艺术的特征，把文学艺术与一般社会科学相等同。而钱谷融明确指出，这是"违反文学的性质、特点的"，抽掉了文学的核心，取消了文学与其他社会科学的区别，因而也就必然要扼杀文学的生命。钱谷融所要阐述的不是文学艺术与其他意识形态的共同性，而是文学艺术区别于其他意识形态的特殊性。这种理论自觉是很可贵的，这种观点在当时的中国也是很先进的。

二、作家的世界观和创作方法

苏联美学界和文艺理论界关于作家的世界观和创作方法之间关系的争论发生在20世纪30年代初期。引起争论的起点是法捷耶夫发表于《文学报》1932年10月29日和11月11日的论文《新与旧：艺术创作问题》。这篇文章经过作者修订后，改名为《论社会主义现实主义》。参加这场讨论的有罗森塔尔、尤金、塔玛尔钦科等人，讨论的文章除了发表在有关报刊外，还出版了论文集《关于方法的争论》（列宁格勒1934年版）。讨论中主要有两种观点：统一论和违反论。统一论认为，不能把世界观和创作方法割裂开来，也不能把这两个概念等量齐观；违反论认为，作家在创作时可以依赖创作方法而违背自己的世界观。

法捷耶夫主张统一论，他认为，作家的创作方法有时与他的世界观发生深刻的矛盾。这一点已经由恩格斯以巴尔扎克的创作为例令人信服地加以证明。

---

① 钱谷融：《论"文学是人学"》，人民文学出版社1981年版，第64—65页。

巴尔扎克虽然是一个忠实的王朝正统主义者、一个拥护君主专制政体的人，但是却在他的作品里有力地、鲜明地提供了典型环境中的典型人物，深刻揭示了当时社会的显暗，所以读巴尔扎克的作品比读当时几十本别的政治经济学著作更能了解法国资产阶级社会的历史。同样，列夫·托尔斯泰的唯心主义哲学观点与他的艺术创作的基本的现实主义倾向之间也存在着巨大的矛盾，然而现实主义倾向使他的作品成为全人类艺术发展上的一大进步。

作家的世界观和创作方法之间的矛盾，并不意味着世界观与艺术创作没有关系。世界观的缺陷会在作品中留下痕迹，并且反映在作家的创作方法里。"如果巴尔扎克能够更充分地、以更大的历史正确性来了解他所写的东西的真正内容，那就会使他的天才作品摆脱许多艺术上的不和谐，就会更不可计量地提高他对我们的意义。托尔斯泰的反动的乌托邦主义、对勿以暴抗恶的狂热的宣传，也反映在他的天才的作品里，在这方面降低了这些作品对我们的价值。"①

主张违反论的罗森塔尔在强调创作方法的相对独立性的同时，把创作方法从艺术家的世界观中孤立起来了，过低地估计了作家的世界观在艺术创作中的作用，把创作艺术作品的艺术家和以特定方式理解外部世界的艺术家对立起来。塔玛尔钦科在反驳罗森塔尔的观点时指出，不能从恩格斯论述巴尔扎克的文字里得出结论说，伟大的现实主义者是在违反自己的世界观的情况下进行创作的。恩格斯只谈到"巴尔扎克不得不违反自己的阶级同情和政治偏见"。可是，作家的世界观不仅包括他的理论观点、政治观点，而且包括哲学、宗教、美学观点等。巴尔扎克和托尔斯泰的创作，其特点不在于创作方法与世界观之间的矛盾，而在于世界观本身存在着的内部的矛盾。艺术家的政治、伦理、宗教、美学观点是表现在艺术地反映现实的特点上的，世界观的矛盾必然引起创作上的矛盾。

---

① 法捷耶夫：《论社会主义现实主义》，载中国科学院文学研究所苏联文学组编：《苏联作家论社会主义现实主义》，人民文学出版社1960年版，第84页。

苏联《哲学问题》1954年第6期发表专论《作家的世界观和创作》（中译载《学习译丛》编辑部编译《苏联文学艺术论文集》第2集，学习杂志社1956年版），该文采用统一说的观点。该文写道："在各个创作阶段上，从最初的思想构思、艺术构思到作品的完成，艺术家的世界观起着巨大的作用。当然，决不能把作家的创作过程简单化，认为作家的任务只在于给他所选择的思想套上个性化了的形象的血和肉，等等。"①

钱谷融既不同意统一论，又不同意违反论，他对世界观和创作方法之间的关系提出独特的见解。他批评了当时出版的《文学研究集刊》第4册上王智量和文美惠所写的两篇关于托尔斯泰的世界观与创作方法之间的关系问题的论文，这两篇论文不仅结论完全一致，就是论证的方法，以及每一个具体论点都非常类似，这两位作者为预先设定的理论提供了具体的论证。他们的结论是："托尔斯泰的世界观和他的艺术创作方法之间有着基本上的一致性；但是也有矛盾。这种矛盾的表现就是作品中反动消极因素所占的比重小于它们在作家思想中的比重。而造成这种矛盾的原因则是由于作家对于生活现实的忠实、对于艺术规律的严格遵循。换句话说，就是他的现实主义的创作方法的胜利。"②王智量和文美惠的观点基本上是统一论的观点。

钱谷融认为，巴尔扎克和托尔斯泰之所以能够创作出与他们反动的阶级立场和政治理想相违背的优秀作品来，并不是因为现实主义创作方法的胜利，并不是因为他们的创作方法突破了落后的世界观。如果持这种观点，就把世界观和创作方法割裂开来了。出现这种情况，是作家世界观中的人道主义精神而不是他们世界观中的政治立场和政治理想起了决定性的作用。作家在创作时，并不是他的全部世界观中的每一种观点都起着同等的作用，而起着最重要的作用的是作家的人道主义精神。

这种见解的理论基础仍然是高尔基的"文学是人学"的命题。"高尔基把

---

①　《学习译丛》编辑部编译：《苏联文学艺术论文集》第2集，学习杂志社1956年版，第78页。

②　钱谷融：《论"文学是人学"》，人民文学出版社1981年版，第13页。

文学当做'人学'，就是意味着：不仅要把人当做文学描写的中心，而且还要把怎样描写人、怎样对待人作为评价作家和他的作品的标准。"①钱谷融据此认为，"社会政治的观点，对一个作家来说，并不是十分重要的东西"②。政治观点是一些抽象的原则和教条，是对待整个阶级的态度，而作家在创作时，面对的是具体的人和具体的行为。巴尔扎克在政治上是一个保皇党，他的同情完全在贵族一面。然而在他的作品里，他却以"最尖锐的讽刺""最辛辣的嘲弄"来对付他所同情的阶级，而带着"不可掩饰的赞赏"去描述他政治上的死敌。出现这种情况的原因是巴尔扎克伟大的人道主义。巴尔扎克在他的作品中所描写的、所评论的不是作为一个阶级的贵族，也不是作为一种政治主张的共和主义，而是一些具体的人，他是根据这些人的具体的行动来确定对他们的态度，给他们以一定的评价，他赞扬了应该赞扬的人。钱谷融对世界观和创作方法之间关系的解说，在我国学术界没有获得认同。

在20世纪50—80年代，世界观和创作方法的关系一直被写进我国文艺学教科书中。1979年出版的蔡仪主编的《文学概论》和1984年出版的以群主编的《文学的基本原理》都设了专门的一节阐述"世界观与创作方法"。相反，苏联的文艺学教科书中反而没有这方面的内容，例如，1978年出版的波斯彼洛夫的文艺学教科书《文学理论》（中译改名为《文学原理》，生活·读书·新知三联书店1985年版）就没有涉及这个问题。我国文艺学教科书都采用世界观和创作方法的统一说，基本观点是："一方面世界观对创作方法有着支配和制约的作用；另一方面，创作方法又有其本身的相对独立性，在创作中有着不可忽视的积极作用。""否定世界观对创作方法的制约作用，当然是错误的。但那种企图用世界观来代替创作方法，在文学作品中写哲学讲义、搬弄口号和条条的做法，也是十分有害的。"③

---

① 钱谷融：《论"文学是人学"》，人民文学出版社1981年版，第10—11页。

② 钱谷融：《论"文学是人学"》，人民文学出版社1981年版，第68页。

③ 以群主编：《文学的基本原理》，上海文艺出版社1984年版，第233页。

三、评价文学作品的标准

我们一般都把政治标准和艺术标准作为评价文学作品的标准，而钱谷融在《论"文学是人学"》一文中却把人民性和人道主义作为评价文学作品的标准。他写道："人民性应该是我们评价文学作品的最高标准，最高标准并不是任何时候都能适用的，也不是任何人都会运用的。而人道主义精神则是我们评价文学作品的最低标准，最低标准却是任何时候都必须坚持的，而且是任何人都在自觉地或不自觉地运用着的。"[①]钱谷融自己说，他关于"人民性"的概念直接取自季莫菲耶夫的《论人民性的概念》一文。艺术中人民性和人道主义的概念是苏联美学和文艺学经常讨论的概念。布罗夫认为："艺术没有人道主义，没有对人的爱是不可想象的。人道主义，是崇高的艺术的活命的水，是艺术存在的条件。"[②]

19世纪俄罗斯美学中就出现了"艺术的人民性"的概念，别林斯基区分了"艺术的人民性"和"艺术的民族性"的概念。后来，杜勃罗留波夫在《论俄国文学中人民性所渗透的程度》（1858）中，第一次明确地提出了文学的人民性的意义。然而，在此后数十年中再没有理论家对这个问题做过研究。

20世纪30年代中期，根据时代的需要，苏联美学家和文艺理论家重新尖锐地提出了艺术创作中的人民性问题。从30年代到80年代，人民性成为苏联美学和文艺学的中心问题之一，围绕这个问题发生了很多争论。1936年初，里夫希茨在《文学报》上发表的论文《列宁主义与艺术评论》和《评论札记》中，把作家作品的人民性意义同他们的阶级意识对立起来，认为人民性意义是由于外界现实在作品中得到忠实反映而产生的。从1939年秋天起，里夫希茨和他的志同道合者的观点遭到反对者的驳斥，一场大规模辩论揭开序幕。

1953年苏联《哲学问题》第3期刊登文章《反对错误地解释文学的人民性问题》（中译刊于《学习译丛》编辑部编译的《苏联文学艺术论文集》，学

---

① 钱谷融：《论"文学是人学"》，人民文学出版社1981年版，第22页。

② 布罗夫：《艺术的审美实质》，高叔眉、冯申译，上海译文出版社1985年版，第143页。

习杂志社1954年版），该文批判了3篇文章：伊瓦盛科的《论文学的人民性问题》（《十月》1951年第7期，中译刊于《斯大林论语言学的著作与苏联文艺学问题》，时代出版社1952年版），布尔索夫的《批判现实主义文学中的人民性问题》（《苏联科学院通报·文学与语言类》第10卷第6期），季莫菲耶夫的《苏联文学中的传统和革新问题》（收录于他的《文学理论问题》一书，莫斯科1950年版）。70年代，《卡冈美学教程》（1971，中译本于1990年由北京大学出版社出版）和波斯彼洛夫的《文学理论》（1978）都有专门的章节阐述艺术的人民性问题。

20世纪30年代苏联美学开展了关于作家的世界观和创作方法相互影响的问题和关于文学艺术人民性问题的方法论上的辩论。关于人民性问题的讨论的目的，是克服对文学艺术的"抽象的阶级"分析方法的错误。"抽象的阶级"社会学的主要缺点，在于割裂地看待社会中的阶级，只看到它们狭隘的阶级经济利益，不顾它们与全民族发展、与反映这一发展的各种不同倾向的社会运动和各种思想观念的联系。"而内容上多少有可取之处的艺术作品，所以能有感召力，并不取决于狭隘的阶级经济利益，而是取决于国家社会在其发展某阶段上社会力量的全部对比关系创造的社会理想。"[①]

为什么文学和文艺学除了使用"阶级"的范畴，还要使用"人民"的范畴呢？因为在阶级社会中，不同的阶级和社会阶层，既在许多方面相互区别，同时又在许多方面具有十分重要的社会共同性。社会的生产力、技术、文化的进步发展就是通过他们的共同行动实现的。他们的社会存在的共同性在他们中间产生了自由、人道的共同理想。因此，美学和文艺学的一项重要任务是揭示这种共同性，艺术创作和艺术发展不仅取决于每个阶级的存在和意识的特点，而且取决于更广泛的社会因素，取决于一些阶级的共同利益和理想。这种共同性在人类历史上是完全客观地产生的。社会进步发展是由相互联系的各个阶级共

---

① 波斯彼洛夫：《文学原理》，王忠琪、徐京安、张秉真译，生活·读书·新知三联书店1985年版，第220页。

同努力的结果。所以，如同在社会学中"阶级和阶级斗争"问题发展为"人民群众在历史上的作用"问题，美学和文艺学中也就提出了艺术的人民性和阶级性辩证结合的问题。

钱谷融运用人民性的概念作为评价古代文学作品的标准，无疑受到苏联美学界和文艺学界关于人民性讨论的影响，但是他对这场讨论的全貌和价值缺乏深入的了解，对人民性的内涵缺乏准确的把握。根据他的行文，他把古代文学作品的人民性理解为作家的阶级立场、爱国主义情怀、对人民的同情心等在文学作品中的表现。根据这样的理解，王维、孟浩然以及许多别的诗人的诗篇，都只能排斥在古代优秀作品之外，更不必说李后主的词了："在李后主的诗词里，所写的都是他个人的哀乐，既没有为人民之意，也绝少为国家之心。亡国以后，更是充满了哀愁、感伤，充满了对旧日生活的追忆和怀恋，很少有什么积极的意义。"①但是他的词为人们所喜爱，不是因为人民性，而是人道主义，李后主有一颗赤子之心。

钱谷融对"人民性"的理解基本上接近于"阶级性"，实际上，人民性的概念要比阶级性宽泛，它的提出就是为了弥补阶级性概念的不足。不能对古典文学作品中的人民性概念做简单化、庸俗化的理解。托尔斯泰和巴尔扎克的作品具有人民性，但是托尔斯泰直接讲农民的地方并不多，巴尔扎克在《人间喜剧》中讲到法国劳动人民生活处境的地方也比较少。人民性的基本特点就是在作品中提出具有全民意义的问题。人民性是一个历史概念，古典文学作品的人民性是作家当时所处的生活和历史条件决定的。王维、孟浩然的诗歌描绘了大自然的景色，表现了对自然风光的热爱，体现了全民的感情，当然可以说具有人民性。至于李后主的词，通过作者独特的生活遭遇和个人的感受，表现了人人皆有的悲欢离合的感情，并且以优美的艺术形式和高超的艺术技巧写就，成为脍炙人口的作品而被广为传颂，不能说这些词没有一定的人民性。

---

① 钱谷融：《论"文学是人学"》，人民文学出版社1981年版，第23页。

四、各种创作方法的区别

钱谷融《论"文学是人学"》阐述各种创作方法的区别的第四节，包含着丰富的内容。这一节重点阐述了对社会主义现实主义的理解。本书第十三章《社会主义现实主义》谈到有关社会主义现实主义的各种争论。1953年9月，在中国文学艺术工作者第二次代表大会上，周扬正式宣布："我们把社会主义现实主义方法作为我们整个文学艺术创作和批评的最高准则。"1954年12月召开的第二次苏联作家代表大会采纳了作家协会副主席西蒙诺夫在补充报告中的建议，删去了载入《苏联作家协会章程》中关于社会主义现实主义经典定义的两句话中的后一句话："同时，艺术描写的真实性和历史具体性必须与用社会主义精神从思想上改造和教育劳动人民的任务结合起来。"

钱谷融是我国最早质疑社会主义现实主义经典定义的学者之一。他认为过去的现实主义与社会主义现实主义之间的区别很难说清楚。按照苏联作家协会章程的规定，社会主义现实主义有两个基本特征：一要从现实的革命发展中去真实地描写现实，二要用社会主义精神去教育劳动人民。这第一点不只是社会主义现实主义的要求，过去的现实主义也是这样要求艺术家的。第二点实际上已经超出了艺术上的表现方法的范围，因而在实践上就产生了许多流弊。在这方面，钱谷融赞同西蒙诺夫的观点，他大段引用了西蒙诺夫在《苏联散文发展的几个问题》（中译载《人民文学》1955年第2期）中的有关论述，说明社会主义阵营各国文学中较为普遍地存在的粉饰生活的公式化、概念化现象，不能不说与这第二点有关。

苏联作家协会章程指出的社会主义现实主义的两个基本特征，第一个特征属于创作方法的特点，能够站住脚，可是不能算是它的真正特点，因为过去的现实主义，比如批判现实主义，也是这样。第二个特征能够真正成为它的特征，可是它又不属于创作方法，本身是站不住脚的。所以，当时我国文艺界围绕社会主义现实主义的经典定义发生了激烈的争论。周扬、冯雪峰等是反对西蒙诺夫的观点，捍卫社会主义现实主义的经典定义的；而钱谷融、秦兆阳等是

支持西蒙诺夫的观点，否定社会主义现实主义的经典定义的。钱谷融明确提
出，社会主义现实主义的经典定义"今天已是它应该跟我们'含笑告别'的
时候了"，"假如要把这种定义当做清规戒律，来要求每一个艺术家严格遵
守，那就更会流弊百出、贻害无穷"。①钱谷融在当时有这样的认识是十分清
醒的、正确的，在当时的政治氛围中他能够说出这样斩钉截铁的话是十分大胆
的、难能可贵的。他还特地批评了张光年的观点，张光年在《社会主义现实主
义存在着、发展着》一文（载《文艺报》1956年第24期）为这个定义，特别是
它的后一句辩护。

钱谷融质疑社会主义现实主义的经典定义，并不是要否定社会主义现实
主义的创作方法，因为社会主义现实主义的文学的确存在着、发展着。文学史
上存在过古典现实主义和批判现实主义，那么，在创作方法上社会主义现实主
义和它们有什么不同呢？这是一个理论难题。钱谷融是从人道主义原则来解决
这个问题的："社会主义现实主义之所以是一种新的现实主义，首先就是因为
它体现了社会主义的美学理想，因为它是按照社会主义的人道主义的原则来描
写人、对待人的。"②在过去的现实主义作品中，人是作为一个被剥削、被压
迫者，作为一个在物质上和精神上受到各种各样的束缚和折磨的人而被同情着
的。而在社会主义现实主义作品中，人是作为一个剥削与奴役制度的掘墓人，
作为一个美好生活的创造者而被赞美着的。这就是新旧现实主义之间的最明
显，同时也是最根本的区别。"过去的现实主义与社会主义现实主义之间的区
别，仍旧应该是从作家描写人、对待人的态度上，从作品所透露的人道主义精
神的性质上去找寻的。"③

以人道主义原则解释社会主义现实主义的特点，钱谷融从高尔基和西蒙诺
夫那里汲取了理论资源。他指出，早在1934年，高尔基在苏联第一次作家代表
大会上就已经说明了这一点，而西蒙诺夫也是把社会主义的人道主义精神当作

---

① 钱谷融：《论"文学是人学"》，人民文学出版社1981年版，第39页。
② 钱谷融：《论"文学是人学"》，人民文学出版社1981年版，第41页。
③ 钱谷融：《论"文学是人学"》，人民文学出版社1981年版，第44页。

社会主义现实主义方法的一种实质的。

由于现实主义的创作方法和浪漫主义的创作方法的区别很明显，无论题材的来源，还是表现的方法都不相同，要区别它们并不困难，所以，钱谷融没有详谈这个问题。对于现实主义和自然主义在创作方法上的区别，我们的文学理论著作中常常说不清楚。钱谷融列举了茅盾在1930年用方壁的名字写的《西洋文学通论》一书，指出该书就没有把现实主义和自然主义明白地区分开来。①茅盾把英国的狄更斯、俄国的屠格涅夫等杰出的现实主义作家，都归入到自然主义的行列中。谈到契诃夫时，茅盾肯定地说："契诃夫是俄国文学家中最近似的自然主义者。我们不妨说他是俄国的自然主义者。"②

对于现实主义和自然主义的创作方法的区别，钱谷融仍然运用人道主义的原则进行分析。在这方面，他援引了布罗夫《马克思列宁主义的美学反对艺术中的自然主义》一文的有关论述，并赞同这些观点。现实主义和自然主义都从客观现实出发，都以生活本身的形式来反映生活。所以，单就形式上来看，这两者很难区分。"它们之间的区别，仍旧只能从它们描写人、对待人的态度上去找寻。"③

在现实主义作品中，人是社会的人；在自然主义作品中，人仅仅是生物学上的人。现实主义者对描写的人物充满人道主义精神，他们尊重人、同情人。而自然主义者仅仅把人看作具有原始感情的动物，他们用反人道主义的态度来描写人、对待人。"关于自然主义与现实主义，我们可以这样说：在它们之间，横隔着一条人道主义的鸿沟，这就标明了两者的原则性的区别。"④

左拉、莫泊桑是著名的自然主义作家，关于自然主义他们有一套理论。但是，他们的许多作品并不能归入自然主义行列，因为在这些作品中他们面对

---

① 钱谷融：《论"文学是人学"》，人民文学出版社1981年版，第33页。

② 方壁：《西洋文学通论》，世界书局1930年版，第208页。转引自钱谷融：《论"文学是人学"》，人民文学出版社1981年版，第33页。

③ 钱谷融：《论"文学是人学"》，人民文学出版社1981年版，第34页。

④ 钱谷融：《论"文学是人学"》，人民文学出版社1981年版，第36页。

的是具体的、生活中的人，他们的人道主义热情占了上风，所以这些作品成为现实主义作品。假如一个现实主义作家，他在对待某一种人生现象、刻画某一个具体人物时，他的人道主义热情衰退了，他的作品也就降格为自然主义的作品。钱谷融运用人道主义原则来解释一些文学理论问题时，对各种创作方法的区别的阐述最为成功。

五、人物的典型性与阶级性

《论"文学是人学"》一文的第五节一开始就写道："自从《共产党人》杂志关于典型问题的专论发表以后，把典型归结为一定社会历史现象本质的理论，就遭到了大家的唾弃。"[1]这里所说的遭到唾弃的是苏共中央领导人马林科夫在1952年苏共十九大的报告中关于典型的论述。马林科夫指出："典型不仅是最常见的事物而且是最充分地、最尖锐地表现一定社会力量的本质事物。"这是当时我国美学界和文艺理论界理解典型的基本依据。本书在第九章《典型研究》中已有论述。

钱谷融提到的《共产党人》杂志关于典型问题的专论是发表于该杂志1955年第18期的《关于文学艺术中的典型问题》（中译刊于《文艺报》1956年第3期，后来收入《学习译丛》编辑部编译的《美学与文艺问题论文集》，学习杂志社1957年版）。从1952年到1955年，苏联社会生活发生重大变化，斯大林于1953年去世，美学界和文艺理论界开始清算教条主义的观点。《共产党人》杂志关于典型问题的专论不指名地批驳了马林科夫把典型与社会本质联系在一起的观点，写道："把典型仅仅看作是一定社会力量的本质的体现，就会使艺术作品丧失生活的各自丰富多彩的现象，就会去创造公式，而不是去创造艺术形象。这个烦琐哲学的公式促使创作工作者去给一般原理作例证，而不去进行艺术上的发现。"[2]"典型化是艺术所特有的用个别化的、具体感性的、唤起美

① 钱谷融：《论"文学是人学"》，人民文学出版社1981年版，第46页。
② 《学习译丛》编辑部编译：《美学与文艺问题论文集》，学习杂志社1957年版，第108页。

感的形式来概括生活现象的方法。"①

　　钱谷融关于典型的论述，以及他与冯雪峰、何其芳、李希凡、罗大冈、钱学熙等人的争论，正是以《共产党人》杂志关于典型问题的专论的基本观点——典型是以个性与共性的统一为基础的。问题是怎样理解个性和共性，个性和共性处在怎样的关系中？关于典型中个性和共性的关系，主要有两种观点：一种是共性重于个性，另一种是个性重于共性。与钱谷融争论的李希凡、罗大冈、钱学熙等虽然没有在典型性与阶级性之间"划一个数学上的全等号"，然而却都认为典型性首先是体现阶级性的。李希凡一再强调，典型必须是一个特定阶级的典型。罗大冈认为："典型是通过各种不同的角度表现一个阶级的特性。"钱学熙认为："一个典型有共性和个性，但个性是不能和共性分开的。共性是体现阶级性的；个性就是共性在特殊的时间和地点的条件下的具体表现。"②

　　钱谷融的意见与他们相反，他主张在典型中个性重于共性。作家所注意的，只是具体的人和他的具体活动。文学创作只能从生动、具体的个人出发，而不能从抽象的共性出发，如果从共性出发，人物只能是抽象理念的图解和符号。对于这个问题，钱谷融有非常明晰的认识："阶级性是从具体的人身上概括出来的，而不是具体的人按照阶级性来制造的。从每一个具体的人的身上，我们可以看到他所属阶级的阶级性，但是从一个特定阶级的阶级共性上，我们却无法看到任何具体的人。"③"我认为文学中的所谓典型，应该是指的这样一种人物形象，这种人物，具有鲜明的、独一无二的个人特色。同时，通过他的活动，通过他与周围的人和事的具体联系，又能够体现出时代的和社会的面貌，体现出当时复杂的社会阶级关系来。"④多年以后，钱谷融的典型观获得

---

① 《学习译丛》编辑部编译：《美学与文艺问题论文集》，学习杂志社1957年版，第105页。

② 以上学者的观点，均转引自钱谷融：《论"文学是人学"》，人民文学出版社1981年版，第51页。

③ 钱谷融：《论"文学是人学"》，人民文学出版社1981年版，第53页。

④ 钱谷融：《论"文学是人学"》，人民文学出版社1981年版，第76页。

大部分人的赞同。

值得注意的是，钱谷融在讨论典型问题时，对高尔基的常常被当作经典言论援引的一段话提出疑问。高尔基在《我怎样学习写作》一书中写道："假如一个作家能从二十个到五十个，以至从几百个小商人、官吏、工人的每个人身上，抽出他们最特征的阶级特点、性癖、趣味、动作、信仰和谈风等等，把这些东西抽取出来，再把它们综合在一个小商人、官吏、工人的身上，——那么这个作家靠了这种手法就创造出'典型'来，——而这才是艺术。"①高尔基的这段话常常被认为是创作典型的有效途径，可是钱谷融把它说成是公式化概念化作家的理论依据，因为从字面上来理解这段话，确实会使创作走上概念化的道路。而高尔基本人并不是按照这样的方法来创作典型的，他是在告诫初学写作的人，要多观察、多分析，熟悉人、熟悉生活。

20世纪80年代，我国文艺界流行文学主体论，有人认为钱谷融的"文学是人学"是文学主体论的理论前提。实际上，钱谷融并没有提到主体性的概念和理论，他自始至终所标榜的不是主体性，而是人道主义。

---

① 转引自钱谷融：《论"文学是人学"》，人民文学出版社1981年版，第55页。

第十五章　世界影响巨大的美学家——巴赫金

巴赫金（1895—1975）是20世纪60年代以来对世界人文科学产生巨大而深刻影响的学者。他的创造性思维的规模、学术兴趣的广泛、概括和结论的深度令人惊叹。俄罗斯科学院院士、著名语言学家和符号学家伊凡诺夫指出，到20世纪末，巴赫金已成为世界上被阅读最多、被引用最多的一位人文学者。法国著名美学家托多罗夫（又译"托多洛夫"）指出："在二十世纪中叶的欧洲文化中，米哈依尔·巴赫金是一位非常迷人而又神秘的人物。这种诱惑力不难理解：他那丰富且具特色的作品，是苏联人文科学方面任何成果所无法媲美的。"[1]

巴赫金涉及的研究领域广泛，他是美学家、哲学家、文艺学家、符号学家、语言学家等。1980年出版的《苏联百科辞典》把巴赫金界定为"文学理论家、美学家"。从我国的巴赫金研究看，美学界对他的研究还很不够。周启超在2014年的一篇文章中谈到，我国撰写有关巴赫金学说的论文甚至专著的学者，在俄罗斯语言文学学界至少有钱中文、吴元迈等29人，在英语语言文学学

---

[1]　托多洛夫：《批评的批评》，王东亮、王晨阳译，生活·读书·新知三联书店1988年版，第73页。

界有胡壮麟、赵一凡等11人，在法语语言文学学界有吴岳添等6人，在汉语言文学学界有晓河等17人，但是在美学界只列出两人，其中一人是笔者。①

第一节 国内外的巴赫金研究

在20世纪20年代，巴赫金就积极从事学术活动。但是在20年代末期他被逮捕，并且在集中营中监禁五年，这对他的学术活动和个人生活都带来了严重的负面影响。只是到60年代，他的著作获得真正的反响。从60年代起，西方开始了巴赫金的研究。我国对巴赫金的研究基本上从80年代开始。

一、俄苏的巴赫金研究

巴赫金1918年毕业于彼得格勒大学，他接受的是语文教育。大学毕业后，他来到维捷布斯克省涅维尔市任中学教员。1920年秋天，他转到省中心维捷布斯克市，担任维捷布斯克师范学院文学教师。这年年底，他又兼任维捷布斯克音乐学院音乐史和音乐哲学（音乐美学）教师。20年代初，维捷布斯克是一个颇为重要的科学中心和文化中心。十月革命以后的物质困难使首都彼得格勒知识界的许多代表云集到这里。由于他们，这里创建了高等国民教育学院、音乐学院、艺术学院、交响乐队、绘画陈列馆。1921年这些学者筹备创办艺术杂志。在这种环境和氛围中，巴赫金紧张地工作着，并与其他学者形成了友好关系。后来，他总是抑制不住兴奋地回忆起这段岁月，尽管当时的条件极端艰难：常常食不果腹，在寒冷彻骨、没有取暖的房间里工作，点的是蜡烛或煤油灯。

在20年代，俄苏有两种美学思潮在国内外产生重大影响。一种是以什克洛

---

① 周启超：《巴赫金文论在当代中国的旅行 1979—2014》，载王加兴编选：《中国学者论巴赫金》，南京大学出版社2014年版，前言第6—7页。

夫斯基为代表的俄国形式主义，另一种是以弗里契为代表的庸俗社会学观点。巴赫金反对这两种美学思潮，力图在科学的方法论的基础上，解决美学和文艺学的根本问题。他在1921年的一封信中说："近来我几乎仅仅研究语言创作的美学。"①

这种研究的结果是论文《语言艺术创作中的内容、素材和形式问题》的问世，论文完成于1924年，预定为《俄罗斯现代人》杂志撰写，后来未能发表。在论文中，巴赫金批判了俄国形式主义的基本观点，表明不能把文学和艺术归结为脱离思想和哲学内容的"形式创造"。文学作品中的词语不仅是构筑形象的素材，而且首先是认识和评价现实现象的手段和工具。因此，真正的诗学应该建立在严格的哲学基础上，而不是建筑在抽象的语言学基础上。

在维捷布斯克生活和工作时，巴赫金没有失去同列宁格勒的联系，并于1924年秋返回列宁格勒。从这年12月份起，他在意识研究院工作，同时担任列宁格勒出版社编外编辑。1928年12月24日，33岁的巴赫金因为科学院案件被逮捕。1929年7月22日，他被判决在索洛维茨基集中营监禁五年。根据国家政治保安总局委员会的指控结论，巴赫金是一个名叫"复活"的右翼知识分子地下反革命组织的成员，该组织的最终目标是推翻苏维埃政权。不过，集中营并不限制他出版自己的著作。他于1929年出版的《陀思妥耶夫斯基的创作问题》就是被捕后出版的。卢那察尔斯基为这本书写了内容丰富的书评，对该书做出了正面的评价。这篇书评也是在1929年秋巴赫金被捕以后发表的，1937年该文被收入卢那察尔斯基的文集再次出版。

1936年9月底，巴赫金接受了莫尔多瓦师范学院的聘任，来到萨兰斯克成为莫尔多瓦师范学院一般文学和中学文学教学法教研室的讲师。正是这时，他开始撰写内容扎实的学位论文《现实主义历史中的弗朗索瓦·拉伯雷》。1938年2月17日，巴赫金由于早年患上的骨髓炎加剧恶化，他的右腿被截掉了。1940年，巴赫金完成了学位论文，手稿分别送交苏联科学院高尔基世界文学研

---

① 巴赫金：《语言创作的美学》，莫斯科1979年版，第384页。

究所和西欧文学研究所（在列宁格勒）。1941年夏，巴赫金迁居莫斯科郊区，在一所乡村中学教学，然后在几所城镇中学教学。由于他未能找到更合适的工作，1945年夏他定居莫尔多瓦自治共和国首都萨兰斯克，并长期在那里工作。1945年9月，巴赫金担任莫尔多瓦师范学院普通文学教研室主任。一年以后，也就是1946年苏联科学院高尔基世界文学研究所举行了巴赫金的论文答辩会（在论文提交六年以后）。由于巴赫金论文质量很高，答辩评委建议授予巴赫金博士学位。可是，学术委员会不同意。经过7小时讨论后重新投票，结果对巴赫金不利，他被授予语文学副博士。巴赫金的学位论文于1965年出版，书名为《弗朗索瓦·拉伯雷的创作以及中世纪和文艺复兴的民间文化》，该书成为世界学术名著。然而，年过半百的巴赫金只获得了副博士学位，他终生是一个副博士，这不能不说是一种悲哀。

1957年，在莫尔多瓦师范学院的基础上创建了莫尔多瓦大学。巴赫金主持该大学俄罗斯和外国文学教研室的工作。在萨兰斯克的生活阶段，巴赫金的主要研究成果有：《言语体裁问题》（1952—1953），《语言学、语文学和其他人文科学中的本文问题》（1959—1961），《陀思妥耶夫斯基的再研究》（1961—1962），等等。此外，他为《陀思妥耶夫斯基的创作问题》一书的再版做了大量工作，有些地方重写，补充了新的内容。1963年再版时，书名改为《陀思妥耶夫斯基诗学问题》。

1969年秋，巴赫金离开萨兰斯克前往莫斯科治病。但是他的健康状况未有明显好转。出院后他住在克利莫夫斯克市老年之家。在那里，于1971年年底，他埋葬了他的妻子。沉重的打击进一步摧毁了他的健康。莫斯科作家协会为他在首都提供了一套舒适的住宅，但是他的生命旅程行将结束。1975年3月7日，巴赫金与世长辞。

苏联学者对巴赫金著作的真正价值的发现，始于20世纪60年代初。起初是年轻一代中为数不多的几个人聚合起来，后来他们的圈子不断扩大。巴赫金论陀思妥耶夫斯基的著作的新版本于1963年面世，他论拉伯雷的著作于1965年出版，这些著作进一步推动了对巴赫金崇拜的潮流。1971年，俄国形式主义代表人物之一的日尔蒙斯基院士和著名教授梅拉赫、弗里德连杰尔（本书中阐述过他关于马克思美学的观点）集体撰写了《巴赫金著作中的诗学与长篇小说理论问题》的文章①，对巴赫金做了极高的评价。当时，这三位作者的知名度和学术影响力都远胜过巴赫金，这篇文章对学界发现巴赫金起到重要作用。

1992年，第一份俄文版的以巴赫金为研究对象的杂志《对话·狂欢·时空体：研究巴赫金生平、理论遗产与时代》在白俄罗斯出版，后来移到莫斯科出版，每年出4期，一直发行到2003年。国际巴赫金学术年会自1983年启动，每隔两三年举行一届（前十二年每两年开一次；自第十三年起，改为每三年开一次），已经成为传统。这种会议每次有150位左右的国际巴赫金研究专家参加，会期5天。1995年7月26—30日，第7届国际巴赫金学术年会在莫斯科师范大学举行。除了俄罗斯学者外，还有来自16个国家的外国学者。年会设有19个分会场，论题十分广泛，年会上有123个代表发言。在开幕式上做报告的3位学者分别来自意大利、美国和俄罗斯。1996年，在纪念巴赫金诞生一百周年之后，俄罗斯科学院世界文学研究所很快推出了《巴赫金文集》第一卷。

俄罗斯人文大学巴赫金研究群体经过持续十年的研究，于1997年出版了《巴赫金术语辞典·材料与研究》。2003年，作为这部辞典的续编，《巴赫金术语辞典》以俄罗斯人文大学的期刊《话语》专辑（2003年第11期）的形式问世。进入21世纪以来，俄罗斯研究巴赫金的重要著作有：阿尔帕托夫的《沃罗希诺夫、巴赫金与语言学》，2005年版；卡雷金的《早期巴赫金：作为伦理学之超越的美学》，2007年版；波波娃的《巴赫金论弗朗索瓦·拉伯雷一书与其对文学理论的意义》，2009年版；潘科夫的《巴赫金的生平与学术创作中的问题》，2010年版；塔玛尔钦科的《巴赫金的〈话语创作美学〉与俄罗斯哲学—语文学传统》，2011年版；等等。

经过一批著名学者16年（1996—2011）的艰苦工作，对巴赫金全部文本的重新阅读，重新核校、注疏，厚重的大部头6卷7册的《巴赫金文集》（1996—

---

① 《苏联科学院导报·文学与语言系列》第30卷第1册，1971年版。

2012）出齐了。每一卷都有篇幅很大的附录，人们不仅可以阅读巴赫金，而且可以真正研究巴赫金。"新一代巴赫金学者在老一代巴赫金专家（鲍恰罗夫、阿韦林采夫、柯日诺夫等）的带领下，以巴赫金文本为据点，致力于重构巴赫金思想由生成的时代的学术语境，而进入巴赫金学说的思想史、概念史、话语史的建构，使得巴赫金理论遗产的开采与整理进入成果丰硕的收获季。""显然，俄文版《巴赫金文集》以其对巴赫金文本如此精细的注疏，以其对巴赫金思考的语境如此有深度的开采，会将巴赫金理论的研究推向纵深，会使'巴赫金学'更上一层楼。"①

二、西方的巴赫金研究

西方的巴赫金研究开始于20世纪60年代。巴赫金在1963年出版的《陀思妥耶夫斯基的诗学问题》一书，在1968年被译成英文、意大利文、法文、日文和其他文字。巴赫金被西方学术界发现，保加利亚裔的法国学者克里斯特瓦（又译克里斯蒂娃）起了很大作用。60年代她在保加利亚读本科的时候，巴赫金的俄文版的《陀思妥耶夫斯基诗学问题》和《弗朗索阿·拉伯雷的创作以及中世纪和文艺复兴的民间文化》传到保加利亚，保加利亚的知识分子们一时简直是被这两部著作震蒙了。索菲亚文学批评界最著名的人物，无论铁杆西方派，还是亲俄派，都认为巴赫金引领了一场真正的革命。

1965年底到1966年初，克里斯特瓦来到法国学习，她发现，巴赫金在西方全然不为人所知。她向她的导师热拉尔·热奈特和罗兰·巴特介绍了巴赫金。巴特建议她在他的研讨班上做一个以巴赫金的创作为题的报告，于是，题为《巴赫金：话语、对话与小说》一文的文本就这样诞生了。这篇文章发表在巴黎的《评论》杂志1967年4月号上，这是西方对巴赫金著作的最早反响。这篇文章后来用欧洲其他各国的语言不断被发表。作者认为，巴赫金拥有充满灵感

---

① 周启超编选：《剪影与见证：当代学者心目中的巴赫金》，南京大学出版社2014年版，丛书前言第23—24页。

的，有时简直就是先知式的书写手法，提出了一些根本性的问题。

著名的巴赫金研究者、普林斯顿大学教授卡瑞尔·爱默生最初接触巴赫金的著作是在70年代中期读研究生的时候。那时译成英文的只有巴赫金论陀思妥耶夫斯基的专著和论拉伯雷的专著。爱默生开始翻译和研究巴赫金。1989年她和莫森编选了一部文集《重新思考巴赫金》，1990年他们合著的《巴赫金：小说诗学（小说理论）之创建》出版，在这部书里，作者们力图对巴赫金的基本思想加以解说，并绘出那些思想发育发展的年表。用爱默生的话来说："及至此时，美国已被'巴赫金热'所席卷。""可以说，几乎所有为我们所知的巴赫金著作都已经有英译本了，巴赫金从一个相对来说不为人所知的理论家在这二十来年里已变成经典。"①在西方，曾将巴赫金"据为己有"的有女权主义者、多元文化主义者和新马克思主义者。

1983年被称为国际巴赫金年。这一年10月，由加拿大学者汤姆森发起举行了第一届国际巴赫金学术研讨会，创办了用英文、法文、德文、意大利文、日文，后来则有斯拉夫文等多种文字出版的《巴赫金研究通讯》，率先以大学学报专辑刊发研究巴赫金的文章。同月，德国耶拿举办了"小说与社会：巴赫金国家学术研讨会"。这一年12月，美国各地、各学科的巴赫金研究专家首次在《批评探索》上举办以巴赫金为专题的研讨会。这一年牛津大学出版社出版了第一部《巴赫金学派论文》英译本。国际巴赫金学术研讨会在很多国家，包括西方国家举办过，具体有加拿大、意大利、以色列、英国、南斯拉夫、墨西哥、德国、波兰、巴西、芬兰、瑞典、俄罗斯等。截止到2000年，用英文、法文、德文、意大利文、西班牙文撰写的研究巴赫金的文章和著作达1160种。

在西方，"巴赫金热"持续升温。1995年7月，英国曼彻斯特大学巴赫金中心举行了主题为"巴赫金：一个世纪的反思"的学术研讨会。同年，爱默生的专著《巴赫金的第一个百年》由普林斯顿大学出版社出版。两年后，英语世

---

① 周启超编选：《剪影与见证：当代学者心目中的巴赫金》，南京大学出版社2014年版，第165页。

界里第一部研究论集《巴赫金研究文选》也在纽约出版，爱默生为它写了标题引人入胜的导言《巴赫金是谁？》。作者想表明，由于巴赫金理论的多面性，无法将他的理论纳入任何一个被严格界定的学科。巴赫金究竟是一个文学学家、语言学家、语文学家，还是一个哲学家、美学家、人类学家？对巴赫金的学术地位众说纷纭。《巴赫金通讯》推出了主题为"环球巴赫金"特辑，收录的文章有：《意大利人所阅读到的巴赫金》《在法国与魁北克的巴赫金》《以色列的巴赫金研究》《波兰对巴赫金的接受》《德国学术界视野中的巴赫金》《西班牙对巴赫金的评论》《日本对巴赫金的接受》《与另样的世界沟通之际——俄罗斯与西方最新的巴赫金研究在狂欢观上的对立》。而在1995年，已经发表了《英国巴赫金学概观》一文。这足见巴赫金影响之广。

进入21世纪以来，西方的巴赫金研究出现了两个值得关注的倾向。一是英美学者对巴赫金学中的问题进入自觉的反思阶段。2002年3月在耶鲁大学举办的斯拉夫文论研讨会上，设了主题为"巴赫金：赞成与反对"的分会场。代表们讨论了巴赫金学在达到巅峰后会不会跌入波谷的问题。二是对巴赫金的研究出现了新的问题域。2014年在瑞典斯德哥尔摩举办的国际巴赫金学术研讨会，代表们不仅对传统议题（巴赫金的哲学理论、美学理论、语言学理论等）感兴趣，而且关注巴赫金与教育学、心理学、政治学、文化学、艺术、医学甚至心理保健的关联。这表明西方对巴赫金理论的研究已经走向人文研究的纵深层面。

三、我国的巴赫金研究

我国的巴赫金研究开始于20世纪80年代。80年代有零星一些文章涉及巴赫金研究。1982年的《中国大百科全书·外国文学》和1984年的《苏联文学词典》（江苏人民出版社）都没有提到巴赫金。90年代以后，对巴赫金的研究迅速增加。在我国的巴赫金研究中，有两个标志性的事件。一个是由钱中文主编的中文版《巴赫金全集》6卷本于1998年出版。值得指出的是，那时候俄罗斯还没有编辑、出版巴赫金文集。2009年，钱中文主编的中文版增补本《巴赫金全集》7卷本出版。这为中国学者研究巴赫金提供了极大的方便。

而且，钱中文作为巴赫金研究的专家，积极参与国内外学术界围绕巴赫金的学术争鸣。1983年8月，钱中文在"中美双边比较文学研讨会"上，宣读了论文《"复调小说"及其理论问题——巴赫金的叙述理论之一》。钱中文的巴赫金研究紧扣巴赫金学说关键词而一步步逼近巴赫金思想之学理性的核心，直面理论现实而富有鲜明的问题意识，具有在对话中吸纳富于独立的理论建构的激情。有的研究者指出："钱中文的巴赫金研究，由叙述学界面切入'复调'理论，由文学学界面切入'对话'理论，由文化学界面切入'外位性'理论。对巴赫金理论学说的这一解读轨迹，不断推进而走向精深，又不断拓展而走向宏放。这一路径，与巴赫金本人学术探索的内在理论相吻合，与巴赫金由'小说学'至'文学学'，再由'文学学'至'哲学人类学'的问学历程相应合。这一路径，堪称当代中国的'巴赫金学'在多学科互动中大面积覆盖的一个缩影。"①

我国巴赫金研究中的另一个标志性事件是，周启超和王加兴主编"跨文化视界中的巴赫金丛书"——《俄罗斯学者论巴赫金》《欧美学者论巴赫金》《中国学者论巴赫金》《对话中的巴赫金：访谈与笔谈》《剪影与见证：当代学者心目中的巴赫金》在2014年出版。这套丛书为中国学者打开了巴赫金研究的窗口。

《俄罗斯学者论巴赫金》收录论文的时间跨度从1929年到2009年。论文作者包括卢那察尔斯基、洛特曼、伊凡诺夫、达维多夫、利哈乔夫、阿韦林采夫、弗里德连杰尔等，其中不少人本书其他章节都提到过。《欧美学者论巴赫金》收录论文的时间跨度从1967年到2007年。论文作者包括克里斯特瓦、尧斯、伊格尔顿、托多罗夫、爱默生等。《中国学者论巴赫金》收录论文的时间跨度从1981年到2011年。论文作者包括钱中文、吴元迈、白春仁、胡壮麟、赵

---

① 王加兴编选：《中国学者论巴赫金》，南京大学出版社2014年版，前言第7页。

一凡等。《对话中的巴赫金：访谈与笔谈》《剪影与见证：当代学者心目中的巴赫金》两本书多角度地呈现史料与资料，力图建构出鲜活的、立体的巴赫金形象，努力重构巴赫金的学说得以孕育的历史氛围、时代语境和文化场域。

截至2009年，用汉语撰写的研究巴赫金的著作与文章至少有600种。据不完全统计，2001—2008年间，中国期刊上发表的以巴赫金研究为题的文章有308篇。[①]

第二节　巴赫金根基性的理论观点

巴赫金理论中的一些关键词如"复调""对话""狂欢化"等，一些核心范畴如"多声部""参与性""外位性"等，已经成为中国的巴赫金研究者的基本话语。巴赫金的"复调理论""对话理论""狂欢化理论""话语理论"等不断为中国研究者所阐发和运用。

一、话语理论

在俄苏美学界，对巴赫金及其学术思想最为推崇的大概莫过于塔尔图-莫斯科符号学派了。尽管在俄苏著名美学家中，巴赫金是唯一没有获得博士学位的学者，但是，塔尔图-莫斯科符号学派理论家们总是以虔诚和崇敬的心情谈起巴赫金，把他视为自己的导师和先驱。巴赫金于20世纪20年代在《马克思主义与语言哲学》一书（1929）提出的语言哲学或语言创作美学的思想，直到60年代才成为符号系统和本文研究者注意的中心。巴赫金其他的语言学著作还有《言语体裁问题》（1952—1953）、《语言学、语文学和其他人文科学中的文本问题》（1959—1961）。

---

① 周启超编选：《剪影与见证：当代学者心目中的巴赫金》，南京大学出版社2014年版，丛书前言第2页。

巴赫金撰写《马克思主义与语言哲学》一书时，正是索绪尔结构主义在语言学界处于统治地位的鼎盛时期。巴赫金批判了索绪尔语言学的抽象客观主义，提出了自己的观点。索绪尔主张，语言学的真正而唯一的对象是抽象的语言内在形式系统。巴赫金指出，"在一定的语言学任务范围内，这样的抽象，当然是完全合理的"①，但这只是一种研究角度，对于认识实际的、活的语言，是远远不够的。巴赫金强调，语言存在的实际是言语交际，是话语，而不是抽象的语言结构，因此应该在言语交际中，即在语言的真实生命中研究语言。

在传统语言学中，词和句子被认为是语言交往的基本单位。巴赫金反对这种观点，因为词和句在其本质上没有对象性，它们不诉诸任何人。在交往过程中，人们彼此交流的不是句子，而是话语，话语借助词、词组、句子等语言单位而建立起来。话语界限是"言语主体"（说话者）的更替。话语不同于语言基本单位的句子，它是活的言语交往的基本单位。巴赫金确认："语言通过具体话语（实现语言）进入生活，而生活也通过具体话语进入语言。"②

从这些方法论立场出发，巴赫金研究了言语体裁理论。这种理论的价值在于它能够以统一的观点研究无限丰富的言语交往形式（体裁）——日常形式、演说形式、文学艺术形式等。日常形式是第一性（简单）形式。文学作品、政论和学术著作是第二性（复杂）形式。第二性形式产生于比较复杂和相对发达的文化交往（主要是书面交往）的条件中，比如艺术交往、科学交往、社会政治交往等。

在对一般符号概念的理解中，巴赫金关于符号和话语之间的相互关系的观点具有超前性。尽管他所做出的涉及话语结构的具体结论，对许多语言学家和文学理论家产生了影响，但是这个总概念在许多方面走在时代的前面，从未引起反响。到了60年代，在西欧著名的老一辈语言学家邦弗尼斯特（1902—

---

① 《巴赫金全集》第2卷，李辉凡、张捷、张杰等译，河北教育出版社1998年版，第427页。

② 巴赫金：《语言创作的美学》，莫斯科1979年版，第253—254页。

1976）的一些论文中，可以发现与巴赫金的上述观点几乎逐字逐句相吻合的内容（邦弗尼斯特不知道巴赫金的著作）。邦弗尼斯特是梅耶（1866—1938）的学生，然而可以把他看作索绪尔第二代的直接继承人。他反对索绪尔对语言的片面理解，认为语言符号学研究发展的障碍正是符号学创造的工具：符号。

为了使研究能够深入，除了符号的符号学外，还要建立话语的语义学理论。语言学研究本身要求这样做。例如，20世纪20年代的蒙太奇默片电影是语言的类似物，因为每个蒙太奇段落分成各个单位——镜头，镜头可以同语言符号发生关系。于是，导演的任务就是通过蒙太奇段落传达语言形象。对于许多现代有声电影来说，有代表性的是追求在一个镜头的范围内穷尽完整的事件。从而产生了一些新的拍摄手法，如移动拍摄，保持摄影机光轴和被拍摄对象之间的同一角度，不停移动摄影机。比如，沿着街道水平地移动摄影机，被这样移动的摄影机所拍摄的角色在街上要走多久就走多久。这样，这种影片结构的描述单位应该是话语，而不是像索绪尔学派所主张的符号是基本和唯一的描述单位。邦弗尼斯特确认第二代符号学的两个基本任务是：在语言学中研究话语结构，在符号学的其他领域中对本文做"超语义"研究。

然而这两项任务，在邦弗尼斯特的论文问世前四十年出版的巴赫金著作中已经做了阐述，并且得到具体解决。如果巴赫金所考察的许多问题仅仅是一般地、作为未来语言哲学的纲领提出来，那么，话语结构和"超语言学"（研究对话关系的科学学科）问题则得到相当详尽的研究。巴赫金的超语言学所研究的是超出索绪尔语言学范围的东西，他说："超语言学不是在语言体系中研究语言，……它恰恰是在这种对话交际之中，亦即在语言的真实生命之中来研究语言。"①

巴赫金的著作比起学界之后的"语言分析"和超语言学领域里的研究具有超前性。不同之处在于，巴赫金认为超语言学和语言学的基本区别不在于研究对象的规模（语言学中的句子，超语言学中由句子组成的本文），而在于方

---

① 《巴赫金全集》第5卷，白春仁、顾亚铃译，河北教育出版社1998年版，第269页。

法的性质：超语言学中研究的是交际方面。60年代国际语言学界关于笛卡儿派语言学与洪堡和索绪尔的关系展开了一场讨论。巴赫金的著作也超前地涉及这场讨论的内容。巴赫金指出，笛卡儿派语言学的基础是语言作为符号系统的理性主义概念。这派语言学感兴趣的不是符号与产生它的个体的关系，而是闭锁系统内符号与符号的关系。换言之，他们感兴趣的仅仅是符号系统本身的内在逻辑，而完全不管符号所充填的意识形态意义。对待语言和其他符号的这种纯结构（在广义的数理逻辑和符号学含义上）方法，为20年代许多科学流派和艺术流派所特有。巴赫金依据对话语更一般的语义学研究和实用（社会学或者交际）研究批评了这种方法。在对西欧语言哲学史的理解上，巴赫金和美国著名语言学家乔姆斯基的基本分歧在于，巴赫金强调笛卡儿派理性主义和洪堡浪漫主义之间的差异，而乔姆斯基则侧重这两者之间的共同点。

　　一般人只知道巴赫金是一个美学家和文艺学家，而塔尔图-莫斯科符号学派理论家特别强调他作为一个语言学家的贡献。巴赫金在语言哲学、超语言学领域中的研究曾经占有领先地位。他科学地论证了自己的观点，提供了分析语言艺术作品的范例。巴赫金理论的方法论基础主要依据下述原则：（1）20世纪10—20年代流行的在作品创作的技术中、在作品的语言形式中探索真的做法是没有前途的，尽管这种做法在个别方面取得了有趣的成就。巴赫金反对单纯从形式、物质方面对待语言艺术作品，而认为必须从艺术哲学、一般美学方面对待它们。这能够克服形式主义学派方法论的局限性，形式主义学派没能从哲学、一般美学的角度，把对语言的分散观察联成统一的整体。（2）对语言创作美学进行理论论证，使它建立在哲学美学基础上。相应地，指出了语言学在语言创作美学中的作用问题。巴赫金认为，语言学对象是严格规定性中的语言，即作为系统的语言。对于语言学来说，科学语言、艺术语言的特征仅仅是语言本身的纯语言学特征。因此，语言学只是语言创作美学的辅助部分。然而，关于语言艺术形式和审美本质的新科学是从语言学中成长出来的，新科学在亲缘关系上不仅具有哲学美学特征，而且具有语言学特征，因为语言创作的材料是语言。（3）巴赫金语言学概念的中心是他制定的话语理论，或者叫言语体裁理论。（4）为了理解话语概念，巴赫金深刻地指出了人的言语、语言及其一切功能体裁表现——从词语、插话到大型语言形式（学术著作、政论作品、艺术作品）的对话本质。词语、语言的对话性是它们固有的属性，这可以由语言最重要的功能——交际功能——加以解释。

在巴赫金之前，人们只研究文学体裁，而不研究言语体裁。这也许因为言语体裁的差别是如此之大，以至于人们觉得不可能在统一的层面上研究它们。巴赫金善于把外表没有关系的各种人类言语——口头和书面的、科学和艺术的，看作一个整体。言语体裁的概念是一个重要的思想，它从哲学本体论角度把一切言语现象联合起来。

言语体裁科学发展的可能前景怎样？它能够向我们提供什么？它和传统语言学学科、美学学科以及其他学科形成什么关系？

首先，巴赫金对言语体裁的研究促进了一般语言学的发展。他的理论有助于区分语言和言语。众所周知，语言和言语的区别是由索绪尔和他的学生们提出来的。语言是产生于社会惯例的稳定结构，言语是属于主体的相对个人的东西。索绪尔著名的公式是：语言是客观的，言语是主观的。巴赫金批评索绪尔过高评价个人在言语中的作用，把个体性抬到绝对的地步。他指出，任何言语表现（作为交际系统）的基础是某些稳定模式，说话者自觉或不自觉地依据这些模式。这些模式属于语言，而说话者的个性表现在对某种言语体裁及其语调表达力的选择上。与语言和言语的区别密切相关的，是句子和话语的区别。巴赫金认为，句子是作为系统的语言的单位，而话语是言语、言语交际的单位。所谓话语，是指任何一种完成的（在交际、结构、语调上）语言反应，这种反应是由交际、对话任务引起的。现在，语言学家们对本文语言学寄予厚望，本文语言学仿佛从传统结构学那里接过接力棒，研究超句子水准问题。巴赫金对言语体裁的研究，在超句子水准的结构研究中起着重大作用。

其次，巴赫金的研究对传统修辞学（语言修辞学和文学修辞学）具有重要意义。在巴赫金看来，风格在言语中、在交际层面中通过体裁实现。因此，体裁概念也像风格概念和修辞意义概念一样，是修辞学中的基本概念。在文学修辞学中，体裁也获得同样的地位。文学修辞学的基本范畴是个人风格。个人风格范畴是历史范畴，它在体裁以后形成，在体裁背景中发展。所以，体裁也是文学修辞学的范畴概念。

巴赫金方法论的力量不仅表现在辩证法中，而且表现在历史主义中："在研究一系列历史问题时，风格和体裁的脱离产生特别有害的影响。语言风格的历史变化同言语体裁的历史变化不可分割地相联系"[1]，"话语及其类型，即言语体裁，是从社会史到语言史的传动带"[2]。因此，巴赫金的话语理论对于文学语言史或者历史修辞学的发展具有意义。文学语言史首先研究的是文学风格和文学言语的发展和相互作用的问题。

二、狂欢化理论

巴赫金在探讨欧洲长篇小说的形式与中世纪、文艺复兴时期民间文化的关系时，提出了著名的"狂欢化"理论。"狂欢化"理论与对喜的范畴的理解密切相关。

苏联美学界在对喜这一范畴的确定中，抽象逻辑概念和社会概念相结合的原则颇为流行，为一些美学和文学理论教科书广为采用："在对立的阶级社会中人的存在的内部矛盾性，就是他的客观的喜剧性。"[3]这种观点未能揭示喜的特殊本质，因为它确定的只是喜的根源，这在同样的程度上也是人与现实的其他关系的根源。在类似的定义中，喜的审美的内容或者归结为它表现的特殊形式，或者归结为对非喜现象的特殊的艺术加工，从而摒弃了客观喜的审美本质。

在苏联美学界，不少人试图在现实与审美理想相互关系的系统中考察喜的审美本质。例如，卡冈写道："无论喜采取什么情感表现，它的审美本质在于

---

① 巴赫金：《语言创作的美学》，莫斯科1979年版，第242页。
② 巴赫金：《语言创作的美学》，莫斯科1979年版，第243页。
③ 波斯彼洛夫：《文学理论》，莫斯科1978年版，第220页。

现实和理想的冲突中，这时候现实从理想的立场被否定、斥责、指摘、揭露、摒弃和批判。"①在这里，卡冈运用的是逻辑演绎方法，或者把喜整个等同于丑，或者等同于丑的一个变体，因而没有触及喜的本质。在研究喜的著作中，很多研究者唯一的论据是援引过去时代的权威的文献。而亚里士多德关于喜的定义特别受尊奉。然而亚里士多德并没有把作为戏剧艺术样式的悲剧和喜剧同作为审美范畴的悲和喜区分开来。他对喜的确定局限于当时喜剧的具体历史内容，因而不可能成为现代理论的充分根据。

巴赫金不是通过现成的理论模式来考察审美现象，而是在审美现象的历史生成中，在它们同时代的社会氛围、文化氛围的关系中，从它们反映的人类认识周围世界的需要的观点来考察它们。巴赫金于1965年出版的巨著《弗朗索瓦·拉伯雷的创作以及中世纪和文艺复兴的民间文化》受到学术界的高度评价。以研究审美范畴著称的美学家包列夫指出："巴赫金对'狂欢'状况的理论分析是如此出色和透辟，以至于作者虽然仅仅考察了一种形式的笑，然而他得出的判断却能够包括他以前谁也没有发现的喜的若干重要的一般审美特征。"②巴赫金的著作不是简单地补充已知的概念，而是为喜的崭新观点奠定了基础。

为了克服喜的理论同历史和实践的脱离，巴赫金认为，必须诉诸很少得到研究、几乎完全未被理解的民间创作的丰富宝库，诉诸同民间创作密不可分的古希腊、中世纪和文艺复兴时期的文化。在这种几乎不被我们所知的文化内部，形成了哺育艺术的人类审美意识。巴赫金正确地指出，现代理论思维闭锁在"经典"规范、本本规范的范围内，因此不能够理解审美首先是喜的真正本质。

遵循"在文化史形成的统一中"分析艺术现象的原则，巴赫金研究了喜的文学的民间源泉，并在这里有所发现，从而洞察到喜的奥秘。巴赫金依据苏联

---

① 卡冈：《马克思列宁主义美学教程》，列宁格勒1971年版，第201页。

② 包列夫：《喜》，莫斯科1970年版，第40页。

和外国研究人的文化认识活动混合形式（节日、祭祀）的学者的著作，认为在中世纪和文艺复兴的狂欢节中，笑是生活活动的一种特殊形式，在这种生活活动的过程中形成了新的世界观："与官方节日相对立，狂欢节的庆祝仿佛暂时摆脱了占统治地位的真理和现存的制度，暂时废弃一切等级关系、特权、规范和禁忌。这是形成、替代和更新的真正节日。它敌对于任何一种永存、完成和终结。它指向未完成的未来。"①

按照巴赫金对狂欢节笑的观察，可以认为"暂时摆脱"偶像崇拜意识中形成的世界图景的过程，是一个双重的过程：这是皈依人存在的半清醒的自发状态的时刻（"节日疯狂"），同时又是人的个性从周围环境中区分开来的新的一步，是迈向自我意识从而迈向对世界的认识的新的一步。人们在否定"严肃的"、官方的世界秩序时，跌入混乱和无序中。然而在这种混乱无序中越来越经常和明显地暴露出规范世界的矛盾和非规范性。民间文化和民间艺术中的笑具有"观照世界的深刻意义"，"这是关于整个世界、历史、人的真理最重要的形式之一；这是对世界的特殊的普遍观点，它按照另一种方式看待世界，但其重要性并不亚于（如果不胜于）严肃性"。②

从巴赫金对笑的民间文化的观察中可以得出结论说，笑不仅能够从新的角度窥视世界，而且能够感到现存的一切的相对性。笑在其古老的源头曾经是反映世界的变化、辩证变迁的一种特殊形式。狂欢节语言的一切形式和象征充满着替代和更替的热情，以及对统治权力相对性的意识。民间狂欢节的笑在其混合形式中具有复杂的本质。巴赫金指出："这首先是节日的笑。因此，这不是对某种个别（单个）'可笑'现象的个人反应。狂欢节的笑，第一是全民的……大家都笑，这是'在群众面前'的笑；第二，它是包罗万象的，它指向一切和一切人（其中包括狂欢节参与者本人）……第三，最后，这种笑是双重

---

① 巴赫金：《弗朗索瓦·拉伯雷的创作以及中世纪和文艺复兴的民间文化》，莫斯科1965年版，第13页。

② 巴赫金：《弗朗索瓦·拉伯雷的创作以及中世纪和文艺复兴的民间文化》，莫斯科1965年版，第75页。

性的：它愉快、欢腾、嘲笑，它既否定又肯定，既埋葬又复兴。"①

　　在民间笑的文化中，巴赫金研究了特殊类型的形象性，他称之为怪诞现实主义，并强调它的客观认识性。对于这种类型的形象性来说，生活的物质肉体因素——身体、衣、食、性生活——的形象的唯一优势是重要的。在这一切形象中，决定因素是多产、增长和满溢的过剩。物质肉体因素的体现者是人民，是永远生长和更新的人民。由此可见，在中世纪和文艺复兴时期民间的笑和喜的文学中的这些形象，是对存在的一种特殊审美观的反映，这些审美观是这种文化所特有的，它与自古典主义以后的各个时期的审美观有着截然的区别。

　　这些结论还可以阐述喜的本质的一个重要方面。众所周知，悲作为对死的行为的自我价值的体验而产生。最早和最严格被禁止的是一些主要的生活行为：饮食和性行为。彻底实行这些禁忌只会留下一片空漠。显然，正是在古代和基督教禁欲的中世纪官方生活状态的笑和喜的关系中，人民保持了自己"永远生长和更新"的世界。

　　揭示了喜的生成以后，巴赫金指明了研究它在近代的历史发展的途径。在中世纪和文艺复兴时期的狂欢文化中保持着民间笑的混合性，尽管在文艺复兴时期永恒的笑、一切更新的东西已经开始同阶级社会生活中庸俗和落后的"物质因素"矛盾地结合在一起。在随后的时代中，混合的民间的笑开始迅速瓦解。首先，失去了笑的包罗万象的普泛性，"世界笑的方面的完整性遭到毁坏，嘲笑（否定）成为局部的现象"，笑的人"置身于被笑现象之外，使自身与它相对立"。②作为世界完整的笑的方面被毁坏的结果，喜的双重性发生变化和解体，成为"尖锐的静态对比"，积极的一极逐渐丧失。最后，怪诞也得到彻底改变。产生了狂欢怪诞形象的某种形式化，这些形象成为服务于各种艺术目的的艺术手段。

_____

　　① 巴赫金：《弗朗索瓦·拉伯雷的创作以及中世纪和文艺复兴的民间文化》，莫斯科1965年版，第15页。

　　② 巴赫金：《弗朗索瓦·拉伯雷的创作以及中世纪和文艺复兴的民间文化》，莫斯科1965年版，第16、15页。

巴赫金认为，民间节日的笑的解体过程实际上在18世纪完成。这时候基本上形成了笑的文学、讽刺和娱乐文学新的体裁变体，它们在19世纪占据统治地位。"基本上形成了弱化了的笑的一些形式——幽默、讽刺、毒辣讥讽等，它们作为严肃体裁（主要是小说）的风格成分将得到发展。"①巴赫金没有详细研究混合的民间的笑解体的条件和原因，只是列举了决定这种过程的若干基本因素，指明了解决这个问题的途径。这些基本因素包括：阶级对抗的尖锐化，与民间节日"自由"相对立的国家"严肃的官方性"的增强，"文学与民间文化、广场文化生动联系的丧失"，等等。巴赫金没有说明喜的各种形式的定义和特征，这些形式是在古代混合的笑解体过程中形成的。然而，他关于狂欢节的笑与近代的笑的区别的见解，能够从根本上重新考察喜的各种形式的界限，从而研究它们的特征。

在现代美学中，喜的形式——幽默和讽刺——之间的差异是在主观感觉的水准上确定的：在笑的"色彩"上，幽默是愉快的笑，讽刺是愤怒的、冷酷的笑；在批判的力量上，幽默不是那么尖锐的批判，讽刺是比较尖锐的批判；在"同情性"上，幽默是友好的、善意的批评，讽刺是辛辣的、揭露性的批评；在批判的作用目的上，幽默起完善作用，讽刺起消灭作用，幽默进行"预防"，讽刺进行"治疗"；在有害性的"比重"上，幽默是对无害的东西的否定，讽刺是对有害的东西的否定；在缺陷的"比重"上，幽默的对象是微小的缺陷，讽刺的对象是重大的缺陷；如此等等。

在这种确定中表现出对幽默的轻视，仿佛幽默不能深刻地再现现实，不能反映重大的生活真理。而巴赫金的观点有可能从另外的角度解决喜的这些形式的产生和本质问题。讽刺能够形象地分析、揭示现象的消极本质，鞭笞、嘲笑被讽刺的对象。幽默是在民间笑的传统中发展起来的，它以弱化的形式保持了混合的笑的一切特征：具体性、节日性、普遍性。讽刺是随着个人从集体和环

---

① 巴赫金：《弗朗索瓦·拉伯雷的创作以及中世纪和文艺复兴的民间文化》，莫斯科1965年版，第132页。

境中分离出来的程度逐渐加深、随着个人对自己权利认识的程度逐渐加深、随着善和正义概念的发展而产生的。而与世界的幽默关系是对世界自由的、完整的观照。然而，在幽默和讽刺之间没有截然的界限，它们都是更一般的喜的范畴的变体，喜的范畴在起源上产生于古代综合的笑。这种起源联系表现在笑的形象基础中：夸张、贬损、怪诞。可见，只有在怪诞现实主义的背景中，也就是说，只有通过研究喜的各种形式的起源，才能够理解这些形式的真正意义。

在评价巴赫金对喜的理论发展的贡献时，可以指出以下几点：

第一，巴赫金为进一步研究喜提供了方法论基础。不同于现代的抽象逻辑方法和经验方法，巴赫金对自古至今笑的文化做了深刻的历史逻辑研究，在民间"非官方"笑、喜的文学和各种笑的学说的统一中考察了每个历史阶段中的喜，揭示了成为笑的基础的具体历史的和共同的内容。

第二，巴赫金把喜看作认识和反映现实的特殊形式。这是和现在流行的某些观点相对立的，这些观点把喜看作丑的变体，看作批判反理想现象的特殊形式，或者心理生理效果。巴赫金表明，喜不是同大小缺点做斗争的辅助的、某种功利性的手段，而是观照世界的普遍的哲学美学范畴。

第三，巴赫金指出了研究和划分喜的基本形式——幽默、讽刺等——的新原则，把它们看作古代民间的笑的解体形式，这是人的艺术形象思维向逻辑思维发展的结果，是阶级分化加强和劳动分工的结果。

三、复调小说理论

复调小说理论是巴赫金美学理论中最富有创造性的部分之一。复调小说理论是他在考察19世纪俄罗斯作家陀思妥耶夫斯基的小说创作的过程中提出来的。"复调小说"的概念来源于音乐术语"复调音乐"。复调音乐是多声部音乐的一种，其特点是若干旋律同时进行并组成相互关联的有机整体。在横向关系上，各声部在节奏、重音、力度、起讫和旋律线的起伏等方面各有其独立性。在纵向关系上，各声部又彼此形成和声关系。巴赫金在继承前辈学者的基础上，在《陀思妥耶夫斯基诗学问题》一书中，经过对这位作家的小说创作的悉心研究，系统地阐述了复调理论。

复调小说是相对于独白型小说而言的，在独白型小说中，作者是"统领"他笔下的所有主人公的。而巴赫金指出，陀思妥耶大斯基的小说却采取了一种全新的作者的立场，这是"认真实现了的和彻底贯彻了的一种对话立场"①。所谓"复调小说"，按巴赫金的说法，就是一种"全面对话"的小说。它包括主人公的内心对话（主人公与自己的对话）、主人公之间的对话、主人公和作者（叙述者）的对话这三种不同的对话层次。在陀思妥耶夫斯基的小说中，所有主人公的声音都是各自独立的，具有充分价值而且不相融合。每一声音都是一种"信念"或"看待世界的观点"。作者和主人公之间，主人公和主人公之间都是彼此平等的。这种"平等性"成为复调小说的一个重要特点。

巴赫金的复调理论最早是在1929年出版的《陀思妥耶夫斯基的创作问题》一书中提出的。这本书不仅是陀思妥耶夫斯基创作研究中重要的里程碑，而且在某种含义上具有一般方法论意义。俄苏和西方对陀思妥耶夫斯基的兴趣不仅没有消失，反而越来越浓厚。巴赫金在对陀思妥耶夫斯基的研究中，既反对形式主义者匍匐的经验主义，又反对庸俗社会学观点。形式主义者把作品的诗学等同于作品的形式，而把形式又仅仅看作"手法""文学游戏"。庸俗社会学则把陀思妥耶夫斯基小说的内容等同于他的阶级"心理意识形态"，他们确信，艺术家不能创造出不属于他本人的那些社会阶层的血肉丰满的形象。这两种理论家都不能理解陀思妥耶夫斯基的诗学世界。

在巴赫金的书中，陀思妥耶夫斯基的诗学世界被理解为"独立的和互不交融的声音和意识的多重性"，被理解为复调，"角色关于自身和世界的话语和通常作者的话语一样有分量"，并且与"其他角色同样足值的声音"组合在一起。②巴赫金把陀思妥耶夫斯基小说复调（多声部）形式的产生，同俄国历

---

① 《巴赫金全集》第5卷，白春仁、顾亚铃译，河北教育出版社1998年版，第83页。
② 巴赫金：《陀思妥耶夫斯基的创作问题》，列宁格勒1929年版，第8—9页。

史发展的特征联系起来。俄国资本主义的来临几乎是灾难性的，各种社会世界和社会力量仍然保持着未经触动的多样性，而不像西方那样，个体的闭锁性已经减弱。巴赫金认为，陀思妥耶夫斯基的一个特征是，他"主要在空间中，而不是在时间中看待和理解世界。由此产生了他对戏剧形式的深深向往"①。巴赫金在书中多处阐述了陀思妥耶夫斯基的语言本质、语言的各种类型，以及对话。他关于陀思妥耶夫斯基的革新性研究当时遭到批判。庸俗社会学家和"拉普"派把这本书说成是"多声的唯心主义"的表现，指责巴赫金企图攻击"辩证唯物主义艺术观的立场"，而站在这种立场上的仿佛只有"真正的马克思主义文学理论家……弗里契"②。

然而，1929年10月卢那察尔斯基在《新世界》杂志发表了《论陀思妥耶夫斯基的"多声部性"》一文，称赞该书引人入胜，认为巴赫金成功地阐述了"陀思妥耶夫斯基小说中的多声部的意义"。1963年，巴赫金在《陀思妥耶夫斯基诗学问题》里，深化了他的复调理论，认为"陀思妥耶夫斯基"创建了一种新的小说体裁——复调小说……复调小说的创立，不仅使长篇小说的发展，即属于小说范围的所有体裁的发展，获得了长足的进步，而且在人类艺术思维总的发展中，也是一个巨大的进步"③。

复调理论有若干特点。第一，在复调艺术中，作者不把主人公当作他进行描写的单纯客体，而力图使主人公成为直抒己见的主体。"复调艺术思维和单一调艺术思维的原则性区别在于将原先由作者加以定形的主人公及其意识活动还给主人公自身。"④复调艺术思维不是由作者的视野去观照主人公的品质和特性，而是着重展示主人公自己的视野和自我意识。复调小说把作者和主人公放在一个平面上，说明世界是许多具有活生生的思想感情的人的活动的舞台。

---

① 巴赫金：《陀思妥耶夫斯基的创作问题》，列宁格勒1929年版，第43—44页。

② 斯塔连科夫：《多声的唯心主义》，载苏联《文学和马克思主义》1930年第3期，第92—105页。

③ 巴赫金：《陀思妥耶夫斯基诗学问题》，白春仁、顾亚铃译，生活·读书·新知三联书店1988年版，第363页。

④ 彭克巽主编：《苏联文艺学学派》，北京大学出版社1999年版，第175页。

第二，作者和主人公处在对话关系中。巴赫金说，在复调小说中作者对主人公的新的艺术立场是"严格实行和贯彻始终的对话性立场，它确定主人公的独立性、内在自由、未完结性和未确定性"①。对作者来说，主人公不是第三者的"他"，更不是"我"，而是作为对话伙伴的"你"。同时小说中展开的"大对话"，不是已经结束了的对话的记录，而是作者创作过程正在进行的对话。当然，复调小说并不是对以前的独白小说的否定，而是一种补充。

汪介之在《回望与沉思：俄苏文论在20世纪中国文坛》一书的《巴赫金诗学理论在中国的流布》一节中，举了复调理论对中国理论界影响的若干案例。②严家炎在2002年出版了论文集《论鲁迅的复调小说》（上海教育出版社），论文集之所以采用这个书名，一是因为收有论文《复调小说：鲁迅的突出贡献》；二是书中较多论文关注的一个中心是鲁迅的复调小说。严家炎借鉴巴赫金的复调理论，重新研究鲁迅，发现了"鲁迅小说里常常回响着两种或两种以上不同的声音"，而且这两种不同的声音，并非来自两个不同的对立着的人物，"竟是包含在作品的基调或总体倾向之中的"。③鲁迅的《狂人日记》《孔乙己》《药》《故乡》《头发的故事》《孤独者》和《祝福》等作品都具有复调现象，这构成了鲁迅小说的基调。严家炎认为鲁迅在三个方面接受了陀思妥耶夫斯基的影响：深刻地挖掘灵魂，剖析灵魂的复杂性，运用对话而不是独白的方式加以呈现。尽管鲁迅的小说并非每篇都是复调小说，但他的小说仍然以多声部的复调为特点，这是鲁迅的突出贡献。严家炎写道："按照苏联文学研究家米哈伊尔·巴赫金的说法，陀氏笔下主人公都是一些有独立意识、爱思考的人，作者对他们必须采取全新的立场，很难按自己意志强制他们，这就有助于复调小说的形成。"④

---

① 巴赫金：《陀思妥耶夫斯基诗学问题》，莫斯科1979年版，第73页。

② 汪介之：《回望与沉思：俄苏文论在20世纪中国文坛》，北京大学出版社2005年版，第277—281页。

③ 严家炎：《论鲁迅的复调小说》，上海教育出版社2002年版，第131页。

④ 严家炎：《论鲁迅的复调小说》，上海教育出版社2002年版，第147页。

　　杨义的学术著作《楚辞诗学》（1998）、《李杜诗学》（2001）也接受了
巴赫金的影响。他本人写道："自上个世纪60年代以来，西方出现了诗学复兴
的势头。尽管他们对诗学的定义各有说法，有的甚至几乎把它等同于'文学理
论'，但是多数人都从不同体裁的作品中，探讨诗性智慧的内质和原理。因而
出现'散文诗学'、'小说诗学'和'诗的诗学'的说法。……苏联理论家巴
赫金曾经写过一部《陀思妥耶夫斯基诗学问题》，他也不是从陀氏关于小说的
言论或别人评论他的小说的文字中，而是首先从陀氏的经典小说文本中，发掘
出'对话诗学'的原则的。遵照相同的学术方法，巴赫金也是从16世纪法国作
家拉伯雷的长篇小说《巨人传》中，从它那'民俗化的笑'中创造出'狂欢
理论'的。外国这些著名的理论家都是以文学名著为研究对象，进行'经典
重读'和'个案分析'，从而建构出原创性的诗学原理的。"①关于《李杜诗
学》的研究方法，杨义说他的逻辑起点是"经典重读和个案分析"。可以看
出，杨义的研究思路和研究方法受到巴赫金的启发。

　　郑家建的《被照亮的世界——〈故事新编〉诗学研究》一书（福建教育出
版社2001年版）也多方面地借鉴了巴赫金的理论。作者像巴赫金那样，选取了
鲁迅作品的个案作为自己的研究对象。他认为，《故事新编》的创作语言的一
个重要特征是"戏拟"，包括单一指向的戏拟和双重指向的戏拟，其中双重指
向的戏拟又可分为"摹拟他人话语而改变其意向""转述他人语言而改变其意
向""讽拟性的讲述体""人物作为讽拟的对象时的语言"等多种类型。作者
说："这一节的写作，我很大程度上得益于巴赫金对陀思妥耶夫斯基小说语言
的研究。"②作者还直接把巴赫金评价陀思妥耶夫斯基的一段话移用过来评价
鲁迅："在别人只看到一种或千篇一律事物的地方，他却能看到众多而且丰富

　　①　转引自汪介之：《回望与沉思：俄苏文论在20世纪中国文坛》，北京大学出版社2005年
版，第277—278页。

　　②　郑家建：《被照亮的世界——〈故事新编〉诗学研究》，福建教育出版社2001年版，第
29页注①，第31、33、35、37页。

多彩的事物。"①在分析《故事新编》的文体特征时,郑家建引用了巴赫金关于文学发展过程中各种体裁的命运、关于史诗与小说的区别、关于小说这种体裁在文学史中的地位等论述,来描述鲁迅感受和体验世界的方式。

学术界对巴赫金的研究还有可以拓展的空间,要准确、透辟地阐述和评价巴赫金的学术思想,无疑是一项困难的任务。巴赫金的著作中也有不完善的地方,需要进一步研究和发展。巴赫金本人也承认他的一些研究"外部不完善","并非思想本身不完善,而是思想的表现和阐述不完善"。②巴赫金的一些理论观点如复调理论,也受到一些学者的非议。韦勒克在《近代文学批评史》第7卷中认为,巴赫金《陀思妥耶夫斯基诗学问题》中许多理论概括不仅不符合陀思妥耶夫斯基小说创作的实践,而且严重地言过其实。③不过,巴赫金理论的价值已经得到世界的公认,并且不断被推广到当代人文科学的实践中。

---

① 《巴赫金全集》第5卷,白春仁、顾亚铃译,河北教育出版社1998年版,第40页。

② 巴赫金:《语言创作的美学》(第2版),莫斯科1986年版,第380页。

③ 韦勒克:《近代文学批评史》第7卷,杨自伍译,上海译文出版社2006年版,第586—616页。

第十六章　美学研究中的方法论

在苏联美学研究的方法论中，斯托洛维奇倡导的价值学方法和卡冈倡导的系统方法最为引人注目。

第一节　价值学方法

斯托洛维奇作为苏联社会派美学家的代表，为我国美学界所熟悉。他被译成中文的著作有《审美价值的本质》（中国社会科学出版社1984年版，1985年重印，2007年改版出版），《现实中和艺术中的审美》（生活·读书·新知三联书店1985年版），《艺术活动的功能》（学林出版社2008年版，该书以《生活·创作·人——艺术活动的功能》为书名由中国人民大学出版社于1993年出版）。2005年，斯托洛维奇应邀访华。在北京期间，他在中国社会科学院、北京大学和北京师范大学做讲座或座谈。在中国社会科学院的讲座由外国文学研究所主持，钱中文、吴元迈、高建平等学者参加。在北京师范大学的讲座由童庆炳主持，童庆炳谈到，他曾经组织研究生花了一学期的时间讨论斯托洛维奇的著作《审美价值的本质》。在北京大学的座谈由叶朗主持。在南京期间，斯托洛维奇在东南大学、南京大学和南京师范大学做了讲座。

斯托洛维奇倡导的美学研究中的价值学方法，引起我国学者的兴趣和关注。童庆炳指出："众所周知，多年来苏联学者运用政治经济学中的价值学说的方法论去研究美的本质和艺术的本质，已获得了可喜的成果，而且用价值观念研究美和艺术已成一种国际现象。"①

价值学方法在20世纪80—90年代传入我国后，有力地推动了我国的美学研究。

有研究者写道："20世纪90年代的文艺学价值论研究，首先是通过价值的关系质、系统质的强调去打开形式本体论的封闭自足，重建被解构文论所消解的意义，从而恢复了文学艺术精神性内涵和社会文化内涵的。在价值论研究者看来，价值存在于主体与客体的关系之中。它是在人类的客观实践活动中所产生和形成的客体对主体的意义。价值虽是一种意义，但又不是主观任意的，虽具客观性，但又不是物质实体。它是一种关系，一种主体与客体之间在客观实践基础上建立、形成和发展起来的一种客观关系。他们认为，价值关系是人与世界之间相对于认识关系的一种更为根本的关系。"②

人民文学出版社1993年出版的黄海澄所著的《艺术价值论》一书，力图为文艺学价值论的系统阐释提供新的哲学依据。他认为，人类社会行为的动力源不是真理的认知，而是一种价值的需要。人类的价值活动是认知活动的起因、动力和归宿。一些刊物上发表了阐述审美价值的文章③。杜书瀛在《文学原理——创作论》和他主编的《文艺美学原理》中，强调"以生产审美价值为基

---

① 童庆炳：《文学审美特征论》，华中师范大学出版社2000年版，第27页。

② 杜书瀛、钱竞主编，张婷婷著：《中国20世纪文艺学学术史》第4部，中国社会科学出版社2007年版，第250页。

③ 钱中文：《文学是审美价值、功能系统》，《文艺争鸣》1988年第1期；杜天力：《审美价值论纲》，《文学评论》1992年第6期。

本目的"的文艺创作，"通过接受而完成"。[①]有的研究者指出，文艺学价值论是在20世纪90年代中国文论打破单一封闭走向多元综合的总体趋势中突现出来的。它强调文艺的多质性，全面审视文艺的功能，从价值的关系质和系统质当中，分析文学艺术价值的多重性和开放性，从而得以了解文学艺术的全面品性和完整面貌。

杜书瀛认为："审美价值就是在人类的客观历史实践中所产生和形成的客体对主体的意义，即事物对人的意义。""自然界本身是无所谓美不美的，没有人就不存在美的问题，在人产生之前，宇宙是存在的，但无所谓美丑；人产生之后，当人与自然界不发生关系的时候，也无所谓美不美；只有和人发生了关系，对人具有了价值、意义，那个时候才产生美的问题。"[②]这种观点与斯托洛维奇的观点相类似。

一、价值哲学产生的背景

价值学，来源于希腊词axia（价值）和logos（学说），它作为一门专门的哲学知识领域产生于19世纪下半叶，而价值学的术语是20世纪初期出现的。早在1902年法国哲学家P. 拉彼、1908年德国哲学家E. 哈特曼就使用过这个术语。现在，价值学已经成为各种哲学流派都很关注的一门哲学学科。

价值理论常常被说成来源于新康德主义。这里所说的新康德主义，指的是新康德主义的巴登学派（弗莱堡学派），其主要代表人物为文德尔班（1848—1915）和李凯尔特（H. Rickert，1863—1936）。巴登学派的代表人物在划分科学时，所依据的不是科学研究的客观对象，而是科学所运用的方法。按照他们的意见，也是得自康德主义，这些方法根本不是科学客体（自然界和社会）各

① 杜书瀛：《文学原理——创作论》，社会科学文献出版社1989年版，第150页；杜书瀛主编：《文艺美学原理》，社会科学文献出版社1998年版，第31页。

② 丁国旗、杜书瀛：《好为人师 笔耕不辍——访文艺理论家杜书瀛先生》，《艺术百家》2017年第4期，第123页。

特性在意识中的反映，而只是我们的认识能力的特性的表现。

李凯尔特把两种方法做了区分：普遍化的方法（探索共性的方法、总结性的方法）和个体化的方法（指出个性的方法）。他把第一种方法也称为规范方法（表达规律性的方法），而后一种方法也称为描述方法（记录特殊的、不可重复的东西的方法）。按照李凯尔特的说法，自然科学运用普遍化的或者规范的方法，在社会科学中，则是社会学运用这一方法。历史科学（李凯尔特的术语是文化科学）运用个体化的或者描述的方法。这种方法不是用来揭示规律，而是记录历史事实和现象。但这里不是记录历史事实和现象的全部，而是其中那些对于文化有意义的东西（具有文化价值的东西）。这样，按照李凯尔特的观点，文化价值是挑选历史材料的标准。

在社会科学中（社会学除外），新康德主义否认寻找普遍性和进行总结性工作的意义，代之以它的价值方法。"这样，在新康德主义中，价值方法就成为与一切科学所共有的（既包括自然科学，也包括社会科学）方法论以及与'自然科学的'客观态度相对立的社会科学的方法论。自然科学的客观态度自身既包括使事物个体化，也包括使事物普遍化。因为离开对单个事物的研究，也就不可能有对普遍的东西的认识，而离开对普遍的东西——个体事物之间的联系的理解，也就不可能正确地理解每一个单个的东西。"①

在20世纪的西方美学中，从美国的桑塔亚纳、杜威到欧洲的茵加尔登、萨特，很多人都有自己的审美价值理论。斯托洛维奇的审美价值理论和他们的有所不同。这种不同在于马克思主义对斯托洛维奇的巨大影响，以及马克思主义与价值学和美学中其他方法论流派的相互作用，这种相互作用既表现为相互吸收，又表现为相互拒斥。

由于对马克思主义的庸俗化和"社会主义现实主义"的扭曲（把个人看作社会机器的螺丝钉），有人把价值说当作异于马克思主义的哲学，认为其中含

---

① 图加林诺夫：《马克思主义中的价值论》，齐友、王霁、安启念译，中国人民大学出版社1989年版，第133—134页。

有新康德主义的原罪。普列汉诺夫对这个问题的态度就不同。为了说明这个问题，有必要回顾一下"价值哲学"产生的背景。所谓"价值哲学"是对19世纪的实证主义—唯科学主义的一种独特的反动。实证主义宣告自然科学知识的无限权威，与此相反，德国哲学家鲁道夫·洛采（Rudolf Lotze，1817—1881）和新康德主义者把价值解释为科学认识无法接近的观念世界。被这样理解的价值哲学也反对马克思主义，因为马克思主义被看作实证主义的变体。李凯尔特就指责马克思主义力图"把历史科学变成普遍化的自然知识"，而把整个历史变成"经济史"，"注意力主要转向经济价值"。[1]普列汉诺夫曾和李凯尔特进行过争论，指出"全部问题在于这种价值的性质是怎样的"[2]。尽管新康德主义对价值范畴做出了自己的解释，然而普列汉诺夫并没有拒绝这个范畴，而是看到对它做不同理解的可能性。

以马克思主义价值学为基础的美学家们，也会有各不相同的审美价值理论。关键在于怎样理解马克思的价值理论。斯托洛维奇理解马克思的价值理论的切入点是马克思的"经济价值"或值的概念。值是价值的一种——经济价值，仔细研究马克思对值的理解，就能从中提取适用于一般价值概念的东西。

这里首先涉及术语的翻译问题。"值"（经济意义上的价值）和"价值"在德语中是用同一个词Wert来表示的，俄语中用词义相近的两个词表示，《马克思恩格斯全集》中译本一般都把它们译为"价值"。为了表示区别，可以分别译为"值"和"价值"。

马克思在政治经济学著作中主要的注意力确实在经济价值方面，但是并不像李凯尔特所认为的那样，把它们当作唯一存在的、真正的价值。马克思对值的分析是理解价值和价值关系的本质的途径之一。应当指出，马克思在论证值时，并不局限于政治经济学领域。在19世纪40—50年代的手稿、《政治经济学批判》和《资本论》中，马克思在对社会关系进行哲学理解的上下文中使用值

---

① 李凯尔特：《自然科学和文化科学》，圣彼得堡1911年版，第159—160页。

② 《普列汉诺夫哲学著作选集》第3卷，生活·读书·新知三联书店1962年版，第585页。

的范畴。马克思在这里感兴趣的是客观和主观、实践和理论、人和物、质量和数量、本质和表象的相互关系，以及经济学和其他领域的相互关系。因此，在马克思这些内容似乎远离美学的著作中，涉及许多美学问题。1857—1858年马克思研究了费肖尔的《美学》。里夫希茨在评价马克思对该书的摘录时指出："对费肖尔摘录的很大部分研究对象的自然本质和它们的审美意义之间的关系……引自费肖尔书中的摘录显示出批判粗俗自然主义的明确倾向，粗俗自然主义把人性当成物质性，又把物质性当成人性。马克思对审美价值问题的这种态度，同他对商品拜物教的揭露，以及经济学中主观和客观问题的解决联在一起，这是十分明显的。"①

不过有人认为，虽然《资本论》和马克思的整个经济学理论阐明了价值问题的许多方面，然而在这里起决定作用的并非值的理论，而是关于资本主义生产方式条件下劳动者被剥削、异化和压迫的学说，以及关于社会主义革命理想的学说。苏联著名哲学家纳尔斯基就主张，价值不同于效用，它主要是社会活动和个人活动的理想。在这方面引用《资本论》和马克思的值的理论是一种误解，在德语中Wert既表示值，又表示价值，但这绝不意味着这两种概念相等同。马克思就曾经批判过瓦格纳企图通过词的起源把经济学范畴和经济关系价值学化。

马克思确实激烈地反对从表示概念的词语的词源引申出概念的做法，不过也赋予这种词源学以重要意义。语言学材料表明，"'价值'这个普遍的概念是从人们对待满足他们需要的外界物的关系中产生的，因而，这也是'价值'的种概念"②。这是价值关系最一般的公式。为了阐述马克思的价值理论，他的学说的各个方面，比如对剥削和人的异化本质的揭示，关于社会主义理想的学说等都是重要的，然而不能低估他关于值的理论对价值学的方法论意义。因为我们在这里要解决的是价值和价值关系的本质问题，是价值学的基本问

---

① 里夫希茨：《艺术问题和哲学问题》，莫斯科1935年版，第255页。

② 《马克思恩格斯全集》第19卷，人民出版社1963年版，第406页。

题——价值关系的客体问题、价值存在和价值意识的相互关系问题。

二、斯托洛维奇的价值学美学

20世纪60年代以前，苏联哲学界根本否定价值学的合理性。60年代以前的苏联哲学著作中甚至没有提出过价值本质和价值关系的问题。而且，价值学被看作唯心主义和资产阶级世界观的表现。在1960年出版的《苏联哲学百科全书》第1卷中，价值学被说成是"现代唯心主义哲学的主要部门之一"①。然而，当这本权威的百科全书还散发着油墨清香的时候，苏联哲学界旋即于60年代初期就为"价值"这个哲学范畴恢复了名誉。在一些全国性的哲学杂志上开始了价值问题的讨论。1965年在第比利斯召开了第一届马克思列宁主义哲学中的价值问题讨论会。60年代相继出版了图加林诺夫、瓦西连科、德罗勃涅茨基关于价值问题的著作。

哲学总是反映和表现社会发展的需要，概括具体的科学知识领域的成就，其中当然包括美学中的成就。关于审美本质的讨论无疑影响了苏联哲学的发展。以斯托洛维奇为代表的审美学派，不仅仅从认识论观点而且从审美评价意义来理解艺术现象，把审美关系看作一种价值关系。而另一方面，价值范畴名誉的恢复和哲学中价值学问题的讨论，也对美学产生了影响。解决基本的美学问题的自发的价值学方法，变成自觉的方法，由此提高了美学研究的水平。

这一时期出现了以价值学观点专门研究美学问题，特别是审美本质问题的著作。图加林诺夫、卡冈、斯托洛维奇、科罗特科瓦雅、哈尔切夫、叶列梅耶夫、齐斯、包列夫、措措纳瓦等人相继阐明了价值学方法对分析审美关系和艺术活动的原则意义。其中，斯托洛维奇的观点最为系统。自20世纪60年代中期起，他开始用"审美价值"的术语来研究美的本质。他的专著《审美价值的本质》（1972）的问世，标志着他的价值学美学的体系的建立。除了这部专著

---

① 康斯坦丁诺夫主编：《苏联哲学百科全书》第1卷，上海译文出版社1984年版，第193页。

外，斯托洛维奇还先后发表了许多研究审美价值和艺术价值的论著：《美作为价值和美的价值》，柏林《德国哲学杂志》1966年第3期；《美作为审美价值》，捷克斯洛伐克《美学》1966年第4期；《列宁和艺术价值问题》，《文学问题》1969年第10期；《论艺术的诸方面和诸功能的相互关系》，《国立塔尔图大学学报·哲学著作》第15期，1971年版；《建立艺术活动模式的尝试》，《国立塔尔图大学学报·哲学著作》第17期，1974年版；《审美价值和宗教价值的相互关系》，《国立塔尔图大学学报·哲学著作》第18期，1975年版；《审美价值和价值意识》，民主德国《魏玛评论》1980年第2期增刊；《美学中的价值学方法》，《国立塔尔图大学学报·哲学著作》第20期，1980年版；《从审美意识的社会决定论的观点看审美价值》，《哲学问题》1982年第8期；小册子《审美价值和艺术价值：本质，特征，相互关系》，莫斯科1983年版；应邀为庆祝日本东京大学文学部主任今道友信60诞辰而组织的专集撰写的《价值世界中的审美价值》，东京1983年版。

诚然，以价值学观点研究美，斯托洛维奇并非首创者。但是，他对审美价值本质进行了独特的、深刻的论证。作为《现实中和艺术中的审美》一书合乎规律的发展，《审美价值的本质》一书引起广泛的反响，它被译成多种文字，"审美价值"的术语随即在苏联和其他一些国家流行开来，对审美价值的讨论在某种程度上也越来越具有国际性。

1. 价值学美学的理论基础

研究美学为什么要运用价值学方法？因为"人的审美关系历来是价值关系，没有价值论的态度，要认识它原则上是不可能的。审美关系的客体本身具有价值性"①。当我们说"这张桌子是方的""这个人是男人""这条线是直的"时，这些话所包含的关于客体属性的信息不依赖人和人类而存在，它们是

---

① 斯托洛维奇：《审美价值的本质》，凌继尧译，中国社会科学出版社1984年版，第20页。

对客体的认识。而当我们说"这张桌子是有用的""这个人是善良的""这条线是美的"时，它们包含的则是另一种信息：首先表现出对客体的评价关系，即不仅说明现象和对象的客观属性，而且说明客体与主体的关系，因为只有对于主体——人，现象和对象才是有用的、善良的、美的。至于艺术作品，它必然包括对所反映现实的评价关系，它本身就是一种特殊的价值——艺术价值。没有人的艺术评价活动，就不可能有对作品的知觉。因此，研究审美现象和艺术现象必须运用价值学方法。

斯托洛维奇的价值学美学的理论基础是他对价值关系的一般规律的理解。在这方面，他特别注意区分价值和评价，并且论证价值的客观性。

价值关系必须既有自己的客体（什么得到评价），又有自己的主体（谁进行评价）。价值关系的客观方面和主观方面的差异在价值学中具有原则意义，因为不同的价值学观点首先依据的是对价值客体和价值意识、价值和评价的相互关系的某种理解。

按照斯托洛维奇的观点，价值不仅是物、对象和现象，而且是它们对于人和社会的客观意义，这种意义是在社会历史实践过程中形成的。例如，蜜蜂和黄蜂是在生物学上相似的昆虫，然而人们总是温存地谈起蜜蜂和蜂房，而"黄蜂窝"（一窝蜂）是对一群人的贬词。显然，蜜蜂的审美价值是由它们在人类生活中所具有的意义决定的。这样，物、对象和现象在社会历史实践过程中获得对于社会的人和人类社会的意义后，就不仅作为具体可感的现实，而且作为各种价值的载体而出现。这些价值可以是物质实践价值，也可以是精神实践价值：道德价值、社会政治价值、审美价值和宗教价值。而至于评价，那它是对价值的主观关系的表现，因而既可能是真的（如果它符合价值），也可能是伪的（如果它不符合价值）。

在论证价值的客观性时，斯托洛维奇强调"价值"概念的社会—人的意义。客观唯心主义承认价值的客观性，它把超自然力、客观精神（无论是柏拉图的理式，抑或是神）看作价值的源泉。自然主义价值学也承认价值的客观性，认为对象的价值仅仅由它的自然属性所制约，不依赖于人而存在，甚至在人类社会出现以前就存在。和这些观点不同，斯托洛维奇指出："我们把价值看作客观的不是因为它们存在于对人和社会的关系之外（客观唯心主义价值说这样解释它们），而恰恰因为它们表现对象和现象对社会的人和人类社会的客观意义。"[①]例如，在印度人的审美意识中象的形象，中亚人的审美意识中骆驼的形象，俄罗斯人的审美意识中马的形象具有很高的审美价值。尽管具有价值的对象和现象纷繁多姿，但是所有这些价值形成的机制却是一样的。对于各个民族来说，处在他们生活中，使他们的生活更美好的东西具有价值。

这样，价值不可能不是对某种主体的价值，价值概念必须以价值同人和社会的相互关系为前提，而这种关系是客观形成的，不以人的主观意志为转移。"审美价值是客观的，这既因为它含有现实现象的、不取决于人而存在的自然性质，也因为它客观地、不取决于人的意识和意志而存在着这些现象同人和社会的相互关系，存在着社会历史实践过程中形成的相互关系。"[②]

在研究价值的客观性时必然产生一个问题：价值不仅受到社会实践的制约，而且受到个体实践的制约。也就是说，对某种现象的评价，不仅取决于它在社会中的意义，也取决于它在个人生活中的意义。在这种情况下，能够说价值是客观的吗？例如，波涛汹涌的海洋对于从岸边眺望它的人，对于乘舟出没浪涛中的人，对于第一次航海旅行的乘客，对于狂风暴雨中能征惯战的水兵，在情感上会起不同的作用。显然，对于波涛汹涌的海洋产生不同的情感关系的原因在于个体实践的区别。尽管如此，斯托洛维奇强调这时候仍然有理由谈论价值的客观性。因为实践活动在对理论的关系上，不仅在整个社会方面，而且对于每个个人都是客观的和第一性的。即使在个体实践中，对象和现象也形成对人的客观关系，人主观地、审美地知觉它们时，取决于这种关系的性质，这种关系是不依赖于人的意识和意志而存在的。

---

① 斯托洛维奇：《审美价值的本质》，凌继尧译，中国社会科学出版社1984年版，第103页。

② 斯托洛维奇：《审美价值的本质》，凌继尧译，中国社会科学出版社1984年版，第29页。

在阐明价值关系的普遍规律，首先是价值存在和价值意识的区别的基础上，斯托洛维奇通过分析审美价值的结构、审美价值和其他价值的关系等问题，揭示了审美价值的特征。

2. 马克思关于值的理论对审美价值研究的方法论意义

马克思主义经典作家提出了关于价值问题的一系列重要原理并深入研究了这一问题的经济学方面，但没有给我们留下完整的哲学价值论。

首先，马克思以分析经济意义上的值为例，出色地论证了社会价值的客观性。

马克思指出经济价值作为物的"社会属性"具有客观性[①]。在《资本论》中马克思使用了"Wertsein"（价值存在）的术语，以表示具有使用价值和交换价值的劳动产品。马克思认为使用价值和交换价值无疑是客观的，但是这种客观性不是表现在自然含义上，而是表现在社会历史含义上。他对表示价值客观存在的范畴，以及属于意识和表示主观体验的评价范畴做出区分。对他来说，值或经济价值绝对不是评价的产物。他尖锐地批评了阿·瓦格纳从价值评价中推导价值的企图。[②]

斯托洛维奇关于审美价值客观性的结论正是以马克思的上述论述为基础的。经济价值和审美价值都是价值，对于一般价值具有代表性的普遍规律，不能不在经济价值又在审美价值中表现出来。马克思在研究经济价值理论时，屡屡涉及美学问题，也是由这点引起的。

马克思还把使用价值称作"物质财富"[③]，"是社会需要的对象，因而处在社会联系之中"[④]，对于价值也可以这样说。因此，马克思批判自然主义和拜物教对值的存在的理解，对于马克思剩余价值理论具有重要的方法论意义。

---

① 《马克思恩格斯全集》第23卷，人民出版社1972年版，第89页。
② 《马克思恩格斯全集》第19卷，人民出版社1963年版，第407页。
③ 《马克思恩格斯全集》第23卷，人民出版社1972年版，第48页。
④ 《马克思恩格斯全集》第13卷，人民出版社1962年版，第16页。

自然主义者"赋予物以有用的性质，好像这种有用性是物本身所固有的"，"虽然羊未必想得到，它的'有用'性之一，是可作人的食物"。①拜物教徒"即使没有把值看成（被孤立地考察的）个别物的属性，毕竟把值看成物和物之间的关系，而实际上值只不过是人和人之间的关系、社会关系在物上的表现，它的物的表现，——人们同他们的相互生产活动的关系"②。非经济的价值也是"人和人之间的关系、社会关系在物上的表现，它的物的表现"，虽然这种社会关系不同于值中所体现的那种社会关系。马克思在《资本论》中对商品拜物教和货币拜物教的揭示，也表现了异化占主导地位的社会中价值关系和价值意识被颠倒的机制。还是在《1844年经济学—哲学手稿》中，马克思就揭示出货币对人和人的关系的颠倒作用："货币就已是个性的普遍颠倒：它把个性变成它们的对立物，赋予个性以与它们的特性相矛盾的特性。"③这里所说的无疑是这样一些价值特性：美和丑，智慧和愚昧，坚贞和背叛，勇敢和懦弱，等等。

如果没有对物的自然属性和社会属性相互关系的认识，无论是经济价值还是审美价值的实质就都不能够揭示出来。物的经济价值不只是物的自然属性，而且表现了物的自然属性和社会的人之间的相互关系。相应地，审美价值既含有现实现象的、不取决于人而存在的自然性质，又含有不取决于人的意识而存在的这些现象同人和社会的关系。

马克思关于值的学说对价值理论的方法论意义还在于，马克思依据对价值关系对象的社会分析，进而理解使用价值和整个值的经济学范畴，把它们理解为物对人的存在、物对社会关系的物的表现的存在。"只有当物按人的方式同人发生关系时，我才能在实践上按人的方式同物发生关系。"这条原理是对《1844年经济学—哲学手稿》中的一段话的注解："但物本身却是对自身和对人的一种对象性的、人的"关系。马克思接着写道："我们知道，只有当对象

---

① 《马克思恩格斯全集》第19卷，人民出版社1963年版，第406页。
② 《马克思恩格斯全集》第26卷第3册，人民出版社1974年版，第159页，译文有改动。
③ 《马克思恩格斯全集》第42卷，人民出版社1979年版，第155页。

对人说来成为人的对象或者说成为对象性的人的时候，人才不致在自己的对象里面丧失自身。只有当对象对人说来成为社会的对象，人本身对自己说来成为社会的存在物，而社会在这个对象中对人说来成为本质的时候，这种情况才是可能的。"①

马克思对经济价值的分析揭示了一切价值（包括审美价值）最重要的特征，那就是对象和现象的价值属性的社会制约性。马克思关于生产和消费的辩证法也论证了价值的客观性，这种客观性具有社会历史性。马克思写道："产品不同于单纯的自然对象，它在消费中才证实自己是产品，才成为产品。""例如，一件衣眼由于穿的行为才现实地成为衣服；一间房屋无人居住，事实上就不成其为现实的房屋。""消费是在把产品消灭的时候才使产品最后完成，因为产品之所以是产品，不是它作为物化了的活动，而只是作为活动着的主体的对象。"②

我们强调一遍，不仅仅是主体，而是"活动着的主体"！也就是说，马克思把消费与生产一起，看作实践过程。"消费行为"绝不等同于"知觉行为"。因此，在消费的客观实践过程中，而不是在主观知觉中，产品成为产品，衣服成为衣服，房屋成为房屋。马克思在表明物质和观念之间的辩证联系的同时，也指出了它们的区别。消费本身是物质过程，但是它通过需要产生观念过程："消费创造出新的生产的需要，因而创造出生产的观念上的内在动机，后者是生产的前提。"因此，"消费在观念上提出生产的对象，把它作为内心的图象、作为需要、作为动力和目的提出来。消费创造出还是在主观形式上的生产对象"。③这样，形成了因果联系的锁链：生产—消费—需要—需要意识（动力、目的，在主观形式上的生产对象）—生产。当然，这种决定性不是单向的。发达的生产也能产生需要，需要以消费为中介：生产—对象—对象知觉—需要—消费。

① 《马克思恩格斯全集》第42卷，人民出版社1979年版，第124—125页。

② 《马克思恩格斯全集》第46卷上册，人民出版社1979年版，第28页。

③ 《马克思恩格斯全集》第46卷上册，人民出版社1979年版，第28—29页。

马克思把这条原理直接用于艺术："艺术对象创造出懂得艺术和具有审美能力的大众，——任何其他产品也都是这样。因此，生产不仅为主体生产对象，而且也为对象生产主体。"①从而产生了下述联系：艺术生产—艺术作品—艺术知觉—艺术需要。

可以用更一般的形式表述为：生产—为主体的对象—为对象的主体。马克思对生产和消费过程中（我们注意到，"生产"和"消费"是广义的，包括创造美的艺术生产）客体和主体相互关系辩证法的这种分析，在表明它们的联系和相互过渡的同时，清晰地区分出物质和观念、客观和主观、实践和理论。在评阿·瓦格纳的《政治经济学教科书》时，马克思尖锐地批评他把实践关系和理论关系混淆起来："但是在一个学究教授看来，人对自然的关系首先并不是实践的即以活动为基础的关系，而是理论的关系；这两种关系在第一句话中就已经混淆不清了。"②这种混淆必然导致把价值和评价相等同，或者把价值归结为评价。

斯托洛维奇从马克思的经济价值概念入手，以马克思的价值学说为指导，分析、比较了其他各种哲学流派中的价值理论，对自己的审美价值理论做了哲学上的论证。我们看到，19世纪平行地形成两种不同的价值概念。在马克思的同龄人洛采和新康德主义者那里，价值与现实相对立，具有客观—观念意义。马克思则以经济价值为例，表明了它在社会历史实践中的形成过程和它的意义——"人和人之间的关系、社会关系在物上的表现"。这两种价值观具有本质差异，它们是否也有共同之处呢？

共同之处在于，第一，强调价值的结构，这种结构不能归结为存在于"纯"自然中的、"自在的"物质对象。价值在其结构上不是物，而是物的意义，虽然对这种意义马克思主义和新康德主义做出了不同的解释。第二，无论马克思主义还是新康德主义，都清晰地区分出价值关系的客观方面和主观方

---

① 《马克思恩格斯全集》第46卷上册，人民出版社1979年版，第29页。
② 《马克思恩格斯全集》第19卷，人民出版社1963年版，第405页。

面，区分出价值和评价，批判了经验批判主义和实用主义对世界和价值的主观
解释，虽然这种批判是从不同的哲学立场出发的。

3. 审美价值的特征

审美价值有两个基本的"层次"。第一个"层次"是感性知觉的现实，即
现象的外部形式。第二个"层次"是处在感性现实后面，表现在感性现实中的
东西。各种审美价值概念的差异主要在于怎样理解这第二种"层次"：它是上
帝抑或理念，是人的感情抑或自然规律，是从人类学原理理解的人的本质抑或
在社会历史实践过程中形成的社会关系。

斯托洛维奇把第一个"层次"理解为审美的自然方面，把第二个"层次"
理解为审美的社会方面——对象对社会、对社会的人的客观意义，而这种意义
是在社会历史实践中形成的。对象、现象的审美价值超出这些对象、现象本身
的范围，是对象、现象的自然性质同人类社会在社会历史实践中形成的相互关
系。

审美价值和其他价值的关系是辩证的矛盾关系，它们之间既存在着统一，
又存在着对立。在这种思想指导下，斯托洛维奇分析了审美价值同功利价值、
精神实践价值、宗教价值的关系。

普列汉诺夫曾经表明，某种对象、现象的审美价值历史地受到这种对象、
现象的功利实践意义的制约。审美价值和功利价值有联系，但同时又有区别。
斯托洛维奇指出它们的差异首先表现在结构上。一个对象的功利价值可能是各
种各样的，但是它们中的任何一种都把对象同一定的需要联在一起，表现对象
只满足这种需要和任何一种别的需要的意义。因此对于功利价值，对象形式的
完整性是无关紧要的。例如，列宁在说明辩证法和折中主义的区别时举过一
个著名的例子："如果现在我需要把玻璃杯作为饮具使用，那末，我完全没有
必要知道它的形状是否完全是圆筒形，它是不是真正用玻璃制成的，对我来
说，重要的是底上不要有裂缝，在使用这个玻璃杯时不要伤了嘴唇，等等。如
果我需要一个玻璃杯不是为喝东西，而是为了一种使用任何玻璃圆筒都可以

的用途，那么，就是杯子底上有裂缝，甚至根本没有底等等，我也是可以用的。"①

　　审美价值和功利价值不同。审美价值是许多意义的综合。它的结构的第一个"层次"在一定程度上对视觉和听觉的生理功能具有意义。第二个"层次"对形形色色的社会关系（实践关系、政治关系、道德关系等等），对确定个人在这些关系系统中的地位具有意义。从符号学观点看，如果许多不同的符号具有同一种意义，那么在符号和意义之间不存在有机的联系，符号的物质本身也不引起特殊的兴趣。例如词语"桌子"，"der Tisch"（德语）、"table"（英语）、"asztal"（匈牙利语）等的音响组成是不重要的，因为它和这些词的同一种意义没有内在联系。相反，如果一个符号同时表示许多意义，像审美价值那样，那么，符号的材料表达方法就极其重要，这种表达方法要统一、联合和物化不同意义的综合。因此，如果杯子作为审美关系的客体，那么，完整具体形式的各种成分——材料、尺寸、轮廓等——之间的相互关系就特别重要。

　　道德价值的基本范畴是善，而善不取决于对它的感性知觉的可能性。审美价值和道德价值的重要区别就在于此。如果对道德价值来说，行为的道德意义是至关重要的，而与行为的表现的外部形式无关，那么，这个行为的审美价值没有它表现的具体可感的形式就不可能存在。审美价值和宗教价值也有重要的区别。太阳或者月亮，树木或者河流可能是宗教崇拜的客体，同时又是审美愉悦的根源，然而斯托洛维奇指出，宗教价值表现出人的异化和对社会关系的歪曲，而审美价值则表现出人的现实确证和精神确证。

4. 艺术价值

　　如果说对价值关系一般规律的论证是斯托洛维奇价值学美学体系的基础，对审美价值特征的分析是这个体系的核心，那么，这个体系的另一个组成部

---

① 《列宁全集》第40卷，人民出版社1986年版，第291页。

分——对艺术价值的理解——则是审美价值理论在艺术领域里的具体运用。在
研究艺术价值时，斯托洛维奇考察了审美价值和艺术价值的相互关系、艺术价
值的本质等问题。

　　审美价值可以自发地产生，例如自然现象和许多社会生活现象的审美价
值。不过，它们也可以是人的自觉活动的产物，这种活动叫作按照美的规律的
创造。按照美的规律的创造通常有两种。一种的主要目的不是创造审美价值，
而首先是创造功利价值（如器皿的制作），或者社会政治价值和道德价值（如
英雄的行为）。另一种的主要目的则是创造审美价值，这就是艺术活动。在艺
术活动的过程中创造出艺术价值。不过，艺术不仅反映和表现审美价值，而且
反映和表现道德价值、政治价值、认识价值，有时还反映和表现宗教价值。如
果是这样的话，艺术价值和审美价值的关系如何？能否把艺术价值看作一种审
美价值？这个问题在苏联美学界没有获得一致的意见。

　　卡冈坚决反对把艺术价值看作一种审美价值，不同意广为流行的说法：
"艺术是审美地把握世界的最高形式。"他主张，艺术价值是"艺术作品的完
整价值，它包括该作品的审美价值，它的道德价值，政治价值，宗教（或者无
神论）价值，认识价值，即包括作品的精神—思想意义的一切方面"[1]。和卡
冈的观点不同，斯托洛维奇主张艺术价值是一种新的、更加复杂的审美价值，
它凝定、体现和物化人对世界的审美关系。审美价值的概念更宽泛一些，而艺
术价值总是创造性劳动的成果。然而并非劳动活动的所有产品，甚至具有审美
属性的产品都能成为艺术品。只有当"按照美的规律"创造的对象同时反映客
观现实、表现人的审美意识时，艺术品才能形成。当然，艺术作品的内容可以
包括道德和政治观念，科学和哲学概念，宗教和无神论观点，等等，但是，在
艺术作品中应从审美观点来对待这些非审美因素。在艺术价值中，一切非审美
因素都交融成审美因素，而不能够和审美因素共存并处。因此，艺术价值是一

---

　　① 卡冈：《艺术批评和艺术的科学研究》，载《苏联艺术学（1976）》第1册，莫斯科1976
年版，第324页。

种特殊的审美价值。

既然艺术价值是一种审美价值，那么，它和其他审美价值的区别何在呢？如上所述，艺术价值首先是人的活动的产物，从而有别于审美价值。不过，创造艺术价值的艺术家的劳动，和其他领域的劳动活动，甚至是审美价值的创造活动有什么不同呢？斯托洛维奇指出，精神反映性是艺术活动不同于物质生产活动的一个非常重要的特征。艺术不仅是新的审美现实的创造，而且是对审美世界的反映。甚至当艺术作品是物质的实物如房屋时，它也是精神生产，是对世界的精神掌握。像其他社会意识形态一样，艺术反映客观现实。艺术作品是世界的艺术形象。

然而，科学、哲学、道德也是对世界的精神实践掌握，是社会意识形态，艺术和它们的区别何在呢？科学也反映现实，艺术反映和科学反映有什么不同呢？斯托洛维奇认为，艺术在反映和认识自然现象和社会——人的关系时，和其他社会意识的着眼点不同，它旨在揭示现实的审美意义、审美价值。对审美价值的不仅是对现实的认识，而且是对现实的评价。

不表现对世界的主观审美评价关系，就不可能产生真正的艺术作品。例如，根据著名医学家的证实，托尔斯泰非常准确地描述了许多疾病的征兆和过程（《战争与和平》中老王波尔康斯基的脑溢血，《安娜·卡列尼娜》中尼古拉·列文的结核病，中篇小说《伊万·伊里奇之死》中的癌症等）。然而托尔斯泰的创作"成为全人类艺术发展中向前跨进的一步"[1]，这是因为不仅他的作品的形式，而且作品内容本身同科学著作——无论社会学著作抑或医学著作——有着本质区别。

在托尔斯泰的作品中，不仅反映某些社会现象或者自然现象，而且揭示出它们的审美意义，表现出艺术家与它们的审美关系，并且通过对它们的评价确立审美理想。当然，在科学创造中主观因素也起着很大的作用，它和科学研究的过程不可分离。但是，这些感情不进入科学认识活动的结果中，不进入科学

---

[1] 《列宁全集》第16卷，人民出版社1959年版，第321页。

规律、理论、公式、概念、范畴中。例如，根据凯德罗夫在《一个伟大发现的日子》（莫斯科1958年版）一书所援引的材料，门捷列夫在发现元素周期律的过程中，曾经有过悲伤、疲惫感，也有过喜悦和感情上的斗争。但是我们现在研究元素周期律时，就无法发现门捷列夫在揭示这一定律的过程中所体验的感情。

在认识活动、改造活动、评价活动、交际活动、游戏活动和教育活动中都存在着审美因素，而艺术活动仿佛把散落在其他各种活动中的审美"碎屑"集中起来，熔铸成足值的审美"锭块"。任何其他社会意识——无论科学、道德，还是宗教——都不能以如此凝聚的形式表达对世界的审美关系。除了艺术以外，任何其他社会意识形态都不是人对现实的审美关系的特殊形式。以此为理由，斯托洛维奇得出"艺术的审美本质"的结论。

5. 小结

斯托洛维奇的价值学美学是苏联当代美学发展的一个重要组成部分，他的价值学观点之所以能够产生比较广泛的影响，首先是因为他从哲学的高度详尽地论证了价值的基本范畴，对审美价值和艺术价值等一系列问题提出了独特的见解，形成了比较完整的美学体系。

自20世纪50年代起，价值学方法就在苏联美学中得到自发的发展。自60年代中期起，苏联美学的发展也沿着价值学的轨道前进。不过，对"价值"和"评价"这些基本的价值学范畴的解释所引起的争论已经超出美学界，而在哲学理论方面进行。以价值学方法研究审美现象和艺术现象时产生了一些重要和复杂的问题，解决这些问题取决于某种价值学方法和具体的价值学观点的运用。既然这些观点是不同的，那么，在以价值学方法研究审美本质的美学家中间存在着对价值关系的一系列具体问题，在这些问题中首先是对这种关系中的客观因素和主观因素的相互关系、对审美价值状态本身的不同观点。因此，从哲学高度对基本的价值学范畴的理解是价值学美学的关键所在。

在苏联美学界，也有些美学家反对运用价值学方法研究美学，他们对价值学美学提出很多诘难。例如，戈尔津特利赫特指责价值学美学导致"创造和反映、认识因素和评价因素、'艺术真实'和艺术价值的某种对立"①，伊凡诺夫在《艺术活动：主体和客观决定性问题》（基辅1980年版）中对美学研究中的价值学方法也持批判态度。我们认为，诸如此类的观点是站不住脚的。

当然，不能够把创造和反映、认识因素和评价因素、艺术真实和艺术价值对立起来。但是，价值学方法并不必然导致这种对立。即便在价值学方法内部存在着各种观点，它们依据不同的方法论原理——唯物主义或者唯心主义，辩证法或者形而上学，但是不能把某个观点的错误作为否定整个价值学方法的理由，因为价值学方法不仅完全承认认识因素和评价因素的统一，而且能够从理论上论证认识和评价、真实和价值的统一。

在美学研究中可以把注意力集中在每一种方法论观点上。但是不能够指责研究者从认识论方面，或者从社会学方面，或者从心理学方面，或者从符号学方面，去研究艺术和其他审美现象。如果把某一种方法论观点绝对化，所得出的结论必然是片面的。这对价值学观点同样适用。如果把价值学观点同认识论观点相对立，就会否定审美关系的反映本质，忽视艺术的认识可能性和它的社会功能。只有承认认识和评价的有机统一，价值学观点在美学研究中才会有成效。确实，认识和评价互为条件。一方面，正是反映的能动本质使我们从理论上认清价值因素，把它当作艺术认识的必要成分。而另一方面，评价是一种特殊的反映，这种反映的特殊客体是现实对象和现象的价值属性。因此，无论仅仅从认识论方面对待美、轻视美的概念的价值本质，抑或仅仅从价值学观点对待美、忽略美的概念的反映功能和认识功能，都同样是片面的、不正确的。

---

① 戈尔津特利赫特：《论审美创造的本质》，莫斯科1977年版，第51页。

第二节　系统方法

自20世纪60年代起，苏联美学界开始把审美现象和艺术活动作为复杂地组织起来的系统加以研究。当时，成立了以列宁格勒大学教授梅拉赫为首的、附属于苏联科学院世界文化史学术委员会的艺术综合研究委员会。"艺术的综合研究"的思想逐步赢得广泛的认可，这种思想体现在苏联科学院相应的委员会的著作中，也体现在研究艺术学和所谓精密科学相互联系的许多座谈会的材料中，以及各种定期刊物围绕这个题目所展开的讨论中。

运用系统方法对美学进行研究，卡冈是一个突出的代表。圣彼得堡大学教授卡冈（1921—2004）1991年应北京大学的邀请来华访问，并在北京大学讲学。他被译成中文的著作有《艺术形态学》（生活·读书·新知三联书店1986年版，学林出版社2008年版），《美学和系统方法》（中国文联出版公司1985年版），《卡冈美学教程》（北京大学出版社1990年版）。斯托洛维奇称《艺术形态学》是"世界美学史中的经典著作之一"[1]。

卡冈运用系统方法对美学的研究引起我国学者的兴趣。钱中文在《文学原理——发展论》一书（社会科学文献出版社1989年版）中谈道："马克思在《〈政治经济学批判〉导言》一文中，谈到几种文化模式的创造方式。人们把握现实时，有理论的方式，有'艺术、宗教、实践—精神的掌握'。当然，与理论方式相对应的，还有实践的方式。"卡冈运用系统论方法，把种种文化现象加以系列化，提出"艺术创作活动中精神方面和物质方面的相互关系有规律的、逐步的和渐次的（可以说是光谱式的）改变"[2]的观点。卡冈排的这一文化序列，"一方面对于理解精神文化和物质文化之间的各种艺术文化的各自位置有一定的启发"。例如它揭示语言艺术——文学创作在艺术文化这一过渡地带，最接近于精神文化，"但较之实用的语言艺术，它的'物质方面的思想分

---

① 卡冈：《艺术形态学》，凌继尧、金亚娜译，学林出版社2008年版，前言第4页。

② 卡冈：《美学和系统方法》，凌继尧译，中国文联出版公司1985年版，第92页。

量和意义得到重大增长'。例如，在诗歌语音、声调、散文的视觉荷载中都有表现"。"另一方面，又有助于我们了解文学把握现实的特征。在这个文化系统中，比较容易看到审美文化与非审美文化的区别和联系，以及不同形态的审美文化的各自特征。"①钱中文还谈道："卡冈用他的人类活动4种基本形式的理论和系统，作了分析，得出了艺术的功能系统的构思，对它们不必都表示同意，但这不失是一种切入问题的角度。"②

一、系统方法的基本原则

系统方法的基本原则是什么？比较流行的一种观点认为"组织"和"结构"是系统的本质待征，把系统的功能和形成过程当作结构分析的结果，把系统研究等同于结构分析，因此普遍使用"系统结构分析"的术语。另一种观点认为功能分析是系统研究的最重要的原则，把系统方法归结为结构功能方法和功能组织方法。

和这两种观点不同，卡冈强调指出：每种活动的系统具有三种基本参数——对象、功能和历史。③因为一个复杂的系统，无论是生物系统还是社会系统，对它要进行两方面的考察。第一，可能并且应该在它的对象存在的静态中对它加以考察，暂时脱离它的现实存在的活动性，只有在这种"停滞"中认识才能够把握、描述和模拟该系统的组成和结构。第二，可能并且应该在它的现实存在的动态中对它加以考察。而它的动态本身也表现在两个方面：一个系统的运动既是这个系统的功能，它的活动又是它的发展——产生、形成、进

---

① 钱中文：《文学原理——发展论》，社会科学文献出版社2007年版，第96—97页。

② 钱中文：《文学原理——发展论》，社会科学文献出版社2007年版，第134页。

③ 卡冈的有关观点见他的著作《人类活动》（莫斯科1974年版）以及一系列论文：《论对系统方法的系统方法》，苏联《哲学科学》1973年第6期；《系统性和历史主义》，苏联《哲学科学》1977年第5期；《论提出社会客体结构的方式》，载《科学和科学创造的方法论问题》一书，列宁格勒1977年版；《分类基本方式的系统考察》，载《哲学研究和社会学研究》第17册，列宁格勒1977年版。

化、毁坏、改造。因此，对复杂的活动系统的研究要求三个方面相结合：对象方面、功能方面和历史方面。可见，卡冈的观点的特点是把系统方法看作一个整体，对象、功能和历史三个方面是系统方法的方法论成分，不能把系统方法狭隘地归结为结构方面，也不能狭隘地归结为结构—功能方面，而应当以系统方法来对待系统方法。卡冈就依据这条原则，研究复杂地组织起来的审美现象和艺术活动。例如，他在考察作为系统的艺术文化时，就力图做到：1.揭示艺术文化的组成和结构，在此基础上建立它的模式。这是对象方面。2.叙述艺术文化的基本子系统的功能和艺术文化在文化总系统中作为整体的功能。这是功能方面。3.寻求艺术文化的基本历史类型（这些类型的更替表现艺术文化的发展规律），并且预测社会主义社会艺术文化的发展前景。这是历史方面。

下面我们比较详细地看一下卡冈是怎样具体论述系统方法的这三个方面的。

按照卡冈的观点，系统研究的对象方面必须解决两个互相联系的任务：第一，阐明所研究的系统是由什么成分（子系统）组成的；第二，确定这种成分之间怎样发生联系。也就是说，前者是要素（或者成分）分析，后者则是结构分析。

系统的要素分析不能够仅仅局限于简单地揭示它所包括的成分，因为纯分析方法已经成功地解决了这个任务。既然系统方法所依据的概念是所谓"整体性悖论"——系统的整体大于各个组成部分之和，那么，对系统的研究就不能够满足于描述这些部分。同时，要素分析要把系统所固有的成分和偶然从外部夹杂进来的成分区别开来。要做到这一点，唯一有效的途径是把所研究的系统看作某种总系统的一部分，要从外部、从系统所加入并于其中发挥功能的环境看待它。这样，系统方法的前提是研究思想从研究客体所隶属的整体到客体本身的运动。只有这种运动才能够揭示各个组成部分的必要性和充分性，因为每个组成部分与整体的关系就决定了这种必要性和充分性。卡冈在研究艺术文化时，不是直接地、只从其本身加以考察，而是把它摆在更大的系统中，作为整个文化的子系统加以考察。确定了系统的组成部分的必要性和充分性，就开辟了研究系统的内部组织的途径，因为结构的性质直接取决于它的组成部分的性质。卡冈为结构分析规定了三个基本任务：

1.揭示系统诸成分的相互联系的规律，这些联系赋予系统以整体性，从而使系统产生某些新的属性。只有客体的结构才能够揭示客体的系统整体性的奥秘，当这种奥秘尚未得到揭示时，客体仍然是它的组成成分的简单堆积。

2.确定该系统复杂性的程度，这种程度取决于系统的组成成分（子系统）分布在多少种水准上：如果它们处在同一种水准上，那么，它们的联系具有纯协调性（像复杂的并列句中的情况那样），如果它们处在两种或者两种以上的水准上，那么，联系就成为具有从属性的（像复杂的从属句中的情况那样）。要素的这两种相互关系的结合也是可能的，在这种情况下，结构既具有"横"切面，又具有"纵"切面。

3.把该系统和在某种方面接近于它的其他系统相比较，以期发现这些系统的同构性或者同态性（同构性指具有不同组成成分的两个系统在结构上相类似；同态性指一种系统的一组要素符合于另一种系统的每个要素，从而在结构上相类似）。

20世纪许多科学的发展表明，这种研究方向具有启发意义，有助于揭示研究客体在此以前未能被捕捉到的组织规律。卡冈在研究艺术家的创作过程、艺术家创作的作品、对作品的艺术知觉这些系统的结构时，就运用了同构性的原则。

对系统进行了成分和结构分析以后，就可以进而研究系统的功能。这时候，所研究的系统被看作某种更大和更复杂的总系统的相对独立的子系统。例如，如果原子是分子结构中的子系统，而电子是原子结构中的子系统，那么另一方面，分子则是细胞结构中的子系统，如此等等。

系统分析的功能方面也具有两个向量：内部功能和外部功能。前者是系统诸要素的相互作用，后者是系统和它的周围世界、现实环境的相互作用。研究系统的内部功能，一方面要注意到系统的成分和结构对它的制约性，另一方面要注意到系统的外部功能对它的制约性。系统的外部功能决定系统各要素相互作用的性质，系统的外部功能包括系统和环境的直接联系和反馈联系。环境作用于系统，系统按照自己的内在本质有选择地接受和加工这些作用，系统也自觉地或者不自觉地作用于环境，因此，分析系统的外部功能必须研究系统的适应能动性和被适应能动性。例如，研究某个历史人物的性格、世界观和行为，既要求阐明他在具体的社会历史环境中发生作用的过程，又要求阐明他以某种倾向改造这个环境的活动。又如，分析一部艺术作品，就要研究作品的创作过程和它作用于观众的过程。

不过，研究系统的内部功能和外部功能还丝毫没有涉及系统的起源、发展和前景。如果对系统现实存在的活动性的分析（即功能分析）克服了成分和结构分析（即对象分析）的抽象性，那么，它本身在某种程度上仍然是抽象的，因为它把系统从现实历史中抽象出来了。卡冈对系统方法的理解不同于"系统结构分析"和"功能系统论"的概念，他要求分析的这些方面和历史方面相结合，也就是要求研究的逻辑方法和历史方法相统一。

卡冈认为把系统研究的历史方面等同于起源方面的做法是错误的，因为历史观点具有两种向量——起源向量和预测向量。第一种向量要求阐明该系统的起源和形成过程，第二种向量要求研究系统的进一步发展的前景，科学地预测它的未来。起源分析含有忠实地理解所研究的系统的钥匙。预测分析在不同的知识领域中具有不同的意义，它不能够迅速地得到实践检验，要求谨慎地、假设性地陈述所获得的结论，无论这些结论多么有根据，它们仍然是科学的假设。

这样，在卡冈的概念中，系统研究的方法论是上述三个研究方面的交叉，每个方面都具有两个指出它的方向的向量。

二、卡冈美学思想的理论基础

卡冈美学思想的理论基础是他关于人类活动的分类的原则。对人类活动的基本种类的划分，在苏联学术界没有形成统一的观点。并且，在卡冈提出他的理论之前，对这个问题的研究主要是由心理学家和社会学家而不是美学家进行的。从著名的心理学家维戈茨基和鲁宾斯坦的时代起，心理学中通常划分出三种基本的人类活动——游戏、学习和劳动，它们在一个人的成长过程中互相替代。在1970年出版的彼得罗斯基主编的《普通心理学》中也采用此说。社会学家科恩把劳动、交往和认识当作三种基本的社会活动①，阿纳尼耶夫也持有同样的立场②。心理学家列昂节夫则谈到两种活动——劳动和交往③。

卡冈看问题的角度和上述心理学家和社会学家不同，他从系统方法出发，首先寻求人类活动分类的准确标准。这种标准应该能够把所划分的基本的人类活动，看作整个活动系统的必要的和充分的子系统。④

这种标准就是主体和客体的关系。主客体关系系统包括了人类活动必不可少的基本因素：主体、客体、主体掌握客体或者和其他主体发生关系的能动性。从这三种要素的结构联系中，可以推导出作为一个完整系统的活动的四个子系统，即四种基本的人类活动。

第一，当主体的能动性为了现实地或者想象地改造客体而作用于它时，就产生改造活动。改造活动比劳动广义得多，甚至比实践广义，因为它包括现实地或者想象地改变现实、现实地或者想象地创造以前未曾有过的对象的所有活动形式。如果现实地改变物质存在，那么，这种活动叫作实践。而如果只是在想象中改变客体，那么，这就是马克思所说的"实践精神活动"。一方面，这种活动改造了客体，创造了世界上未曾存在过而有时候不可能存在的东西（幻想产品）。另一方面，这种改造仅仅是纯精神的。艺术和宗教就是人对现实的实践精神的掌握方式。它们在精神领域里实现对所反映的现实的改造，这种改造导致创造新的纯精神的现实。

① 科恩：《个性社会学》，莫斯科1967年版，第7页。

② 阿纳尼耶夫：《人作为认识的对象》，列宁格勒1969年版，第322页。

③ 列昂节夫：《心理发展问题》，莫斯科1965年版，第358页。

④ 卡冈在著作《人类活动》（莫斯科1974年版）和一系列论文中反复阐述过这种观点。参见《艺术》，载《苏联大百科全书》第10卷，莫斯科1972年版；《艺术活动作为信息系统》，苏联《电影艺术》1975年第12期；《文化系统中的艺术》，《苏联艺术学（1978年）》第2册，莫斯科1979年版。

第二，当主体的能动性为了获得关于客体存在的客观规律的知识而作用于客体时，就产生认识活动。这是主客体之间的关系系统中可能形成的第二种情况。和改造活动不同，在认识活动中，主体的能动性不触动客体的现实存在，不改变它，不破坏它，而如果是在想象中改变它，那也只是为了以后描述它的真正存在，洞察它的本质。主体反映客体，获得关于客体的知识。

第三，主客体关系第三种可能的形式是评价活动。像认识一样，它具有精神性，但它是主体反映客体的特殊形式。其特征在于，它确定的不是客体之间而是主客体之间的关系，即它提供的不是纯客观的信息，而是客体对主体的意义的信息，提供的是关于价值的信息，而不是关于本质的信息。人的意识对现实的反映，不仅具有认识的形式，即不依赖于主体需要的对客观现实的反映；而且具有评价的形式，即对客体同主体需要的现实联系的反映。

第四，在主客体关系中除了上述三种情况以外，还有主体之间的关系。当主体的能动性为了组织共同的活动而作用于其他主体时，就产生交际活动。交际活动在上述三种活动中起着重要作用，因为人的社会本质使交际成为劳动的条件、认识的条件和选择价值系统的条件。在抽象的理论分析中，四种基本的人类活动形成闭锁的系统，每种活动作为这种系统的子系统，和其他各种活动发生直接联系和反馈联系。

卡冈以上述人类活动结构的观点考察人对世界的艺术掌握，发现艺术掌握包括所有四种活动——认识活动、评价活动、改造活动和交际活动。而且，这些活动成为艺术的结构时，它们相互交融成为一个有机的整体，而不是彼此之间一般的联系和相互作用，后一种情况在实践生活的一切领域中都会发生。而在艺术中，这些活动不再是自身，它们融合成新的性质——艺术形象性。

首先，艺术形象既包括认识信息，又包括评价信息。然而，这种情况的特点在于，如果在历史学家、经济学家和社会学家的著作中，有时候能够把客观真实的认识内容和意识形态上错误的评价解释轻易地区别开来，而在艺术中就根本不可能进行这种分解，因为艺术中的认识因素和评价因素是真正有机的统一，甚至比水分子中氢氧原子的结合更加"严密"。

其次，在艺术中对现实的认识和对现实的改造（想象改造）同样不是堆积式的结合，而在科学中就可以碰到这种结合。科学有时候建立专门的模型（改造活动），以帮助认识，有时候则无须这些模型的帮助。可见，其中认识活动和改造活动是可分的。而在艺术中，在任何情况下，反映现实和改造现实、认识现实和创造新的"现实"都有机地交融在一起。

最后，交往活动在艺术结构中表现为符号因素（艺术语言）。艺术结构中的认识、改造和评价因素同符号因素的相互关系也同样不可分割。一方面，艺术必然具有符号因素，只有这样，艺术内容才能成为可传递的、可交际的；另一方面，艺术语言不能脱离艺术内容而独立。而在其他所有利用各种符号系统的活动中，能够把符号系统同它们所传递的信息区分开来，并且通过符号系统的结构学、语义学等独立地研究它们。艺术语言则没有这种独立性。在艺术中，所有四种活动融为一体，每种活动都发生根本的变化，因为它应该和其他三种活动相吻合。

卡冈通过对艺术结构的剖析，指出理论家们对艺术实质的理解的矛盾性。这种矛盾性取决于人们从什么角度看待艺术。比如说，一些人把艺术看作认识现实的一种形式，另一些人把艺术看作肯定价值的一种形式，第三种人把艺术看作造形的方式，第四种人则把艺术看作一种特殊的语言。其实，艺术包括所有这些因素，它们交织在一起，成为同一个艺术现象的不同侧面。根据系统方法的原理，一个系统的整体具有它的那些要素单独所没有的新的质的特征。艺术的整体性质——艺术性是艺术的特殊属性，它既不归结为艺术所含有的认识因素（有些认识价值低的作品具有高度的艺术性，或者相反，有些认识价值高的作品艺术性很低），又不归结为艺术所包含的评价因素（有些作品的艺术意义和意识形态意义不相适应），也不归结为作品的结构组成或者它的交际性质（例如，艺术价值和作品语言的难易并不相符）。在分析艺术性这种整体性质时，应该考虑到它的各种组成成分。但是，并非把它们机械地相加，而是把它们当作同一个整体的不同要素。

卡冈从他关于人类活动结构的观点出发，运用系统方法，分析了一系列基本的美学问题。

三、文化学：文化系统中的艺术

20世纪70—80年代，苏联的文化理论研究十分活跃。在这种研究的许多方向中，有一个方向是必不可少的，并且越来越引人注目。这就是研究文化的内部结构，以及作为完整系统的文化与它的各个子系统——科学、道德、游戏、艺术——的联系。

讨论艺术在文化中的地位以及它们之间的相互联系，在苏联美学中，这组问题最早由巴赫金和卡冈的导师约费提及。1977年，苏联科学院学术委员会文化理论问题分会在列宁格勒召开会议，专门讨论了文化和艺术的问题。卡冈以《文化系统中的艺术》为题在会上做了重要报告。报告后来刊登在年刊《苏联艺术学（1978）》中（第2册，莫斯科1979年版，中译见《美学和系统方法》，中国文联出版公司1985年版，第260—302页）。70—80年代以来，苏联学者，特别是青年学者越来越强烈地意识到，对"艺术和异化"问题的解决包含着理解艺术本质的钥匙。

1. 文化的概念

卡冈屡次论证过文化的本质和结构，他对这个问题的最新阐述体现在他的《艺术作为一种文化现象》一文中（载《文化系统中的艺术》一书，列宁格勒1987年版）。

卡冈把文化定义为人类活动的各种方式和产品的总和，人类活动在对象化和非对象化的过程中实现，体现在联结这两种过程的对象形式中。文化把人评定为活动主体，把人所创造的对象环境评定为物质文化、精神文化和艺术文化。文化既使人与自然相对立，又使人与自然相联系，因为人是由自然材料创造出来的。同时，文化把人和社会相联系，因为产生文化的活动程序是社会性的，而不是生物性的，每个人只有吸收祖先所创造的文化，并以自己的活动丰富它，才能够成为社会生物。

这样，文化成为无所不包的本体论系统（存在系统的子系统，存在系统包括自然、社会、人和文化。形成系统的力量是人的活动。人的活动在改造自然物质的过程中），在"第二自然"产品中对象化，又使这些产品非对象化，从而实现人所获得的技能、知识和价值的社会继承。文化是"第二自然"被创造和发挥功能的方式。

卡冈认为，进入文化范围的有：

1.人类活动的对象的异在——物质的"第二自然"和科学、意识形态等的精神对象性；

2.对象化和非对象化的方法；

3.活动主体，他们不仅是文化的创造者，而且是文化的体现者。

文化作为主体活动的派生物，取决于主体——各人个性、某个社会集团（阶级、阶层、家庭）、受到历史或者种族局限的一定社会、整个人类——的变化，而改变着自己的容量。文化概念有四种不同的规模：（1）个体文化、个人的文化；（2）集团文化——民族文化、阶级文化、种姓文化、家庭文化；（3）一定社会类型的文化，比如说古希腊文化、意大利文艺复兴文化；（4）人类文化。

卡冈在文化中提出三种基本层次——物质层次、精神层次和艺术层次。他所依据的是马克思关于总的文化结构的论述。马克思在《1851—1859年经济学手稿》中，首先说明物质生产的特征[1]，然后论述对世界的理论（思辨）掌握的方式，即对世界的科学认识，并且划分出掌握现实的第三种方式——"实践精神"方式。艺术和宗教被归入这种方式。[2]第三种方式位于前两种方式之间，它实现着对现实的改造，但不是物质的改造，而是幻想的、只在想象中实

---

[1] 《马克思恩格斯全集》第46卷上册，人民出版社1979年版，第18页及以后诸页。

[2] 《马克思恩格斯全集》第46卷上册，人民出版社1979年版，第39页。

现的改造（这就意味着是"实践精神的"改造）。按照卡冈的观点，物质生产的产品和方式属于物质文化，精神生产则形成精神文化的层次，不过，这并非说前者是某种纯物质的和只限于物质的东西，后者是某种纯精神的和只限于精神的东西；而应该理解为：在文化的这些层次中，精神因素和物质因素的相互关系正相反——物质文化根据自己的内容和发挥功用的方式是物质的，精神文化在这些决定性的方面是精神的，然而精神文化的所有产品是被物化的，否则，这些产品就根本不可能存在；而物质文化的全部过程表现出精神目的和计划。至于艺术创作，那么，其中的精神因素和物质因素不是简单地结合在一起（像在物质生产和精神生产中那样），而是有机地交融在一起，浑为一体，产生出某种第三者的东西、某种性质上独特的现象——被称作"艺术"的精神—物质价值。艺术创作不同于科学创作或者意识形态创作，不应当被解释为思维劳动结果的简单物质体现，而应当解释为"物质中的思维"，即色彩、造型和声音关系中的思维。

人的艺术活动的这种特殊的精神—物质完整性导致了：定形于艺术活动周围的艺术文化不能纳入精神文化的界限内，它在文化的"空间"中既区别于精神文化，又区别于物质文化，具有相对的独立性。而这就是说，艺术文化的内部结构也具有特殊性，既区别精神文化的结构，又区别于物质文化的结构，因为它由艺术活动本身的特性所决定。

2.艺术文化

在谈到艺术文化时，不能不提到卡冈主编的《前资本主义社会形态中的艺术文化》（1984）、《资本主义社会中的艺术文化》（1986）和《社会主义艺术文化》（1988）。这些书力图综合对各种艺术史（文学史、绘画史、音乐史、戏剧史、建筑史等）的分散研究，把艺术文化看作复杂的、多维的然而完整的系统，揭示艺术文化运动的普遍规律。在地域上，包括西欧、东欧和美洲，以及近东、中东和远东。

这些书所坚持的方法论原则是，每种艺术文化类型，它的每个历史阶段和每种地区变体：（1）在社会文化关联的制约性中得到研究，这种制约性表现在给定社会的物质文化、精神文化和占统治地位的社会关系系统对艺术文化的影响中；（2）在三维的内部结构中得到研究，这种结构把给定的艺术文化类型的设制方面（组织功能方面）、信息方面（精神内容方面）和形态学方面（区域层面方面）结合起来；（3）在艺术实践与艺术文化的理论自我意识的联系中得到研究，艺术文化的理论自我意识以美学、艺术学、艺术批评以及艺术家本人的理论反省的形式表现出来。

卡冈把艺术文化确定为人们艺术活动的方式和产品的总和。艺术文化是作为整体的文化和作为它的子系统的艺术之间的中间子系统。艺术文化具有三维结构：信息（精神内容）结构、设制（组织功能）结构和形态学（区域层面）结构。在《前资本主义社会形态的艺术文化》一书中，卡冈分析了这三种结构。

从信息方面看，某个时代的艺术，尤其是全人类的艺术，也就是整个艺术文化，其基础是某种特殊的信息：人类、某个历史社会、人民群众或者上层社会的艺术意识和艺术自我意识。无论艺术意识中人和世界的每个具体形象是怎样独立形成的，这些形象都独特地体现了给定文化共同的社会意识原则。而且，艺术意识体验到直接的，有时是非常强烈的来自外部的压力，来自宗教、政治意识形态、道德、法和审美意识方面的压力。

艺术意识产生最符合它的每种类型的创作方法和艺术风格。在这里必须强调，方法和风格说明的是整个人类艺术活动发展的特征，而不是某种艺术样式的特征。例如，中世纪象征主义、浪漫主义和批判现实主义是超样式的、一般文化的概念。方法和风格表现在不同的艺术领域中。艺术学不能制定关于方法和风格的充分概念，这项任务落在美学的身上，而将来，方法和风格会成为特殊的科学学科——艺术文化学——的对象。艺术史证明，不同的甚至互相排斥的创作方法可以同时存在，这证明给定社会的文化中缺乏统一性。

方法和风格的某种联系为不同的艺术文化类型所特有。在一些情况下，这种联系是单义的：一种风格，比如古典主义风格，适应一种方法。在另一些情况下，这种联系是多义的：一种方法，比如浪漫主义方法，产生不同的风格。方法和风格的这两种关系直接取决于艺术创作方法的性质。

从设制方面看，艺术文化包括三个子系统。

1.艺术生产。它是艺术价值创造过程的社会历史组织的设制形式，包括三方面内容。第一是艺术价值的生产。只有具备一定的条件，比如出版社、音乐厅等，艺术家的创作需要才可能实现。在艺术意识对象化的方式中有两种不同的水准，每种都具有自身的文化组织特征：第一性水准，它是作家、画家等的创作活动；第二性水准，它是表演活动、共同创作的活动（演员、导演活动、音乐演奏、舞蹈表演）。艺术生产的第二个方面是艺术家的再生产过程的组织机构（指艺术院校等，它们培养艺术家，即艺术家的再生产）。储存艺术遗产的组织只是艺术生产的第三个方面。借助这种组织，艺术遗产能够成为艺术家与广大观众、批评家和学者的"记忆"。艺术生产这样或那样地组织过去时代的艺术文献的储存，并使它发挥功能。

2.艺术消费。它是组织观众知觉艺术作品的具体社会历史形式，包括两个方面。第一方面是人们与艺术作品交往行为本身的组织。这可能表现在这种交往的商品货币制约性中，观众与艺术的自由接触中，以及这种接触处在某种非审美的形式中（比如宗教、祈祷）。第二方面是观众的形成，观众适应给定的艺术生产类型。当然，艺术上敏感的观众首先在人们知觉艺术价值的过程中形成；但与此同时，在发达的艺术文化中产生了观众的艺术培训和教育的补充方式。艺术生产中第一性和第二性创作水准的存在，产生出两种类型的艺术消费——个人消费（知觉文学作品等）和集体消费（知觉舞台艺术等）。虽然由于科学技术的进步，由于录音机和录像机的出现，有可能把某些表演创作的作品变成个人知觉的对象，但是，这并没有取消艺术价值消费的两种形式的原则区别，这种区别具有深刻的普通社会学的、社会心理学的和专门的审美意义。艺术价值把艺术生产和艺术消费直接联系起来。应该把作为艺术家活动的物质—精神产品的艺术作品和该作品在文化中所具有的价值区分开来。

3.艺术生产和艺术消费相互作用过程的调节机制。这种机制包括两个方面：自我调节的各种组织形式的创立和艺术批评、美学的功能的发挥。直接实现艺术生产和艺术消费的机构和组织进行自我调节，例如，剧院、电影院、音乐厅的经理处，以及作家协会、音乐家协会等从事这种调节。在美学和艺术学中所实现的是对艺术价值的创造者和消费者发生作用的纯精神方式的调节。

从形态学方面看，艺术文化处在物质文化和精神文化之间。艺术文化和精神文化之间形成过渡地带，过渡地带分布着复功能艺术：既有艺术功能，又有实用功能，如演说艺术、艺术政论作品。由它们过渡到艺术文化本身的空间，如小说、诗歌等。艺术文化和物质文化之间也形成过渡地带，过渡地带同样分布着复功能艺术：建筑艺术、艺术设计等。由它们过渡到艺术文化本身的空间，如绘画、雕塑等。

四、小结

卡冈运用系统方法对美学的研究，可以说是一个有益的尝试。说它是有益的，因为审美现象和艺术现象是复杂地组织起来的系统，是多侧面而完整的，用任何单一的方法去研究都不能做出完全相符的解释，把不同的研究方法机械地结合起来也不能奏效，而系统方法展现了完整地理解这些客体的前景。说它是一种尝试，因为这种研究还是初步的、有限的，有些地方显得牵强，有些观点也是值得商榷的。

卡冈把"艺术创作—艺术作品—艺术知觉"作为一个完整的系统来研究，就能够在艺术的全部丰富性和系统完整性中考察它。20世纪以前，在一些情况下，理论家们把自己的注意力集中在艺术活动产品即艺术本身的研究上，从现象学角度对待这种"艺术物质"。在另一些情况下，科学注意的中心不是艺术实物，而是它的产生和知觉的过程。这时，天才和趣味问题成为基本问题，美学不以艺术学而以心理学为目标：这种方法于19—20世纪在所谓"心理美学""实验美学""艺术心理学"中被广泛采用，它们精细地研究艺术创作和艺术知觉的心理机制。而在19世纪的"社会学美学"或者"艺术社会学"（像它在20世纪被称呼的那样）中可以发现第三种情况：在这里，既不是艺术作品本身，又不是它们的创作和知觉的心理学过程，而是这些作品在现实社会环境中如何发挥作用成为被注意的基本客体。从而，艺术研究不能摆脱片面性，不幸不仅在于必然无结果的争论——争论哪种方法（"自上而下的"或者"自下而上的"，艺术学的、心理学的，抑或社会学的）最为合适，而且在于运用每一种这样的方法所获得的丰富的、有价值的具体知识，仍然是信息的杂乱无章的堆积。卡冈则力图论证艺术活动是某种内部组织起来的、合乎规律地被安排和调节的整体。

卡冈把艺术活动看作四种基本的人类活动的融合，揭示了艺术活动的结构，提出了这种活动的模式，对艺术的本质做出新的解释。从而，他强调了艺术结构的复杂性和多样性，对艺术本质的单线条的或者双维的解释提出异议。在美学界中，有人把艺术的实质确定为认识的，有人确定为意识形态的，有人确定为审美的，有人确定为创造的，等等。有人则认为在艺术中不同的成分——对现实的认识和评价，或者反映和创造，或者模型和符号——有机地相互联系。但是，卡冈认为这些都不能以应有的充分性再现艺术的结构，而系统方法则揭示了艺术的各种性质和功用的有机完整的统一。

卡冈研究了文化系统中的艺术问题，提出了艺术研究的文化学方法。如果把某一时代、某一国家的艺术看作一个完整的系统，即由各种艺术样式——文学、音乐、绘画、舞蹈、戏剧、雕塑、建筑等——构成的统一整体，而不是它们的简单堆积，那么，对人类艺术活动的研究，无论历史的研究还是理论的研究，可以有三种不同的途径。第一种途径研究特殊性，即研究每种文艺样式的特征。如果所说的是文学，那么，这种途径就要研究文学的功用、结构和发展的特殊的不同于其他艺术样式（音乐、绘画、舞蹈、戏剧等）的规律。第二种途径研究普遍性，即研究各种艺术样式共同的规律。这些规律使艺术创作同其他所有人类活动（科学活动、道德活动、宗教活动等）区分开来，它们说明文艺创作本身的特点，但同艺术创作的具体表现形式无关。第三种途径研究相关性，即研究某一种艺术样式同其他艺术样式的相互关系。既然各种艺术样式处在一个共同的系统中，那么，该系统中的每个要素都同其他要素相互产生影响和作用。研究这种相互影响和相互作用，对于理解每个要素和由这些要素所组成的系统就十分必要。

文化学方法对美学和艺术研究提出很多新的、重要的课题。例如：

1.研究某一种艺术样式时，应当顾及其他各种艺术样式，顾及艺术的统一。只有明确地认识整个艺术系统的审美特征，才能够科学地建立某一种艺术样式的科学。不仅要研究和撰写单独的艺术样式的发展史，如文学史、音乐史、绘画史等，而且要研究和撰写综合的艺术史，并且在艺术断代史的基础上写出艺术通史。

2.各种艺术门类在艺术史上得到不平衡的发展。古希腊的戏剧和雕塑、意大利文艺复兴时期的绘画和文学、19世纪初期浪漫主义艺术中的音乐和诗歌，分别是一代艺术的集中点。如果孤立地研究文学史或者绘画史，就不会提出这样的问题。综合地研究艺术史，不仅要提出这些问题，而且要探索造成这种状况的原因。

3.把文化分成物质层次、精神层次和艺术层次，艺术层次处在物质层次和精神层次之间，而在艺术层次本身中，物质因素和精神因素的比重又在广阔的范围内发生变化。以这些原则为基础，可以更科学地解释一些艺术现象，探索艺术发展的因果联系。

4.把艺术置放在文化这个大系统中加以研究。要研究艺术同其他所有文化现象——政治、道德、宗教、哲学、科学等——的联系。并且，不是把这些联系当作间接的研究对象，而是当作直接的研究对象；不是研究某种联系（例如艺术和宗教，或者艺术和哲学的联系），而是研究所有这些联系。

第十七章　俄苏美学家的美学史研究

洛谢夫的古希腊罗马美学研究和阿斯穆斯的德国古典美学研究享誉全世界，20世纪80年代苏联美学家集体编写的《美学思想史》，无论是在编写方法和体例上，还是在提出的问题和引证的材料上，都有不少值得借鉴的地方。我国对俄苏美学家的美学史研究还不甚了了。

第一节　洛谢夫的古希腊罗马美学研究

洛谢夫（1893—1988）独立完成的、莫斯科艺术出版社出版的8卷9册《古希腊罗马美学史》（第1卷1963年版，第2卷1969年版，第3卷1974年版，第4卷1975年版，第5卷1979年版，第6卷1980年版，第7卷1987年版，第8卷第1册1992年版，第8卷第2册1994年版）是世界上迄今为止阐述最深刻、体系最完备的古希腊罗马美学史著作。这是真正的皇皇巨著，篇幅最长的第5卷《古希腊罗马美学史（希腊化时代早期）》有819页。苏联科学院世界文化史学术委员会在《哲学问题》杂志举办的讨论文化、历史和现时代的圆桌会议上这样赞扬洛谢夫的成就："我们已经有了文化史方面的踏实丰富的研究，苏联历史学可以为这些研究而自豪。作为例证，可以援引我们的古希腊文化史大师洛谢夫的古希腊罗马美学史的'集大成'巨著。这部巨著一卷接一卷出版，是世界科学全部总结的概括，自身也是研究古希腊文化史的现代科学的最新成就，这种成就将长期决定这个领域中学术研究的水准。"①

洛谢夫的著作被译成英、法、德、意大利、波兰、匈牙利、罗马尼亚、捷克、保加利亚、塞尔维亚等多国文字。他的古希腊罗马美学史研究是他的古希腊罗马文化史研究的一部分，他在古希腊罗马美学研究中达到的高度，与他对古希腊罗马文化史的研究密切相关。

一、古希腊罗马文化史家

洛谢夫1915年同时毕业于莫斯科大学的哲学专业和古希腊罗马语文学专业。当然，这两个专业相距甚远，然而洛谢夫的学术兴趣却把它们结合起来。他所研究的领域既不能没有语文学，也不能没有哲学，这个领域就是古希腊罗马哲学，特别是古希腊罗马美学。1941—1944年，他是莫斯科大学逻辑学教研室教授。自那时以后，他一直执教于莫斯科师范大学古希腊罗马语文教研室或一般语言学教研室。

1. 有关古希腊罗马文化的著述

古希腊罗马文化史是一门综合的学科，它需要多个领域的知识。洛谢夫首先是一位哲学家，在20世纪20—30年代他致力于哲学问题的研究，完成了他的第一批哲学著作：《古希腊宇宙和现代科学》（莫斯科1927年版），《柏拉图的数的辩证法》（莫斯科1928年版），《亚里士多德对柏拉图主义的批判》（莫斯科1928年版），《古希腊象征主义和神话学概论》（莫斯科1930年

---

① 苏联《哲学问题》1977年第11期，第128页。

版），《神话的辩证法》（莫斯科1930年版）。

卫国战争中断了洛谢夫正常的出版计划，并且毁坏了他的家园。1941年8月12日，他位于莫斯科阿尔巴特街的广场中心的住宅遭到轰炸，他的亲人牺牲了，手稿、藏书、财产被付之一炬。部分手稿被抢救出来，上面火灼烟熏的痕迹现在还能使人想起那炮火纷飞的年代。由于战争，后来又因所谓政治问题受到批判，洛谢夫的研究工作一度受挫。

从20世纪60年代起，洛谢夫的著作又如山洪倾泻，源源不断地流到读者手中。他在哲学方面的著作有《古希腊罗马历史哲学》（莫斯科1977年版），《狄奥根涅斯·拉埃梯乌斯——古希腊哲学史家》（莫斯科1981年版）。学术性传记著作《荷马》（莫斯科1960年版），《柏拉图》（莫斯科1978年版，与夫人塔霍-戈基合著），《亚里士多德》（莫斯科1982年版，与夫人塔霍-戈基合著）。洛谢夫作为古希腊和文艺复兴哲学的翻译者、注释者和解释者，其杰出才能给人留下深刻的印象。他翻译并注解了亚里士多德、普洛丁、普罗克洛、塞克斯都·恩披里柯、尼古拉〔库萨的〕等人的著作，尤其为柏拉图选集俄译本[①]的出版付出了大量的劳动。洛谢夫为百科全书撰写的论文是他的思想的结晶，他为《苏联百科全书》撰写了102篇词条。

洛谢夫的学术研究极其博大。任何一个稍稍接触洛谢夫著作的人，首先就会感到他的学术思想的广度。他所研究的哲学家的名字和哲学学派的名称本身就可以证明这一点：赫拉克利特、德谟克里特、柏拉图、亚里士多德、斯多葛派、新柏拉图主义、托马斯·阿奎那、尼古拉〔库萨的〕、菲奇诺、布鲁诺、费希特、康德、黑格尔、谢林、叔本华。这种广泛性也决定了洛谢夫对古希腊悲剧、但丁、弥尔顿、歌德的《浮士德》、拜伦、德国浪漫主义者、易卜生的兴趣，以及在音乐领域内对巴赫、古代作曲家的弥撒曲和安魂曲，特别是对瓦格纳、施特劳斯和斯克里亚宾的兴趣。

与此同时，洛谢夫的研究又极其精深。他用了几百页的篇幅分析柏拉图

① 《柏拉图选集》1—3卷，莫斯科1968—1972年版。

的《巴门尼德篇》、亚里士多德的《形而上学》、普洛丁的《九章集》等难度极大的著作。他在翻译文艺复兴时代最著名的新柏拉图主义者普罗克洛的著作（1937年版，1979—1980年再版）时，选入了普罗克洛最深奥的作品。

洛谢夫也是一位语言学家。他的语言学著作有《符号，象征，神话》（莫斯科1982年版），《语言结构》（莫斯科1983年版）。在语言学领域，洛谢夫研究各种语言学模式，分析语言的语法结构，研究语言和思维在统一的历史发展中的相互关系，以及各种古代语言的语音学、词汇学和语法。洛谢夫精通古希腊语和拉丁语，写过研究古希腊语和拉丁语的论文。洛谢夫由于所谓政治问题一度受到批判，不能讲授美学和语文学课程，改为讲授本科生的古希腊语和拉丁语课程。洛谢夫在古希腊语和拉丁语句法史的著作中，分析了这两种古代语言中时间连续性的原则。在其他语言史学家的著作中，这条原则始终是语言史事实，而不是文化史事实。洛谢夫使这条原则进入文化史体系中，他把这条句法规则与某种思维类型结合起来，然后与某种文化类型结合起来。他研究古代语言复杂句规则的著作表明，古希腊语中这条规则的不稳定性和缓慢的成熟，以及它在古拉丁语中的不稳定性，与文化发展的某种水准有关。只是在经典的拉丁语中，在西塞罗、恺撒那里，这条规则达到自己的绝对性和严格性。

洛谢夫的一般语言学著作是在七十多年中陆续完成的。有的读者可能会认为，这些著述是文学、神话学、美学、语言学或者逻辑学的机械统一。然而，如果熟悉了洛谢夫的一般语言学著作以后，就会懂得，洛谢夫在他的著作中贯彻了共同的古希腊罗马文化观。例如，洛谢夫的《阿里斯托芬的神话词汇学》一书[①]既是文学理论著作，又是语言史著作，还是神话史著作。所有这些方面在书中密不可分地统一在一起。洛谢夫研究语言符号特征的著作宣称，语言的抽象结构理论不能够揭示语言的特征，语言的符号特征仅仅取决于语言的人的起源。换言之，语言理论被洛谢夫定义为关于人的学说、关于人的文化的学说。最能说明洛谢夫一般语言学观点的莫过于他的一篇论文的标题：论语言符

---

① 洛谢夫：《阿里斯托芬的神话词汇学》，莫斯科1965年版。

号的无限的含义适应性①。它明显地表现出洛谢夫的真正意图：即使在最抽象的文化因素中，他也要寻觅活生生的人，把人看作各种文化领域和文化类型中无限表现性的根源。他总是从整体上，从人的角度来理解古希腊罗马文化。此外，洛谢夫熟悉英语、德语、法语、意大利语和西班牙语。

　　至于洛谢夫在美学和艺术学领域的成果就更令人瞠目结舌了。在20世纪20—30年代，洛谢夫出版的美学和艺术学著作有《音乐作为逻辑学的对象》（莫斯科1927年版），《艺术形式的辩证法》（莫斯科1927年版），《名字的哲学》（莫斯科1927年版）。50年代以后，除了8卷9册的《古希腊罗马美学史》外，还出版了《历史发展中的古希腊神话》（莫斯科1957年版），《象征问题和现实主义艺术》（莫斯科1976年版），《古希腊罗马音乐美学》（莫斯科1960—1961年版），《文艺复兴美学》（莫斯科1978年版），《古希腊罗马文学》（莫斯科1986年第4版，与塔霍-戈基等人合著）。

　　不能不提到洛谢夫对音乐和数学的爱好。他和一大批著名的音乐家和数学家建立了深厚的友谊。在音乐理论上，他支持莱布尼茨关于音乐是心灵的算术的观点，提出了理性和非理性辩证吻合的论纲。为了研究德谟克里特、柏拉图、亚里士多德、智者派哲学家，特别是新柏拉图主义者关于结构的学说，洛谢夫研究了数学，更确切地说，是数学哲学。他至少花了整整十年的时间研究集合论。这对他深刻地分析古希腊哲学中的一些术语和理论甚有裨益。例如，他把柏拉图、亚里士多德的"埃多斯"解释为对现代"良序集"概念直觉的、然而辩证的预感。他还试图运用现代对无穷小的分析，以理解古希腊关于形成的学说，因为在现代数学分析中，无穷小不是恒数，而是形成（在这种情况下是减少）过程不间断性的证明。

---

　　① 洛谢夫：《论语言符号的无限的含义适应性》，《苏联科学院通报》（文学和语言卷）1977年第1期。

2.古希腊罗马文化研究的特征

洛谢夫在自己多年的学术活动中，从未专门研究过文化的理论问题。然而，他在文学、神话学、哲学、逻辑学、美学、艺术学和语言学等领域的研究中，都贯穿了一个经过深思熟虑的文化观和文化史类型观。作为古希腊罗马文化史家，洛谢夫对古希腊罗马文化史的研究表现出若干特征。首先，他把古希腊罗马文化作为整体来研究。他认为，文化是某些被积极推行的精神价值的历史体现和生活实际体现。每个细心的读者都可以在洛谢夫研究古希腊世界的完整发展的著作中发现这种文化观和文化史类型观的特征。很难把这种完整领域仅仅划分为一种物质因素或者一种精神因素。在洛谢夫看来，这绝不意味着根本不能够只研究物质文化史，或者只研究精神文化史，能够，也应该做这种研究。洛谢夫曾单独研究过古希腊文化的物质方面和精神方面。然而，洛谢夫的方法论独特性完全不在这里。它在于提出和解决完整的古希腊文化问题，即同时研究物质文化和精神文化。

洛谢夫的古希腊罗马文化史研究的另一个特征，是他不一般地论述文化及其时代，而是必然确定某种文化史类型。而且洛谢夫把文化史类型确定为某种基本原则，这种基本原则是许多文化史事实的概括。在这里，洛谢夫一方面与实证主义做斗争：实证主义通常不对大量事实做充分理解和概括就确定它们；另一方面又与抽象理想主义做斗争：与实证主义相反，抽象理想主义优先阐述文化的时代的一般特征，而不依据充分的事实。洛谢夫认为，没有某种理论，就不可能有历史事实本身。什么是某时某地发生的战斗？如果不知道相应时代占主导地位的文化史原则，那么，无论怎样详细地描述这件事实，它也不可能载入文化史。对于欧几里得的几何学也应当这样看待，在它还不是文化史类型现象，还没有得到相应的文化史概括和文化类型概括之前，本身只是一种形式。在这种含义上，洛谢夫屡次确定古希腊、希腊化时期早期和晚期所特有的文化基本原则。

洛谢夫古希腊罗马文化史研究的第三个特征，在于始终不渝地坚持文化史类型各个层次的发展极不平衡的思想。洛谢夫确定了荷马史诗的文化史类型，荷马史诗产生于村社氏族形态向奴隶制形态的过渡。不过，他反对把荷马史诗仅仅归结为某一种文化史公式。他认为，荷马史诗是古希腊关于神、自然、人和整个历史的表象长期发展的结果。它们包含着远古时代如拜物教和万物有灵时代的明显残迹。同时，荷马史诗也表现了晚近的文化，有奢侈的妇女服装、精致的美、复杂的心理、抒情、讽刺、悲剧。诚然，在这方面有许多先驱者，他们坚持荷马史诗中所谓"文化积淀"的立场。但是，洛谢夫把这种积淀理论引向准确的文化史公式，并且借助精细的观察来说明它。例如，洛谢夫在《奥德赛》第6章中发现9个不同时代古希腊人关于人在阴曹的命运的表象。

二、古希腊罗马美学研究的特色

洛谢夫的8卷9册《古希腊罗马美学史》博大精深，特色鲜明。

1. 术语的研究

洛谢夫对上千年的古希腊罗马美学文献的把握广度和理解深度令人惊叹。这首先表现在他对术语的研究上。洛谢夫认为，美学史研究首先应该研究术语，而然后——最主要的，是研究术语史。在研究某种术语的历史的时候，就会产生构筑自己的术语的意图。在各种术语的对比中，可以获得制定自己的术语的参照系。当然，这并不是说，可以把美学史仅仅归结为术语的系统。但是，如果不充分地掌握术语，就无法理解任何一种美学。

"理式"是柏拉图哲学和美学的核心概念，它在希腊文中分别由eidos和idea两个词来表示。洛谢夫在《希腊象征主义和神话》一书（莫斯科1993年版，该书写于1918—1921年，初版于1928年）花了五六百页的篇幅对这两个术语进行了详尽的考察[①]，他发现了这个术语的数十种含义差异。一般人认为，

---

① 洛谢夫：《希腊象征主义和神话》，莫斯科1993年版，第136—708页。

理式的学说首先是由柏拉图制定的。但是洛谢夫认为，这不是柏拉图，而是与柏拉图同时代的德谟克里特制定的，德谟克里特把他的原子称作理式。这就产生了一个极其复杂的问题：究竟谁向谁，是柏拉图向德谟克里特，抑或德谟克里特向柏拉图借用了学说，借用了什么内容？而柏拉图被说成是唯心主义者，德谟克里特被说成是唯物主义者。如果不知道他们中谁想出了"理式"的术语，不知道这个术语指什么，那么，有什么理由得出上述结论呢？按照德谟克里特的观点，原子也是神。在他那里，原子是如此永恒不变，它们和普通神的区别仅仅在于没有意识。但是事实上，它们甚至高于任何一种意识，因为正是它们产生了意识。

一般人认为，亚里士多德批评柏拉图把不需要的和有害的、脱离物的理式引入了哲学。而洛谢夫认为，完全不是亚里士多德，而首先是柏拉图本人认为不依赖于物而存在的理式是十分荒谬的。那么，究竟谁向谁，是柏拉图向亚里士多德，抑或亚里士多德向柏拉图借用了孤立的理式无效的学说呢？要解决这类问题，只能仔细地辨析柏拉图和亚里士多德之间的区别，而首先是他们所使用的术语的区别。研究伊壁鸠鲁的许多人弄不清楚，他承认抑或否认神？许多人认为他是彻底的无神论者，确实，伊壁鸠鲁的神不干涉世事。但是，洛谢夫认为，伊壁鸠鲁的神不仅存在着，甚至由原子组成，只是这些原子比组成世界的那些原子更细小。这些神吃、喝，彼此之间还用希腊语交谈。对伊壁鸠鲁著述准确的术语学研究能够产生意想不到的结果：很多研究伊壁鸠鲁的论文，竟然与伊壁鸠鲁的著述毫无共同之处。

洛谢夫对美学术语的专门观察，形成了真正的审美范畴系统。他在1954年的《早期希腊文学的审美术语学》一文中，以荷马和其他抒情诗人的材料对"和谐"这个术语进行研究，提供了毕达哥拉斯学派、赫拉克利特、恩培多克勒、德谟克里特、柏拉图和亚里士多德关于和谐范畴的概念的最有趣的结果。

在《古希腊罗马美学史》中，洛谢夫为了阐述了"命运"作为审美范畴的作用，考察了"命运"术语从前苏格拉底到普洛丁的发展史①。为什么古希腊的"命运"在洛谢夫那里是一种审美范畴呢？为什么"命运"的审美化恰恰是古希腊世界所特有的呢？这个问题的答案从洛谢夫的古希腊宇宙观中合乎逻辑地产生出来。古希腊把宇宙看为最高的现实，这种现实以感性造型的、形体上可触摸的直观为基础。但是，宇宙的这种造型性和图画性仅仅是闪闪发光的、用金线织成的覆盖物，它披覆在"无名深渊""神秘世界"上。古希腊人依据感性知觉，所了解的正是现实的这种外部方面。只有神才是宇宙生命的概括，人通过人神同形论理解神。但是神只向人展示自己存在的外部方面，神本身的起源由某种东西所决定，这种东西隐匿在物质世界的后面，它被称作"命运"。古代的宇宙学实质上不研究自然规律。"命运"作为绝对力量，赋予宇宙生命以一定的轮廓，给它以特殊的节奏，从而塑造它，创造了世界的雕像，这种雕像是有表现力的，实现内在隐匿的秘密、含义和意志。也就是说，"命运"审美地发挥效用，是组织各种类型的现实的审美观念。"命运"作为审美范畴，也有自己的发展史。按照洛谢夫的说法，在古老的史诗中，"命运"高于诸神，然后它与奥林普山诸神平起平坐，最后，在晚期的史诗中它依赖诸神②。"命运"不仅不同荷马的英雄主义相矛盾，而且促进了英雄主义。"古希腊的'命运'是规律不为人知的客观现实本身；但是，这些规律的实现不仅不妨碍强有力的个人英雄主义，相反，第一次使这种英雄主义成为可能。"③对"命运"的无知给予英雄行为以自由，帮助他独立地发挥作用，甚至迫使他反对"命运"。

"命运"作为审美观念，在前苏格拉底学者关于宇宙生命的概念中得到表现。赫拉克利特认为，即使太阳也不能违背为它所规定的尺度，因为真理的守护神埃里尼斯会赶上它。这里的埃里尼斯执行狄卡的意志，而狄卡是"命运"是实体之一。埃里尼斯监督宇宙正确的、不断重复的美的运动。在埃斯库罗斯

---

① 洛谢夫：《古希腊罗马美学史》第1—6卷，莫斯科1963—1980年版。

② 洛谢夫：《荷马》，莫斯科1960年版，第334—341页。

③ 洛谢夫：《古希腊罗马美学史》第1卷，莫斯科1963年版，第539页。

那里，埃里尼斯和"命运三女神"比肩而立。赫拉克利特的火也证明匀称宇宙的永恒性，宇宙不是由神创造的，也不是由人虚构的，而是由高于人和神的一种力量形成的。在恩培多克勒那里，万物之"根"是四种永恒的元素（土、水、气、火），其动力是"爱"（吸引力）和"憎"（排斥力）。由于"爱"和"憎"的吸引和排斥，宇宙保持自身的平衡。而这种"爱"和"憎"就是"命运"。

洛谢夫以这些论证表明，古希腊的"命运"不只是盲目信仰的对象，不只是哲学理论的结果，不只是诗人和剧作家任意的幻想虚构，不只是对不可捉摸的生命偶然性的确认，不只是引入惊骇和战栗的生命自发力量。对于古希腊人来说，"命运"还是美的、独立自在的和令人快慰的生命图景，也就是宇宙存在、宇宙内部存在，首先是人的存在的富有审美表现力的画面。

2. 影响研究和比较研究

做精细和正确的影响研究和比较研究，是洛谢夫古希腊罗马美学研究的又一特点。洛谢夫出色地研究了柏拉图对普洛丁的影响。普洛丁是新柏拉图主义的创始人和最有影响的代表。新柏拉图主义形成于公元3世纪，那已是柏拉图身后六百年的事了。新柏拉图主义的名称本身就说明了普洛丁对柏拉图的依赖。根据洛谢夫的研究，普洛丁《九章集》的内容很多出自柏拉图的著作，有105处出自《蒂迈欧篇》，98处出自《理想国》，59处出自《斐多篇》，50处出自《斐德若篇》，41处出自《斐利布斯篇》，36处出自《会饮篇》，35处出自《法律篇》，33处出自《巴门尼德篇》，26处出自《智者篇》，11处出自《泰阿泰德篇》，9处出自《高尔吉亚篇》，如此等等。这种影响研究的细密，充分说明了洛谢夫对古希腊哲学文献把握和理解的透辟。然而，新柏拉图主义不是柏拉图学说的简单复活，不能把柏拉图的影响绝对化。洛谢夫指出普洛丁也接受了赫拉克利特、阿那克萨哥拉、亚里士多德、斯多亚派的影响，他想总结古希腊罗马的全部哲学学说。

洛谢夫分析了普洛丁和柏拉图的联系和区别：柏拉图所隐含的思想由普

洛丁明确地表述出来。普洛丁的三个主要概念"太一""理智"和"灵魂"在柏拉图那里都可以找到，但是，柏拉图对它们的论述很简单，它们是分散出现的，只有仔细的哲学研究才能使它们明显起来，有的概念如"太一"在柏拉图的哲学中完全不占据中心地位。而这三个概念在普洛丁的著作中触目皆是，并且占有非常重要的地位。可以说，新柏拉图主义是对柏拉图主义的补充和发展。

新柏拉图主义不仅吸取了包括柏拉图在内的众多希腊罗马哲学家的思想成果，而且是罗马帝国封建化过程在意识形态上的反映。[①]在希腊罗马，没有一个哲学学派像新柏拉图主义那样热衷于确立存在的各种等级。虽然在柏拉图那里存在也分等级，然而只有几种，新柏拉图主义则确立了存在的几十种等级，其最高点是"太一"。"太一"高于一切，高于整个世界。产生这种概念的相应的社会条件是罗马帝国的封建化。当然，不是说新柏拉图主义关于存在的等级结构直接来源于等级森严的军事官僚制度，而是说这两种相似的现象具有共同的社会基础。洛谢夫的这种影响研究令人豁然开朗。

在《古希腊罗马美学史》第4卷中，洛谢夫同样自觉地坚持一种美学思想对另一种美学思想产生历史影响的原则。例如，古希腊智者派哲学家为希腊化时代的主观主义做了思想准备，基督教绝对个性的学说在新柏拉图主义的基础上发展起来，亚里士多德关于艺术中可然性的思想为创造想象和幻想做了准备，而创造想象和幻想在实质上与古希腊的摹仿说相对立。

古希腊美学家恩培多克勒认为，任何物体都由水、火、土、气四种元素组成，它们也放射出连续不断的、细微而不可见的元素。人的感官如眼睛同样由四种元素组成。客观物体的流射粒子进入人的眼睛，同眼睛中相同的元素相遇，进入合适的孔道，就形成视知觉。物体水的流射粒子容易进入眼睛中由水组成的孔道。这就是所谓流射说。眼睛和客观对象是否"同类相知"，会产生不同的视觉反应。恩培多克勒通过感官结构和客观物体结构的"同类相知"来

---

① 洛谢夫：《古希腊罗马美学史》第6卷，莫斯科1980年版，第169—171页。

解释感觉，基本上出于猜测，这种理论也比较粗糙，然而这种理论对美学仍然具有重要意义，它从一个方面说明了审美知觉形成的原因。洛谢夫指出，如果眼睛的结构和外界物体的结构相合适，那么，眼睛中的孔道畅通无阻，在这种情况下视知觉就会产生快感。反之，眼睛中的孔道就阻塞僵滞，视知觉就会产生痛感。现代某些审美知觉理论与恩培多克勒的这种观点相去并不太远。[①]例如，斯宾塞就利用筋力节省的原则来解释秀美。他认为秀美的印象起源于筋肉运动时筋力的节省，运动愈显示轻巧不费力的样子，愈使人觉得秀美。

在公元前5世纪的古希腊美学中，人数众多的智者派美学家颇为活跃。对于智者，洛谢夫有一个比较研究：智者运动是一种广泛的社会思潮，而不是统一的哲学学派。智者运动在古希腊美学中的作用犹如伏尔泰和法国启蒙运动在近代欧洲美学中的作用。[②]

苏格拉底的一些弟子被称作小苏格拉底派，在小苏格拉底派中，犬儒派最为重要。对于犬儒派，洛谢夫也有一个比较研究：犬儒派是西方美学史上一个非常独特的现象，可以把他们的美学称作为丑的美学、乖张的美学。[③]苏格拉底要求人要有智慧，要改造自己生活中的丑。犬儒派把生活绝对化，认为无须对生活中的丑进行改造。洛谢夫这些信手拈来的影响研究和比较研究，极大地加深了读者对古希腊罗马美学的理解。

3. 希腊神话作为古希腊美学的母体

洛谢夫把希腊神话作为古希腊美学的母体，并对神话做了独特的理解。希腊神话产生于希腊原始社会，约公元前10世纪至公元前7世纪。人类历史开始于氏族村社形态，人类思维开始于神话。洛谢夫神话研究的特点是以清晰和简单的形式把这两者结合起来。有些研究者认为，神话是原始人为了从理论上解释自然现象而创造出来的。洛谢夫不同意这种看法，他提出疑问：用杜撰的各

---

① 洛谢夫：《古希腊罗马美学史》第1卷，莫斯科1963年版，第413页。
② 洛谢夫：《古希腊罗马美学史》第2卷，莫斯科1969年版，第14页。
③ 洛谢夫：《古希腊罗马美学史》第2卷，莫斯科1969年版，第87页。

种幻想的怪物以及谁都从来没有见过、常常是丑陋和野蛮的活物，来代替人间简单明了的现象，这算什么对自然的解释呢？根据洛谢夫的观点，神话不是别的，就是以概括的形式把氏族村社关系移置到整个自然界和整个世界上。原始人只可能按照氏族村社的联系来解释整个存在。这些联系概括的形式被移置到自然中，并得到异常的夸张，这导致原始人只可以神话地思维。这种神话对于古人是完全自然的，他根本不把神话视为自己幻想的产物，而是真正唯一的和可能的现实。

古希腊人崇拜月桂树、葡萄藤、常春藤等，赋予每棵树以神秘的力量，即树精。随着生产力的发展和智力的增强，原始人开始懂得进行概括。这时候树精不仅是某棵树的精灵，而是各种树、所有树的精灵。大地、河流、田野、山脉都有精灵。精灵获得某种个性，它成为神。在希腊语中，"神话"的含义是"词语"。希腊神话是关于神的词语。希腊人用词语称呼周围的事物，就是在进行某种概括。希腊神话中的赫费斯托斯是一位铁匠，在造型艺术中他身体健壮，穿铁匠长衣，头戴锥形帽，手执铁锤或铁钳，一只手臂裸露在外。如果他仅仅是普通铁匠的翻版，他就没有任何神话意义。他之所以能够进入神话，是因为他是火的概括。希腊人看到闪电迸发出的火花，看到铁匠炉火中的火苗，看到森林的火灾，看到夜间闪烁的火光，就用一个词语来概括它们，即赫费斯托斯。赫费斯托斯成为火神和炼铁业的庇护神。可见，希腊神话中的神既是某种自然现象的神化，又是对某类事物、现实的某种领域的概括。

早期希腊美学不是神话，但是在概括这一点上它和神话有共同性。早期希腊美学家是自然哲学家，他们力图寻找统摄万物的原则或元素，毕达哥拉斯学派认为这是数，并且直接宣告数就是神，数最美。在这种意义上，古希腊美学是对希腊神话的反思。

如果早期希腊哲学家用数和元素来代替希腊神话中的神，那么，柏拉图用理式来代替神。柏拉图的理式是对归属它的同类事物的极端概括。例如，我们喝的水是水，洗衣服的水也是水，河里流动的水还是水，天上下的雨则是水滴。柏拉图的理式是以素朴的方式对自然规律和社会规律的概括和总结，他力图用这些规律来替代古老的神话。那个时代对自然规律和社会规律的探索刚刚开始，对这些规律的解释也是相当素朴的。不过，柏拉图对万物规律的探索表明了由神话向人的思维过渡的深刻变革。在这里，柏拉图完全站在先进的甚至是革命的立场上。从希腊神话的角度看待古希腊美学，可以形成更深刻的理解。

4. 严格的科学分析和新颖独特的阐述相结合

洛谢夫研究古希腊罗马美学时，做到了严格的科学分析与新颖独特的、具有高度文学技巧的阐述相结合，古老的材料与现代科学方法相结合。他在《古希腊罗马美学史》第1卷中研究了古希腊数的概念。他提出了这样的问题：为什么在古希腊不仅人，而且整个自然、整个世界，都是数或者数的组合？为什么只有在达到数的和谐的地方，才能够有美？为什么艺术本身就是数和结构？原来，古希腊数的学说不是抽象的，相反，它在起源上是毕达哥拉斯学派心灵学说的数学哲学论证。毕达哥拉斯学派的心灵学说产生于狄俄尼索斯（古希腊神话中的酒和葡萄之神）的宗教。对狄俄尼索斯的祭祀是一种亢奋行为，是对自然中所具有的创造力、繁衍力的狂喜。被这样从审美方面理解的自然充满着无限的潜能、无穷的生命活力。数就是存在和生命的创造力的概括，这种创造力从未加划分的、混沌的潜能走向得到划分的、完善的、和谐严整的有机体。因此，毕达哥拉斯学派的数被解释为"成形的、物质上被组织起来的躯体，和作为躯体组织原则的心灵，以及作为心灵本身的基础和这个心灵所特有的观念的基础的含义的给定物"①。因此，数的结构是毕达哥拉斯学派基本的审美现实，毕达哥拉斯学派的兴盛与狄俄尼索斯宗教的传播相吻合。这种数的结构在古希腊宇宙美学文献、柏拉图的对话《蒂迈欧篇》中得到最理想、最完善的表现。

在《古希腊罗马美学史》第2卷论述苏格拉底的一章中，洛谢夫描述了这

---

① 洛谢夫：《古希腊罗马美学史》第1卷，莫斯科1963年版，第266页。

位真理的永恒探索者的复杂形象。他不把苏格拉底单一地理解为理想的道德家，而描绘了苏格拉底"令人猜测和令人生畏的形象"。读者看到的是一个外表上温厚、乐观和微笑的思想家。然而实际上，这种笑往往变成讽刺，他的温厚是挖苦的和刻薄的，因为他知道人的最卑污的行为。但是他认为对卑鄙的人进行嘲笑比斥责和侮辱好，由于这种嘲笑，对方的心跳得比闹饮狂舞的祭司的心还要剧烈。洛谢夫指出，苏格拉底与人们交谈的方式是民主的。这不只是因为他在大街、广场和市场上和人们相见，并向他们提出各种问题。他对格言的不可更改表示怀疑，他也不满赫拉克利特和毕达哥拉斯真理的难以理解以及思辨的贵族派头，这种贵族派头认为证明真理的方法本身是把真理庸俗化。苏格拉底不对权威顶礼膜拜。他终生证明、论证真理，建立在感觉和理性上被证实的"生活逻辑"，摧毁旧理想的顽固教条。苏格拉底是"机敏的，爱嘲笑人的，凶狠而又多智的"。"在他身边要小心警惕……他潜入人的心灵深处，以便后来悄悄地蹦出来，就像鱼从露天鱼池里蹦出来一样，您仅仅来得及发现转瞬即逝的尾巴。"[①]洛谢夫把苏格拉底看作过渡时代合乎规律的产物，是社会、文化过渡的象征，既为旧理想又为新理想所不容。这就是旧式民主和正在成熟的个性绝对化都不接纳苏格拉底的原因，他应该死。洛谢夫清晰地论证了令许多人大惑不解的苏格拉底之死。

洛谢夫的《古希腊罗马美学史》是一部完整的百科全书，它展示了古希腊艺术、文学、语言、哲学、道德、社会生活中形成的关于表现形式的表象。而美学范畴是古希腊罗马文化的浓缩和凝结。

第二节　阿斯穆斯的德国古典美学研究

阿斯穆斯（1894—1975）首先是一位哲学史家，同时从事美学史和美学理

---

① 洛谢夫：《古希腊罗马美学史》第2卷，莫斯科1969年版，第82页。

论研究。自1939年起，他一直执教于莫斯科大学哲学系。中国美学界首先提及阿斯穆斯的，是朱光潜。朱光潜在20世纪60年代撰写的《西方美学史》，从不撷拾道听途说，一般很少援引其他美学史家的观点，更不轻易赞扬他们的观点。可是，在《西方美学史》第一章中，却两处援引了阿斯穆斯在《古代思想家论艺术》的序论中的言论，它们分别是阿斯穆斯对毕达哥拉斯学派和苏格拉底的美学观点的评论。朱光潜还特意指出："阿斯木斯评论到苏格拉底的这一观点时，说过一段很精辟的话。"[①]

　　阿斯穆斯的哲学和哲学史著作有《康德的辩证法》（莫斯科1929年版），《新哲学中辩证法史纲要》（莫斯科—列宁格勒1929年版，1930年第2版），《哲学史》（莫斯科1940年版，阿斯穆斯是作者之一），《法西斯主义对德国古典哲学的赝造》（莫斯科1942年版），《逻辑学》（莫斯科1947年版），《论证和驳斥的逻辑学》（莫斯科1954年版，曾译成中文），《笛卡儿》（莫斯科1956年版），《康德哲学》（莫斯科1957年版，曾译成中文），《德谟克里特》（莫斯科1960年版），《卢梭》（莫斯科1962年版），《哲学和数学中的直觉问题》（莫斯科1963年版，1965年第2版），《古希腊罗马哲学史》（莫斯科1965年版，1976年第2版改名为《古希腊罗马哲学》），《哲学著作选》2卷本（莫斯科1969年、1971年版），《柏拉图》（莫斯科1969年版，1975年第2版），《哲学史探索》（莫斯科1984年版），《康德》（1973年版，中译本由北京大学出版社于1987年出版）。阿斯穆斯的主要美学著作有《18世纪德国美学》（莫斯科1962年版）和《美学理论和美学史问题》（莫斯科1968年版）。阿斯穆斯的著作产生过广泛的影响，被译成英、德、法、芬兰、中、匈牙利、波兰、罗马尼亚等多国文字。他对德国古典美学的研究表现出若干特点。

---

① 朱光潜：《西方美学史》上卷，人民文学出版社1979年版，第37页。

一、美学思想作为整个哲学思想的一个环节

西方最著名的美学家如柏拉图、亚里士多德、康德、黑格尔等，首先是最著名的哲学家。阿斯穆斯在研究德国古典美学家时，把他们的美学思想看作他们整个哲学思想的一个环节、一个有机组成部分。他是在撰写了德国古典哲学、康德哲学的著作后，再撰写德国古典美学的著作的。他在全面、详细、深入地研究德国古典美学家的哲学体系的同时，研究他们的美学思想。阿斯穆斯从不孤立地、单纯地就他们的美学著作来研究他们的美学观点，例如，他不仅就《判断力批判》来研究康德的美学观点。他也不是根据通行的概念，在泛泛地交代美学家一般哲学观点以后，再转而论述他们的美学思想的。而是在直接研究、掌握美学家的全部著作的基础上，在分析、评述他们的哲学体系所有主要方面的基础上，着手阐述他们的美学思想。从而有利于把握他们美学思想的本质和特点，准确地确定他们的美学思想在哲学体系中所占据的地位。这是阿斯穆斯德国古典美学研究的一个特点。这里表现出来的深厚的哲学功底，是一般美学史研究者难以企及的。

阿斯穆斯在从事德国古典美学研究时，在哲学方面做了充分准备，他写过德国古典哲学的著作。对于康德美学的研究，他在哲学上的准备更是充分，他撰写了几本有关康德哲学的专著。他不仅考察了康德的美学，而且考察了康德哲学的主要部门：认识论、伦理学，以及有机界合目的性的学说。他不仅考察了康德的哲学，而且也考察了康德的自然科学研究成果：宇宙学和宇宙生成论，银河系外还有银河系的假说，潮汐摩擦力对地球自转速度永远产生影响的学说。所以，他所了解的是作为整体的康德，在研究作为美学家的康德的同时，也研究作为自然科学家的康德。他的美学史研究是花了大气力、下了大功夫的。

正是由于整体的把握，阿斯穆斯对一些著名哲学家的美学思想的研究显得全面、深刻、准确。例如，他在康德哲学中看待康德美学问题的发展，指出在康德的基本美学著作《判断力批判》问世前二十六年，康德就注意到美学问

题，康德于1764年发表了论文《对美和崇高感的观察》，表现出对美和崇高问题的兴趣。这个问题也就是后来的《判断力批判》的核心。不过，那时候康德的美学观点还仅仅是鲍姆嘉敦的观点：美学被看成对逻辑学的简单补充。只是到康德把审美判断力同目的性判断力归在同一个观点下的时候，他关于美学范畴和艺术的观点才开始改变。

康德的《判断力批判》由前言、导论和两个部分组成。第一部分是《审美判断力批判》，第二部分是《目的论判断力批判》。那么，是什么想法使康德把美学问题的研究包括在研究自然的合目的性判断的书中呢？康德的目的论和美学即关于美、崇高和艺术的学说之间有什么关系呢？阿斯穆斯从18世纪哲学和科学发展的角度考察这些问题。在18世纪，目的论问题首先是作为自然的合目的性问题提出来的。神学认为，上帝是整个宇宙中合目的性的原因。当时的科学承认自然界中有合目的性这一事实，但又无法科学地解释这个事实。这个矛盾不仅在康德早期的宇宙学中成了他注意的中心，也是他的第一个"批判"——《纯粹理性批判》——的研究对象。在这本书中，康德运用了被我们译为"美学"的"伊斯特惕克"（Ästhetik）的概念。这时康德心目中的美学是认识论的一部分，即关于感性的先天形式——空间时间——的学说。对美学的这种理解起源于鲍姆嘉敦。①

《纯粹理性批判》出版五年后，1786年在它的第二版中，显露出康德改变对美学的看法的端倪。而从来源于鲍姆嘉敦的美学概念向新的美学概念的过渡，是在1790年出版的《判断力批判》导论第7章中完成的。在《判断力批判》中康德对伊斯特惕克有了完全不同的理解，把它解释为"鉴赏力批判"，对美和崇高的批判研究，对艺术活动和艺术种类学说的批判研究。康德的"鉴赏力"指的是一切人的快乐，而不仅仅是对个人的快乐作出判断的能力。康德把目的论排除在理论理智及其范畴和基本原理的范围以外，把它安排在快乐和

---

① 鲍姆嘉敦把美学看作感性知识的认识论，美学和逻辑学没有特征上的区别，只有程度上的不同。

不快的能力上。这样，合目的性概念和快感、不快感之间的联系，使"目的论"和"鉴赏力判断"统一起来。在康德那里，有一种关于对象的合目的性表象，它独立于任何认识，与快感相联系。而"关于对象合目的性的审美判断"，既不基于某种给定的关于对象的概念，也不创造任何概念。快感必然与对象的表象相联系，形式是这个对象的表象中快乐的基础。这样，康德是把美学作为对我们判断的一种特殊能力的研究引进的，这种判断由快感或者不快感所制约。这些预先的想法决定了康德美学的某些重要特点：（1）康德哲学对美学问题的制约性，美学与康德批判主义的基本任务、问题及其解决方法的联系；（2）美学唯心主义，即否定审美属性的客观意义；（3）把审美判断力同认识领域分割开，同对象的概念分割开，认为审美判断是情感制约的判断；（4）强调对象的形式是审美快感的源泉。

由此可见，阿斯穆斯向我们展示的不仅是美学家代表著作中的最终结论，而且是美学家的思想产生、形成和发展的生动进程。他的条分缕析、真知灼见和比较通俗的叙事，仿佛在一座歧路纷呈、曲折回复的科学迷宫中，为我们标出登堂入室的捷径。沿着这条捷径，我们就比较容易在庞大繁复、深奥晦涩的哲学体系中，把握住作为这个体系的一部分的美学思想的精髓。

二、在美学史的历史过程中考察每个美学家的思想

阿斯穆斯不仅在美学家的整个思想体系中考察他们的美学观点，而且运用历史主义的方法，把每个美学家摆在作为有机整体联系的历史过程的美学史中来考察，清晰地指出每个美学术语、观点、问题的来龙去脉和渊源联系，显示出浑厚深沉的历史感。这是阿斯穆斯研究德国古典美学的第二个特点。

阿斯穆斯特地就这个问题阐述了马克思主义解释意识形态的方法的基本原则：在社会的连续不断地相互更替的各代之间，无论哪一代人，当他们进入一时的活动时期，着手解决自己面临的任务时，都不是在一片空地上开始自己的工作的，而必然依据先前的经验。人们自己创造自己的历史，但不是在他们为

自己确定和选择的条件下创造自己的历史。他们不仅面临着他们这代人之前的历史舞台上形成的一定的历史社会环境，还面临着观念、概念、思想的完整体系，用这些形式去认识、思考、理解自己社会的活动。这就是在他们之前形成的宗教、哲学、科学和艺术观念。新一代人不能一下子为自己选择全新的，与前人意识没有任何关系、任何联系的概念，他们不得不依赖哲学、科学和美学的传统。甚至当最能动地使旧意识形态适应现代要求时，也可以发现这些传统的特点和征兆。阿斯穆斯总是精确地指出传统影响的特点和征兆，从而确定每个美学家的贡献和价值。

一般美学史都把席勒看作康德的门徒[①]，康德是通过《判断力批判》对席勒产生影响的。然而，阿斯穆斯指出，席勒哲学观点和康德观点的接近不仅表现在席勒于1790年以后所写的美学著作中，例如《审美教育书简》（1793—1794）中。席勒在成为美学中的康德信徒以前，就是哲学和道德中的康德信徒。席勒在康德《判断力批判》问世四年前所完成的《哲学书简》（1786）中，就包含与康德基本思想相接近的纲领性宣言。在此后的著作中，席勒正是从这种观点出发来研究美学问题的。这种观点可以归纳为：创造活动和理论活动的结果与其说取决于研究材料，不如说取决于研究方法，以及我们的研究能力所处的领域。

阿斯穆斯分析了康德对席勒美学思想的影响，这主要表现为：第一，研究重心从审美对象转移到关于审美对象的意识，对象本身仿佛取决于这种意识的形式。席勒的这个基本美学思想来源于康德。在这方面，席勒无疑是唯心主义者，而且是康德型的唯心主义者。第二，艺术或者艺术活动实质上只是成形活动，只是形式的创造。艺术的目的是以形式"消灭"内容。第三，必须把作为艺术成形活动的艺术同认识严格地区分开来，把审美领域同道德实践领域和科学理论领域严格地区分开来。如果席勒对康德思想的态度仅以此为限，那么，

---

① 康德的主要美学著作出版于1790年。不少研究者认为，席勒的主要美学著作都是在1790年以后完成的。

席勒作为思想家和美学家就仅仅是康德信徒。但情况并非如此。席勒不仅作为诗人和剧作家是伟大的，而且作为哲学家和艺术理论家也是伟大的。在美学领域，他不仅仅是康德信徒。

按照阿斯穆斯的理解，其原因为：第一，席勒在掌握了康德美学的某些原理以后，没有停留在这些原理的界限内，而是沿着一种接近歌德、偏离康德的方向继续前进。第二，席勒即使在最接近康德的时期中，也不是仅仅重复康德的观点，其学说并非只是康德美学的回声。席勒的康德学说是对康德的独特解释。通过阿斯穆斯准确的厘定，我们可以清楚地看出席勒美学和康德美学的渊源关系以及席勒美学的发展。席勒的例子表明，创造性的学者接受影响不是被动的，与其说他"碰见"以后对他发生影响的人，不如说他自己去"寻觅"这个人。他在与自己观点接近的人身上寻觅的仅仅是一些思想的支柱，这些思想正在他自己的头脑中走向成熟，尚未定型，但是以后将成为他自己的、独特的思想。对于席勒这样的创造性学者来说，他所服从的影响是自己选择的结果。与其说是他受到其他思想的影响，不如说是他"允许"思想影响自己，而且这种影响的作用方向取决于他自己思想发展的倾向。

阿斯穆斯还从康德对席勒的影响和对其他美学家影响的比较研究中，进一步分析了席勒的美学思想。他指出，康德对于席勒的意义完全不在于康德论证了形式主义艺术观，把艺术所产生的快感归结为仅仅由形式所产生的快感，以及把审美同逻辑和道德区分开来。席勒懂得，康德的美学是矛盾的，他从康德的美学中汲取了符合自己的寻求和意愿的那个矛盾方面。在康德美学中有强烈的形式主义倾向，以后形式主义流派的艺术理论家和美学家恰恰依据了这种倾向。德国形式主义美学的创始人海尔巴特、海尔巴特的学生戚美尔曼、戚美尔曼的学生——德国音乐学家汉斯力克，在美学上的形式主义都来源于康德。新康德学派美学家①的形式主义理论归根到底也起源于康德。

但康德在美学上不只是一个形式主义者。对于他来说，艺术作品不仅是产

---

① 新康德学派美学家有马尔堡学派创始人柯亨，以及赫利斯季安森和科恩等。

生形式的审美力量的自由游戏。康德把艺术看作能够通过特殊手段和特殊材料使形象从描绘现实上升为表现理想的一种活动。尽管康德把鉴赏力仅仅看作评价形式的审美能力，然而在他看来，艺术作品不仅是鉴赏力的表现，而且是精神的表现。这种艺术观能使康德对艺术做出新的分类。如果按照康德美学的形式主义倾向对艺术进行分类的话，标准只能是某种艺术所达到的形式纯粹性的程度。从这种观点出发，康德就应该承认花纹图案一类的完全无对象的艺术是最高的艺术样式。然而，把艺术作品看作精神表现的观点，又迫使康德把艺术表现观念的能力看作艺术分类的标准。康德根据这种观点，承认诗是最高最高的艺术，而其他各种艺术，他按照与诗接近的程度加以排列。在诗内部，他最为推崇的不是自然主义地再现现实的诗，而是表现理想的诗。

康德的这些美学观点使席勒有可能与他相接近。席勒在阅读康德时，不仅注意到康德全部美学思想的关联，还注意到康德的主要著作——《判断力批判》《实践理性批判》和《纯粹理性批判》——的关联。而且，席勒像歌德一样，把康德的哲学问题同德国占统治地位的哲学——沃尔夫及其信徒的形而上学相对比，从而发现康德哲学的解放思想的巨大力量。阿斯穆斯指出，席勒对康德的独立态度不仅在于他掌握了康德美学中最强的一面——把艺术看作通过形式创造上升到表现思想的活动；而且席勒的独立性更鲜明地表现为：他已经不再解释康德，而是离开康德，反对康德，超越康德。在同康德争论时，席勒由康德走向歌德，甚至黑格尔，从主观唯心主义走向客观唯心主义，从形而上学走向辩证法，从审美认识论走向作为解决文化和历史矛盾的手段的美学。

通过阿斯穆斯对席勒美学和康德美学的渊源关系的分析，我们看到的是一幅千头万绪、错综复杂，然而脉络清晰、井然有序的美学思想发展图景。美学思想的发展既非无本之木，又非简单的、接力棒式的师承。这是一个不断扬弃、不断创新的过程，既有影响，又有超越，各种思想的碰撞产生出新的火花，照耀着美学史的漫漫历程。

三、把握原始资料的详备赅博

阿斯穆斯的德国古典美学研究中，掌握的原始资料详备赅博，对哲学史、文化史和美学史的全貌十分熟悉。正是有了这个基础，阿斯穆斯在分析美学思想和哲学思想的联系、某个美学家在美学史中的地位和贡献、美学思想的继承和创新的关系等问题时，显得游刃有余，举重若轻。阿斯穆斯的美学史著作都不是急就章，而是呕心沥血的厚积薄发之作。

在研究康德美学时，阿斯穆斯依据丰富的原始资料，廓清美学史研究中的一些误解，强调研究康德美学不能与研究在康德美学诞生前四十年间德国美学思想的发展割裂开来，从而弄清康德本人把哪些东西归功于他的前辈，在哪些东西上他继承了前辈所开创的工作，他又是怎样发展和综合了前辈的美学思想的。

阿斯穆斯把康德美学理解为美学发展的结果。这一发展开始于18世纪中期，经历了三个前后相继的阶段：第一个阶段把精神分成三种"能力"；第二阶段认为对美的感受不是出于兴趣，而是出于情感；第三阶段把美的本质归结为快乐。所有这三种学说都属于康德美学，但不是康德首先提出它们的，他利用了传统，把精神分成三种"能力"，人们早就指出，这是康德从心理学家和哲学家特滕斯那里借用的。但是阿斯穆斯指出，在这个问题上特滕斯既不是康德依赖的唯一的人，也不是第一个提出该理论的人。1767年，里德尔在他的《艺术理论》中宣布精神有三种独立自主的能力："共同的情感""良知"和"鉴赏力"，它们分别属于真、善、美。1771年，苏尔策尔把精神分为三种：理性、道德感和鉴赏力。特滕斯是到1777年才在《关于人性的哲学尝试》中提出类似的划分，而最接近康德精神能力分类的是门德尔松。1785年门德尔松在《晨课》中把精神能力分为：快乐和不快乐的情感、意志、理性。

康德美学的第二个基本思想，即把美归结为情感领域，来自在时间和民族范围上更广泛的传统。卢梭对康德产生过很大影响，而情感在卢梭的哲学和美学观点中起了重要作用。门德尔松把对美的感受与情感直接联系起来，排除理性和意志的任何干涉。温克尔曼把情感看作唯一能够建立在美的基础上的功能：只有情感才能感受到美。莱辛也把艺术对感觉的作用看作艺术的目的。

康德美学的第三个基本思想——把美归结为主观性，也是传统上已有的。苏尔策尔把美同认识分开，审美快乐可以通过直观对象获得。门德尔松发挥了类似的思想，甚至在术语上和康德相接近。他把认识分为"质料的"认识和"形式的"认识。"质料的"认识是理智概念活动的结果，"形式的"认识只同情感有关系。

可见，从里德尔，经过苏尔策尔、特滕斯、门德尔松到康德，表现出一种共同的传统和意图：阐明感受美和艺术的特殊领域，确定审美对象的特殊性。这些理论是德国美学中把美同善、艺术知觉同科学认识区分开来的第一次尝试。康德的前辈和康德本人，完成了历史上酝酿成熟的任务。但是，康德并非简单地重复或者概括自己前辈的学说。阿斯穆斯指出，首先，康德鲜明而准确地确定了自己前辈的美学中有的只是初具规模，还没有从他们本人所反对的观点中分离出来的东西。他把前辈所没有的先验论唯心主义原则带进美学。其次，他力图克服研究方法的形而上学局限性，把各种支离破碎的理论统一、联合成一个严谨的体系。正是在这种意义上，阿斯穆斯指出："在美学上，康德不仅应该被看作为一位'创始人'，而且也应该被当作一位'继承者'，在某些事情上还应该被当作'完成者'。"①

康德研究美学问题并不是从艺术，甚至不是从美学问题出发的，他是为了构筑体系的需要，从而力图确定人的各种精神力量能力的关系。美学史研究者一般是从《判断力批判》的导论得出这种结论的。康德在导论中把人的精神能力分成认识、快与不快的感情和愿望，也就是理智、感情和意志三部分。他在《纯粹理性批判》和《实践理性批判》中分别研究了理论认识和道德意志的先天法则。《纯粹理性批判》研究的现象界是有限的、受必然律支配的自然，《实践理性批判》研究的物自体是无限的、不受必然律支配的自由世界。这两

---

① 阿斯穆斯：《康德》，孙鼎国译，北京大学出版社1987年版，第314—315页。

个世界彼此割裂，不相联系。而《判断力批判》研究的合目的的审美判断，把实际的自然当作理想的自由世界，从而让上述两个世界沟通起来，作为体系也就完整了。阿斯穆斯不仅依据《判断力批判》的导论，而且依据早于《判断力批判》的康德于1787年12月28日致莱因霍尔德的信，也得出同样的结论。尽量挖掘原始资料，努力探索每种美学思想的源头，这样的例子在阿斯穆斯的美学史研究中屡见不鲜。

第三节　奥夫相尼科夫和六卷本《美学思想史》

20世纪80年代苏联出版的六卷本《美学思想史》的主编是奥夫相尼科夫。

一、奥夫相尼科夫的美学史研究

奥夫相尼科夫（1915—1987）自1961年起担任莫斯科大学哲学系美学教研室主任，直至去世。在相当长的一段时间中，他还兼任苏联科学院哲学研究所美学研究室主任。其间还担任过莫斯科大学哲学系系主任。在他去世前三十年中，他一直是苏联美学界的学术领导人，是一系列部定美学教材、美学大纲的主编。他的很多著作被译成中文，如《美学思想史》（莫斯科1978年版，1984年修改重版，陕西人民出版社1986年出版的中译本依据1978年的版本），《黑格尔哲学》（莫斯科1959年版，中译生活·读书·新知三联书店1979年版），他主编的《美学》（莫斯科1966年版，中译上海译文出版社1982年版），《简明美学辞典》（编者之一，莫斯科1963年版，中译知识出版社1981年版），《马克思列宁主义美学》（莫斯科1973年版，1983年第2版，中译有两个版本，其中一个改名为《大学美学教程》，北京大学出版社1989年版）。

奥夫相尼科夫的其他著作和主编的文献有《马克思主义以前的外国哲学史》（与索科洛夫合著，莫斯科1959年版），《马克思恩格斯列宁论艺术》

（莫斯科1965年版），《马克思恩格斯列宁的美学理论》（莫斯科1974年版），《马克思列宁主义经典作家论美学和现时代》（莫斯科1985年版），《艺术和资本主义》（莫斯科1979年版）。他的美学史著作除了《美学思想史》以外，还有《审美学说史纲》（与斯米尔诺娃合著，莫斯科1963年版）。

奥夫相尼科夫主编的5卷本《美学史·世界美学思想文献》（莫斯科1962—1970）①篇幅宏丰，资料广泛，这是当时世界上最详尽、最完备的世界美学史文献资料。朱光潜20世纪60年代在撰写《西方美学史》时已经注意到这部文献。该书第1卷包括古代到文艺复兴时期美学思想的发展，第2—4卷包括17—19世纪美学思想的材料，第5卷是马克思主义美学发展的文献。每一卷都有长篇序言，另外，各个时期、各个国家和每个美学家分别由编者撰写介绍和说明。每一卷后面都附有详细的俄文和西文的参考书目。

奥夫相尼科夫的美学史研究的第一个特点是，他力图科学地解释，为什么在社会发展的某个阶段产生了某些美学观念，什么原因决定美学思想的繁荣或者衰颓，为什么一些美学理论为另一些美学理论所替代，什么状况引起美学根本问题上的斗争，各种审美观念的客观价值如何，评价各种审美观念的真正标准是什么，审美观念在某个历史时期人们的生活中的作用怎样。显然，要解决这些问题，不能满足于肤浅地描述审美学说发展的外部史，而要揭示审美思想形成、发展和发挥功能的内在本质和规律性。

既然美学观念像其他各种观念一样，是人们生活现实过程的反映，因此，奥夫相尼科夫不是在观念本身中，而是在社会生活物质条件中，在每个社会发展阶段的阶级斗争的性质和特征中寻找审美观念和精神生活的其他方面——政治、道德、艺术——的相互作用。马克思主义的这些基本原理决定了奥夫相尼科夫的研究的总倾向，以及对待分析对象的方法。

奥夫相尼科夫对美学和美学史对象的理解，是他的美学史研究的又一个特点。他认为，美学研究自然中、社会中、物质生产和精神生产中的美，审美意

---

① 该文献每卷都很厚重，例如1964年出版的第2卷有836页。

识发展和发挥功能的规律，按照美的规律创造的一般原则，其中包括艺术作为反映现实的特殊形式在社会中发展和发挥功能的规律。在美学的对象问题上，奥夫相尼科夫强调美学与哲学的密切联系以及美学与哲学基本问题的密切联系，而使美学脱离哲学的实证主义观点，会导致美学作为一门哲学学科乃至作为一门一般科学的灭亡。为什么美学是哲学的一部分呢？因为审美在对基本审美范畴——美、崇高、悲、喜等——的关系上，是一种类概念。审美理想、审美趣味等审美概念在内容上比审美范畴要狭隘。而只包括艺术领域的范畴——艺术形象、艺术方法和艺术风格等，就更狭窄。理解审美范畴的困难在于，其中不仅凝定了现实、艺术、人类实践、人们的生活方式等的某些方面、联系、规律、属性，而且凝定了对这些方面、联系、规律、属性的关系，以及对它们的评价。这样，在审美范畴中包含着极其广泛的、哲学的概括。因此，美学应该被看作一门哲学学科。当人们说哲学美学时，所指的是把美学的一般规律和范畴运用到某类审美现象上。

按照这样的理解，美学史应该研究审美思想、审美学说、审美理论在社会中的形成、发展和功能。当然，审美思想不总是以理论形式表现出来，它还会表现在其他形式如创作原则、文学理论和艺术概念中。但是，美学必须得到哲学概括，只有在这种含义上它才可能保持自己的特殊性，同时与研究艺术的各门学科有机地相联系。

美学史的任务是揭示审美思想发展的规律性、它的合规律的倾向性。奥夫相尼科夫的研究表明，审美思想发展的规律性是相对的，它是整个历史发展规律的特殊反映。在考察审美思想与社会客观发展的联系时，也要考虑到社会的一般发展与精神文化各个成分之间可能存在着不平衡，努力揭示人类审美发展的复杂性和矛盾性。

奥夫相尼科夫美学史研究的特点还体现在对美学史的阶段划分上。如果在与整个历史发展的联系中考察审美思想的发展，那么，自然而然地就应该把社会经济形态的变更作为美学史分期的基础。确实，要理解柏拉图和亚里士多德的基本思想，就必须考虑到这两位伟大的哲学家生活在奴隶社会中。古希腊思想家们许多矛盾的主张反映了奴隶制的矛盾。在这方面，亚里士多德的审美教育理论非常典型。同样，只有在西方封建中世纪的社会生活背景中，才可能理解托马斯·阿奎那的美学观点。对于美学思想发展的任何一个别的时期来说，这种分析问题的方法也是正确的。不过，美学思想在自身发展中表现出相对的独立性、内在逻辑，以及与艺术和整个文化发展的联系。因此，奥夫相尼科夫在把社会历史形态当作美学分期的基础时，也注意到美学思想本身发展的特征，以及它与社会精神文化各种成分的多方面联系。从奴隶社会到封建社会美学史发展的总图景的特征在于，它与神话、宗教、物质文化和精神文化各种成分紧密地联系。只是从17世纪末到18世纪初，美学取得独立科学的地位，但是仍在哲学知识的范围内。在这种范围内划分出基本的审美概念，确立了最重要的审美范畴。

二、六卷本《美学思想史》

20世纪80年代苏联陆续出版的六卷本《美学思想史》的副标题是《美学作为一门科学的形成和发展》。编者认为，在世界美学史著作中，这是从马克思主义方法论的立场出发、以如此巨大篇幅分析世界美学思想的形成和发展的最初尝试。值得注意的是，这是世界美学史，而不仅仅是西方美学史。迄今为止我国还没有类似的著作。

该书的主编是奥夫相尼科夫，编委会成员包括齐斯（苏联文化部全苏艺术学研究所美学研究室主任）、多尔戈夫（苏联科学院哲学研究所美学研究室主任）、万斯洛夫（苏联艺术科学院造型艺术理论和历史研究所副所长），以及柳比莫娃和马卡罗夫。编者包括许多科研机构和高等院校的美学家，甚至包括东欧一些国家的美学家。

编者的学术造诣保证了全书的质量。例如，古希腊罗马美学部分的前三章由洛谢夫和他的妻子塔霍-戈基编写。洛谢夫对古希腊罗马美学的研究享有世界声誉，塔霍-戈基则是莫斯科大学语文系古希腊罗马语文学教研室的知名教授。古希腊罗马美学部分的最后一章《古希腊罗马晚期》和中世纪美学部分《拜占庭美学》一章由贝切科夫撰写。贝切科夫是洛谢夫的学生，他已经出版8本美学史专著，其中包括《古希腊罗马晚期美学：2—3世纪》（莫斯科1981年版）和《拜占庭美学：理论问题》（莫斯科1977年版）。写完了专著，再写相应的章节，可谓厚积薄发，显得优裕从容。

在六卷《美学思想史》的酝酿、准备工作中，许多美学原始资料的出版起了重要的作用。首先应当提到五卷本文选《美学史：世界美学思想文献》。随后，苏联艺术出版社出版了"美学史文献和资料"丛书。这套丛书既包括研究某个重要问题的单本著作，又包括某个美学家的文选，还包括不同作者但属于同一个流派、国度或者历史时期的美学著作集。与此同时，思想出版社的"哲学遗产"丛书中也包括美学内容，艺术出版社出版的7本《艺术大师论艺术》收录了杰出艺术家的美学著作。

《美学思想史》的宗旨是考察美学思想的发展史，从它的源头即审美意识的最原始的形式直到现今的思想进行考察、概括。全书不仅考察了西欧各国美学思想的形成和发展，而且考察了近东和中东各国、美国和日本、印度和中国美学思想的形成和发展。编者们力图在美学史研究领域里迈出新的重要的一步，不局限于研究文化史中某些思想家和各个民族的美学观点，而且要使这项研究过渡到在各种审美学说本质的、必然的、合乎规律的关系中，在它们的逐步发展中全面地、系统地考察审美学说史。

应该说，为了完成这项任务，苏联美学界具备了比较充分的客观条件。

第一，苏联美学家在美学史领域中积累了丰富的实践经验。他们撰写了不少考察某些思想家、文化史中某些时期的美学观点的著作，以及马克思主义美学史的有价值的著作。而在美学通史方面，出版了奥夫相尼科夫和斯米尔诺娃合著的《审美学说史纲要》、奥夫相尼科夫的《美学思想史》、卡冈主编的《美学史讲义》和舍斯塔科夫的《美学纲要》。列宁格勒学者集体编写的四卷《美学史讲义》系统地阐述了古希腊到现在的欧洲美学史，但是对东方美学史的阐述暂付阙如。此外，苏联美学家普遍认为，《美学史讲义》是教科书，

《美学思想史》是学术专著，后者的理论深度要高出一筹。

第二，苏联出版了多卷本的《世界通史》《哲学史》和类似的著作，这些都为美学史的研究提供了方便条件。

第三，苏联美学界不仅积累了欧洲和亚洲各国美学史的大量资料，而且还积累了其他国家美学史的有关资料。这些资料经过现代科学方法论的概括后，有助于更深刻地理解美学史发展的规律。

新编美学史的第一卷分析了审美意识原始形式的形成过程和古代世界各民族的审美概念，古希腊罗马美学和中世纪欧洲的审美学说。第二卷第一部分考察了封建主义时期东方（印度、中国、日本、阿拉伯哈里发国）各民族的美学观点。第二部分分析了由封建主义向资本主义过渡时期和早期资本主义社会的欧洲美学，即文艺复兴和巴洛克美学，古典主义和启蒙运动美学。第三卷研究了浪漫主义美学和批判现实主义美学，德国古典哲学的美学体系和空想社会主义者的美学观点，18世纪末期和19世纪前二十五年俄国美学思想的发展，以及俄国革命民主主义者的美学理论。第四卷研究马克思主义美学，在这卷的第一编里，阐述了马克思主义创始人及其亲密学生和继承者的著作中所制定的美学理论的科学原理；第二编批判分析了实证主义美学、实验美学，以及19世纪下半叶欧洲美学思想的其他形形色色的流派；第三编研究了19世纪下半叶的俄国美学；第四编研究了19世纪远东和近东各国（中国、印度、日本、伊拉克、土耳其）的美学。第五卷考察了20世纪的西方美学。分析了西方美学思想的基本流派，分析了各个国家和地区美学发展的特征，以及美学和艺术学之间的互相关系。第六卷研究马克思主义美学的列宁主义阶段。第一编阐述了列宁及其战友的美学观点，第二编分析了苏联美学思想的发展，第三编考察了东欧国家马克思主义美学的发展，第四编则考察了主要西方国家马克思主义美学的发展，最后一编分析了苏联美学。

在编写《美学思想史》的过程中，编者们碰到一系列要求解决的方法论难题。难题之一是美学作为一门科学的对象问题。大部分苏联美学家主张审美范畴具有极其广泛的内容，人们完全有理由谈论自然中、物质生产和精神生产中以及艺术中的美，此外，还可以碰到这样一些价值范畴，如悲、喜及其各种各样的变体。这样，编者们认为，美学既研究自然现实中又研究社会现实中审美因素的表现，还研究审美意识形成、发展和发挥功能的规律，艺术创作的普遍规律，以及艺术作为审美本质最充分表现的发展规律。

因此，美学是一门哲学科学，它具有自己的范畴系统、概念系统，在这种系统中，审美关系，现实和艺术的审美性质，审美创造和审美知觉最普遍的原则，以及审美价值在社会中发挥功能的规律，以最一般的规律和原则的形式得到反映。

美学史研究社会中审美思想、审美观点和审美理论的形成、发展和功能。审美意识作为对现实的观念反映的特殊形式，不总是通过相应的理论形式表现出来的，它可以体现在创作原则中、在文学理论和艺术学的观点中。美学思想总是一种哲学概括，只有在这种含义上它保持自己的特征，并且同时与研究艺术的各种具体学科有机地相联系。

编者们在美学史研究中碰到的另一个方法论问题是史料学问题。某个时期美学观点的整个图景在很多方面取决于，人们认为什么是美学史的史料。这个问题对于古代美学、中世纪美学和东方美学来说尤其重要，编者们是在间接材料的基础上来阐述这些时期的美学观点的。显然，无论是神话抑或艺术，无论是社会日常生活实践抑或宗教仪礼，都以不同的形式、在不同的程度上反映当时人们的审美概念。但是，这些史料中的哪些部分，对于哪个民族或者哪个时期在审美方面是最基本的、最有意义的呢？这个问题就有待做出令人信服的、证据确凿的回答。

美学史不应当成为对各种美学观点的外部描述。它的任务在于揭示美学思想发展的规律性，它的受制约的思想倾向性。这里的规律性当然是相对的。既然审美思想的发展是有规律的，那么，它们就以特殊的形式反映了整个历史发展的规律性。考察审美思想同社会发展的联系，是一个相当复杂的任务。在这方面的尝试不总是成功的。风行一时的庸俗社会学的图解实际上歪曲了整个精神文化发展，其中包括美学史的图景。在总的社会经济发展和精神文化的个别成分之间可能存在着不平衡。马克思和恩格斯在分析古希腊罗马艺术文化的基础上，也以其他例证揭示了人的审美发展的复杂性和矛盾性。因此，美学史的阶段划分问题对于编者们来说具有重要意义。

编者们认为，如果在同总的历史发展的联系的角度考察美学思想的发展，那么，把社会经济形态的更替当作美学史分期的基础，那是自然而然的事情。不过，不能不考虑到美学思想发展的相对独立性。因此，在把社会历史形态作为美学思想史分期的基础时，编者们也注意到美学思想本身发展的特性，以及它同某个社会精神文化各种成分的多方面联系。从奴隶社会到封建社会（包括封建社会）美学的历史发展的总图景的特征是，它同神话、宗教、艺术和精神文化的各种古迹紧密地相联系。只是在17世纪末期到18世纪，美学才取得独立科学的地位，但仍然处在哲学知识的范围内。编者们要在这种范围内划分基本的审美概念，确立最重要的美学范畴。不过，揭示这些范畴的工作相当复杂，部分原因在于范畴本身的历史活动性，这导致某些研究者进入相对主义。例如，在20世纪初期克罗齐就认为，被称作审美范畴的那些概念，具有强烈的主观性。每个人按照自己的方式使用它们，赋予它们以自己的、个人的意义。按照克罗齐的意见，这与其说是美学范畴，不如说是心理学范畴。现在，类似的观点不只在资产阶级美学家的著作中可以遇到。而马列主义哲学认为，发达的范畴系统是一门科学学科成熟的证明。一门科学越是发达，它所使用的范畴系统就越丰富。显然，一门具有悠久历史的科学的范畴，应当据历史形成范畴系统。不能把这种系统教条化，而必须辩证地发展它。

对待东方美学史的态度是编者们碰到的第三个方法论问题。资产阶级学术的欧洲中心主义长期以来抑制了对东方各国美学思想史的研究。苏联美学界近年来积极着手解决这项极其复杂和困难的问题。这里从一开始就遇到方法论难题。无疑，研究东方史不能脱离其他民族的历史，不能在同全人类历史的隔绝的角度来考察东方史。但是问题在于，在什么程度上可以并且应该论述美学史、整个精神文化史在其不同阶段上的差别？能够把西方的术语、西欧的美学分期照搬到东方吗？应当在东方寻找欧洲沿用已久的审美范畴系统吗？显然，只有具体的研究实践能够对它们做出详尽的回答。不过，这种实践的方法论定向必须正确，只有这样才能保证工作的成效。

自从1858年在维也纳出版了世界上第一部美学史即罗伯特·齐梅尔曼的3卷本《美学史作为一门哲学科学》以来，世界上陆续出版了很多美学史著作。这些美学史著作通常都是从古希腊美学开始写起。而苏联《美学思想史》的编者们一反传统的做法，他们感兴趣的是美学思想本身的经过史，即古代文化史审美意识初期形式的表现，甚至审美意识原初形式的产生，也就是古代人对现实的审美掌握的最初步伐。因此，他们在第一卷中做出尝试，首先分析了旧石器时期和新石器时期对现实的艺术掌握的原初形式的产生，以及古代东方文明（古埃及文明、苏美尔文明、古印度文明、中国文明）审美意识的萌芽，然后再阐述古希腊美学。在介绍中国古代美学思想的一节里，编者们着重分析了老子和孔子的美学思想，并且涉及庄子、列子、墨子、荀子的美学思想，引证了中国古代神话和《诗经》的有关材料。编者们承认，古代东方各国有着丰富的、自成一家的美学观点和美学概念系统，有大量文献期待着美学史家们去研究。而在《美学思想史》中由于篇幅限制，仅仅阐述了东方各国古代美学思想发展的某个时期中的基本问题。

第十八章　中国美学对俄苏美学接受的历史经验

　　20世纪的所有外国美学中，对中国美学影响最大的是俄苏美学。20世纪中国美学对俄苏美学的接受有三种模式：囫囵吞枣的接受，偏振式的接受，消化后的接受。近百年来，这三种接受模式分别得到淋漓尽致的呈现。①

第一节　囫囵吞枣的接受

　　囫囵吞枣的接受的特点是，预设俄苏美学的绝对正确性，只要有新的美学观点出现，中国美学不经过思考和选择，不关注这些观点产生的历史背景和现实土壤，不研究这些观点的学理依据和逻辑生成，就亦步亦趋，全盘拿来，立即翻译、接受和宣传，速度之快、力度之大到了令人惊讶的地步。即使像无产阶级文化派和"拉普"这样一时声势浩大但很快由于自身的严重错误被批判、

---

　　① 前文在介绍俄苏美学思想时，已或多或少地涉及了中国学术界的接受情况，本章拟对这些内容进行汇总，从三种接受模式的角度，宏观地展现俄苏美学对中国美学的影响，以及中国对俄苏美学接受的历史经验。

被抛弃的美学观点，也被我国美学界奉若神明地加以接受。

20世纪10—20年代，俄苏社会激烈动荡，各种运动风起云涌，各种美学理论层出不穷，它们都在中国得到回应。十月革命前夕，俄国的无产阶级文化协会成立，它的理论权威是波格丹诺夫。无产阶级文化派的论著在20世纪20年代就被引进中国。有些论著通过俄文翻译，有些论著则通过英文或日文翻译，译者包括冯雪峰、陈望道、周佛海等。20年代我国出版的无产阶级文化派的论著有波格丹诺夫的《经济科学大纲》（另一译本为《经济科学概论》）、《社会主义社会学》（另一译本为《社会意识学大纲》）以及论文集《新艺术论》，《新艺术论》收录了波格丹诺夫的《无产阶级的诗歌》《无产阶级的艺术批评》和《宗教、艺术与马克思主义》等3篇文章，同时附有《"无产者文化"宣言》。积极宣传无产阶级文化派的观点的有茅盾、蒋光慈等。20世纪20年代末期，无产阶级文化派已经走向衰落，然而我国对无产阶级文化派的接受却形成了一个新的高潮。无产阶级文化协会后期受到列宁批判后，于1932年8月在苏联被撤销。

20世纪20年代至30年代初，"拉普"是当时苏联人数最多、影响最大的文学团体。我国从20世纪20年代起，就陆续翻译出版了"拉普"的理论著作。1925年在我国翻译出版的《苏俄的文艺论战》一书收录了"拉普"前身"岗位派"领导人阿维尔巴赫的论文《文学与艺术》。1930年从日文翻译出版的《文艺政策》一书收录了《观念形态战线和文艺》一文，即1925年1月第一次全苏无产阶级作家会议决议。"拉普"后期主要领导人之一的法捷耶夫的《创作方法论》一文，全面阐述了辩证唯物主义创作方法，并通过国际无产阶级革命作家联盟影响各国左翼文学。该文1931年由冯雪峰从日文转译，刊登在《北斗》月刊第1卷第3期。1932年4月，"拉普"由于自身的重大错误被解散。然而"拉普"的影响在我国长期存在，蒋光慈、丁玲、阳翰笙、郑伯奇、穆木天等都深受"拉普"的影响。中国美学囫囵吞枣地接受俄苏美学影响的例子不胜枚举。

囫囵吞枣的接受只照搬现成的、静态的结论，而不研究这些结论所由形成的动态的思维过程，不研究这些结论产生、发展的脉动。我们且以艺术本质的意识形态论为例，说明长期囫囵吞枣地接受俄苏美学所造成的迷误。在俄苏和我国长期产生重要影响的艺术本质的意识形态论，最早是由普列汉诺夫根据马克思主义基本原理阐述艺术问题时提出来的。马克思在1859年《〈政治经济学批判〉序言》中指出，"艺术"是一种"意识形态的形式"①。艺术本质意识形态论一经普列汉诺夫确立，立即在世界上包括在我国产生巨大的影响，并得到广泛传播。周扬编的《马克思主义与文艺》一书，于1944年由延安解放社出版。随后，很多出版社陆续出了翻印本。该书第一辑的标题就是《意识形态的文艺》，在周扬的概念中，文艺当然是阶级的意识形态。

在20世纪50—70年代，我国几乎所有的美学和文艺学著作都坚持艺术本质的意识形态论。直到21世纪，仍然有人沿袭这种观点。艺术本质的意识形态论成为贯穿很多教科书的一条红线。我国70—80年代的一些文艺学教科书在基本观点、话语系统、论述方式与苏联50年代的一些论著高度相似。

我国对艺术本质的意识形态论的接受，仅仅是对现成结论的接受，而没有洞悉这种结论产生的语境，因此，不能够对这种结论进一步做深入的思考。马克思提出这种论断的语境是：他在同"德意志意识形态"的唯心主义进行斗争时，在自己的著作中首先予以强调的，通常不是使艺术跟其他社会意识形态区别开来的那些特征，而是艺术和其他社会意识形态的共同的、物质的制约性。相应地，艺术本质意识形态论也只注意到艺术与其他意识形态如哲学、宗教、法律等的共同性，而没有说明艺术区别于其他意识形态的特殊性。普列汉诺夫在阐述马克思这一论断的语境是：他为了反击马赫主义、新康德主义以及德国社会民主党对艺术理论的影响，把主要的注意力放在如何将马克思的历史唯物主义基本原理运用于美学和艺术的问题上。他以马克思和恩格斯的基本思想为依据进行研究。但是，他"还没有把艺术反映的特殊对象和特殊形式问题摆在

---

① 《马克思恩格斯选集》第2卷，人民出版社1972年版，第83页。

首要位置，而是把艺术的阶级性和艺术的社会作用等问题摆在首要地位"①。

艺术本质意识形态论只确定了艺术与其他意识形态的共同性，而没有确定艺术的独特性。俄苏美学家们下一步思考的问题是：艺术自身独特的品格是什么？我国美学家却未能首先提出这样的问题。普列汉诺夫没有把艺术"同宗教、哲学、法律等其他种意识形态一样看待"，而是分析了艺术反映社会生活的方式与其他意识形态的区别，肯定了艺术的特点。也就是说，普列汉诺夫是从艺术的形式方面来界定艺术与其他意识形态的区别的。这里，普列汉诺夫显然继承了黑格尔，特别是别林斯基的观点，即艺术同科学、哲学的区别在于它们反映现实的方式的不同。

别林斯基在《一八四七年俄国文学一瞥》这篇著名论文中写道："人们看到，艺术和科学不是同一件东西，却不知道它们之间的差别根本不在内容，而在处理特定内容时所用的方法。哲学家用三段论法，诗人则用形象和图画说话，然而他们所说的都是同一件事。"②别林斯基的这段话被我国美学界广为援引，普列汉诺夫根据别林斯基的论述，从反映方式而不是从反映对象的特点来确定艺术本质的做法，产生了巨大的影响。由于别林斯基的观点的广泛传播，"文艺是社会生活的形象的反映"成为20世纪50—80年代我国美学和文艺学中影响最大、流行最广的一种观点。

我国极少有美学家对这种观点提出质疑，苏联美学家中最早对这个问题提出尖锐质疑的是布罗夫，他在1953年发表的《论艺术内容和形式的特征》一文中就对别林斯基的论点提出质疑，1956年他在《文学报》上发表了题为《美学应该是美学》的文章，同年出版了专著《艺术的审美实质》。他不满足于艺术应该怎样去反映、用什么方法去反映现实生活这个问题，而力求探索艺术中可能反映现实生活中的什么东西、反映到什么程度的问题。因为艺术的特性不仅取决于反映的形式，而且也取决于反映的对象本身的特点。况且，对象还决

---

① 埃哈德·约翰：《马克思列宁主义美学诸问题》，朱章才译，云南教育出版社1999年版，第43页。

② 《别林斯基选集》第2卷，时代出版社1952年版，第429页。

定着反映的形式。布罗夫力图从艺术对象的特征中，总结出艺术反映生活的全部特征，他把人说成是艺术的特殊对象。他的这种观点得到我国一些学者的赞同，童庆炳在《文学概论》一书（武汉大学出版社2000年版）中就支持布罗夫的观点。

我国学者没有看到布罗夫论著中的矛盾。布罗夫把艺术的特殊对象说成是人，这种观点来源于车尔尼雪夫斯基。车尔尼雪夫斯基说人是艺术的主要对象，但是他没有说人是艺术的特殊对象。布罗夫处在一个无法解决的矛盾中：他把艺术的本质说成是审美的，但又始终不渝地坚持认识论观点，而仅仅用认识论观点是无法解决艺术的审美本质问题的。他把人说成是艺术的特殊对象，但是，人也是伦理学对象、心理学对象等等。

真正从审美上解决艺术的对象和特征问题的方法，是由苏联另一位美学家斯托洛维奇提出来的。在确定艺术的对象时，如果说布罗夫诉诸"人"的概念，那么斯托洛维奇则诉诸现实的"审美属性"的概念；如果说布罗夫始终通过认识论方法来解决这个问题，那么斯托洛维奇则在运用认识论方法的同时，通过认识审美关系的价值本质来解决这个问题。斯托洛维奇认为艺术之所以具有审美的本质，因为它的对象是现实的审美属性，也就是说，艺术反映的对象、反映的内容决定了它的本质特征。所谓审美属性，就是"具体可感的事物和现象引起人对它们的一定的思想—情感关系的能力，这种能力是由这些事物和现象在社会关系的具体体系中所占据的地位以及它们在这一体系中所起的作用决定的"。①

由此可见，苏联某种美学理论的发展是层层推进的，有清晰的逻辑演绎的理路。如果仅仅囫囵吞枣地接受某种结论，就失去了深入思考的能力，不能洞察苏联美学理论发展的深层动因。

---

① 斯托洛维奇：《现实中和艺术中的审美》，凌继尧、金亚娜译，生活·读书·新知三联书店1985年版，第32—33页。

第二节　偏振式的接受

偏振式的接受的对象是在苏联美学中曾经产生过影响，后来遭到批判的错误的理论；它们在我国找到生存的土壤，并且滋生发展，在我国美学中存活的时间和所起的作用，有时候甚至溢出、超越了它们在苏联美学中的际遇。

20世纪30年代，苏联美学界对弗里契的庸俗社会学理论进行了尖锐的批判，弗里契最主要的著作《艺术社会学》在苏联是1926年出版的，该书的中译本于1930年由水沫书店出版。弗里契的庸俗社会学理论在30年代的苏联遭到激烈的批判后，我国对这种批判安之若素，很长时期内没有认识到庸俗社会学的错误，以至于在1952年还出版了弗里契的《艺术的社会意义》（上海万叶书店），1949年和1954年两次出版了他的《欧洲文学发展史》（群益出版社、新文艺出版社）。

庸俗社会学虽然在苏联遭到批判，但是它关于文艺从属于政治、文艺是阶级的意识形态、文艺是阶级斗争的武器和工具的理论，在相当长的时期内，仍然成为我国美学理论和文艺理论的主线，给我国的文艺创作、美学理论和文艺理论打下不可磨灭的深刻烙印，产生了十分重大的影响。以至于我国改革开放后有些美学和文艺理论教学仍然笼罩在苏联庸俗社会学的影响中。

日丹诺夫曾经主管苏联意识形态工作，在苏联学术界和文艺界执行了一条极左路线。他的理论的基础与庸俗社会学相类似，强调文艺为政治服务，断言作家的阶级立场和作品的政治倾向具有头等重要的意义。自从1956年苏联反对对斯大林的个人崇拜后，苏联的学术著作中就很少提到日丹诺夫，可是我国80年代出版的权威的文学理论教科书仍然以赞同和欣赏的态度援引日丹诺夫的言论。

我国1979年出版的蔡仪主编的《文学概论》多次正面引用了日丹诺夫的言论，1984年出版的以群主编的《文学的基本原理》也正面引用了日丹诺夫的言论。这确实令人惊讶，日丹诺夫的极左言论在苏联受到批判三十年后，在我国改革开放后的重要文艺学教科书中，依然被作为权威观点加以引用。

偏振式的接受还表现为，苏联美学中一些过时的、陈旧的观点，已经得到调整和纠正，我们还把它们当成苏联美学中仍在坚持和流行的观点。艺术功能问题是美学的一个重要问题。1951—1952年，苏联《哲学问题》杂志曾以"艺术与基础和上层建筑的关系问题"为题展开热烈讨论。1952年6月该杂志刊登总结性文章《论艺术在社会生活中的地位和作用》，1953年人民文学出版社出版了该文的中译本。这篇文章着重论述了艺术的认识作用、教育作用，须便提及了审美作用。苏联专家维·波·柯尔尊在1956—1957年给北京师范大学中文系的研究生和进修教师讲学，其讲稿《文艺学概论》中译本1959年由高等教育出版社出版，印数达5万册。柯尔尊在该书中明确论述了文学艺术的认识作用、教育作用和审美作用，把它们并列为文学艺术的三种作用。[①]

从20世纪60年代初期开始，苏联美学界就抛弃了艺术的三功能说，集中注意越来越多的艺术功能。艺术三功能说的主要缺陷是没有考虑到艺术功能的丰富性和特殊性。它没有回答一个貌似简单的问题：艺术为什么恰恰具有而且仅仅具有这三种功能？然而，苏联20世纪50年代的艺术三功能说及其具体论证方式（包括三种功能排列的顺序、论证的理由、所举的例证等），却被我国美学所接受，并且被模式化、固定化，在此后的几十年中产生了深远的影响。1984年出版的经过修订的以群主编的《文学的基本原理》（上海文艺出版社）把文艺的作用归纳为认识作用、教育作用和美感作用三个方面。在20世纪80年代以后，艺术的三功能说仍然为很多艺术原理著作和教科书所采用，例如，高等艺术院校集体编写的《艺术概论》（文化艺术出版社1983年版）、王宏建主编的《艺术概论》（文化艺术出版社2000年版）等都沿用此说。

这种偏振式接受取决于我们国内的特殊需要。艺术认识本质论在我美学界长期占据主导地位，把艺术看作对客观现实的反映，它和科学一样，是一种认识。因此，艺术的认识功能得到前所未有的强调。与此同时，艺术认识本质论

---

① 柯尔尊：《文艺学概论》，北京师范大学中文系外国文学教研组译，高等教育出版社1959年版，第88—97页。

把艺术看作阶级斗争的工具、灌输某种政治思想的工具，因此，艺术的教育作用也受到高度重视。

我国长期把苏联美学当作反映论美学、认识论美学。20世纪30年代，弗里契的庸俗社会学遭到激烈的批判，代之而起的是以沃隆斯基学说为代表的认识论观点。在克服20年代艺术研究的社会性方法的极端性时，一些人又走上了另一种极端，认为只有反映论才是马克思主义美学的哲学基础。苏联美学家后来把30—40年代的这种极端称为片面的认识论倾向、片面的反映论倾向。自50年代中期起，很多苏联美学家不再仅仅把反映论作为美学的哲学基础，坚决地抛弃了美学和艺术研究中的片面的认识论观点，不再把艺术看作一种认识，不再把美学看作一种认识论。

然而我国美学界却对苏联美学中被抛弃的认识论倾向作了偏振式的接受。李泽厚1957年在《关于当前美学问题的争论》一文中写道：“美是主观的，还是客观的？还是主客观的统一？是怎样的主观、客观或主客观的统一？这是今天争论的核心。这一问题实质上就是在美学上承认或否认马克思主义哲学反映论的问题，承认或否认这一反映论必须作为马克思主义美学的哲学基础的问题。”[1]到了80年代，蔡仪在《〈经济学—哲学手稿〉初探》中，仍然坚持反映论是马克思主义美学的哲学基础。我国60—80年代的文艺理论教科书、90年代末期和21世纪初期的艺术概论教科书，甚至2015年出版的艺术概论教科书仍然把反映论作为美学、文艺学和艺术学的哲学基础。在苏联已经被纠正的、具有教条主义和庸俗社会学意味的美学和文艺学理论，还在我国长期产生着重要影响。有人在批评苏联美学的缺陷时，仍然把它错误地定位为反映论美学、认识论美学。由此可见，这种偏振严重到何等地步。

---

① 李泽厚：《美学论集》，上海文艺出版社1980年版，第65页。

第三节 消化后的接受

与囫囵吞枣的接受和偏振式的接受相比，消化后的接受是最有成效的接受方式，它借鉴和吸收苏联美学的合理内核，根据本土情况进行改造，运用到我国美学的研究上来，极大地提升了我国美学的研究水平，促进了我国美学的发展。

以李泽厚、刘纲纪为代表的实践美学，或曰"实践观点美学"，是20世纪下半叶我国影响最大、长期占据主导地位的美学理论。这种理论是对苏联理论资源的借鉴。这里所说的借鉴，指在某种原创观点、核心概念或者关键命题的触发下，研究者按照相同或类似的方向深入思考，从事进一步的研究，从而提出和系统阐述自己的观点。显然，借鉴并不否定更高层次的创新。

"实践美学"称谓的正式提出，并且逐渐流行，得到广泛认可，发生在20世纪50年代中期的苏联美学界，后来实践美学也受到西方学者的关注。1956年苏联美学界爆发了关于审美本质问题的大讨论。讨论中主要形成三派观点：社会派，主张美的本质的客观社会性；自然派，主张美的本质的客观自然性；主客观统一派，主张美的本质的主客观统一说。在美的客观性问题上，社会派美学家内部存在着分歧意见。斯托洛维奇、万斯洛夫等人确信美存在于对象的特殊性质和属性中，他们指出了事物的某些本体论特征，被称作"严格的"客观论者。塔萨洛夫、巴日特诺夫、涅陀希文等不愿采用"审美性质"或者"审美属性"的术语，而着重强调劳动的创造方面和社会劳动的改造作用是美的根源，他们被称作"适度的"客观论者。"严格的"客观论者和"适度的"客观论者是西方学者做出的区分（见斯维德尔斯基《苏联美学的哲学基础：战后年代的理论与争论》，荷兰多德雷赫特、美国波士顿、英国伦敦1979年版）。苏联美学界并没有做这种区分，而是把所谓"适度的"客观论者直接称为实践美学家。

我国的实践美学虽然采用了与苏联美学社会派中"适度的"客观论者相同的称谓，但是借鉴的观点则主要来自社会派中"严格的"客观论者。我国实践美学的核心观点是美的客观社会性说，这种观点是李泽厚在1956年提出来的。在20世纪50年代中期我国美学界关于美的本质问题的争论中，朱光潜提出美的主客观统一说，蔡仪提出美的客观自然性说，针对这两种观点，李泽厚提出美的客观社会性说。李泽厚的观点迅速获得多数美学家的赞同。李泽厚提出美的客观社会性说的论文《论美感、美和艺术》于1956年12月发表于《哲学研究》第5期。此前，苏联美学家斯托洛维奇的《论现实的审美属性》一文于1956年8月在苏联《哲学问题》第4期上发表，该文中译于1956年10月中旬发表于月刊《学习译丛》第10期。我们在本书第五章中已经谈到，李泽厚的《论美感、美和艺术》和斯托洛维奇的《论现实的审美属性》在基本观点、论证方法、话语表述、所举例证等方面，有很多相同或相似之处。但是，这两篇论文的区别也是明显的，李泽厚在自己的论文中有自己的辨析、选择和思考。

斯托洛维奇的《论现实的审美属性》主要论述了美的问题，基本上没有涉及美感。李泽厚的《论美感、美和艺术》第一部分花了很大篇幅论述了美感问题，提出了美感的二重性，即美感的个人心理的主观直觉性和社会生活的客观功利性。李泽厚之所以从美感开始论述，是因为这牵涉到另一个问题：美学的哲学基本问题。他在《论美感、美和艺术》一文中写道："美学科学的哲学基本问题是认识论问题。"[①]而美感是这一问题的中心环节。从美感开始，就是从哲学认识论开始，也就是从分析解决客观与主观、存在与意识这一哲学根本问题开始。

李泽厚把认识论当作美学的哲学基础，这与斯托洛维奇完全不同。斯托洛维奇依据马克思的《1844年经济学—哲学手稿》，从历史唯物主义出发来论证现实的审美属性的客观性和社会性。他利用《手稿》中"人化的自然"的概念，说明自然现象的审美属性同社会生活现象的审美属性没有原则性区别，两者都具有在社会历史实践过程中客观形成的社会历史的、人的内容。李泽厚虽然引用了"人化的自然"的概念来阐述美学问题，可是却把反映论、认识论作

---

① 李泽厚：《美学论集》，上海文艺出版社1980年版，第2页。

为美学的方法论基础。朱光潜批评了李泽厚，主张不仅要把辩证唯物主义反映论，而且要把历史唯物主义，作为美学的哲学基础。朱光潜的观点遭到李泽厚的强硬回应："我们是的确认为列宁的反映论完全有这作用的（指朱光潜所说的'可以完全解决美学的基本问题'——引者注）。"①

后来，李泽厚修正了自己关于美学的哲学基础的观点，他和苏联社会派美学家一样，把马克思《手稿》中社会实践的历史唯物主义作为美学的哲学基础。关于实践美学，李泽厚做过一些关键性的论述。他在1962年的《美学三题议》一文中写道："实践在人化客观自然界的同时，也就人化了主体的自然——五官感觉，使它不再只是满足单纯生理欲望的器官，而成为进行社会实践的工具。""主体的自然人化与客观的自然的人化同是人类几十万年实践的历史成果，是同一个事情的两个方面。"②

李泽厚多次引用"自然的人化"的命题，可是他从来没有注明出处。马克思的《手稿》中虽然含有"自然的人化"的意思，可是没有这个概念的直接表述。这个概念最早是苏联美学家万斯洛夫使用的。他于1955年4月在苏联《哲学问题》杂志第2期上发表了《客观上存在着美吗？》一文使用了这个概念，不久，这篇文章的中译就刊于1955年7月出版的《学习译丛》第7期上。万斯洛夫的使用的这个概念在我国流传很广，显然，李泽厚采用的这个概念来自万斯洛夫。在万斯洛夫把"自然的人化"和"人的本质力量的对象化"确定为《手稿》美学思想的核心观点后，这种判断被我国实践美学广泛采纳，成为一种共识。刘纲纪1980年在《关于马克思论美》一文中指出，马克思提出的"自然界的人化"和"人的对象化"，是马克思论美的基础。③刘纲纪1980年的观点和25年前万斯洛夫的观点是一样的。当然，我国实践美学对"自然界的人化"和"人的对象化"这两个概念做了更深入、更丰富的论述。

艺术本质的审美意识形态论作为新时期以来对意识形态论的突破，已经为

① 李泽厚：《美学论集》，上海文艺出版社1980年版，第70页注①。

② 李泽厚：《美学论集》，上海文艺出版社1980年版，第175页。

③ 刘纲纪：《美学与哲学》，湖北人民出版社1986年版，第42页。

我国大多数文艺理论家所赞同。审美意识形态论被我国主流学术界称为文艺学的第一原理，它规范着、制约着其他所有艺术理论问题研究的价值取向和基本路径。20世纪80—90年代，我国美学家提出的艺术本质的审美意识形态论明显地来自苏联美学家的观点。他们首先接受了以斯托洛维奇为代表的审美学派的观点。在20世纪50年代中期，斯托洛维奇就提出艺术审美本质论，以代替艺术本质意识形态论。他的观点在苏联得到很多人的赞同。三四十年后，我国美学家接受并发扬了这种观点。童庆炳写道："我认为苏联'审美学派'对艺术的本质的探讨是十分有益的和令人信服的。""'审美学派'的探讨既肯定了艺术的意识形态性质，把理论建立在马克思主义的哲学基础上，同时又不停留在一般哲学的层次，而是从哲学的层次进入了美学的层次，鲜明地提出并回答了艺术区别于其他意识形态的审美特征问题，这无疑是把对艺术本质问题的研究推进了一步。苏联'审美学派'在艺术本质问题上跨出的这关键的一步对我国的文艺学建设是有启迪作用的。"[1]

另一位苏联美学家布罗夫1975年在《美学：问题和争论》一书中写道："'纯'意识形态原则上是不存在的。意识形态只有在各种具体表现中——作为哲学意识形态、政治意识形态、法的意识形态、道德意识形态、审美意识形态——才会现实地存在。"[2]该书中译本于1987年由上海译文出版社出版。我国美学家注意到布罗夫的这部著作，并且直接引用了布罗夫关于艺术是审美意识形态的概念。

中国美学家在接受苏联美学家提出的艺术审美意识形态本质论的时候，结合我国的理论现状，对这个观点做了更加详细、更加全面的论述。艺术审美意识形态绝不是"审美"加"意识形态"，它是一种整一的理论形态，也有自身完整的内涵。审美意识形态是一个具有规定性的复合结构，它是意识与无意识的对立统一，是情感与认识的对立统一，是无功利与功利的对立统一，是集团

---

① 童庆炳：《文学审美特征论》，华中师范大学出版社2000年版，第299页。
② 布罗夫：《美学：问题和争论》，凌继尧译，上海译文出版社1987年版，第41页。

倾向性与人类共通性的对立统一，是假定性与真实性的对立统一，是内容和形式的对立统一，等等。

实践证明，经过中国学者消化后接受的俄苏美学理论，对中国美学的发展产生了重要的、深远的影响。

参考文献

马克思主义经典作家美学文献

中文文献

马克思：《1844年经济学—哲学手稿》，刘丕坤译，人民出版社1979年版。

《马克思恩格斯选集》第1—4卷，人民出版社1972年版。

《马克思恩格斯全集》第3卷，人民出版社2002年版。

《马克思恩格斯全集》第13卷，人民出版社1962年版。

《马克思恩格斯全集》第19卷，人民出版社1963年版。

《马克思恩格斯全集》第26卷第1册，人民出版社1972年版。

《马克思恩格斯全集》第26卷第2册，人民出版社1973年版。

《马克思恩格斯全集》第26卷第3册，人民出版社1974年版。

《马克思恩格斯全集》第37卷，人民出版社1971年版。

《马克思恩格斯全集》第42卷，人民出版社1979年版。

《马克思恩格斯全集》第46卷上册，人民出版社1979年版。

《马克思恩格斯论艺术》第1—4册，曹葆华译，人民文学出版社1960、1963、1963、1966年版。

《马克思恩格斯论文学与艺术》上卷，人民文学出版社1982年版。

《马克思恩格斯论文学与艺术》下卷，人民文学出版社1983年版。

《马克思恩格斯论文艺和美学》上下册，文化艺术出版社1982年版。

《列宁选集》第2卷，人民出版社2012年版。

《列宁全集》第19卷，人民出版社1989年版。

《列宁全集》第38卷，人民出版社1959年版。

《列宁全集》第40卷，人民出版社1986年版。

《列宁全集》第55卷，人民出版社1990年版。

《列宁论文学与艺术》，人民文学出版社1983年版。

俄文文献

《马克思恩格斯早期著作》，莫斯科1956年版。

本书研究对象创作的有关文献

中文文献

《别林斯基选集》第2卷，满涛译，上海译文出版社1979年版。

《别林斯基选集》第3卷，满涛译，上海译文出版社1980年版。

《车尔尼雪夫斯基论文学》中卷，辛未艾译，上海译文出版社1979年版。

车尔尼雪夫斯基：《艺术与现实的审美关系》，周扬译，人民文学出版社1979年版。

《杜勃罗留波夫选集》第1卷，辛未艾译，新文艺出版社1954年版。

《杜勃罗留波夫选集》第2卷，辛未艾译，新文艺出版社1959年版。

托尔斯泰：《艺术论》，丰陈宝译，人民文学出版社1958年版。

《普列汉诺夫哲学著作选集》第1—5卷，生活·读书·新知三联书店1959、1961、1962、1974、1984年版。

普列汉诺夫：《论艺术（没有地址的信）》，曹葆华译，生活·读书·新知三联书店1973年版。

普列汉诺夫：《论一元论历史观之发展》，博古译，生活·读书·新知三联书店1961年版。

《普列汉诺夫美学论文集》，曹葆华译，人民出版社1983年版。

《普列汉诺夫美学论文选》，程代熙译，陕西人民出版社1983年版。

张光明编：《普列汉诺夫文选》，人民出版社2010年版。

卢那察尔斯基：《卢那察尔斯基论文学》，蒋路译，人民文学出版社1978年版（2016年重印）。

卢那察尔斯基：《艺术及其最新形式》，郭家申译，百花文艺出版社1998年版。

卢那察尔斯基：《论欧洲文学》，蒋路、郭家申译，百花文艺出版社2011年版。

卢那察尔斯基：《关于艺术的对话》，吴谷鹰译，生活·读书·新知三联书店1991年版。

沃罗夫斯基：《论文学》，程代熙等译，人民文学出版社1981年版。

托洛茨基：《文学与革命》，刘文飞、王景生、季耶译，外国文学出版社1992年版。

托多罗夫编选：《俄苏形式主义文论选》，蔡鸿滨译，中国社会科学出版社1989年版。

什克洛夫斯基等：《俄国形式主义文论选》，方珊等译，生活·读书·新知三联书店1989年版。

什克洛夫斯基：《散文理论》，刘宗次译，百花洲文艺出版社1994年版（1997年重印）。

弗里契：《艺术社会学》，天行译，作家书屋1947年版。

弗里契：《艺术的社会意义》，刘百徐译，万叶书店1952年版。

弗里契：《欧洲文学发展史》，沈起予译，新文艺出版社1954年版。

密德魏杰娃编：《高尔基论儿童文学》，以群、孟昌译，中国青年出版社1956年版。

高尔基：《俄国文学史》，缪灵珠译，上海文艺出版社1959年版。

高尔基：《文学书简》上卷，曹葆华等译，人民文学出版社1962年版。

高尔基：《论文学》，孟昌、曹葆华、戈宝权译，人民文学出版社1978年版。

高尔基：《论文学 续集》，冰夷、满涛、孟昌等译，人民文学出版社1979年版。

林焕平编：《高尔基论文学》，广西人民出版社1980年版。

高尔基等：《论写作》，人民文学出版社1955年版。

季莫菲耶夫：《文学原理》，查良铮译，平明出版社1955年版。

里夫希茨：《马克思论艺术和社会理想》，吴元迈等译，人民文学出版社1983年版。

日丹诺夫：《论文学、艺术与哲学诸问题》，葆荃、梁香译，时代出版社1949年版。

日丹诺夫：《日丹诺夫论文学与艺术》，戈宝权等译，人民文学出版社1959年版。

钱中文主编：《巴赫金全集》第1—7卷，河北教育出版社2009年版。

巴赫金：《文艺学中的形式主义方法》，李辉凡、张捷译，漓江出版社1989年版。

阿斯穆斯：《康德》，孙鼎国译，北京大学出版社1987年版。

布罗夫：《美学：问题和争论》，凌继尧译，上海译文出版社1987年版。

布罗夫：《艺术的审美实质》，高叔眉、冯申译，上海译文出版社1985年版。

涅陀希文：《艺术概论》，杨成寅译，朝花美术出版社1958年版。

苏联艺术科学院美术理论与美术史研究所：《马克思列宁主义美学概论》，杨成寅译，人民美术出版社1962年版。

波斯彼洛夫：《论美和艺术》，刘宾雁译，上海译文出版社1981年版。

波斯彼洛夫：《文学原理》，王忠琪、徐京安、张秉真译，生活·读书·新知三联书店1985年版。

波斯彼洛夫主编：《文艺学引论》，邱榆若、陈宝维、王先进译，湖南文艺出版社1987年版。

维戈茨基：《艺术心理学》，周新译，上海文艺出版社1985年版。

列昂捷夫：《活动 意识 个性》，李沂等译，上海译文出版社1980年版。

奥甫相尼科夫：《黑格尔哲学》，侯鸿勋、李金山译，生活·读书·新知三联书店1979年版。

奥夫相尼科夫、拉祖姆内依主编：《简明美学辞典》，冯申译，知识出版社1981年版。

奥夫相尼科夫：《美学》，刘宁译，上海译文出版社1982年版。

奥夫相尼科夫：《美学思想史》，吴安迪译，陕西人民出版社1986年版。

奥符相尼科夫、萨莫欣编：《现代资产阶级美学》，中国社会科学出版社1988年版。

奥夫相尼科夫主编：《马克思列宁主义美学》，傅仲选、徐记忠、袁振武译，人民教育出版社1989年版。

奥夫相尼科夫主编：《大学美学教程》，汤侠声主译，北京大学出版社

1989年版。

齐斯：《马克思主义美学基础》，彭吉象译，中国文联出版公司1985年版。

齐斯：《哲学思维和艺术创作》，冯申、林枚生、齐云山译，社会科学文献出版社1992年版。

图加林诺夫：《马克思主义中的价值论》，齐友、王霁、安启念译，中国人民大学出版社1989年版。

洛特曼：《艺术文本的结构》，王坤译，中山大学出版社2003年版。

卡冈：《美学和系统方法》，凌继尧译，中国文联出版公司1985年版。

卡冈：《艺术形态学》，凌继尧、金亚娜译，生活·读书·新知三联书店1986年版。

卡冈：《卡冈美学教程》，凌继尧、洪天富、李实译，北京大学出版社1990年版。

万斯洛夫：《美的问题》，杨成寅译，上海译文出版社1986年版。

包列夫：《美学》，乔修业、常谢枫译，中国文联出版公司1986年版。

斯托洛维奇：《审美价值的本质》，凌继尧译，中国社会科学出版社1984年版。

斯托洛维奇：《现实中和艺术中的审美》，凌继尧、金亚娜译，生活·读书·新知三联书店1985年版。

斯托洛维奇：《生活·创作·人——艺术活动的功能》，凌继尧译，中国人民大学出版社1993年版。

斯托洛维奇：《艺术活动的功能》，凌继尧译，学林出版社2008年版。

德米特里耶娃：《审美教育问题》，冯湘一译，知识出版社1983年版。

叶果罗夫：《美学问题》，刘宁、董友等译，上海译文出版社1985年版。

弗里德连杰尔：《马克思恩格斯和文学问题》，郭值京、雪原、程代熙等译，上海译文出版社1984年版。

乌斯宾斯基：《结构诗学》，彭甄译，中国青年出版社2004年版。

舍斯塔科夫：《美学范畴论》，理然、涂途译，湖南文艺出版社1990年版。

梅列金斯基：《神话的诗学》，魏庆征译，商务印书馆1990年版。

佩列韦尔泽夫：《形象诗学原理》，宁琦、何和、王嘎译，中国青年出版社2004年版。

波利亚科夫编：《结构—符号学文艺学——方法论体系和论争》，佟景韩译，文化艺术出版社1994年版。

《苏联文学艺术问题》，曹葆华等译，人民文学出版社1953年版。

《学习译丛》编辑部编译：《苏联文学艺术论文集》，学习杂志社1954年版。

《学习译丛》编辑部编译：《苏联文学艺术论文集》第2集，学习杂志社1956年版。

《学习译丛》编辑部编译：《美学与文艺问题论文集》，学习杂志社1957年版。

人民文学出版社编辑部编：《苏联人民的文学》上下册，人民文学出版社1955年版。

中国科学院文学研究所苏联文学组编：《苏联作家论社会主义现实主义》，人民文学出版社1960年版。

中国社会科学院外国文学研究所编：《七十年代社会主义现实主义问题——苏联关于"开放体系"理论的讨论》，中国社会科学出版社1979年版。

《苏联现实主义问题讨论集》，外国文学出版社1981年版。

中国社会科学院外国文学研究所外国文学研究资料丛刊编辑委员会编：《外国理论家 作家论形象思维》，中国社会科学出版社1979年版。

毕达可夫：《文艺学引论》，北京大学中文系文艺理论教研室译，高等教育出版社1958年版。

柯尔尊：《文艺学概论》，北京师范大学中文系外国文学教研组译，高等教育出版社1959年版。

谢皮洛娃：《文艺学概论》，罗叶、光祥、姚学吾等译，人民文学出版社1958年版。

俄文文献

奥夫相尼科夫主编：《马克思、恩格斯、列宁的美学学说：马克思、恩格斯、列宁的学生和继承者著作中的美学思想》，《美学史·世界美学思想文献》第5卷，莫斯科1970年版。

切尔诺夫编：《文学理论文选》第1辑，塔尔图1976年版。

什克洛夫斯基：《俄国经典小说札记》，莫斯科1955年版。

托马舍夫斯基：《诗和语言》，莫斯科1959年版。

什克洛夫斯基：《关于小说的小说》，莫斯科1966年版。

《什克洛夫斯基选集》第1—3卷，莫斯科1983年版。

什克洛夫斯基：《汉堡账单》，莫斯科1990年版。

艾亨鲍姆：《论诗》，莫斯科1969年版。

俄国形式主义者文选《文学理论文选》，塔尔图1976年版。

特尼亚诺夫：《诗学，文学史，电影》，莫斯科1977年版。

日尔蒙斯基：《文学理论·诗学·修辞学》，莫斯科1977年版。

艾亨鲍姆：《论小说，论诗》，莫斯科1986年版。

艾亨鲍姆：《论文学》，莫斯科1987年版。

《文学百科全书》第6卷，莫斯科1932年版。

《苏联大百科全书》第5卷，莫斯科1971年版。

里夫希茨：《论马克思美学观的问题》，莫斯科1938年版。

里夫希茨：《普列汉诺夫的社会活动和美学观点概论》，莫斯科1983年版。

里夫希茨：《古代神话和现代神话》，莫斯科1980年版。

里夫希茨：《在美学的世界中》，莫斯科1985年版。

《里夫希茨三卷本文集》，莫斯科1984—1986年版。

洛谢夫：《古希腊罗马美学史》8卷9册，莫斯科1963—1994年版。

洛谢夫：《历史发展中的古希腊神话》，莫斯科1957年版。

洛谢夫：《荷马》，莫斯科1960年版。

洛谢夫：《古希腊罗马音乐美学》，莫斯科1960—1961年版。

洛谢夫：《阿里斯托芬的神话词汇学》，莫斯科1965年版。

洛谢夫：《象征问题和现实主义艺术》，莫斯科1976年版。

洛谢夫：《古希腊罗马历史哲学》，莫斯科1977年版。

洛谢夫：《文艺复兴美学》，莫斯科1978年版。

洛谢夫：《狄奥根涅斯·拉埃梯乌斯——古希腊哲学史家》，莫斯科1981年版。

洛谢夫、塔霍-戈基：《古希腊罗马文学》，莫斯科1986年版。

洛谢夫、塔霍-戈基：《柏拉图》，莫斯科1978年版。

洛谢夫、塔霍-戈基：《亚里士多德》，莫斯科1982年版。

洛谢夫：《符号 象征 神话》，莫斯科1982年版。

洛谢夫：《语言结构》，莫斯科1983年版。

洛谢夫：《希腊象征主义和神话》，莫斯科1993年版。

阿斯穆斯：《18世纪德国美学》，莫斯科1962年版。

阿斯穆斯：《美学理论和美学史问题》，莫斯科1968年版。

阿斯穆斯：《哲学著作选》2卷本，莫斯科1971年版。

阿斯穆斯：《柏拉图》，莫斯科1975年版。

阿斯穆斯：《古希腊罗马哲学》，莫斯科1976年版。

阿斯穆斯：《哲学史探索》，莫斯科1984年版。

波斯彼洛夫：《艺术的本质》，1960年版。

波斯彼洛夫：《文学风格问题》，莫斯科1970年版。

波斯彼洛夫：《文学的历史发展问题》，莫斯科1972年版。

波斯彼洛夫：《艺术和美学》，莫斯科1984年版。

巴赫金：《陀思妥耶夫斯基的创作问题》，列宁格勒1929年版。

巴赫金：《语言创作的美学》，莫斯科1979年版。

巴赫金：《陀思妥耶夫斯基的诗学问题》，莫斯科1979年版。

巴赫金：《弗朗索瓦·拉伯雷的创作以及中世纪和文艺复兴的民间文化》，莫斯科1965年版。

奥夫相尼科夫主编：《美学思想史》6卷本，莫斯科1985—1989年版。

奥夫相尼科夫主编：《美学史·世界美学思想文献》5卷本，莫斯科1962—1970年版。

奥夫相尼科夫：《马克思恩格斯列宁的美学理论》，莫斯科1974年版。

奥夫相尼科夫：《马克思列宁主义经典作家论美学和现时代》，莫斯科1985年版。

洛特曼：《结构诗学讲义》，塔尔图1964年版。

洛特曼：《电影符号学和电影美学问题》，塔林1973年版。

洛特曼：《诗歌本文分析》，列宁格勒1972年版。

洛特曼：《文化类型论文集》第1—2册，塔尔图1970、1973年版。

《结构类型学研究》，莫斯科1962年版。

《结构类型学研究》，莫斯科1962年版。

《符号系统著作》1—20辑，塔尔图1964—1990年版。

《卡冈七卷本文集》，莫斯科2006—2012年版。

卡冈：《时代，人们和自我》，莫斯科2005年版。

卡冈：《车尔尼雪夫斯基的美学学说》，莫斯科1958年版。

卡冈：《论实用艺术》，莫斯科1961年版。

卡冈主编：《前资本主义社会形态中的艺术文化》，列宁格勒1984年版。

卡冈主编：《资本主义社会中的艺术文化》，列宁格勒1986年版。

卡冈主编：《社会主义艺术文化》，列宁格勒1988年版。

包列夫：《论喜》，莫斯科1957年版。

《美学范畴》，莫斯科1959年版。

包列夫：《基本的审美范畴》，莫斯科1960年版。

包列夫：《论悲》，莫斯科1961年版。

包列夫：《美学导论》，莫斯科1965年版。

戈尔津特利赫特：《论对现实的审美掌握》，莫斯科1959年版。

戈尔津特利赫特：《论审美创造的本质》，1966年版。

斯托洛维奇：《美，善，真——审美价值学史概论》，莫斯科1994年版。

斯托洛维奇：《美学的对象》，莫斯科1961年版。

德米特里耶娃：《论美》，莫斯科1960年版。

德米特里耶娃：《造型和语言》，莫斯科1962年版。

叶果罗夫：《艺术和社会生活》，莫斯科1959年版。

科尔尼延科：《审美认识的本质》，莫斯科1962年版。

阿斯塔霍夫：《什么是美学？》，莫斯科1962年版。

阿斯塔霍夫：《艺术作品的内容和形式》，莫斯科1963年版。

阿斯塔霍夫：《艺术和美的问题》，莫斯科1963年版。

克留科夫斯基：《美的逻辑》，莫斯科1965年版。

科尔尼延科：《论美的规律。现实和艺术中审美现象的本质》，莫斯科1970年版。

穆卡尔若夫斯基：《美学与艺术理论研究》，莫斯科1994年版。

维诺格拉多夫：《马克思主义美学问题》，莫斯科1972年版。

谢尔宾纳：《苏联文学中的社会主义现实主义发展问题》，莫斯科1958年版。

与本书研究内容相关的美学文献

中文文献

米丁：《辩证唯物论与历史唯物论》上下册，沈志远译，商务印书馆

1936、1938年版。

苏波列夫：《列宁的反映论与艺术》，谱萱译，中华书局1951年版。

《马克思早期思想研究》，秦水等译，生活·读书·新知三联书店1963年版。

汉斯·科赫：《马克思主义和美学》，佟景韩译，漓江出版社1985年版。

埃哈德·约翰：《马克思列宁主义美学诸问题》，朱章才译，云南教育出版社1999年版。

奥索夫斯基：《美学基础》，于传勤译，中国文联出版公司1986年版。

梅特钦科：《继往开来——论苏联文学发展中的若干问题》，石田、白堤译，中国社会科学出版社1983年版。

程正民、王志耕、邱运华：《卢那察尔斯基文艺理论批评的现代阐释》，北京大学出版社2006年版。

张伟：《走向现实的美学——〈巴黎手稿〉美学研究》，人民出版社2004年版。

卡冈主编：《马克思主义美学史》，汤侠生译，北京大学出版社1987年版。

巴日特诺夫：《哲学中革命变革的起源》，刘丕坤译，中国社会科学出版社1981年版。

麦克莱伦：《马克思以后的马克思主义》，李智译，中国人民大学出版社2004年版。

中国艺术研究院马克思主义文艺理论研究所外国文艺理论研究资料丛书编委会编：《回顾与反思——二、三十年代苏联美学思想》，盛同等译，中国人民大学出版社1988年版。

斯卡尔仁斯卡娅：《马克思列宁主义美学》，潘文学等译，中国人民大学出版社1957年版。

《马克思恩格斯美学思想论集》，人民文学出版社1983年版。

苏联科学院哲学研究所、艺术史研究所：《马克思列宁主义美学原理》，陆梅林等译，生活·读书·新知三联书店1961年版。

梅拉赫：《创作过程和艺术接受》，程正民、徐玉琴、张冰译，黄河文艺出版社1989年版。

赫拉普钦科：《作家的创作个性和文学的发展》，满涛、岳麟、杨骅译，上海译文出版社1982年版。

《赫拉普钦科文学论文集》，张捷、刘逢祺译，人民文学出版社1997年版。

尼古拉耶夫：《马克思列宁主义文艺学》，李辉凡译，安徽文艺出版社1986年版。

尼古拉耶夫、库里洛夫、格利舒宁：《俄国文艺学史》，刘保端译，生活·读书·新知三联书店1987年版。

郑异凡编译：《苏联"无产阶级文化派"论争资料》，人民出版社1980年版。

白嗣宏编选：《无产阶级文化派资料选编》，中国社会科学出版社1983年版。

梅拉赫：《列宁和俄国文学问题》，臧仲伦、张耳、李英男译，中国社会科学出版社1982年版。

舍舒科夫：《苏联二十年代文学斗争史实》，冯玉律译，上海译文出版社1994年版。

吴元迈：《俄苏文学及文论研究》，中国社会科学出版社2014年版。

吴元迈：《苏联文学思潮》，浙江文艺出版社1985年版。

吴元迈：《现实的发展与现实主义的发展》，漓江出版社1987年版。

董立武、张耳编选：《列宁文艺思想论集》，中国社会科学出版社1986年版。

中国社会科学院外国文学研究所外国文学研究资料丛书编辑委员会编：《十月革命前后苏联文学流派》上下编，上海译文出版社1998年版。

彭克巽主编：《苏联文艺学学派》，北京大学出版社1999年版。

刘宁、程正民：《俄苏文学批评史》，北京师范大学出版社1992年版。

程正民等：《20世纪俄国马克思主义文艺理论研究》，北京大学出版社2012年版。

张秋华、彭克巽、雷光编选：《"拉普"资料汇编》上册，中国社会科学出版社1981年版。

黄海澄：《艺术价值论》，人民文学出版社1993年版。

中国社会科学院外国文学研究所《世界文论》编辑委员会编：《布拉格学派及其他》，社会科学文献出版社1995年版。

布洛克曼：《结构主义：莫斯科—布拉格—巴黎》，李幼蒸译，商务印书馆1980年版。

本尼特：《形式主义和马克思主义》，曾军等译，河南大学出版社2011年版。

王立业主编：《洛特曼学术思想研究》，黑龙江人民出版社2006年版。

凌继尧：《苏联当代美学》，黑龙江人民出版社1986年版。

凌继尧：《美学和文化学——记苏联著名的16位美学家》，上海人民出版社1990年版。

倪蕊琴主编：《论中苏文学发展进程》，华东师范大学出版社1991年版。

陈建华：《二十世纪中俄文学关系》，学林出版社1998年版。

托多洛夫：《批评的批评》，王东亮、王晨阳译，生活·读书·新知三联书店1988年版。

周启超编选：《俄罗斯学者论巴赫金》，南京大学出版社2014年版。

周启超编选：《欧美学者论巴赫金》，南京大学出版社2014年版。

王加兴编选：《对话中的巴赫金：访谈与笔谈》，南京大学出版社2014年版。

王加兴编选：《中国学者论巴赫金》，南京大学出版社2014年版。

周启超编选：《剪影与见证：当代学者心目中的巴赫金》，南京大学出版社2014年版。

汪正龙：《马克思与20世纪美学问题》，高等教育出版社2014年版。

马驰编著：《马克思主义美学传播史》，漓江出版社2001年版。

马尔库塞：《苏联的马克思主义——一种批判的分析》，张翼星、万俊人译，中国人民大学出版社2012年版。

楼惜勇：《普列汉诺夫美学思想研究》，上海人民出版社1990年版。

王秀芳：《美学 艺术 社会》，河北人民出版社1987年版。

陈寿朋：《高尔基美学思想论稿》，陕西人民出版社1982年版。

程代熙编：《马克思〈手稿〉中的美学思想讨论集》，陕西人民出版社1983年版。

周维山：《美学传统的形成与突破——〈1844年经济学哲学手稿〉与中国当代马克思主义美学》，中国社会科学出版社2011年版。

中共中央马克思恩格斯列宁斯大林著作编译局马恩室编：《马克思恩格斯著作在中国的传播》，人民出版社1983年版。

俄文文献

特罗菲莫夫：《马克思主义美学史概论》，莫斯科1963年版。

马扎耶夫：《20世纪20年代的"生产艺术"》，莫斯科1975年版。

论文集《20世纪30年代苏联艺术学和美学思想史略》，莫斯科1977年版。

论文集《苏联美学史略》，莫斯科1967年版。

诺沃日洛娃：《艺术社会学》，莫斯科1968年版。

论文集《美学问题》第9册，莫斯科1971年版。

亚伯拉罕·莫尔：《信息论与审美知觉》，莫斯科1966年版。

维诺格拉多夫：《马克思主义诗学问题》，列宁格勒1936年版。

英文文献

艾尔利希：《俄国形式主义》，海牙1980年版。

雷蒙、李斯编：《俄国形式主义：四篇论文》，林肯1964年版。

加尔文编：《布拉格学派：关于美学、文学结构和风格的读本》，华盛顿1964年版。

斯维德尔斯基：《苏联美学的哲学基础：战后年代的理论与争论》，荷兰多德雷赫特、美国波士顿、英国伦敦1979年版。

菲泽：《苏联哲学——20世纪60年代中期概观》，荷兰多德雷赫特1967年版。

杂志《苏联学研究》，荷兰多德雷赫特，第4卷第3期，1964年9月号。

本书参考的其他有关文献

亚里士多德、贺拉斯：《诗学 诗艺》，罗念生、杨周翰译，人民文学出版社1962年版。

《亚里士多德全集》第9卷，中国人民大学出版社1994年版。

北京大学哲学系美学教研室编：《西方美学家论美和美感》，商务印书馆1980年版。

北京大学哲学系美学教研室编：《中国美学史资料选编》下册，中华书局1981年版。

莱辛：《汉堡剧评》，张黎译，上海译文出版社1981年版。

黑格尔：《美学》第1卷，朱光潜译，商务印书馆1979年版。

《费尔巴哈哲学著作选集》下卷，荣震华、王太庆、刘磊译，生活·读书·新知三联书店1962年版。

约夫楚克、库尔巴托娃：《普列汉诺夫传》，宋洪训、纪涛、谢梅馨等译，生活·读书·新知三联书店1980年版。

北京大学等主编：《文学运动史料选》第2册，上海教育出版社1979年版。

上海文艺出版社编：《中国新文学大系：1927—1937》第2集（文学理论集二），上海文艺出版社1987年版。

周锡山编校：《王国维文学美学论著集》，北岳文艺出版社1987年版。

《李大钊选集》，人民出版社1959年版。

吴子敏编：《鲁迅论文学与艺术》，人民文学出版社1980年版。

《鲁迅论创作》，上海文艺出版社2005年版。

《鲁迅全集》，人民文学出版社1981年版。

《鲁迅译文集》第6卷，人民文学出版社1958年版。

《瞿秋白文集》（文学编1—4卷），人民文学出版社1985、1986、1989、1986年版。

《蒋光慈文集》第4集，上海文艺出版社1988年版。

《胡乔木文集》第2卷，人民出版社1993年版。

周扬编：《马克思主义与文艺》，解放社1944年版。

《周扬文集》第1—5卷，人民文学出版社1984、1985、1990、1991、1994年版。

顾骧选编：《周扬近作》，作家出版社1985年版。

《冯雪峰论文集》上中下卷，人民文学出版社1981年版。

《雪峰文集》第2卷，人民文学出版社1983年版。

《邵荃麟评论选集》上册，人民文学出版社1981年版。

《朱光潜全集》第1卷，安徽教育出版社1987年版。

《朱光潜全集》第2卷，安徽教育出版社1987年版。

《朱光潜全集》第4卷，安徽教育出版社1988年版。

《朱光潜全集》第5卷，安徽教育出版社1989年版。

《朱光潜全集》第11卷，安徽教育出版社1989年版。

朱光潜：《悲剧心理学》，张隆溪译，人民文学出版社1983年版。

朱光潜：《西方美学史》上下卷，人民文学出版社1979年版。

蔡仪：《新美学》改写本第1卷，中国社会科学出版社1985年版。

蔡仪：《美学论著初编》上下册，上海文艺出版社1982年版。

《蔡仪美学讲演集》，长江文艺出版社1985年版。

《蔡仪美学论文选》，湖南人民出版社1982年版。

蔡仪主编：《文学概论》，人民文学出版社1979年版。

王朝闻主编：《美学概论》，人民出版社1981年版。

李泽厚：《美学论集》，上海文艺出版社1980年版。

陈望衡：《李泽厚哲学美学文选》，湖南人民出版社1985年版。

李泽厚：《美学四讲》，生活·读书·新知三联书店1989年版。

蒋孔阳：《美学新论》，人民文学出版社1993年版。

蒋孔阳：《形象与典型》，百花文艺出版社1980年版。

刘纲纪：《美学与哲学》，武汉大学出版社2006年版。

以群主编：《文学的基本原理》，上海文艺出版社1984年版。

《胡风评论集》中册，人民文学出版社1984年版。

钱谷融：《论"文学是人学"》，人民文学出版社1981年版。

秦兆阳：《文学探路集》，人民文学出版社1984年版。

新文艺出版社编：《社会主义现实主义论文集》第1集，新文艺出版社1958年版。

上海文艺出版社编：《社会主义现实主义论文集》第2集，上海文艺出版社1959年版。

《文艺报》编辑部编：《论革命的现实主义和革命的浪漫主义相结合》，作家出版社1958年版。

朱寨主编：《中国当代文学思潮史》，人民文学出版社1987年版。

钱锺书：《谈艺录》，中华书局1984年版。

严家炎：《论鲁迅的复调小说》，上海教育出版社2002年版。

叶朗：《中国美学史大纲》，上海人民出版社1985年版。

陆梅林：《唯物史观与美学》，光明日报出版社1991年版。

陆梅林：《马克思主义与人道主义》，文化艺术出版社1987年版。

陆梅林、龚依群、吕德申主编：《马克思主义文艺学大辞典》，河南人民出版社1994年版。

程代熙：《马克思主义与美学中的现实主义》，上海文艺出版社1983年版。

钱中文：《文学原理——发展论》，社会科学文献出版社1989年版。

钱中文：《文学理论：走向交往对话的时代》，北京大学出版社1999年版。

钱中文：《新理性精神文学论》，华中师范大学出版社2000年版。

钱中文：《文学理论：求索与反思》，中国社会科学出版社2013年版。

钱中文、刘方喜、吴子林：《自律与他律——中国现当代文学论争中的一些理论问题》，北京大学出版社2005年版。

童庆炳：《文学活动的美学阐释》，陕西人民出版社1989年版。

童庆炳：《艺术创作与审美心理》，百花文艺出版社1992年版（1999年重印）。

童庆炳：《文学审美特征论》，华中师范大学出版社2000年版。

童庆炳主编：《文学概论》（修订本），武汉大学出版社1995年版。

童庆炳、程正民、李春青、王一川：《马克思与现代美学》，高等教育出版社2001年版。

吕德申主编：《马克思主义文艺理论发展史》，高等教育出版社1990年版。

王元骧：《审美超越与艺术精神》，浙江大学出版社2006年版。

王元骧：《论美与人的生存》，浙江大学出版社2010年版。

胡经之：《文艺美学》，北京大学出版社1989年版。

胡经之：《文艺美学论》，华中师范大学出版社2000年版。

杜书瀛、钱竞主编：《中国20世纪文艺学学术史》第1—4部，中国社会科学出版社2007年版。

孙绍振：《审美价值结构与情感逻辑》，华中师范大学出版社2000年版。

陆贵山主编：《马克思主义与当代文艺思潮》，高等教育出版社1992年版。

陆贵山、周忠厚主编：《马克思主义文艺学概论》，中国人民大学出版社2001年版。

杨恩寰、梅宝树：《艺术学》，人民出版社2001年版。

李思孝：《马克思恩格斯美学思想浅说》，上海文艺出版社1981年版。

林兴宅：《大探索——文艺哲学的现代转型》，福建人民出版社2000年版。

汪介之：《回望与沉思：俄苏文论在20世纪中国文坛》，北京大学出版社2005年版。

朱立元：《历史与美学之谜的求解》，学林出版社1992年版。

董学文：《马克思与美学问题》，北京大学出版社1983年版。

冯宪光：《马克思美学的现代阐释》，四川教育出版社2002年版。

复旦大学中文系文艺理论教研室编著：《马克思主义文艺理论发展史》修订本，中国文联出版社2001年版。

郑涌：《马克思美学思想论集》，中国社会科学出版社1985年版。

高建平、赵利民、丁国旗等主编：《创新与对话——马克思主义美学与当代社会》，中国社会科学出版社2010年版。

谭好哲主编：《艺术与人的解放——现代马克思主义美学的主题学研究》，山东大学出版社2005年版。

王杰：《马克思主义与现代美学问题》，人民文学出版社2000年版。

胡有清：《文艺学论纲》，南京大学出版社1992年版。

孙美兰主编：《艺术概论》，高等教育出版社1989年版。

刘方喜：《审美生产主义——消费时代马克思美学的经济哲学重构》，社会科学文献出版社2013年版。

徐碧辉：《美学何为——现代中国马克思主义美学研究》，中国社会科学出版社2014年版。

纪怀民、陆贵山、周忠厚、蒋培坤编著：《马克思主义文艺论著选讲》，中国人民大学出版社1982年版。

潘天强主编：《新编马克思主义文艺学》，复旦大学出版社2005年版。

姚文放：《从形式主义到历史主义：晚近文学理论"向外转"的深层机理探究》，北京大学出版社2017年版。

洪子诚：《中国当代文学概说》，青文书屋1997年版。

郑家建：《被照亮的世界——〈故事新编〉诗学研究》，福建教育出版社2001年版。

张一兵主编，刘怀玉、刘伟春、陈培永著：《资本主义理解史》第3卷，江苏人民出版社2009年版。

安启念主编：《当代学者视野中的马克思主义哲学·俄罗斯学者卷》，北京师范大学出版社2008年版。

衣俊卿、陈树林主编：《当代学者视野中的马克思主义哲学·东欧和苏联学者卷》上下册，北京师范大学出版社2008年版。

衣俊卿、丁立群、李小娟、王晓东：《20世纪的新马克思主义》，中央编译出版社2001年版。

佛克马、易布思：《二十世纪文学理论》，林书武、陈圣生、施燕等译，生活·读书·新知三联书店1988年版。

伊格尔顿：《文学原理引论》，刘峰译，文化艺术出版社1987年版。

韦勒克：《近代文学批评史》第7卷，杨自伍译，上海译文出版社2009年版。

韦勒克、沃伦：《文学理论》，刘象愚、邢培明、陈圣生等译，生活·读书·新知三联书店1984年版。

托马斯·门罗：《走向科学的美学》，石天曙、滕守尧译，中国文联出版公司1985年版。

J.希利斯·米勒：《重申解构主义》，郭英剑等译，中国社会科学出版社

1998年版。

拉宾：《马克思的青年时代》，南京大学外文系俄罗斯语言文学教研室翻译组译，生活·读书·新知三联书店1982年版。

纳尔斯基、波格丹诺夫、约夫楚克等编写：《十九世纪的马克思主义哲学》上下册，金顺福、贾泽林等译，中国社会科学出版社1984年版。

图加林诺夫：《论生活和文化的价值》，孙越生等译，生活·读书·新知三联书店1964年版。

奥伊则尔曼：《马克思主义哲学的形成》，潘培新等译，生活·读书·新知三联书店1964年版。

弗兰尼茨基：《马克思主义史》第1—3卷，李嘉恩、胡文建、杨达洲等译，人民出版社1986、1988、1992年版。

沈恒炎、燕宏远主编：《国外学者论人和人道主义》第2辑，社会科学文献出版社1991年版。

帕夫洛夫斯基：《卢那察尔斯基》，陈日山、李钟铭译，黑龙江人民出版社1984年版。

《苏联百科词典》，中国大百科全书出版社译，中国大百科全书出版社1986年版。

复旦大学中文系文艺理论教研组编：《形象思维问题参考资料》第1—2辑，上海文艺出版社1978、1979年版。

四川大学中文系资料室编：《形象思维问题（资料选编）》，四川人民出版社1978年版。

《鸭绿江》杂志社资料室编：《形象思维资料辑要》，辽宁人民出版社1979年版。

《社会科学战线》编辑部编：《形象思维问题论丛》，吉林人民出版社1979年版。

哈尔滨师范学院中文系形象思维资料编辑组编：《形象思维资料汇编》，人民文学出版社1980年版。

后　记

在百花洲文艺出版社精心策划和编辑下，作为国家社会科学基金重点项目的最终成果和国家出版基金项目，我的《重估俄苏美学》上下册问世了。我对百花洲文艺出版社高度认真负责的精神和一丝不苟的工作作风表示衷心的感谢！

我从事俄苏美学的研究，与我在北京大学的两段学习经历有关。第一段学习经历是1962—1968年我在北京大学俄罗斯语言文学系读本科，那时北大的学制为理科六年、文科五年，由于"文化大革命"我们延长了一年。1952年我国高校院系调整，清华大学和燕京大学的文科都并入北京大学，北大文科极一时之盛。全国只保留北大一个哲学系，其他哲学系都停办，全国高校哲学系的教授云集北大，大名鼎鼎的汤用彤、冯友兰、贺麟、金岳霖、洪谦、张岱年、宗白华等几十人鱼贯而入，真是郁郁乎文哉。当时，同样大名鼎鼎的郑振铎（后来的文化部副部长）、何其芳、俞平伯、余冠英、蔡仪、钱锺书等人的确切单位是北京大学中文系文学研究所，所长郑振铎，副所长何其芳，办公地点在哲学楼。研究所不定期出版的刊物《文学研究集刊》，我在中学时买过几辑。

从1952年到1962年，十年期间北大文科人员已有调整，可是优势依然明显。其标志之一是，北大文科一级教授的人数远远多于其他高校。中文系主任杨晦、历史系主任翦伯赞、经济系主任陈岱孙、俄罗斯语言文学系主任曹靖华、西方语言文学系主任冯至、东方语言系主任季羡林都是一级教授。中文系有4名一级教授，除系主任外，还有魏建功、游国恩、王力。莘莘学子耳濡目染，感受到一种阔大高远的气象。

我们虽然是外语专业的学生，可是学校安排中文系老师为我们开设了一系列课程：中国文学史（1学年，每周3学时），文学概论，语言学概论，写作（当时乐黛云老师也给外语专业学生上写作课）。我们在外文楼上文学概论时，副校长魏建功来听过课。我们一年级第一学期，金申熊（金开诚）老师为我们讲授先秦两汉文学史，陈贻焮老师讲授魏晋南北朝隋唐五代文学史。上课地点在第一教学楼二楼一间大型阶梯教室，不同系科、不同年级的200多名学生一起听课。教科书采用余冠英主编的3卷本《中国文学史》（俗称科学院版，钱锺书是编者之一）。

金申熊老师当年30岁，正是英姿勃发的年华，他是游国恩教授的助手，当时全国很多爱好文学的中学生之所以报考北大中文系，就是慕游国恩教授的赫赫名望。金老师也是书法家，他在北大中文系读本科时，经常和后来担任中国书法家协会顾问的欧阳中石一起切磋书法，欧阳中石在北大哲学系，比金老师低一届。金老师板书漂亮，他用粉笔在黑板上写的"江南可采莲，莲叶何田田"俊朗飘逸，六十年后我记忆犹新，恍如昨日。写下这两句诗时，金老师或许会想起他的家乡无锡太湖的"莲叶连天碧、荷花映日红"的景象。陈贻焮老师经常在报刊上发表古典诗词。我清晰地记得他用湖南口音的普通话讲授杜甫诗歌的情景，他兴至时庶几手之舞之足之蹈之，课堂上不时迸发出哄然的笑声，此乃上课之一乐也。陈老师谈到西语系教授冯至对杜诗很有研究，他还对郭沫若贬抑杜诗深为不满。

中文系的课程极大地提高了我们对中国文学的兴趣。我们年级两个班20个同学，四分之一的同学迷恋上了古典诗词，他们醉心于古典诗词的创作，经常相互唱和。我同寝室的梅振才终生研究和创作古典诗词，达到很高的水平，出版了多部有关著作，担任中华诗词学会顾问和纽约诗词学会会长。2021年我的《西方美学通识课》由中共中央党校出版社出版，被列为新时代领导干部通识读物，梅振才赋诗祝贺："燕园星斗灿，君幸入朱门。艺术成新学，思维出旧藩。运谋谋略妙，述美美文繁。此册成通识，意深何必言。"（"君幸入朱门"指我成为朱光潜先生的研究生）在本书出版的同时，梅振才的诗集也将由百花洲文艺出版社出版，他赋诗一首，首句"燕园共砚结相知"道出了我们一个甲子的情谊。同班同学尹旭不仅擅长古典诗词的创作，而且成为著名的书法家，担任过省书法家协会主席，有多部书法著作问世。

对文学的爱好燃起了我对美学的兴趣。二年级时，我在学校书店购买了人民文学出版社1963年出版的朱光潜先生的《西方美学史》上卷，扉页是铜版纸印刷的拉奥孔雕像。后来，我又买了1964年出版的《西方美学史》下卷。我购买和阅读了作家出版社1957—1964年出版的6集《美学问题讨论集》，该书收录了20世纪50年代我国美学大讨论的文章。我第一次知道了马克思的早期著作《1844年经济学—哲学手稿》含有丰富而深刻的美学思想。我旁听了哲学系甘霖老师的美学课，从学校图书馆借阅了一些苏联美学家的原著，包括老一辈美学家涅陀希文的原著，他的《艺术概论》中译本由朝花美术出版社于1958年出版，是早期很少的几种美学著作之一。1987年我从莫斯科大学访学回国，刘纲纪老师向我询问过涅陀希文的情况。回顾我们在北大本科的经历，同班同学、长期担任我国驻外使领馆负责人的贺国安在《沁园春·从北大到列宁格勒（新韵）》中写道："北大当年，六载京华，几处游踪？记春湖击棹，诗酬碧水；秋陵揽胜，影摄寒松。北海沽茶，西山采叶，信步东行访大钟。最堪忆，踏轻烟叠翠，指话长城。"

我在北大的第二段学习经历是1978—1981年在西方语言文学系英语专业西方文艺批评史方向跟随朱光潜先生读研究生。朱先生应该招收美学研究生，可是在学科分类上，美学属于哲学学科，无法归于外国语言文学学科，所以，朱先生变通处理，以西方文艺批评史方向招收西方美学史方向的研究生。西语系英语专业招收研究生的另外3个方向是英国文学、美国文学、英语语言，导师有杨周翰、李赋宁、赵萝蕤等。1978年暑假，我从基层的工厂到北大参加研究生复试，学校安排考生住在未名湖畔的房子里。这是我本科毕业十年、经过多年的生活淬炼后第一次回到阔别的母校。黄昏时分，我从未名湖出发，独自款款而行，来到当年我们经常活动的五四操场，这是多么熟悉的地方啊！然而操场冷冷清清，周边杂草丛生，我不觉凄惶复凄惶：曾来时翩翩儿郎，作别后山高水长。

我刚读研究生时，朱先生已经81岁了，我见到的是他的暮年形象。研究生期间，有一天傍晚我沿着未名湖散步，见到坐在湖畔休息的陈贻焮老师，我自报家门，陈老师热情地邀我到他近在咫尺的家中小坐。他向我展示了他创作的古体诗，并且告诉我，他正忙于撰写三卷本的《杜甫评传》，他一直念兹在兹。谈起朱光潜先生，他说："别看朱先生现在年龄大了，行动有些迟缓，朱先生当西语系主任时，西装革履，很是风神潇洒呢！"

朱先生最大的特色是做一个有情趣的人，他喜欢源头活水映照的天光云影，最讨厌东施效颦的俗滥。朱先生写文章也是那样有情趣，他留学欧洲时写的《谈美》一书扉页引用了王羲之的诗句"群籁虽参差，适我无非新"。《谈美》初版于1932年，九十年后的今天，海内外依然有多家出版社争相出版。朱先生对我们宽厚、宽容。师母奚今吾先生多次嘱咐朱先生多多关心、提携我们。朱先生对我们责之以宽，实际上，他对做学问有很高的标准。朱先生不仅是美学家，而且当时是我国仅有的两名英语一级教授之一（另一位是南京大学副校长范存忠）。有一次我问朱先生："胡适的英语很好吧？"朱先生回答说："胡适的英语不算好，我们这一辈的人，林语堂的英语最好。"

我非常感激北大录取我为本科生，特别感激朱先生招收我为研究生，成为他的关门弟子。上北大改变了我的人生。

我研究生的方向是西方美学史，我为什么会在研究生期间和以后很长一段时间内从事俄苏美学研究呢？这与李泽厚老师有很大关系。读研究生初期，我把大量精力花在英语学习上。那时我常去蓝旗营的胡经之老师家，胡老师是我们本科二年级的文学概论老师，他考虑到我有俄语基础，建议我关注当时苏联美学的进展，因为苏联美学对我国影响很大，而我们对时新的苏联美学一无所知。我听从了他的建议，把北大图书馆和北京图书馆（现国家图书馆）收藏的所有近年出版的苏联美学著作都借来阅读，并做了摘录，在此基础上写了一篇习作《苏联美学界关于美的本质问题的讨论》，投给李泽厚主编的《美学》杂志（该文后来刊于《美学》第3期，上海文艺出版社1981年版）。

李泽厚老师很快回信，表示对这篇文章很感兴趣，他说想不到中苏美学界关于美的本质问题的观点竟如此相似。他建议我来翻译文章中提到的斯托洛维奇的《审美价值的本质》一书，他可以安排出版。那时候出书的门槛很高，出书很难，出了一两本书就有了知名度。我揣度李泽厚老师未必有能力让出版社出版我的译著，于是就没有做出回应。不久，李泽厚老师又来信，说是把《审美价值的本质》列入他主编的"美学译文丛书"，将由中国社会科学出版社出版，这时我才把主要精力转移到这本书的翻译上来。胡老师也说过，在美的本质问题上，他最信服斯托洛维奇的观点。

我把李泽厚老师让我翻译《审美价值的本质》一书的事，告诉了朱先生。朱先生欣然同意。在朱先生身边，我们有很大的学术自由度。我硕士论文的题目是《斯托洛维奇的美学思想》（刊于《文艺论丛》第15辑，上海文艺出版社1982年版），李泽厚老师参加了我的硕士论文答辩。我很感激李泽厚老师对我的帮助。那时他的《美的历程》刚出版，影响很大，名满天下，如日中天。可是他平易近人，和他相处没有距离感，他对我有求必应，我可以和他说些私房话。

李泽厚老师主编的"美学译文丛书"收录了我译的《审美价值的本质》（中国社会科学出版社1984年版，1985年重印，2007年由该社重新出版）和《美学和系统方法》（中国文联出版公司1985年版）。中国社会科学院文学研究所王春元、钱中文主编的"现代外国文艺理论译丛"也收录了我翻译的两本书：《现实中和艺术中的审美》（合译，生活·读书·新知三联书店1985年版）和《艺术形态学》（合译，生活·读书·新知三联书店1986年版，学林出版社2008年重新出版）。此外，我还翻译了3本苏联美学著作，出版了2本研究苏联美学的著作。

1986—1987年，我以南京大学哲学系副教授的身份赴莫斯科大学哲学系访学。临行前，中国社会科学院哲学研究所《哲学动态》编辑部约我撰写有关苏联美学的文章。我很感激潘家森（潘知水）老师的约稿，否则，《哲学动态》不可能在一年之中发表了我的6篇文章。

我访学的指导教授是莫斯科大学哲学系美学教研室主任奥夫相尼科夫，他曾是卢卡契的研究生。他主编的5卷本《美学史·世界美学思想文献》（1962—1970年）是当时世界上规模最大的世界美学文献资料。每一卷都有长篇序言，各个时期、各个国家和每个美学家分别由编者撰写介绍和说明。每一卷后面附有详细的俄文和西文的参考书目。朱光潜先生1964年出版的《西方美学史》下卷后面的参考书目中，列举了这部文献的第1卷。1987年1月，我参加了奥夫相尼科夫主持的全苏第四届美学会议，到会代表300多人，我应邀在主席台就座。

我访学期间，国内对俄国形式主义、巴赫金以及洛特曼为首的塔尔图—莫斯科符号学学派很感兴趣。我和圣彼得堡大学（当时的列宁格勒大学）美学家卡冈讨论过俄国形式主义，卡冈说："这个流派已是明日黄花了。"在苏联它早就不流行了。巴赫金去世得比较早，我搜集了他的有关资料，写了关于他的专论《具有世界影响的美学家》，刊于《美学和文化学》一书（上海人民出版社1990年版）。由钱中文主编的中文版《巴赫金全集》6卷本于1998年出版。值得指出的是，那时候俄罗斯还没有编辑、出版巴赫金文集。2009年，钱中文主编的中文版增补本《巴赫金全集》7卷本出版。

我在莫斯科大学时和洛特曼通过信，他给我寄来了照片。《读书》杂志1987年第3期刊登我的文章《塔尔图—莫斯科学派》时，要配发洛特曼的肖像，著名画家丁聪根据洛特曼的照片画了肖像，寥寥数笔，非常传神。此前，在《南京大学学报》1986年第4期上我发表过《洛特曼和苏联的艺术符号学》。我很感激《南京大学学报》主编蒋广学老师在我研究生刚毕业时，密集地为我发了一批文章。我最早在该刊发的文章是《美学和系统方法刍议》

（1983年第3期），也是关于苏联美学的，阐述了卡冈的美学理论。洛特曼文集的翻译和研究现在已经被列为我国的国家社会科学基金重大项目，正在进行中。

对于里夫希茨，我国美学界比较熟悉，他是世界上最早研究马克思美学的人，最早从美学视角研究马克思《1844年经济学—哲学手稿》的人，也是世界上最早编辑《马克思恩格斯论艺术》的人。他对马克思主义美学的研究和传播起到特殊的作用。我写过关于他的文章《马克思的美学观的最早研究者》（《南京大学学报》1988年第1期）。我到莫斯科时，里夫希茨已经去世了。我拜访了他的夫人、美学家列茵加尔德。

与里夫希茨相比，我国美学界对洛谢夫比较陌生。我到莫斯科时，他已经94岁高龄了。他独自撰写了8卷9册的《古希腊罗马美学史》，最厚的1卷有900多页。他在这个领域的造诣，世界上罕有人能够匹敌。他在古希腊哲学、美学、文学、文化学的学养的博大精深令人惊叹。他出版了几十种这方面的著作，精通希腊语和拉丁语，撰写了关于希腊语和拉丁语的语言学论文，也通晓主要西方语言。他虽然年事已高，却依然在秘书的帮助下孜孜不倦地工作。国内研究他的文章比较少，我撰写的关于他的文章《我有了生活》发表于《读书》1989年第7、8期合刊上。"我有了生活"是莱蒙托夫诗篇《童僧》中的一句诗，洛谢夫把自己在哲学、美学、文学、文化学等领域内无所不包的活动，浓缩到这一简短的诗句中。洛谢夫的夫人塔霍-戈基也是一位古希腊文化专家，1999年我在莫斯科时，她邀请我参加联合国教科文组织主办的纪念洛谢夫的研讨会。

在苏联美学家中，我交往最多的是审美学派的主要代表人物斯托洛维奇。我写的关于他的文章《美学研究中的价值说方法》发表于《读书》1987年第5期，也配了丁聪画的他的肖像，我在莫斯科时把这期《读书》杂志亲手交给了他。从1979年我读研究生时到2013年斯托洛维奇去世，我们的通信、交往达三十四年之久。他非常重视学术档案的保管，他完整地保留了我给他的全部信件。晚年时他把自己的所有学术档案交给了美国斯坦福大学收藏。

审美学派在世界上第一次论证了美的客观社会性，第一次运用马克思《1844年经济学—哲学手稿》中"人化的自然"概念研究美学问题，这些对20世纪下半叶我国最重要的美学学派——实践美学——产生了直接的影响。审美学派还最早提出文艺本质的审美意识形态说，这对我国研究文艺本质的学者产生了重要影响。1991—2004年我国出版了80多种文学理论教材，童庆炳主编的《新时期高校文学理论教材编写调查报告》（春风文艺出版社2006年版）指出："'审美意识形态'作为这一时期文学理论教材的一个核心范畴，在20世纪90年代以来追寻本质论文学观的教材中无疑得到了最为广泛认同。由于对文学的本质认识是一个理论体系的逻辑根本出发点，这个核心范畴的确认具有革命性效果。"（第115页）作为教育部项目，斯托洛维奇于2005年10月11—31日应邀来华访问，我全程陪同。他访问了中国社会科学院、北京大学、北京师范大学、南京大学、东南大学和南京师范大学，受到我国学术界的礼遇。

俄苏美学研究，对我从事其他领域的研究很有帮助，因为学理都是相通的。多年后，怀着对朱先生的思念，我重新回到西方美学史的研究上来。2001年我参加了中国社会科学院副院长汝信老师（我们称他"汝老师"）主编的4卷本《西方美学史》的写作。汝老师温润如玉，在他手下工作感到很愉快，汝老师和夫人夏森老师还特地设宴款待我们（夏森老师是位老革命）。根据汝老师的安排，我和徐恒醇撰写第一卷《古希腊罗马至中世纪美学》。徐恒醇是李泽厚老师的研究生，我们有过合作，我和他合著的《艺术设计学》2000年由上海人民出版社出版，以后多次重印，当时这类著作还很少。在《古希腊罗马至中世纪美学》这一卷中，我写古希腊罗马美学，徐恒醇写中世纪美学，该书2005年由中国社会科学出版社出版，61.6万字。

写完希腊罗马美学后，我有了写作的冲动，想接下去写完西方美学史。恰巧研究生同窗好友张隆溪邀请我于2003—2004年去香港城市大学做客座研究员，提供优惠待遇，不要求我做任何工作，让我一心一意撰写《西方美学史》，这大大加快了我的写作进度。我的《西方美学史》由北京大学出版社于2004年出版，2005年重印，2013年由学林出版社出版了精装本。撰写《西方美学史》时，我选的目标是"有深度的通俗"。

应我们同一届的研究生、北大中文系现代文学专业温儒敏之约，我为北京大学出版社撰写了《美学十五讲》。该书2003年出版，连同典藏本、台湾繁体字本，累计印刷30次。撰写《美学十五讲》时，我努力"使读者一开卷有朗然在目之感"，"不故意曲折摇曳"（钱穆语）。北京大学出版社还出版了我主编的《艺术鉴赏》和几种合著、独著的艺术设计著作，有的著作印刷也有十多次，其中的《艺术设计概论》（合著）是"十二五"国家级规划教材，《艺术设计十五讲》（合著）在台湾出了繁体字本。

我和张晓刚合著的《经济审美化研究》（学林出版社2010年版）也是国家社会科学基金重点项目的最终成果（这是哲学美学学科的第一个国家重点项目），2013年获教育部人文社会科学优秀成果二等奖。我主编的《中国艺术批评史》是我国第一部艺术批评史著作（上海人民出版社2011年版，辽宁美术出版社2013年版），该书2015年获教育部人文社会科学优秀成果二等奖，又被列入2019年度国家社科基金中华学术外译项目推荐选题。该书英译本将由海外出版社出版。

苏联著名美学家中有很多犹太人，例如斯托洛维奇、洛特曼、卡冈、苏联科学院世界文学研究所包列夫、文化部全苏艺术学研究所美学研究室主任齐斯、莫斯科音乐学院拉波波尔特等。我和他们都有交往，在其中大部分人的家里多次做客，还在有的人家里住宿过。他们有些人在脸型上或者在名字上显示出犹太人的特征，例如卡冈的名字就叫摩西（古代犹太人的民族领袖）。我和徐新作为主要撰稿人共同主编了世界上第一部非犹太人编的《犹太百科全书》（上海人民出版社1993年版，1998年重印），这本书200多万字，季羡林为它写了序言，张岱年题写了书名，该书在犹太世界很有影响，也为基辛格所关注。1998年，应江泽民主席邀请，由克林顿总统指派，纽约犹太教拉比（拉比为犹太教中执行教规、律法并主持宗教仪式的人）施奈尔率领美国大型宗教代表团访华，代表团在受江泽民主席接见时，施奈尔向江泽民主席赠送了我们编的《犹太百科全书》。在编《犹太百科全书》的过程中，我写过几篇关于犹太问题的文章，如《犹太民族风貌简议》（《南京大学学报》1989年第5期），《犹太文学片论》（《南京大学学报》1991年第1期）等。

　　捧读《重估俄苏美学》，我又想起在北大求学的经历。现在，燕园正是紫色的二月兰盛开的时节。从燕南园到未名湖，从鸣鹤园到镜春园，二月兰开遍宅旁、篱下、林中和山头。燕园历届学子就像二月兰一样，花朵虽小，可是开得淋漓尽致，紫气直冲云霄。学长李泽厚老师一句深情而略带忧郁的话令人感同身受："未名湖畔，那是消逝了我青春的地方！"我耳边仿佛响起北大一位本科生，在2020届毕业典礼上伤感地演唱的与北大"再见"的歌曲："我怕我没有机会跟你说一声再见，因为也许就再也见不到你。明天我要离开熟悉的地方和你，要分离，我眼泪就掉下去。"对燕园的怀念，令曾经久居这个园子的学子心绪难平，甚至泪眼婆娑。回首往事，我是否也可以说一句"我有了生活"呢？

凌继尧

2022年5月于南京